高等学校烹饪与营养教育专业教材

烹饪工艺学

（第二版）

童光森　彭　涛 / 主编

PENGREN
GONGYIXUE
（DI ER BAN）

中国轻工业出版社

图书在版编目（CIP）数据

烹饪工艺学 / 童光森，彭涛主编. --2版. 北京：中国轻工业出版社，2025.8. --ISBN 978-7-5184-5015-2

Ⅰ. TS972.11

中国国家版本馆CIP数据核字第202464Z5M2号

责任编辑：方　晓　　责任终审：白　洁　　设计制作：锋尚设计
策划编辑：史祖福　方　晓　　责任校对：朱燕春　　责任监印：张　可

出版发行：中国轻工业出版社（北京鲁谷东街5号，邮编：100040）
印　　刷：艺堂印刷（天津）有限公司
经　　销：各地新华书店
版　　次：2025年8月第2版第2次印刷
开　　本：787×1092　1/16　印张：22.5
字　　数：510千字　插页：2
书　　号：ISBN 978-7-5184-5015-2　定价：56.00元
邮购电话：010-85119873
发行电话：010-85119832　010-85119912
网　　址：http://www.chlip.com.cn
Email：club@chlip.com.cn

251277J1C202ZBW

本书编写人员

主　编： 童光森　彭　涛

副主编： 高原菊　李　锐

参　编： 江祖彬　兰明路　黄学敏　陈清爱
杨　辉　昝博文　杨鹿鸣　张献领
石自彬　欧阳灿　毕继才　张海豹
何永久　杜华会　于　强　洪　祥

主　审： 李　想

序 FOREWORD

1986年7月，我从华西医科大学（现四川大学）公共卫生学院营养与食品卫生专业硕士研究生毕业并留校，但我主动申请跨部（从卫生部至商业部）改派至四川烹饪高等专科学校工作，主要原因是在医科大学从事营养学、食品卫生学的学术学科性教学和科研工作，更多是与疾病或缺乏症（或中毒）相关，而我更想致力于与非疾病大众相关的烹饪（餐饮）的营养、食品卫生与安全实践的应用型教学和科研工作。1987年我参加商业部《烹饪营养学》《烹饪卫生学》教材的撰写及教材体系建立，1989年由我编著的我国第一部《烹饪营养学》教材出版。

三十多年过去了，我国经济、社会、文化、科技都飞速发展，大众面临的营养及食品安全问题也发生了巨大变化，餐饮业更是高速发展，烹饪教育由专科到本科，中餐向产业工业化、菜品多元化、烹饪智能化、市场国际化发展。餐饮业市场细分且竞争加剧，而竞争的实质是人才的竞争。烹饪与营养教育专业人才的培养，可对企业提供人才支撑，促进企业转型升级，教材对人才培养质量具有重要作用。

希望这套教材对全国烹饪与营养教育专业人才的培养起到基础性作用，推动中国餐饮业的标准化、科学化、产业化和国际化。

是为序。

四川旅游学院院长

卢一

2020年5月1日

于成都青城山小鲜读味楼

PREFACE | # 第二版前言

《烹饪工艺学》自2020年出版以来，在全国高校中产生了一定的影响，许多院校和科研机构将其作为烹饪、健康管理、食品、营养卫生类专业的教材或辅助参考书，销量在同类书籍中一直名列前茅。在此，对所有给予《烹饪工艺学》厚爱并提出中肯意见的专家、学者以及同行表示感谢！

2023年，全国餐饮收入5.29万亿元，同比上升20.4%。数据表明，中国餐饮业正步入高质量发展的崭新阶段。2020年5月，教育部印发《高等学校课程思政建设指导纲要》，要求把思想政治教育贯穿人才培养体系，全面推进高校课程思政建设，发挥好每门课程的育人作用，提高高校人才培养质量。为此，教材组在吸收各位专家、学者反馈意见的基础上，对《烹饪工艺学》第一版内容进行更新和调整，以第二版发行面世，希望能得到广大师生一如既往的喜爱。

本次修订，具体体现在以下几个方面：

1. 在保持原有教材框架的基础上，对部分章节内容进行了调整。将第一版中第六章冷菜制作工艺、第七章热菜制作工艺进行了重组、合并，更改为菜肴制熟工艺，使烹调方法的归类、学习更加科学、合理。

2. 每一小节学习结束后，增设了思政小结。教材组邀请我校思政课尚峰副教授对思政案例、思考讨论和思政强调点进行审核，做到课程内容与思政教育紧密相连。教材集知识性、教育性于一体。

3. 对教材中的一些章节内容进行了补充、完善。例如，在第一章中增加了中国烹饪的起源与中国菜肴发展的五个时期，新内容对读者掌握中国烹饪发展历史起到积极引导作用。其次，在第六章优化调配工艺中，对着色工艺的内容进行了规范整理。依据《食品安全国家标准 食品添加剂使用标准》（GB 2760—2024），对烹饪环节中色素的种类、用量、范围等进行规范，以降低对食客带来的各类风险。

4. 正文内用二维码链接核心知识点。教材组依据各章节重难点内容，开发43个核心视频资源（约539分钟）。读者使用移动设备扫描后即可学习课程内容。这些资源可帮助读者更好地理解所学知识，养成开放性学习的习惯。

5. 增设专业名词的中英文索引。针对教材中的专有名词、词汇、短语等内容进行中英文翻译与索引。这种形式有助于学生日后查阅英文文献、教材。此外，中英文索引有利于读者快速找到概念的出处，方便学习。

6. 开发教材在线习题库。教材组针对每一章的教学内容，开发章节训练题。题型包括：单选题、判断题、填空题。读者可以随时随地扫描二维码进行随堂练习和阶段性测试，更好地了解自己的学习进展，有针对性地进行学习调整。

在本次修订中，教材组得到了四川旅游学院“文旅数智制造创新示范基地”项目的经费支持。同时，还获得了四川商投启禾企业管理有限责任公司、四川锦江宾馆、成都金牛宾馆、福建技术师范学院、福建商学院、重庆商务职业学院等餐饮企业和兄弟院校的支持，在此一并表示感谢！

由于编者水平有限，书中难免存在不足和疏漏之处，请广大读者批评指正。

童光森

2024年6月

PREFACE 第一版前言

中国烹饪涉及科学、文化和艺术。随着社会的不断发展，人们对食物的要求层次在不断提高，已经由最初的饱腹、维持自身的生存，逐渐向营养健康、美化与情趣相统一的方向发展。烹饪技艺作为一种古老的传统文化，必须把“食”与“美”融合为一体，才能满足当下消费者的需求。烹饪技艺的传承与发扬和烹饪教育是分不开的。中国烹饪高等教育先后经历了从专科到本科，再到研究生的发展历程。烹饪与营养教育专业（082708T）隶属工学学科门类下的食品科学与工程，毕业生最终被授予的学位是工学学士。21世纪社会发展和经济建设在不断升级，烹饪与营养教育专业学生需具备熟练的烹饪工艺实践技艺，掌握烹饪科学、营养学、教育学等方面的基本知识，能够胜任烹饪与营养相关专业的教学、科研，或政府和企业的有关管理工作等。

本教材在编写过程中，坚持以人才培养目标为核心，在“必需”和“够用”的原则下，适当增加教材的理论深度，这是烹饪教学走向科学化、现代化，提高学生专业创新能力所必要的。本着“夯实基础、贴近岗位”的原则，充分体现科学性、规范性、职业性。本书系统介绍了烹饪工作的各个环节和菜肴制作的烹调工艺程序，内容包括原料的选择与加工、原料的分割与成形、菜肴与宴席的组配、风味调配、工艺基础、制作工艺以及菜肴的造型与美化。在国内，已有很多烹饪工艺相关教材的出版，已为各学校所使用和烹饪从业者所关注。本书在编写的过程中，得到了扬州大学何小龙、安徽科技学院张献领、河南科技学院张秀南、岭南师范学院李锐、普洱学院宫润华的大力支持。同时，对行业的部分成功教材也作了不同程度的吸收。在这里向有关的编者表示真诚的感谢。

本教材由童光森拟定编写提纲，彭涛、高原菊负责统稿。其中，绪论和第二章、第四章、第七章由童光森执笔，第一章由彭涛执笔，第三章第一节、第二节由徐孝洪执笔，第三章第三节、第四节由欧阳灿执笔，第五章第一节、第二节由高原菊执笔，第五章第三节、第四节由邱立执笔，第五章第五节、第六节由何小龙执笔，第六章第一节、第二节由张献领执笔，第六章第三节和第八章第一节由张秀南执笔，第八章第二节由李维执笔，第八章第三节由黄开正执笔，第八章第四节、第五节由江祖彬执笔。江祖彬负责本教材所有图片内容的现场操作，欧阳灿负责拍摄照片。

由于编写时间仓促，考虑不够周密，缺点和错误在所难免，希望广大读者特别是从事教学实践的教师多多指正，以便修订时完善改进。

童光森

2020年1月

CONTENTS 目录

01

第一章 CHAPTER

概述

学习目标

1. **掌握**：烹饪、烹饪工艺学的概念；中国烹饪的特征；风味流派的概念及分类。
2. **熟悉**：中国烹饪的起源与菜肴的发展时期；中国菜肴的属性；各风味流派的特点及代表性菜点；烹饪工艺研究的内容。
3. **了解**：中国烹饪工艺学的性质；烹饪工艺学研究的方法。

烹饪的发展贯穿于整个人类历史发展的过程中，人们要生存就必须得吃饭。恩格斯指出，人们首先必须吃、喝、住、穿，然后才能从事政治、科学、艺术、宗教，等等。它表明了生活资料对人们素质具有极端重要性。烹饪与烹饪技艺的发展过程是在漫长的历史中演变而来的，从茹毛饮血到有礼有节的酒席宴席，从钻木取火到现代的电气化，从低级到高级，从简单到复杂，从蒙昧无知到现代文明，这个发展过程为人类发展作出了积极贡献。

中国烹饪素有选料精细、制作繁杂、花样众多、色泽美观的特点。美味适口的中国菜肴在国内外享有盛名，我国被誉为“烹饪王国”。中国烹饪悠久的历史和丰富的经验是我国文化遗产的一部分，是历代劳动人民智慧的结晶。

第一节 烹饪相关概念

一、烹饪、烹调、烹饪工艺

烹饪，是指人类为了满足生理需求和心理需求，把可食性原料用适当的方法加工成为可直接食用成品的活动过程。它包含烹调生产和饮食消费及与之相关的各种文化现象。烹饪一词，最早见于2700年前的《易经·鼎》中，原文为“以木巽火，亨饪也（亨同‘烹’）。”“鼎”是先秦时期的炊、食共用器，形似庙里的香炉，初为陶制，后用铜制，还充当祭祀的礼器。“木”指燃料，如柴、草之类。“巽”的原意是风，此处指顺风点火。“亨”在先秦与“烹”通用，为煮的意思。“饪”既指食物成熟，也指食物生熟程度的标准，是古代熟食的通称。“以木巽火，亨饪也”就是将食物原料放置于炊具中，添加清水和味料，用柴草顺风点火煮熟。由此可知，烹饪这一概念在古代包括了炊具、燃料、食物原料、调味品以及烹制方法诸项内容，反映出奴隶社会时期先民生活状况及其对饮馔的认识。由于古代厨务没有明显分工，厨师既管做菜，又管做饭，还要酿酒、造酱、屠宰、储藏等。因此，在古代，烹饪一词实际上是食品加工、制作技术的泛称。

烹调，是指制作菜肴、食品的技术，一般包括原料选择、粗加工、细加工、临灶制作、用火、调味以及装盘的全过程。“烹调”一词，在唐宋时期即已出现。如宋代诗人陆游《剑南诗稿·种菜》：“菜把青青间药苗，豉香盐白自烹调。”这时的“烹”是加热烹炒，“调”即配料调味。

烹饪工艺，是指制作各类食品的全部加工技法及其流程的概称。它的主要作用在于将烹饪原材料制成可口的食品，即有目的、有计划、有程序地对烹调原料进行切割、组配、调味和烹制，使之成为能满足人们饮食需要的菜品的规范方法。

二、烹饪史、烹饪工艺学、烹饪学

烹饪史，是指烹饪的历史。它主要研究烹饪的发展历程及其规律。它以历代的烹调原料、炊饮器皿、调制技法、菜品属性、筵席格局和菜系演变为中心课题，还要解答饮食市场、饮食民俗、食疗健身和烹饪等方面的问题，并要勾画出各个时代的饮食风貌，论其成就与不足。这门学科与社会经济史、农艺史、畜牧史、渔业史、食物保鲜史、生物化学史、饮食器械发展史、营养学史、食疗史、饮食风俗史、各族文化史、中外经济交流史等关系密切，是烹饪研究中的重要领域。

烹饪工艺学，是以中国传统烹调工艺技法为研究对象，分析烹调工艺原理，探索烹调工艺标准化、科学化的实施途径，总结和揭示烹调工艺规律的学科。它是研究烹饪工艺的一门学科，是研究菜点烹饪工艺中的法则与规律的学科。它深度探讨料、味、水、火、灶、器、刀、勺等要素在烹调中的作用，及其对菜点质地的制约或影响；不断总结各类技法的相关规程，使烹调工艺逐步科学化；加强菜点质量检测和考评的理化指标以及审美原则；研究如何烹制菜点使其有利于强健国民体质，符合时代需求和国情；研究菜点风味特征的由来，建立不同风味的烹饪科学体系。中国烹饪工艺学有待更多系统化、科学化的深入研究。

不同学者对烹饪学概念存在不同的认知和观点。观点一认为它是研究食物来源、烹制、保藏和提高食用价值的科学；观点二认为它是研究烹饪历史、烹饪原理、烹饪工艺的科学；观点三认为它是研究中国菜点及其生产与消费规律的科学，并且具有综合科学和边缘科学的属性。目前，观点三被更多学者以及从业人员认可，并将其投入到研究与实践中。

三、烹饪工艺学的性质

"工艺"一词首见于唐代，原指"手工技艺"，并没有直接与烹饪挂钩。"工艺"用于烹饪始于20世纪60年代，是在酿造工艺、制茶工艺、保鲜工艺、食品工艺等的影响下出现的。这既反映出中国传统的手工制菜方法正面临着巨大的工艺变革，又反映出中国烹饪理论界试图仿照食品工艺学的体系建立中国烹饪工艺学，使其跟上飞速发展的时代步伐。烹饪工艺是研究对烹饪原料进行初加工、切配、调味、加热或腌拌，使菜肴成品符合预期风味要求的基础理论和技术知识。烹饪工艺的研究涵盖了合理配膳、营养保护、科学调制、方便快捷、使用现代器械、食品质量检测、现代化经营管理等要素。

烹饪工艺学是研究中国菜点及其生产与消费规律的科学。其重点是探讨菜品的时代气息、民族特色、东方情味等特殊性。从时间层面上看，它要研究菜品的发展脉络，饮食市场的变迁，饮食民俗的由来，饮食文化的成因，烹饪的理论建构以及中式菜肴的国际地位；从空间层面上看，它要研究烹调原料的利用，炊饮器皿的属性，烹调工艺的民族特征，菜品风味的环境色彩，各地筵宴的格局，菜系的相互影响，食物养生的应用以及菜谱的编写方法等。总之，它要在纵横交叉的立体网络上，以菜品为核心，将相关的专题串联起来，回答餐饮从业者在实践中提出的问题，指导厨艺活动。

烹饪工艺学建立在自然科学、社会科学、美学和哲学的基础之上，以相关的50多门学科作为自己的理论基础。例如，在原料开发、原料保鲜、菜点烹制、饮食保健等方面，它要分别利用农学、林学、园艺学、水产学、畜牧学、机械学、冷藏工艺学、风味化学、食品营养与安全学、中医药膳食疗学、食品检验学以及海洋开发工程、生物遗传工程等的研究成果；而在探讨烹饪历史、饮食民俗、菜品审美、饮食消费等方面的课题时，它又要分别利用历史学、考古学、宗教学、民族学、社会学、民俗学、心理学、工艺美术学、商品学、市场学、经营管理学、公共关系学以及经济地理学、法学等的基本原理作为依据。与此同时，烹饪学还要以哲学和美学作为指导，研究人们对饮食的审美关系，探寻烹饪中的"美""丑"规律；总结烹饪经验，阐明烹饪原理，揭示中华民族饮馔的演变规律，美化人民生活。

思政小结 ▶ 由浅入深地认识中国烹饪学

小结导入： 先辈曾不断地在中国烹饪学涉及的知识领域进行探索，但未形成系统、完整、专门化的学问，连“烹饪学”这个词语也没有出现过，可这并不等于没有烹饪学的存在。实际上，从有烹饪之时起，烹饪学就伴随烹饪实践而存在。

思考讨论： 我们为什么要不断地学习、研究中国烹饪学？

分析强调： 对任何一门学科的认识和探索，永远都不会达到最终完善的地步。对中国烹饪学的认识与研究亦是如此。我们今天的责任就是努力学习，梳理先人的认识和研究成果，并使这一优秀的民族文化遗产发扬光大，更好地为社会主义建设服务，为中国人民乃至世界人民服务。

第二节 中国烹饪的起源与菜肴的发展

一、中国烹饪的起源

（一）饮食文明的进化

自从劳动创造世界、洪荒大地出现人类之后，饮食这个动物肌体与其生存环境进行基本物质交换的生活现象也就产生了。人类的饮食文明，经历过生食、熟食、烹饪三个阶段，各个国家和民族在这三个阶段的起止时间则不尽一致。在我国，生食、熟食与烹饪三个阶段的划分，大致是以北京猿人学会用火以及 1 万年前发明陶器作为界标的。换句话说，我们祖先从生食到熟食，从火炙石燔到水煮盐拌，走过243万年的艰辛历程，直到学会制造最早的生活用具——陶罐，作为文明标志的烹饪术，始在华夏大地诞生。

中国是世界文明发源地之一。243万年前，“人猿相揖别”，我国境内出现最早的人群——西侯度人。西侯度人和60万年前出现的蓝田人、50万年前出现的北京人，统称“猿人”。他们群居于洞穴或树上，集体出猎，共同采集，平均分配劳动所获，过着“茹毛饮血”的生活，这便是中国饮食史上的“生食”阶段。

大约在50万年前，先民学会人工取火。继北京猿人之后陆续出现的马坝人、长阳人、丁村人、柳江人、资阳人、河套人以及山顶洞人，被考古学家称为“古人”或“新人”。出土文物证实，“古人”或“新人”虽然处于原始状态，但已学会了用火烧烤食物、化冰取水、烘干洞穴、照明取暖、防卫身体和捕获野兽，标志着烹饪进入中国饮食史上的“熟食”阶段。熟食的最大贡献在于它从燃料和原料方面为烹饪技术的诞生准备了物质条件。

在旧石器时代晚期，生产力有了一定的发展，氏族公社形成并出现原始商品交换活动，这一切又为烹饪技术的诞生准备了社会条件。特别是制造出适用的刮削器、雕刻器、石刀与骨椎，发明摩擦生火，学会烧制瓦陶，更为烹饪技术的诞生提供了必不可少的工具与装备。再加上盐的发现、制取与交换，梅子、苦瓜、野蜜与香草的采集和利用，进而初步解决了调味品的问题。同时在学术界，把用火熟食化作为烹饪诞生的标志，称为中国烹饪的萌芽时期，即火烹时期。至此，中国烹饪之道始而齐备，中国饮食史从此揭开“烹饪”这崭新的一页。

（二）中国烹饪的产生

最早的烹饪技术，应该是在火炙石燔基础上发展而成的水烹；只有在水烹中，燃料、炊具、原料、味料、技法五大要素才能得到初步的结合。又由于燃料、原料这两大要素在熟食阶段已经出现，故而烹饪技术产生的直接催化剂，则是陶器的发明，盐、梅等的使用以及连带而生的技法了。

中国烹饪的起始时间，历史学家推断大约在1万年前。这主要取决于炊具和调味品这两个必备条件的成熟情况。

首先说食盐。尽管食盐作为自然界的一种天然物质早就存在，但是将它用在饮食中却有一个认识与实践过程。一方面，食盐的收集与制取必须反复试验；另一方面，食盐作为原始商品出现，也只能是在原始社会末期。“夙沙氏煮海为盐”的传说，仰韶文化遗址出土的海水煮盐文物，距今都不过七八千年。因此，食盐作为调味品使用，不可能超过1万年的时间。至于梅子、香草、苦果、野蜜用于制菜，大约与食盐的时间相仿。

其次说炊具。最早出现的无疑是陶器。在陶器问世之前，我们祖先进行熟食，只能靠几根支撑的树干或一片石板，但并不能将其称为炊具。直到出现陶器，食物才能被放在一定形状的容器内加热。李石英先生在其《人类熟食的开始和炊具的发展与演变》一文中推断：中国陶器的出现，距今大约1万年，并且明确指出：“这是人类饮食史上划时代的一大进步”，所以，也只有在炊具诞生和使用之后，一切烹饪技术才得以获得新的发展。

因此，从实质上讲，烹饪的发明就是陶烹与使用食盐的结合。不仅中国如此，世界许多文明古国也如此。

（三）发明烹饪的意义

中国烹饪诞生之后，先民生活发生了质的飞跃。第一，彻底改变了茹毛饮血的生活方式。在摄食以维系生存这一关键问题上，使人与动物有了根本的区别。第二，火与食盐的配合，可以杀菌消毒，改善营养，为先民体力和智力（特别是脑细胞）的发展，创造了有利条件。第三，发明烹饪后，加快了食源的利用步伐，鱼虾草籽的大量入馔，使先民相继由山林迁向川原，最终脱离与兽为伍的环境，开始聚村而居的原始农耕生活。第四，食物较为充裕后，先民逐步养成定时就餐的习惯，可以腾出较多时间从事劳动生产，生活也日益条理化。第五，通过烹饪，先民努力制作更多的炊具和其他工具，提高了劳动效能，加快文明社会的进程。第六，烹饪技术的问世，促使氏族内部分工，妇女主持家政、男子外出觅食，母系氏族社会逐步向父系氏族社会更移。

总之，烹饪的发明，是中华民族从蒙昧野蛮进入文明的界碑，“新人”向“现代人”进化的阶梯，旧石器时代向新石器时代转变的催化剂。它对于维系中华民族昌盛、促进生产力发展、推动社会进步、缔造物质文明和精神文明均有着极其重要的意义。

二、中国菜肴的发展

中国菜肴的发展可划作先秦、汉魏六朝、隋唐宋元、明清和当代五个时期。

（一）先秦时期

这是指秦朝以前的历史时期，从烹饪发明之日起，到公元前221年秦始皇统一中国止，共约7800年。这是中国烹饪的早创时期，包括新石器时代、夏商周、春秋战国三个各有特色的发展阶段。

新石器时代由于没有文字，其烹饪概况只能靠出土文物、后世史籍追记以及有关神话传说进行推断。它的大致轮廓是：食物原料多是渔猎所获的野味和水鲜，间有驯化的禽畜、采集的草果和试种的五谷，食物不是很充裕；炊具是陶制的鼎、甑、釜、罐和地灶、砖灶，燃料仍是柴草，还有钵、碗、盘、盆等；烹调方法是火炙、石燔与水煮、汽蒸并重，比较粗放；调味品主要是食盐，也用梅子、苦果、香草和野蜜；至于菜品，相当简陋，最好的美味也不过是传说中的彭祖为帝尧烧制的“雉羹”而已。此时，先民进行烹调，仅出自求生的需要，关于食饮和健康的关系，他们的认识朦胧。在食礼方面，祭祀频繁，有原始的饮食审美意识，如食器的美化、欢宴时的歌呼跳跃等。可以说，新石器时代的烹饪，既幼稚、虚弱又充满生命活力，为后世饮食文明奠定了基石。

夏商周三代属于奴隶社会，是中国烹饪发展史上的初潮。首先，食品原料增加，有了“五谷”［稷、黍、麦、菽、稻（麻）］、“五菜”（葵、藿、薤、葱、韭）、“五畜”（牛、羊、猪、犬、鸡）、“五果”（枣、李、栗、杏、桃）和“五味”（醋、酒、糖、姜、盐）之说，其中肉酱制品和羹汤多达百余种，天子的宴餐常是数十道饭菜。其次，炊具食器革新，尤其是青铜食具（如鼎、鬲、簋、甗、爵、觚、斝、鉴）的问世，在烹饪中引起连锁反应。炊具、礼器、酒具、水具的分工，不仅方便烹调、提高功效，还显示出礼仪，装饰着筵席。第三，饭菜质量提高，这时可以较好地运用烘、烤、烧、煮、煨、蒸技法，烹出乳猪之类档次较高的食品，如产生深远影响的“周代八珍”——淳熬（肉酱油浇大米饭）、淳毋（肉酱油烧黍米饭）、炮豚（煨、烤、炸、炖乳猪）、炮牂（煨、烤、炸、炖母羔）、捣珍（烧牛、羊、鹿里脊）、渍（酒糟牛、羊肉）、熬（类似五香牛肉干）、肝膋（网油包烤狗肝）。与此同时，我国的饭、粥、糕、点等主食品种亦初见雏形。宫廷已设立食官，配备御厨，迈出食医结合第一步；在民间，屠宰、酿造、炊制相结合的早期饮食业也应运而生。

春秋战国是奴隶制向封建制过渡的动荡时期，烹饪成就相当突出。这时食源进一步扩大，由于使用牛耕和铁制农具，农产品供应充足，不仅家畜野味共登盘餐，蔬果五谷俱列食谱，还有简单的冷饮制品和蜜渍、油炸点心。大显身手的铁质锅釜登上烹调舞台后，动物性油脂（猪油、牛油、狗油、鱼油）和调味品（主要是各类肉酱）日渐增多，出现煨牛筋、烧羊羔、焖大龟、烩天鹅、烹野鸭、油卤鸡、炖甲鱼、蒸青鱼等一批美食。《楚辞·大招》介绍的楚宫席单，菜点多达27种，并注重原料组配、上菜程序和接待礼仪等，为后世酒筵提供了蓝本。值得一提的是，此时还出现南北风味的分野，黄河流域与长江流域的肴馔初具地方特色。《周礼·天官》《礼记·内则》和《吕氏春秋·本味篇》有不少关于烹饪的论述；大梁、燕城、咸阳、郢都的酒肆也呈现方兴未艾之势。

（二）汉魏六朝时期

这一时期从公元前221年秦始皇吞并六国起，到公元581年隋朝建立止，共802年。这是我国封建社会的早期，战火频仍，中国烹饪在急剧的社会变革中演化，广收博采各民族饮食馔之精华，展示出新的特质。

在烹调原料方面，经过张骞通西域，开辟丝绸之路，相继引进茄子、黄瓜、扁豆、大蒜等新菜，水稻跃居粮食作物首位，大豆制品增多，植物油（芝麻油、豆油）开始得到利用。而且猪的饲养量超过牛、羊，成为肉类的大宗食品，乳制品加工业发展也快，不少地方的奇珍异味

（如东北的哈士蟆、西南的菌菇、江浙的鲍贝、闽粤的蛇虫）进入了餐桌。还大量酿造米酒、香醋和豆酱，糖的品种也随之丰富起来，花卉、香料、药材、蜜饯等食用物料，都引起重视。

在炊饮器皿方面，出现深曲通火的炉灶，顷刻可熟的诸葛行锅，使用方便的五熟釜和锋利灵巧的钢刃铁刀；燃料中增加了煤与石油，厨师还有围腰、护袖等工作服。特别是精巧秀雅的漆质餐具大放光华，它们与清丽的青瓷、华贵的金器、玲珑剔透的玉器配套，提高了菜肴档次，美化了席面。

在烹调技法方面，这时已总结出炙炮、羹臛、炰、朐、油煎炒、脯腊菹、鲊酱等诸类方法，其中油煎法应用尤为广泛，对后世影响最大。厨务内部出现两次大分工，先是红白两案分开，后是红案再演化出案子（执刀者）和炉子（掌勺者）两个工种，这有利于厨者专攻一行，提高技艺。这样，当时的金齑玉脍、莼羹鲈脍、羊肉灌肠、糖醉蟹、七宝羹、胃脯、蛇肴、鸭煎等名馔，都超过“周代八珍”的水准。还由于西域商贾的内迁和佛教的盛行，“胡风烹饪”和“素食”在饮食市场上崭露头角。先秦时的“北菜”由冀豫向齐鲁推移，先秦时的“南菜”从荆楚向吴越、巴蜀、岭南演化，俗称的四大菜系正在孕育之中。

在烹调理论方面，突出的成就有两点：一是食疗肇始，《黄帝内经》著作与淳于意、华佗等医家努力探寻食治单方，对养生学有重要的影响；二是一批食书问世，尤其是贾思勰的《齐民要术》，既具烹调原料学雏形，又对食品酿造技术有所发展，这是我国最早的食谱大全，是中国烹饪古籍中的一块丰碑。此外，这时的饮食市场也较活跃，江陵、临淄、番禺、洛阳等地，“熟食遍地，殽旅成市”。

（三）隋唐宋元时期

从公元581年到公元1368年的787年间，属于隋唐宋元，是我国封建社会的中期，国力强盛，经济跃升，文化昌明，在中国烹饪发展史上也是一个高潮。

第一，这时从西域、印度、南洋引进蔬菜新种更多，如菠菜、丝瓜、莴苣、胡椒、胡萝卜，都普遍栽培。同时国内食物资源也进一步开发，尤其是海产品用量激增，如海蜇、海蟹、墨鱼、蚝肉之类。至于内陆的发菜、冬虫夏草、蚂蚁、蜗牛，也成为脍炙人口的美味。由于原料多，品类全，应用广，研究细，《禾谱》《菌谱》《笋谱》《蟹谱》《糖霜谱》《荔枝谱》《茶经》《酒经》等专著纷纷刊行。

第二，炊饮器皿向小巧、轻薄、实用方向发展，出现刀机、手提镣炉、六格蒸笼与火锅，还有人工合成的“金刚炭（蜂窝煤）”和类似火柴的“火寸”，四川使用天然气，西北使用石油。在餐具中，瓷器取代漆器独领风骚，唐代的邢窑和越窑，宋代的定窑、官窑、钧窑、哥窑、吉州窑、龙泉窑和景德镇影青瓷，元代的釉里红和釉下彩，均是中国古餐具的极品。此外，银质餐具在汴京和临安的“正店（高级酒楼）”中也普遍使用。

第三，工艺菜勃兴，菜肴外观美更为世人所重视。像镂金龙凤蟹、雕酥、九饤牙盘食、五生盘、玲珑牡丹鲊和辋川图小样，都显示出精湛的工艺，它们被后世餐饮从业者所效仿。许多菜式讲究推陈出新，如蟹酿橙、柳蒸羊、白龙、蚁子酱、鸳鸯炙、软饤雪龙、溯罗脱因、云林鹅、烧山猫、金铃炙、箸头春均系名品。这时不仅肴馔美，酒筵更美，如韦巨源烧尾宴，主要菜点就有58道；张俊接待宋高宗的大宴，肴馔超过200款；蒙古王公的诈马宴，享用整羊整牛，酒用特大的“酒海（容量数百斤乃至上千斤）”盛装，服饰一日一换，至少欢宴三天。这种气派，前所未有。

第四，饮食市场上出现“集四海之珍奇，皆归市易，会寰区之异味，悉在庖厨”的繁盛景象。饮食网点相对集中，高级酒楼多在闹市，茶馆酒肆分级划类，高低贵贱应客所需；并且夜市大兴，四季皆然，还有专门的筵席服务机构——四司六局，饮食摊贩走街串巷，方便住户送货上门。凡此种种，奠定了中国饮食市场传统的模式，其影响直至今日。还有一个新因素是，“北食”“南食”“川味”“胡风烹饪”“素食”等帮口名称问世，中菜北咸南甜、东淡西浓的口味特征也已形成。

第五，出现《吴氏中馈录》《山家清供》《本心斋蔬食谱》《云林堂饮食制度集》等一批颇有价值的食谱和《千金食治》《食医心鉴》《食疗本草》《食性本草》等食疗养生专著。特别是元代饮膳太医忽思慧所著的《饮膳正要》，强调药补不如食补，重视饮食多样化和季节性，要求培养良好的卫生习惯，堪称我国第一部营养卫生学专著，对中国烹饪的发展起到指导作用。

（四）明清时期

从公元1368年明朝建立到公元1911年清朝灭亡，共543年。在这封建社会的晚期，中国烹饪进入成熟期。据明人宋诩记录，弘治年间的烹调原料已达1300余种，其中引人注目的是大豆制品的发展（多达50余种），蔬菜种植技术提高（有露地种植、保护地种植、沙田种植、真菌寄生养殖茭白），番茄和辣椒引进，以及海味（含燕窝、鱼翅、海参、鱼肚）原料脱水处理。而且回族饮食、西天茶饭、女真饮食、吐蕃饮食都流传到中原；虎丹、麒面、豹胎、狮乳、鱼须、雀舌、燕尾、牦腰等稀奇物料风靡一时。这时的餐具仍以瓷器为主体，辅用金银玉牙，注重成龙配套，像著名的《满汉宴·银质点铜锡仿古象形水火餐具》就多达404件，可上196道菜点，排场惊人。

在技法上，已演化出100余种烹饪技法，且菜点质量更上一层楼。我国现存的1000多种历史名菜大都诞生在明清两代，孔府菜、谭家菜、宫保菜、鸿章菜等也以殊风别韵饮誉食坛。例如金陵叉烤鸭、套禽、佛跳墙、龙虎斗、换心蛋、罗汉斋、虫草金龟、青州全蝎、一品官燕、白扒鱼翅、蟹黄狮子头、雪梨果子狸等，历经岁月风尘，仍然光彩夺目。酒筵在明清亦是大发展的黄金时代，各式全席（如全龙席、全凤席、全虎席、全麟席、全羊席、全鱼席、全蛋席、全藕席）脱颖而出，满汉燕翅烧烤全席为无上上品；至于官府雅宴，多以精巧取胜，而皇家大席（如千叟宴、除夕宴）则是包容人间美食之最了。

随着交通畅达，商旅兴盛，明清饮食市场已向专业化、集约化发展，出现数里相连的食肆。前人描绘西湖“卖酒的青帘高扬，卖茶的红炭满炉，士女游人，络绎不绝，真不数，三十六家花酒店，七十二家营弦楼”。前人描绘南京“大街小巷，合共起来，大小酒楼有六七百座，茶社有一千余处”。再如北京大栅栏、西安钟鼓楼、上海城隍庙、苏州观前街、重庆朝天门码头、广州珠江两岸等，尽皆如此，在这肥沃的土壤里，鲁、苏、川、粤、浙、闽、徽、湘、鄂、京、沪、豫、辽、秦、清真、素菜等风味流派蓬勃发展，万卉争春。

烹饪著述方面也有重大建树。以《本草纲目》和《随息居饮食谱》为代表，饮食保健学得到长足的发展；烹饪研究与菜谱整理，成绩更为显著。关于珍馐佳肴，有《群物奇制》和《天厨聚珍妙馔集》等可供查阅；关于地方名食，有《养小录》和《清稗类钞·饮食》等可供咨询；关于居家饮膳，有《居家必用事类全集》和《中馈录》等作为参考；关于饮食养生，有《遵生八笺》和《养生食忌》等作为依凭。此外，还有《宋氏养生部》以及《食宪鸿秘》《易牙遗意》《海味索隐》《粥谱》等书指导炉案操作，更有中国食经的扛鼎之作《随园食单》和古菜谱大全《调鼎集》的诞生。

（五）当代

当代是指辛亥革命至今的100多年，可分前后两个阶段。

1949年之前，尽管工农业发展缓慢，但由于列强势力渗透、战争刺激和权贵追求享乐，烹饪中也出现了一些新因素：一是引进西餐、西点技法和广泛使用味精等新型调味品，给中菜注入了新鲜血液；二是仿膳菜肇始和仿古宴滥觞，使宫廷菜的精华在新形式下得以保存；三是川苏混合风味萌芽和沪菜兴盛，开创了菜种“远缘杂交”新思路；四是传统川菜的改进和川菜走出天府，被更多人品尝与审评；五是粤菜更新和“星期美点”问世，在中国点心发展史上留下光辉的一页；六是中菜随着华侨的足迹走向世界，在国际饮食市场上获得“烹饪王国”的美誉。

1949年之后，烹饪发展走过一段马鞍形道路。改革开放后，烹饪得以迅速发展。党和国家重视烹饪的传承与发展，设立了多条举措，例如：建立管理机构，抢救传统绝技；组织众多人力出版饮食书刊、报纸；开办烹饪院校，培养新型厨师；设立烹饪技术培训站，进行在职厨师进修；制定职称标准，表彰名厨大师；开展技术交流，提高服务质量；采用先进设备，创新花色品种；派遣技师出国，传播中菜技术；开展科学研究，建立理论体系等。这些工作不仅提高了饮食行业的社会地位，肯定了厨师的社会劳动，还为烹饪事业开辟出一条坦途。

思政小结 ▶ 伊尹：烹饪始祖，名相帝师

小结导入： 伊尹，生于夏朝末年伊水之畔的空桑村，精通烹饪。他以“至味”说汤，成为商汤心目中的智者。他是历史上第一个以负鼎俎、调五味而佐天子治理国家的杰出庖人，后世尊其为“烹饪始祖”和“厨圣”。

思考讨论： 出身奴隶的千古名相伊尹，辅佐商朝五代君王的故事给我们什么启示？

分析强调： 伊尹传奇的一生告诉我们，作为职业院校的学生，只有练就过硬的专业技术，具备较强的创新意识，才能在未来的工作岗位上大放光彩。

第三节 中国烹饪的特征及菜肴属性

一、中国烹饪的特征

中国烹饪是在中国这块肥沃土地上孕育生长的。几千年来，中华民族的阴阳五行哲学思想、儒家伦理道德观念、中医饮食营养学说，还有文化艺术传统、饮食审美风尚和民族性格特征，都对中国烹饪有着潜移默化的影响，从而使之孕育出养助益充、五味调和、奇正互变、畅神悦情等特征。

（一）养助益充

养、助、益、充这些概念，最早见于《黄帝内经·素问》：“五谷为养，五果为助，五畜为益，五菜为充。气味合而服之，以补精益气。此五者，有辛酸甘苦咸，各有所利：或散，或收，或缓，或急，或坚，或软；四时五脏，病随五味所宜也。”由于其中包容了中国医学中阴阳平衡、脏腑协调、性味和谐、因异制宜等营养摄生观点，故被视作古代的平衡膳食学说；还因为它符合中国的国情、民情和养生健体要求，沿用数千年之久。所以，不少学者又认为：谷、果、畜、菜的有机结合，组配入馔，正是中国的传统膳食结构。这里，“五谷为养”指的是稻、麦、豆、黍等粮食，能养五脏之真气，“益脾健胃，百福所基”，故“得谷者昌”。“五果为助”是指各种鲜果、干果和硬果，能佐助五谷，使营养平衡，即李时珍所指出的“辅助粒食，以养民生”。“五畜为益”是指牛、羊、猪等动物性食料，能增进健康，“生鲜制美，脍炙人口”，可弥补素食之不足。“五菜为充”是指各种蔬菜，能充实人体所需的维生素、矿物质和膳食纤维，“辅佐谷气，疏通壅滞”。

在这一思想指导下，中国烹饪历来讲究烹调原料的组配，如饭配菜、荤配素、点心包馅、面加臊子、荤菜素炒、素菜荤炒、“每食不用重肉”、节假日“开荤”、饭前吃蜜脯、饭后备水果等。更值得注意的是，大多数中国菜都不是一种原料制成的，而是两种、三种、四种乃至更多种，如“全家福”“罗汉斋”“佛跳墙”之类，这样，营养平衡的思想就直接落实到每一盘菜中，显然，这对营养摄生是有利的。另一方面，中国传统上非常重视食医结合。早在先秦，医生和厨师已配合默契，药品与食物常常一致，后来食与医虽然分了家，但是饮膳仍以医学作指导，医家也多用食方来治病。特别是古医学的药物炮制、饮食洁净、偏嗜八戒、调味五禁、食物中毒、季节进补等学说，都曾被菜谱食经直接或间接地吸收，充实了烹饪理论的内容。所以中国烹饪选料历来注重药食兼用的飞禽动植，将它们的根、茎、叶、花、果与皮、肉、骨、脂、脏巧妙搭配，以达到既可满足食欲、滋补身体，又能强体养生的目的。这又是一种特殊意义的养、助、益、充，同样符合中医的营养摄生理论。中国烹饪中以药入馔的菜品（如燕窝粥、人参鸡、虫草金龟、枸杞鸭子）备受青睐，道理即在于此。

（二）五味调和

中国菜重“味”，源自中国哲学中的五行学说。原始五行说把自然现象和人的活动归结为水、火、木、金、土五种物质元素，并把饮食归于土的范畴（因为动植物大多依赖土地而生长）。五行学说认为：水、火、木、金、土在口味上的属性分别是咸、苦、酸、辛、甘，合称五味，五味要受五行统辖。烹饪者要使五味调和，从差异到平衡，就必须掌握好“调”的本领，以达到“和”这一饮食的审美极致。先民还根据五行学说，规定饮食季节性应当与五味、五行相吻合，这就是“春多酸、夏多苦、秋多辛、冬多咸，调以滑甘”了。

中国菜重“和”，还与儒家中庸之道和古典哲学、美学的最高境界有关。“和”的实质，就是持中、协调、适度、节制。体现在饮食上，便是菜肴的软硬、甜咸、厚薄、大小、生熟、冷热、荤素、浓淡等对立因素的恰当统一；色、香、味、形、器、名、时、疗的相成相济；加热量与施水量的适当均衡等。其中，味的调和至关重要，《吕氏春秋·本味篇》便明确提出八条标准：“久而不弊，熟而不烂，甘而不哝，酸而不酷，咸而不减，辛而不烈，淡而不薄，肥而不腻（腌腊制品不变质，煨炖食品不走形，加糖不能甜过分，调醋不能酸太浓，下盐不能咸涩口，加辣不能太呛喉，汤要清鲜汁不淡，肉要肥美不腻人）。”这都是把“五味调和”作为生活审美中的一种格调、一种境界、一种美感、一种享受来追求的。

中国菜把“五味调和”放在菜品制作和质量鉴定的首位。故而古代强调时序、适口和本味，现今重视爽口、开胃和畅神。根据“口之于味，有同嗜焉”的饮食审美普遍法则，历代名厨主张鲜咸为主，少用调料，物尽天然，返璞归真，尽量显现原料的天生丽质，崇尚清淡；根据“物无定味，适口者珍”的饮食审美特殊要求，各地巧师又灵活运用味、料、刀、勺、水、火、器、炉等要素，对菜品质感施加积极影响，使之入乡随俗，因人、因事、因时、因地而变，力求达到“一菜一格、百菜百味”的极致。所以，味的用料广；味型变化多；调味方法细；味觉的层次感深；注重显现主料之味及菜肴质朴的内涵；味的丰美性、差异性与独特性的辩证统一；味与乡风民俗、宗教信仰、民族习性结合；味的因时而异、因地而异、因席而异、因人而异；品味后的余韵悠长以及按风味给菜系定性等，都是中国烹调工艺的精髓，中国菜品的灵魂。

（三）奇正互变

中国烹饪是变化之学，创新之学。一方面烹饪中存在辩证法，有着对立统一的关系；另一方面烹饪法则里有正格也有变格，能够以不变应万变，把握临灶主动权。

烹调中的辩证法表现在许多地方。例如选料中的荤与素，刀口上的大与小，加热时的水与火，调味中的浓与淡，质感上的绵与脆，排菜中的冷与热，这都是烹调内部矛盾的反映，它决定菜品的属性。又如烹调原料与烹调工艺是内因与外因的关系，内因是成菜的基础，外因是成菜的条件，外因通过内因而起作用，促使原料内部矛盾转化，从而产生理想菜品。再如烹调还须处理好一般与特殊的关系，像对于臭味，绝大多数菜品是千方百计加以排除，而屯溪臭鳜鱼、长沙臭豆腐却是极力使之强化。至于肯定否定规律，在烹调中也比比皆是；否定一种旧菜，肯定一种新菜，标志着烹调工艺的进步；不断地否定，不断地肯定，促进饮食文化的繁荣。

烹与调也是如此。烹是加热的过程，主要表现为量变；饪指菜品成熟，着重说明质变。而众多烹调方法的区别，则明显体现在加热量与施水量的“度”上，故而原料是否“抗烹”和热能的大小应是制菜中的主要矛盾。至于“调”，也应突出主料、主味和主要的调味方法，这是矛盾的主导方面，无论是采用对流调味、扩散调味、渗透调味、使呈味物质遇热化学分解，还是循序渐进和一锤定音，都须遵循质量互变的规律，控制佐料的“度”，并与加热、施水巧妙结合，应付裕如。

所谓“正格”，就是通行的厨规，它能以简驭繁，举一反三，普遍适用。例如采购原料审慎挑选，初步加工料尽其材，综合利用；切削配菜注意营养，操作过程讲究卫生；着油施水恰当均匀，灵活使用炉灶与传热介质；正确控制水温和油温，及时投料、下味与用火；翻勺颠锅操纵灵活，点水、用汤、勾芡、淋油恰到好处；出锅及时装盘，走菜程序有条不紊；炉案之间密切配合，各司其职又彼此照应。

所谓“变格”，就是不拘程式而采用的“临时应急措施”。例如原料部位有改变，技法相应也改变；原料质地不理想，调味用火来补救；原料组合有出入，味料比例作调整；味料品种不齐全，相近之物可替用；火力不能随心所欲时，不妨随机应变，顺火成菜；炊具不能得心应手时，应当随遇而安，因器变法；浆糊过大或过小，适当调整火力火时来制约；油芡太厚或太薄，酌量增减高汤用量来冲匀；季节有春夏秋冬，技法宜加区别；客人分东西南北，味型亦应变通。

正格与变格的相间使用，也是烹饪中的辩证法。这是原则性与灵活性的统一，矛盾的普遍性与特殊性的兼顾。中菜之所以有别于西菜和工业食品，创造出数以万计的花色品种，正是在于它具有“不变中有变、变中有不变”这一极富生命力的特征。

（四）畅神悦情

烹饪是一种吃的艺术，吃的美学。在烹饪中，它有自然美、社会生活美、艺术美等美的形态（如菜品的色、香、味、形、器、名），也有人的体力、智力在菜品中的形象反映这一美的本质。厨师按照自己的审美意识（即评判美丑的标准），进行着审美活动（制作菜品），客人获取美感（欣赏、评价、享用菜品），双方都可得到心理上的满足，畅神悦情。

烹饪是一种创造性的体力劳动和脑力劳动。厨师在临灶操作时，眼、耳、鼻、舌、身全神贯注，是相当辛劳的。当制作的珍馐佳肴一道道呈现在客人面前，被尽情享用和赞誉时，就意味着厨师的劳动创造了社会价值，得到社会的肯定。这对劳动者来说，是最大的安慰和奖赏，也是精神上最愉悦的时刻。

另一个方面，当客人品尝一道道珍馐佳肴时，不仅可以果腹充饥，大饱口福，而且还可以通过对菜品的审名、辨色、观形、看器、闻香、品味、大饱眼福，增进知识，获取精神上的享受，这又是客体的畅神悦情了。特别是那些制作精美的工艺菜，集味觉艺术、色彩艺术和造型艺术于一体，立意高雅，物象具有吉祥意义，风格为中华民族喜闻乐见，构图分宾主、讲虚实、重疏密、有节奏，形似与神似结合，色泽鲜亮，手法简洁，既符合卫生又富有营养，宛如工艺品，它所具有的魅力更能使客人感到欢愉。

中国烹饪之所以能够畅神悦情，这与中菜制作的指导思想有关。自古以来，中国人就把饮食美作为生活审美中的主要对象，不仅要求吃得好，还要求吃得开心，所以历来都是把食用与观赏结合在一起，从而重视美食、美名、美情、美景、美趣、美韵的协调。既然是这样，无疑便增加了烹饪的难度，提高了对厨艺的要求。中菜的烹调工艺较之西菜复杂，其主要原因也在这里。所以，刀技高超、形态美观、盛器华贵精美、具有观赏价值，并且能够畅神悦情，应当是中国烹饪的又一特征。

综上所述，中国烹饪享誉世界，有“烹饪王国”的美称，绝非偶然。这是在它近万年的发展历程中，将养助益充、五味调和、奇正互变，畅神悦情四大特征完美结合的必然结果。在这四个物质特征中，更带有根本性的是“味”与“养”。因此，更概括地说：“以味为核心，以养为目的”是中国烹饪的本质特征。

二、中国菜肴的属性

中国菜肴是中国传统烹饪艺术的一个突出代表，而菜肴的属性则是中国菜肴最显著的特点之一，也是我们通常用以鉴别、评论菜肴与烹调技术质量高低的主要标准。然而中国菜肴的属性到底有多少种，到目前为止尚未形成共识。目前通常称菜肴的“属性”有以下几种，即：色、香、味三种；色、香、味、形四种；色、香、味、形、质五种；色、香、味、形、触、声六种；色、香、味、形、质、营、器七种等。对菜肴的属性种类模糊统计，主要原因在于概念的模糊，科学的不严谨。下面，我们以七种属性加以介绍。

（一）色

“色”被列为七大要素的第一位。可见“色”在菜肴中的地位是很重要的。“色”是指菜肴的颜色（色泽、色彩），其中包括主料与辅料色泽搭配得是否和谐恰当，原料与卤汁色泽的调和，点缀和装饰原料色泽的配合等。色泽是构成菜肴风味质量的重要因素之一，菜肴的色泽之美往往是人们欣赏菜肴美的第一感觉，它能给人们以强烈的印象。美好的色泽能增进人的食欲，增加人体对营养素的吸收。菜肴的颜色和人的味觉之间也有某种特有的联系。如红色给人的印象强烈，味觉鲜明，会感到浓郁的香味和酸甜的快感；白色给人以洁净、清淡、软嫩的感觉；黄色给人软嫩、松脆、干香、清新的味觉感受；绿色给人清新、鲜嫩、淡雅、明快的感觉；褐色给人带来芳香、浓郁的感觉。相比之下，如黑色、蓝色、紫色等冷色就难以让人接受。

菜肴的颜色是指主料、辅料通过烹制和调味后呈现出来的色泽，以及主料、辅料、调料相互之间的配色。颜色的设计要利用原料的自然颜色，在运用主、辅、调料天然色的基础上，根据合理配菜的需要，按照美术色彩学的原理，组合成菜肴。但各色菜肴的烹制过程如掌握不当，可能会使菜肴的天然色发生劣变，这反映了厨师技艺水平的高低。恰当地设计颜色，即从菜肴的感官效果上做到自然、素雅、和谐，特别是主色和辅色的关系要协调，但绝不是利用色素去增色和变色。如主料色泽不悦目，辅料配色不协调，采用色素等都视为质量上的缺陷。所以说，菜肴色泽在其中起着先声夺人的作用。菜肴色泽美，首先是菜肴内在质地美的反映，色恶、色臭既是菜肴的外感不佳的反映，也是其内部质量不佳或不可食的反映。

（二）香

“香”是组成中国菜肴完美属性的重要条件之一，也是广大厨师最重视的因素。菜肴的“香”指的是菜肴的主、辅、调料等经烹制后而挥发出来的能诱发食欲的美好气味（即香气），如谷香、肉香、鱼香、菜香、花香、果香等。在饮食活动中，人的嗅觉往往先于味觉，正如有关形容传统闽菜“佛跳墙”中的诗句说的那样：“坛启荤香飘四邻，佛闻弃禅跳墙来”，这无疑是对菜肴香气诱人食欲精妙绝伦的描述。由此可见，菜肴的“香”作用之大，非同一般。

在设计菜肴时，必须考虑到烹制原料本身的气味，但其本身具有香气的并不是很多，大部分都要经过加热调配才能挥发出来，而且在众多的可食性动植物原料中，又往往有一部分含有腥、膻、臊、臭等不良的气味，经烹制后方能除掉，这就要考虑如何运用调料，使之得到最好的发挥，使菜肴的香气达到理想的境界。美好香气的产生，除主、辅、调料本身的气味外，还涉及投料的先后、烹调技法的不同、火候的变化，以及主、辅、调料在加热后引起的化学变化促成哪些香气的产生，这全靠烹调技艺的高低来呈现。例如，用同样的原料，炒和炸、烧、炖的结果都是不一样的。这是因为不同的烹调使原料中的各类呈香物质溶解和挥发程度不同，正是这种在香气上的微妙差别，再加上其他因素，构成了菜肴的不同风味特色。

原料自身的芳香在烹饪中是十分重要的，这种芳香与原料的本味一样，是美味的重要来源，因此也是烹饪过程所要尽力予以发掘和提取的。如果原料缺少了自身的香气，而只是依赖调味品的香气，这就使菜肴少了一份个性，多了一份共性，这在烹饪上是不可取的。一般说来，食物原料的香气是由它们所含的醇类、酚类、醛类、酮类、酸类、酯类等化合物在烹制加热过程中挥发后，被人吸进鼻腔刺激嗅觉神经所反映出来的感觉。

当然调味品的作用是增味和增香，一般的调味品在增添菜肴滋味的同时都有不同的香气，如芝麻油、酱油、香醋、料酒、豆瓣酱等，这些调味品的芳香味都来自调味品所含的酸、醇、脂、酚和羰基化合物。而有些调味品的使用目的主要是增加香气。这些调味品可以分为以下3种：首先是新鲜的葱、姜、蒜、香菜等，都含有含硫的挥发性香精油，具有特殊的辛辣气味和杀菌能力；其次是植物的果、皮，或花卉，如八角、丁香、沙姜、草果、豆蔻、陈皮、杏仁、花椒、胡椒、金橘、肉桂、桂皮、辣椒、芝麻、香糟、桂花、玫瑰、茶叶等；最后是加工后的混合香辛料，如常见的有十三香、五香粉、咖喱粉、胡椒粉、沙茶粉等，它们含有丰富的香精油，具有不同的调味功能。

菜肴成品呈现的香气不是单一的，而是一种综合的香气。菜肴的“香”虽然没有“味”那么明确，但是作为次要质量的一个要素，常常是比“色、形”更直接影响就餐者的情绪和食欲的，是比美味更具有诱惑力的，或者说其本身就是构成美味的一个重要部分。如在烹调中常用“料袋”法入味的就是采用将整料（香料）装入纱布袋中煮、炖，使香气渗入菜肴原料内部，达到味透肌里、回味绵长、越嚼越香的境界，这种用法如同凉菜的卤、腊、酱等制法。

由此可见，通常对“香”（香气）的要求是，一种引起食欲的美妙嗅觉，而且香气四溢，醇厚、馥郁芳香，能体现菜肴本身的“香”（香气），否则将会引起嗅觉质量的下降。

（三）味

“味”字的本意就是舌头尝东西所得到的感觉，俗称“口味”（滋味、味道）。《中国烹调大全》曰：“味”是指能溶于水的呈味物质作用于舌苔乳头、味蕾所引起的知觉反映，俗称味觉。由以上释义可见“味”只是物质刺激味蕾所引起的感觉，那么“香”（香气），就必须排除在“味”（滋味、口味或味道）的构成要素之外（因为“香”是主观性的，能引起人美妙的嗅觉，即“香美”）。菜肴的“味”是指菜肴的口味调得是否纯正鲜美，以及能够尝到单一味和各种复合味。

我国自古把舌感（滋味）意义上的味分为酸、甜、苦、辣、咸5种。而现在中国烹饪领域，实际上将“味”（指单一味或基本味）的种类分为酸、甜、苦、辣、麻、咸、鲜7种；而复合味（指两种或两种以上的单一味调味品混合加工制成的多味调料）的种类可分为24种，即咸鲜味型、麻辣味型、酸辣味型、泡椒味型、家常味型、怪味味型、红油味型、鱼香味型、荔枝味型、煳辣味型、甜香味型、烟香味型、椒麻味型、蒜泥味型、五香味型、糖醋味型、咸甜味型、陈皮味型、酱香味型、姜汁味型、麻酱味型、椒盐味型、香糟味型、芥末味型。

中国菜肴个体的味千差万别，严格意义上讲，每一种菜肴都有不同的味，就像世界上没有两片树叶是完全相同的。中国菜肴的属性七大要素中，应把“味”放在第一位，因为烹饪的主要目的是吃，而吃必须以味为主。中国菜肴历来重视“以味魅人”，强调“烹饪味为先”，可见“味”在烹饪当中的重要性。要使菜肴产生出鲜美的滋味，一在于烹，二在于调，所谓调味，就是在烹调菜肴过程中，把原料和所需要的各种调味品恰当配合，使之相互影响，相互作用，去其不正之味，产生出特殊的美味。

菜肴的美味是由选择原料、掌握火候、注重调味三个步骤构成的。烹饪原料不仅是味的载体，构成美食的基本内容，而且原料本身就是美味的重要来源。火候是烹饪中的重要环节，中国菜肴烹制过程中掌握运用火候相当考究，掌握适宜的火候不光是为了使原料成熟，或者为了改变原料的质感，而且还有一个很重要的目的，就是为了体现和提取原料中特有的美味。注重调味是决定菜肴口味质量最根本的一环。原料自身以及在加热过程中虽然为食物提供基本的滋味，但最后美味还需调味的参与，不需要调味的菜肴基本很少。从欣赏的角度看，中国烹饪是一门味觉艺术，从创造的角度看，中国烹饪也可以说是一门调味的艺术。烹饪的所有环节，最终都是服务和服从于调味的，获得美味毕竟是烹饪的最终目的。调味是重要的，调味又是复杂的，它的复杂不仅在于调味本身的千变万化，而且还在于对口味的要求是因人而异的。

为了取得调味的最佳效果，在烹调菜肴过程中，一般分为三个阶段进行调味：首先是加热前的调味（可称基本调味）；其次是加热过程中的调味（也称决定性的定型调味），大部分菜肴的口味都是在这一调味阶段确定的，因此，加热过程中的调味是很重要的；最后是加热后的调味（可称补助调味）。

菜肴的“味”要求应达到醇正、清鲜，油而不腻，咸而不苦，鲜而不恶，酸而不酷，辣而不燥，甜而不浓，苦而不显，浓厚而不烟重，清香而不淡薄。烹制各种菜肴要达到“五味调和百味鲜”，以鲜为第一。凡淡而无味，过咸而苦；过分地使用味精，复合味失去平衡；有腥膻味、煳味、邪味都视为味觉质量低下。

由上述“味”（滋味）可知，中国菜肴注重吃“味”（滋味），所以，“味”（滋味）是制作菜肴的关键之一。

（四）形

“形”就是指菜肴主、辅料成熟后的外表形状、造型、图形和内在的结构以及盛装在容器中的形态。中国菜肴素有色、香、味、形、质、营、器和谐统一的特点，其中“形”又在菜肴中具有特殊的魅力。早在2000多年前，我国就有“割不正不食”之说。现在，随着人们生活水平的提高和烹饪技艺的发展，对菜肴“形”的要求也不断提高，在形状上并不局限于一般的丝、丁、片、块、条、粒等，搭配上也不仅仅是块配块、片配片、丝配丝、丁配丁的一般搭配方法，而是在块、片、条、丝、丁、粒、蓉泥、整只、整形的基础上，用巧妙的艺术构思和精巧细致的操作手法，使这些常用的形状，变成丰富多彩、形象生动、悦目的花色形态，这就是“配型”。行业中又称为“配花色菜”或“艺术造型”或“再造型”或“形美”。

菜肴的造型或形美需要一些特殊的方法，常用的有：叠（又称贴、擦等，如锅贴鱼、面包叠腰片等）；卷（又称裹、卷裹等，如银针穿凤衣、火腿穿鸡翅等）；包（如纸包鸡、荷叶粉蒸肉）；镶（又称酿、填，如镶青椒、酿白花鱼肚等）；扣（如梅菜扣肉、荷叶粉蒸鸡等）；排（又称拼、摆，如腊味合蒸、葵花鸭片）；拖（如软炸鱼片、油淋鸭子等）；夹（又称夹沙，如夹沙肉、夹沙苹果等）；挤（如珍珠肉丸、三色鱼丸等）；攒（如干贝绣球丸、绣球海参等）；串（如牙签肉、串羊肉等）等11种。可见，菜肴的造型或形美，一方面要善于利用原料本身的形状进行美的组合，如自然形有整鸡、整鸭、整鱼、整猪（如烤乳猪等）、整羊、整蛋等，虽然是整只的，各种菜肴也有造型摆放姿态好坏的区别。还要根据它们的形状，选好适合其形的盛器，以及用其他原料，如用各种颜色的蔬菜、水果加以点缀美化的问题。另一方面是指原料经过刀工处理，烹调后的形状。这不仅是为了美化，也是出于烹调加工的需要（如爆炒腰花、珊瑚鱼等菜肴）。

菜肴造型的要求是形象与自然优美，主料、辅料结合合理，刀面光洁，原料形状应大小、长短、厚薄均匀，整齐一致，油量恰当，装盘美观，盛器协调，不合乎以上要求者或过分装饰，喧宾夺主，丧失食用价值，都视为未达到形美或造型的标准要求。

（五）质

“质”是指菜肴的质地，所谓“质地”，简单地说，就是物质组织结构的性能，具体表现为人们食用菜肴时所产生的口感，如：老、嫩、滑、松、软、烂、焦、脆、酥、韧、硬、泡、糯、肥、爽、黏、涩、利等以及符合的质感，如：松软、酥烂、嫩爽、鲜嫩、滑嫩、脆嫩、爽利、软糯、柔韧等。

菜肴的质地是反映菜肴特色的一个重要方面。中国的菜肴成千上万，任何一份菜肴都有它各自特定的“质”的要求。比如油爆双脆，要求质“脆”；芙蓉鸭片要求质“嫩”；香酥鸭要求质“酥”；清炒虾仁要求质“鲜嫩”等。达到了标准，方能体现出各自的特点，否则其特色就不能表现出来。所以说质地是构成菜肴多样化的主要因素，不然菜肴就只有“味”的区别了。

中国菜肴的属性七大要素中“质”仅次于“味”，“质”应放在第二位，因“质”在中国菜肴中占有很重要的地位，它主要取决于选料、配料、烹调技法、火候和刀工的技艺水平，体现了菜肴的特色，同时集中反映了中国菜的特点，菜肴质地的好坏在一定程度上也反映了烹调师操作水平的高低，菜肴质地的优劣，在很大程度上影响人们的食欲。

质地的要求是烹调技法、油温、火候掌握正确，出锅及时，使菜肴达到其应有的口感特点。凡选料不精美，刀工不细腻，规格不整齐，烹调技法使用不当，上菜温感不足而影响质地者，都视为质地不佳的菜肴。

（六）营

“营”是指原料合理地搭配，烹制成熟后，养分丰富，有利于人体消化吸收，维持人体正常的生长发育和健康。中国烹饪菜肴本身所具有的营养价值是评价它质量高低的重要指标。评价菜肴营养价值的高低，主要考虑组成菜肴本身的各种主辅料和调料是否做到合理利用，科学搭配，还要考虑是否做到合理烹调，也就是通过烹调加工营养成分保持的程度，或者说是营养成分受损和破坏的程度以及消化吸收的难易。但仅从这一方面考虑还不够，因各种原料的成分在烹制过程中总会发生一些变化，总会有一些营养成分遭到损失和破坏，这些损失是难以避免的，但若采取恰当的烹调加工方法，损失会明显地减少。在烹制加热过程中，由于蛋白质等营养成分的变性，菜肴由生变熟，使消化吸收率有明显的提高，从而也就提高了菜肴的营养价值。若火候不够，菜肴不熟；若火候过猛，则菜肴变焦、煳等；烹调方法不当，也会影响人的消化吸收，从而降低菜肴的营养价值。

因此，要求从事餐饮业的烹调师必须学习与掌握营养价值的一般理论和基础知识，并且运用这些理论与知识解决烹饪原料、烹调技法和烹制过程中的具体实际问题，从菜肴的营养价值方面来研究影响人体健康的因素，探讨提高菜肴的食用价值的途径，以便使烹制符合营养原则，烹制出色、香、味、形、质、营俱全的美味佳肴。

（七）器

“器”就是盛装菜肴的器皿是否恰当。如器皿的形状和大小与菜肴质、量相称，器皿的质地和颜色与菜肴的质、色相称，特别是宴席上整桌菜肴多种器皿之间的形状、大小、质地、色彩配置应协调一致等。中国菜肴的盛装器皿是非常讲究的，它不但具有品种多样、外形美观、质地精良、色彩鲜艳等特点，而且也是我国传统器皿工艺的灿烂文化的重要组成部分。

菜肴器皿的运用是构成菜肴属性的主要标志之一。盛装菜肴器皿的形状大小、颜色、纹饰等与菜肴搭配得适当与否，对菜肴的美感能起到一定的衬托作用，故有“美食不如美器”之说。如果一种菜肴用合适的器皿盛装，能给人以目悦神怡的感觉，从而增进人们对菜肴的喜爱，并使就餐者的食欲大增。特别是一席菜中，除盛器与菜肴的配合外，还应注意盛器与盛器之间的配合。精美的盛器与美味佳肴相得益彰，能使宴席显得更加丰盛和隆重。

如果器皿品质参差不齐，与佳肴配合不得体，就会削弱或破坏整桌宴席菜肴的形态美感。所以厨师不仅应该注意菜肴的色、香、味、形、质、营，而且也要注意盛器的配合，如盛器的大小要与菜肴的分量相适应；盛器要与菜肴的形态相配合；盛器的品种要与菜肴的品种相配合；盛器的色彩、纹饰要和谐；不同质地的盛器要相互配合；不同盛器之间的配合要运用合理。

综上所述，以上内容是中国菜肴的七大要素，从总体上看也是对菜肴属性的基本要求，不过侧重点不完全一样，评价菜肴属性的重点首先是感官性状（即视觉、嗅觉、味觉、触觉），这是中国菜肴的特点及特殊的地位所决定的，也是无可非议的。虽然如此，对其在烹制菜肴时火候的掌握和卫生要求更为关键，因为它们直接决定着菜肴的属性。

由此可见，中国菜肴属性的（色、香、味、形、质、营、器）七大要素，它们之间互为依存、相互制约、相互影响、彼此关联、缺一不可（如：色的和谐、香的生成、味的调和、形的美观、质的感受、营的搭配、器的配合），否则，就不能成为一个具备完美属性的菜肴。所以，中国菜肴的属性是中国烹饪菜肴的灵魂，也是中国烹饪优良传统的精髓所在，同时是中国烹饪菜肴艺术的核心。因此，弄通属性概念，对规范我国烹饪，弘扬中华民族美食文化有着显而易见的重要作用。

中国烹饪的特征及属性

思政小结 ▶　食物中蕴含的人生哲理

小结导入： 古装武侠剧《射雕英雄传》中的“北丐”洪七公深谙美食之道，他深知真正的烹调高手，能在最平常的菜肴之中，显出奇妙功夫。这道理与武学相似，能在平淡之中现神奇，才说得上是大宗匠的手段。

思考讨论： 根据问题导入的相关内容，结合烹调加工技艺谈谈其中蕴含的人生哲理。

分析强调： 很多美味的东西，虽然看似做法简单，却需要更多的耐心。学习烹调技术的人需要培养耐心，一步一个脚印地学习基本技能。

第四节　中国菜的风味流派

一、风味流派

风味流派，又称菜系、帮菜。它是指在选料、切配、烹饪等技艺方面，经长期演变而自成体系，具有鲜明的地方风味特色，并为社会所公认的中国饮食的菜肴派系。

中国汉族饮食文化的菜系是指在一定区域内，由于气候、地理、历史、物产及饮食风俗的不同，经过漫长历史演变而形成的一整套自成体系的烹饪技艺和风味，并被全国各地所承认的地方菜肴。早在春秋战国时期，中国汉族饮食文化中南北菜肴风味就表现出差异。到唐宋时期，南食、北食各自形成体系。发展到清代初期时，鲁菜、淮扬菜、粤菜、川菜，成为当时最有影响的地方流派，被称作“四大流派”。到清末时，浙菜、闽菜、湘菜、徽菜四大新地方菜系分化形成，共同构成中国汉族饮食的“八大流派”。

二、风味流派的形成

风味流派的成因比较复杂，归纳起来大致是六个方面。

（一）地理环境和气候物产的差异

我国疆域辽阔，分为寒温带、中温带、暖温带、亚热带、热带和青藏高原区6个气温带，加之地形复杂，山川丘原与江河湖海纵横交错，适于动植物生长，因此食物来源充足。人们择食多是就地取材，以水土养人，久而久之，便出现以乡土原料为主体的地方菜品。《博物志》记载：“土地所生者有饮食之异”；《史记》记载：“人各任其能，竭其力，以得所欲”，都是指的这个意思。《黄帝内经》还谈过地理环境对人生理和食性的影响，清人徐珂也指出：“人类所用之食物，实视气候之寒暖为标准。”一方水土养一方人，一地人偏爱一种味。很显然，是物产决定食性，并影响烹调，促进菜肴风味特色形成发育的。

（二）宗教信仰和风俗习惯的不同

我国人口众多，宗教信仰各异。佛教、道教、伊斯兰教、基督教和其他教派，都拥有大批信徒。由于各宗教教规、教义不同，信徒生活方式也有区别，孕育出了素菜和中国清真菜等。至于食礼、食规、食癖和食忌，这也是千百年习染熏陶形成的，且有稳固的传承性。《履园丛话》：“饮食一道如方言，各处不同……北方人以肴馔丰、点食多为美，南方人以肴馔精、果品鲜为美。虽清奇浓淡，各有妙处，然浓厚者未免有伤肠胃，清淡者颇能自得精华。”《清稗类钞》也说：“食品之有专嗜者，食性不同，由于习尚也。”这都是对风味由来的合理解释。

（三）历史变迁和政治形势的影响

在我国历史上，西安、洛阳、开封、杭州、南京、北京是驰名的古都；广州、福州、上海、武汉、成都、济南是繁华的商埠。它们分别作为各代的经济、政治、文化中心，对菜系孕育都产生过积极而深远的影响。汉、唐、宋、明的开国皇帝酷爱家乡美食；辽、金、元、清的统治者大力推行本民族肴馔，对一些菜的风味形成也有帮助。如秦菜与唐代珍馐关系密切，辽宁菜与清宫名菜渊源深厚，淮扬菜中保留着“十里春风”的艳彩，鄂菜中能看到“九省通衢”的踪影，川菜体现了“天府之国”的风貌，粤菜有“门户开放”后的遗痕，更可说明这一问题。

（四）权威倡导和群众喜爱的促成

如同各种商品都是为了满足一部分人的需要而生产的一样，各路菜肴也是迎合一部分食客的嗜好而问世。人们对某一风味菜肴喜恶程度的强弱，往往能决定其生命的长短和威信的高低。此外，由于烹饪的发展，与权贵追求享乐、民间礼尚往来、医家研究食经、文士评介馔食关系密切，所以任何菜系的兴衰都有明显的人为因素（即消费者）在左右。其中乡土风味更是如此，乡土风味之所以迷人是因为群众对乡土菜的热爱，这也是乡土菜稳固扎根的前提。人们对故乡的依恋，既有故乡的山水、亲友、乡音、习俗，也有故乡的美食。所谓“物无定味，适口者珍”，所谓“一世长者知居处，三世长者知服食”，在很大程度上取决于共同的心理状态和长期形成的习惯。乡情、食性和菜肴风味水乳交融，支配一个地区烹调工艺的发展趋向。

（五）文化气质和美学风格的熏陶

我国有黄河流域文化、长江流域文化、珠江流域文化、辽河流域文化，也有中原大地的雄壮之美、塞北草原的粗犷之美、江南园林的幽雅之美、西南山区的质朴之美和华南沃土的华丽之美。由于顺应自然，以求生存，是人的天性；改造自然，以求更好的生活，是人的特性；天性决定审美观，特性发展审美观，所以反映在菜系中，文化气质与审美风格经常居于主导地位。例如中原雄壮之美便孕育出宫廷美学风格，形成雄伟壮观的宫廷菜；江南幽雅之美便孕育出文人美学风格，形成小巧精工的淮扬菜；华南华丽之美便孕育出商业美学风格，形成华贵富丽的粤菜；西南质朴之美便孕育出平民美学风格，形成灵秀实惠的巴蜀菜；塞北粗犷之美便孕育出牧民美学风格，形成蒙古族特异的红食与白食等。

（六）烹调工艺和筵宴铺排的升华

这是菜系形成的内因，起着决定性的作用。前文已述，地方菜是菜系形成的前提和基本条件，菜系是某些地区菜的升华和结晶。具有明显风味特色的菜系能够从众多地方菜中脱颖而出，靠的是什么？显然是自身实力——烹调工艺好，名菜美点多，筵席铺排精。强大的实力可以使它们在激烈的市场竞争中保持优势，从而获取较高的社会声誉。从古到今，影响大的菜系无不都是跨越省、市、区界，向四方渗透发展，朝气蓬勃；而一些较小的地方菜则只能在自己的“根据地”内活动，各方面都受到限制。究其原因，仍是实力上的差距。尤其是近年来，各大菜系的竞争也相当激烈，优胜劣败，毫不留情。总之，谁能征服食客谁就发展，菜系的原动力就是菜品的质量和信誉。

三、风味流派的特色

中国“八大流派”的烹调技艺各具风韵，其菜肴之特色也各有千秋。鲁菜历史悠久，“食不厌精，脍不厌细”，文化底蕴浓厚；川菜采巴蜀丰富的物产，烹巴蜀之美味，“七滋八味”尽在其中；淮扬菜“金齑玉脍”，技法精妙，玲珑剔透；湘菜，香甜酸辣，诸味俱全，风味浓郁；徽菜古色古香，河鲜家禽，尽入其味；浙菜南料北烹，味贯南北，清鲜爽脆；闽菜清鲜和醇，色香味形，无一不备；粤菜清淡鲜活，博采众家，影响深远。

（一）四川风味菜

四川风味菜又称川菜，它是一个历史悠久的菜系，起源于秦汉时期的巴蜀，四川盆地是其基地，波及整个天府，还有云贵高原和藏北、甘南、湘、鄂、陕边界等地。据《华阳国志》记载，巴国“土植五谷，牲具六畜”，并出产鱼盐和茶蜜；蜀国则“山林泽鱼，园囿瓜果，四代节熟，靡不有焉”。当时巴国和蜀国的调味品已有卤水、岩盐、川椒、“阳朴之姜”。在战国时期墓地的出土文物中，已有各种青铜器和陶器食具，川菜的萌芽可见一斑。四川风味在秦末汉初就初具规模，唐宋时发展迅速，明清已富有名气，到今天为止，川菜馆已遍布世界各地。随着社会的不断发展，正宗四川风味流派目前主要包括上河帮、小河帮和下河帮。上河帮川菜即以川西成都、乐山为中心的蓉派川菜；小河帮川菜即以川南自贡为中心的盐帮菜，同时包括宜宾菜、泸州菜和内江菜；下河帮川菜即以重庆江湖菜、万州大碗菜为代表的重庆菜。三者共同组成川菜三大主流地方风味流派分支菜系，代表川菜发展最高艺术水平。

川菜重视选料，讲究规格，分色配菜主次分明，鲜艳协调。“三香三椒三料”，“七滋八味九杂”是川菜的特点。“三香”乃葱、姜、蒜，“三椒”乃辣椒、胡椒、花椒，“三料”乃醋、郫县豆瓣酱、醪糟，“七滋”是指酸、甜、苦、辣、麻、香、咸，“八味”是说鱼香、麻辣、醋辣、干烧、辣子、红油、怪味、椒麻，“九杂”是指用料之杂。这些特点为其他地方菜所少有，形成川菜的独特风味，享有“一菜一味，百菜百味”的美誉。烹调方法擅长于烤、烧、干煸、蒸以及小煎小炒。川菜善于综合用味，收汁较浓，在咸、甜、麻、辣、酸五味基础上，加上各种调料，相互配合，形成各种复合味，如家常味、咸鲜味、鱼香味、荔枝味、怪味等24种。

四川风味代表菜肴的品种有：回锅肉、宫保鸡丁、鱼香肉丝、毛肚火锅、水煮鱼、夫妻肺片、怪味鸡块、麻婆豆腐、开水白菜、清蒸江团、干煸牛肉丝、家常海参等。

（二）广东风味菜

广东风味菜又称粤菜，起源于秦汉时期的南越（今中国岭南地区及越南北部），珠江三角洲和潮汕平原是其根据地，波及整个岭南与港澳等地，流传到东南亚和欧美。西汉时已有粤菜的记载，南宋时随御厨迁徙流传至羊城（今广州），明清发展迅速，20世纪随着对外通商的扩大，吸取西餐的某些特长，粤菜被推向世界，仅美国纽约就有粤菜馆数千家。粤菜主要由广州菜（珠江三角洲和韶关）、潮州菜（含汕头、海丰）、东江菜（梅州、惠州、河源、深圳）、高凉菜（茂名、阳江）和海陆丰菜（汕尾市）五个分支构成，五种风味各具特色。

粤菜的原料较广，花色繁多，形态新颖，善于变化，讲究鲜、嫩、爽、滑，一般夏秋力求清淡，冬春偏重浓醇。调味有所谓五滋（香、松、臭、肥、浓）、六味（酸、甜、苦、咸、辣、鲜）之别。其烹调擅长煎、炸、烩、炖、煸等，菜肴色彩浓重，滑而不腻。

广东风味著名的菜肴品种有：盐焗鸡、蚝油牛肉、烤乳猪、客家酿豆腐、潮汕牛肉丸、豉汁排骨、干煎大虾碌和冬瓜盅等。

（三）山东风味菜

山东风味菜又称鲁菜，它的形成和发展与山东地区的文化历史、地理环境、经济条件和习俗等有关。山东是我国古文化发祥地之一，地处黄河下游，气候温和，胶东半岛突出于渤海和黄海之间。境内山川纵横，河湖交错，沃野千里，物产丰富，交通便利，文化发达。蔬菜种类繁多，品质优良，号称“世界三大菜园”之一。宋代以后鲁菜就成为“北食”的代表。明、清两代，鲁菜已成宫廷御膳主体，对京津、东北各地的影响较大。山东菜是由济南菜（以济南为中心）、胶东菜（以烟台为中心）、淄博菜和孔府菜构成。

山东风味菜以清香、味纯、鲜咸脆嫩而著名，十分讲究清汤和奶汤的调制，清汤色清而鲜，奶汤色白而醇，选料精细，刀法细腻，注重实惠，花色多样，善用葱姜。济南菜擅长爆、烧、炸、炒。胶东菜以烹制各种海鲜而驰名，口味以鲜为主，偏重清淡。

山东风味著名的菜肴品种有：糖醋黄河鲤鱼、九转大肠、汤爆双脆、葱烧海参、烧蚶蝗、烤大虾、清汤燕窝、神仙鸭子、干蒸加吉鱼、油爆海螺等。

（四）江苏风味菜

江苏风味菜起源于春秋时期的吴国，滥觞于宁镇丘陵和苏南平原，波及北京、华东和长江中下游部分地区。明清时期，苏菜南北沿运河、东西沿长江的发展更为迅速。沿海的地理优势扩大了苏菜在海内外的影响。江苏风味是由徐海菜（以徐州、连云港为中心）、金陵菜（以南京为中心）、淮扬菜（以扬州、淮安为中心）、苏锡菜（以苏州、无锡为中心）四个分支为代表而构成的。

江苏风味的特点是浓中带淡，鲜香酥烂，原汁原汤，浓而不腻，口味平和，咸中带甜。其烹调技艺以擅长炖、焖、烧、煨、炒而著称。烹调时用料严谨，注重配色，讲究造型，四季有别。苏州菜口味偏甜，配色和谐；扬州菜清淡适口，主料突出，刀工精细，醇厚入味；南京菜、镇江菜口味和醇，玲珑细巧，尤以鸭制的菜肴负有盛名。江苏是名厨荟萃的地方，彭祖制作野鸡羹供帝尧食用，被封于大彭国，即今天的徐州，其子孙以国为氏。夏禹时代，“淮夷贡鱼”，淮白鱼直至明清均为贡品。“菜之美者……具区之菁”，商汤时期的太湖佳蔬韭菜花已登大雅之堂。春秋时齐国的易牙曾在徐州传艺，由他创制的“鱼腹藏羊肉”千古流传，是为“鲜”字之本。江苏点心富有特色，如秦淮小吃、苏州糕团、汤包，都很有名。

江苏风味著名的菜肴品种有：清汤火方、将军过桥、大煮干丝、三套鸭、拆烩鲢鱼头、松鼠鳜鱼、西瓜鸡、盐水鸭、天目湖砂锅鱼头、金蹬仙裙、镜箱豆腐等。

中国菜的风味流派

（五）福建风味菜

福建风味菜又称闽菜，它由中原汉族文化和闽南越族文化的混合而形成。福建风味发源于福州，以福州菜为基础，后又融合闽东、闽南、闽西、闽北、莆仙五地风味菜形成的菜系。狭义闽菜指福州菜，最早起源于福建福州闽县，后来发展成为福州风味（含闽侯）、闽南风味（含泉州、漳州、厦门）、闽西风味（含三明、永安、龙岩）和南普陀素菜。

福建风味的特点是色调美观，滋味清鲜。擅长炒、熘、煎、煨的烹调方法，尤以“糟”最具特色。由于福建地处东南沿海，盛产多种海鲜，如海鳗、蛏子、鱿鱼、黄鱼、海参等，因此，多以海鲜为原料烹制各式菜肴，别具风味。闽菜历来以选料精细，刀工严谨，讲究火候、调汤、佐料，和以味取胜而著称。其烹饪技艺，有一个鲜明的特征，是采用细致入微的片、切、剞等刀法，使不同质地的原料，达到入味透彻的效果。故闽菜的刀工有“剞花如荔，切丝如发，片薄如纸”的美誉。如凉拌菜肴“萝卜蜇”，将薄薄的海蜇皮，每张分别切成2~3片，复切成极细的丝，再与同样粗细的萝卜丝合并烹制，凉后拌上调料上桌。

福建风味的代表菜肴品种有：佛跳墙、醉糟鸡、太极芋泥、七星丸、淡糟香螺片、酸辣烂鱿鱼、烧片糟鸡、太极明虾、清蒸加吉鱼、荔枝肉等。

（六）浙江风味菜

浙江风味菜富有江南特色，历史悠久、源远流长，是中国著名的地方菜系。浙江风味起源于新石器时代的河姆渡文化，经越国先民的开拓积累，汉唐时期的成熟定型，宋元时期的繁荣和明清时期的发展，浙江风味的基本风格已经形成。浙江风味是以杭州、宁波、绍兴、温州等地的菜肴为代表发展而成的。浙江山清水秀，物产丰富，故谚曰："上有天堂，下有苏杭。"浙江省位于我国东海之滨，北部水道成网，素有"鱼米之乡"之称。西南丘陵起伏，盛产山珍野味。东部沿海渔场密布，水产资源丰富，有经济鱼类和贝壳水产品500余种。

浙江风味的特点是清、香、脆、嫩、爽、鲜，菜式小巧玲珑、清俊秀丽。浙江盛产鱼虾，又是著名的风景旅游胜地，湖山清秀，山光水色，淡雅宜人，故其菜如景，不少名菜来自民间，制作精细，变化较多。烹调技法擅长于炒、炸、烩、熘、蒸、烧，重原汁原味。浙江点心中的团子、糕、羹、面点品种多，口味佳。

浙江风味菜肴的代表品种有：西湖醋鱼、生爆鳝片、蜜汁火方、西湖莼菜汤、东坡肉、龙井虾仁、干炸响铃、叫化童子鸡、清汤鱼圆、干菜焖肉、大汤黄鱼、爆墨鱼卷、锦绣鱼丝等。

（七）湖南风味菜

湖南风味菜又称湘菜。战国时境内主要居民为楚人和越人。由于受气候和地理环境的影响，当时饮食已形成了与中原地区不同的特点。后经历了汉代、唐宋的发展时期之后，湘菜的浓、香、淡的风格特征已经凸显出来，形式上力求完整地保存原料形态。它由湘江流域风味（含长沙、湘潭、衡阳）、洞庭湖区风味（含常德、岳阳、益阳）、湘西山区风味（含大庸、吉首、怀化）等分支构成。

湖南风味的特点是用料广泛，油重色浓，多以辣椒、熏腊为原料，刀法奇异，形态逼真，巧夺天工，口味注重香鲜、酸辣、软嫩。烹调方法擅长腊、熏、煨、蒸、炖、炸、炒。湘西菜香酸辣，具有浓郁的山乡风味。湘菜历史悠久，早在汉朝就已经形成菜系，烹调技艺已有相当高的水平。湖南菜最大特色一是"辣"，二是"腊"。

湖南风味的著名菜肴品种有：腊味合蒸、东安子鸡、五元神仙鸡、霸王别姬、麻辣子鸡、汤泡肚、冰糖湘莲、金钱鱼、油爆肚尖、生熏大黄鱼等。

（八）安徽风味菜

安徽风味菜又称徽菜。徽菜起源于秦汉，兴于唐宋，盛于明清，在清朝中末期达到了鼎盛，徽菜是徽州的地方特色，其独特的地理人文环境赋予徽菜独有的味道。由于明清徽商的崛起，这种地方风味逐渐进入市肆，流传于苏、浙、赣、闽、沪、鄂以至长江中、下游区域，具有广泛的影响，明清时期一度居于八大菜系之首。它由皖南风味（含歙县、屯溪、绩溪、黄山）、沿江风味（含安庆、铜陵、芜湖、合肥）、沿淮风味（含蚌埠、宿县、淮北）等分支构成。

安徽风味菜的特点是选料朴实，讲究火功，重油重色，味道醇厚，保持原汁原味。早在南宋时期，徽菜就以烹制山野海味而闻名，像"沙地马蹄鳖，雪中牛尾狸"这些原料已成为当地人的著名佳肴。其烹调方法擅长烧、焖、炖。

安徽风味的代表菜肴品种有：符离集烧鸡、屯溪臭鳜鱼、金雀舌、八公山豆腐、火腿炖甲鱼、腌鲜鳜鱼、火腿炖鞭笋、雪冬烧山鸡、奶汁肥王鱼、毛峰熏鲥鱼、无为熏鸭、方腊鱼、蝴蝶面等。

（九）北京风味菜

北京风味菜起源于金、元、明、清的御膳、官厨和食肆，受鲁菜、满族菜、清真风味和江南名食的影响较大，波及天津和华北，近年来已推向海外。它由本地乡土风味、齐鲁风味、蒙满风味、清真风味、宫廷风味（含今日之仿膳菜）、斋食风味、江南风味等分支构成。

北京风味菜的特点是选料考究，调配和谐，以爆、烤、涮、扒见长；酥脆鲜嫩，汤浓味足，形质并重，名实相符；菜路宽广、品类繁多，广集全国美食之大成。

北京风味的代表菜肴品种有：北京烤鸭、涮羊肉、三元牛头、一品燕菜、八宝豆腐、潘鱼、三不粘、北京烤肉、翡翠羹、罗汉大虾、它似蜜、木须肉等。

（十）湖北风味菜

湖北风味菜起源于春秋时期的楚国都城郢都（今江陵），孕育在荆江河曲，曾影响整个长江流域和岭南，部分菜品传播到相邻省区。它由汉沔风味（含武汉、孝感、沔阳）、荆南风味（含荆州、沙市、宜昌）、襄郧风味（含随州、襄樊、十堰）、鄂东南风味（含黄石、黄冈、咸宁）、鄂西土家族山乡风味（以恩施为中心）等分支构成。

湖北风味菜的特点是以水产为主，鱼菜为本；擅长蒸、煨、炸、烧、炒，习惯于鸡鸭鱼肉蛋奶合烹；汁浓芡亮，口鲜味醇，重本色，重质地，为四方人士所喜爱。

湖北风味的代表菜肴品种有：清蒸武昌鱼、红烧鮰鱼、冬瓜鳖裙羹、鸡泥桃花鱼、沔阳三蒸、钟祥蟠龙、散烩八宝、菜薹炒腊肉、瓦罐鸡汤、橘瓣鱼汆、荆沙鱼糕、清炖蕲龟等。

（十一）上海风味菜

上海风味菜起源于清代中叶的浦江平原，后受东西南北15个帮口和西菜的影响，成为海派菜，波及华东和北京，近年来在海外也有较高声誉。它由海派江南风味、海派北京风味、海派四川风味、海派广东风味、海派西菜、海派点心、功德林素菜、上海点心等分支构成。

上海风味菜的特点是精于红烧、生煸和糟炸；浓油赤酱，汤醇卤厚，糖重色艳，鲜香适口，重视本味；勇于开拓，推陈出新，以精细善变著称。

上海风味的代表菜肴品种有：八宝鸭、虾子大乌参、松仁鱼米、炒青蟹粉、生煸草头、真如羊肉、鱼皮馄饨、灌汤虾球、下巴划水、贵妃鸡、葫芦鸭子、红烧鲥鱼等。

（十二）河南风味菜

河南风味菜起源于商周时期的黄淮平原，以安阳、洛阳、开封三大古都为依托，向中原大地延展。河南菜以郑州为中心，由四个不同的口味区构成：豫东以开封为代表，恪守传统，扒制类菜肴典型，口味居中；豫西以洛阳为代表，水席为典型风味，口味稍偏酸；豫南以信阳为代表，炖菜较为典型，口味稍偏辣；豫北以新乡、安阳为代表，善用土特产，口味偏重。

河南风味菜的特点是烹必适度，不欠火，不过火；调必匀和，无畸形，无异味；鲜咸微辣，四时分明；菜式大方朴实，中州小吃自古擅名。河南菜特色是中扒（扒菜）、西水（水席）、南锅（锅鸡、锅鱼）、北面（面食、馅饭）。就烹饪技术来说，河南菜的特色是选料严谨、刀工精细、讲究制汤、质味适中，其烹调方法多达50余种。

河南风味的代表菜肴品种有：铁锅蛋、软熘黄河鲤鱼焙面、清蒸白鳝、烧酿七星蛋、琥珀冬瓜、炸八块、道口义兴张烧鸡、汆芙蓉黄管脊髓、烧臆子、汴京烤鸭、炸紫酥肉等。

（十三）陕西风味菜

陕西风味菜起源于周秦时期的关中平原，随着古长安的兴盛而发扬，活跃在渭水两岸，扩展到陕南和陕北，对晋、豫和大西北食风均有影响。它由关中风味（含西安、三原、大荔、咸阳、铜川、宝鸡）、陕北风味（含榆林、延安、绥德）、陕南风味（含汉中、商洛、安康）等分支构成。

陕西风味菜的特点是以香为主，以咸定味；料重味浓，原汤原汁；肥浓酥烂，光滑利口；质朴无华，经济实惠。陕西菜在调味上，朴实无华，重视内在的味和香，其次才是色和形。特点之一是主味突出，滋味纯正。

陕西风味的代表菜肴品种有：奶汤锅子鱼、遍地锦装鳖、龙井汆鸡丝、带把肘子、温拌腰丝、商芝肉、汆双脆、红烧金鲤、清炖牛羊肉、葫芦鸡等。

（十四）辽宁风味菜

辽宁风味菜起源于辽金时期的女真部落，植根在辽河流域，后受鲁菜影响，向东北平原拓展。它的形成与辽宁内陆的政治、历史、地理、民族、文化、风俗、资源及经济发展的因素有密切联系。它由沈阳风味、大连风味、御府风味（指伪满洲国肴馔）、帅府风味（指张作霖家庭肴馔）、满族民间风味等分支构成。

辽宁风味菜的特点是用料突出山珍海味；脂滋多咸，汁宽芡亮，焦酥脆嫩，形佳色艳；肥浓、香鲜、润口。辽菜十分讲究火候，擅长使用烧、炖、扒、㸆、熘、拔丝、小炒、酱等烹调方法。一些菜肴的烹制做到了嫩而不生、透而不老、烂而不柴，或外脆里嫩、外酥内软等特征，火候的运用到了炉火纯青的地步。

辽宁风味的代表菜肴品种有：红鲷戏珠、小鸡炖蘑菇、鸡锤海参、红梅鱼肚、游龙鸡凤、荷包里脊、白肉火锅、李记坛肉、熘肉段、鸡丝拉皮、桃花香扇、红烧大麻哈鱼等。

思政小结 ▶ 坚持文化自信，弘扬中华饮食文化

小结导入： 2016年7月，在庆祝中国共产党成立95周年大会上，习近平指出，“文化自信，是更基础、更广泛、更深厚的自信”，强调“坚持不忘初心、继续前进，就要坚持中国特色社会主义道路自信、理论自信、制度自信、文化自信”。——《十八大以来，习近平这样强调文化自信》（新华网，2017年10月13日）

思考讨论： 从专业学习的角度出发，谈谈我们应如何坚持饮食文化自信。

分析强调： 饮食是社会文明的一面反光镜，饮食文化是中华文化的重要组成部分，我们应该认识中华饮食文化的优良传统和优势，继承、发扬、开拓、创新，开发出更多营养、卫生、科学的菜点，改善人们的饮食，丰富饮食文化。

第五节 烹饪工艺学研究的内容与学习的方法

一、烹饪工艺学的主要研究内容

烹饪工艺学将菜肴加工过程作为一个完整的流程，流程中一切的工艺现象都是被研究的内容，它不在于研究现成的最佳流程，而在于研究能够组成最佳流程的基本工艺因素。因此，它的研究内容包括一切技能、技术和工具的操作综合。

（一）原料加工工艺

原料的加工工艺包括原料的粗加工工艺和原料的精加工工艺两大部分。原料的粗加工工艺主要研究选用烹调原料的基本要求、原则，蔬菜、家禽、家畜、水产品等原料初步加工的方法，干料涨发工艺等。

原料的精加工工艺主要从力学的角度研究刀工的基本原理；刀法的运用；原料成形工艺的操作要领；制缔、上浆、挂糊、拍粉的基本原理、方法和成品标准；菜肴配制的类型和配制方法等。

（二）烹制基本工艺

在整个烹调工艺中，烹是调的物化程序，是烹调工艺的基本理论。烹调原料具有各不相同的热物理特性，掌握这些物理特性，对于正确把握火候十分重要。传热学在烹调中有着广泛的应用，热量的传递要以一定的物质作媒介，即要有传热介质，掌握传热方式、传热过程以及各种传热介质的特点，在学习基本工艺时应研究这些传热介质。

不同的传热方式是正确把握烹制温度的关键，对菜肴品质具有重要意义，并为烹调方法的多样化提供了保障。在烹制过程中，烹调原料会发生一系列复杂的理化变化，研究这些变化，对于掌握菜肴的色、香、味、形、质、营等具有十分重大的作用。“烹”有多种基本方式，每种方式又各有其特性，研究“烹”的不同方式对于形成菜肴特征有决定性的意义。

火候是烹调技术的关键，探讨火候的实质与要素，研究火候的功效，目的在于有效地调控火候。焯水、过油、汽蒸是原料预熟处理的三大方法，原料经过预熟处理后开始发生质的变化。掌握预熟处理技术及其作用原理，能够为菜肴的出品质量打下良好的基础。

（三）调制基本工艺

如果说“烹”是“调”的物化程序，则“调”就是“烹”的必然结果。菜肴的色、香、味、形、质，是调制工艺所要研究的主要内容。菜肴的色，着重研究色泽的调控原则、方法、原理和常见调色料的具体应用。菜肴的味是其灵魂，也是中国烹调典型化的个性特质所在。所以调味是烹调工艺的核心内容。研究菜肴的香，重点是调香的原则、方法及其原理。质地，是菜肴属性中不可忽视的重要组成部分之一。调质所要研究的主要内容是菜肴质感的形成特征、调质的原则、方法及其原理等。菜肴的形，重点研究菜肴造型的原则、规律、基本方法和盘饰包装的特点及一些相关的处理技术。

（四）烹调方法

烹调方法是“烹”与“调”完美的有机组合，它是在烹制工艺和调制工艺诸多方法和原理的基础上演变而成的，是烹调综合工艺的集中体现。烹调方法的研究包括凉菜烹调方法和热菜烹调方法两大内容。

二、烹饪工艺学学习研究的方法

（一）烹饪工艺学学习方法

烹饪工艺学是烹饪学科相关各专业的一门主要专业基础课，是理论和实践（烹饪技能）训练并重的课程。从理论上讲，它要融汇烹饪营养学、烹饪卫生学、烹饪原料学、烹饪器具和设备等课程的知识于烹调实践之中，如果要有所创新，还要有烹饪化学和烹饪工艺美术等课程的知识来开阔眼界；从实践上讲，它对中国名菜、中国名点和宴会设计等课程起着指导作用。所以学好烹饪工艺学，是掌握烹饪科学必不可少的前提。鉴于餐饮行业的现状和发展趋势，学习烹饪工艺学要掌握以下要点：

首先，注意理论联系实际，以科学理论指导烹调过程中的操作实际，不仅要知道怎样做，还要懂得为什么这样做。其次，处理好继承与创新的关系，应该先继承后创新，认真思考前人工作的成功和不足之处，再有的放矢地进行创新，而一味遵循祖制的保守观点和哗众取宠搞一时的轰动效应的方法也不可取。再次，练好基本功，按照行业规范掌握必要的基本技能，刻苦训练、熟能生巧，再吸收新鲜知识，借鉴其他学科的相关知识，进行技术创新。然后，立足中餐，学习西餐和其他外国烹饪技术，既要尊重经验，更要尊重科学，不可故步自封。最后，既要刻苦钻研，又要虚心请教，技术和知识一样，都要注意不断积累，精益求精。

烹饪是一门涉及多学科的综合性科学，横跨多个自然科学和人文社会科学，应当不断学习，不断进取。如果固守“一把菜刀打天下”的传统思想，是不会成为行业翘楚，更不会成为精通各类烹饪技法，熟悉多种食材特性，能够巧妙融合各地风味的烹饪学家。

（二）烹饪工艺学研究的方法

任何一门学问，都有它特定的研究方法；任何一个学术研究者，都有自己的研究思路。从某种意义上讲，研究并非学者的专利，任何人要想把自己所从事的事业做出与众不同的成绩，一定要动脑筋，设想出各种不同的实践方案，并且选择出自己认为是最好的方案来完善自己的事业，这便是研究。这对大部分普通厨师来讲，往往注重技术、技能的研究，而没有把研究提升到方法论的高度。

俗话说“工欲善其事，必先利其器”，这里“器”就包括了两个方面，即物质的工具和思想的工具。进行科学研究工作，为的是探索自然界的奥秘，发现新的自然规律。不仅要有先进的仪器设备，更需要有一个善于思考的头脑。掌握正确的科学研究方法是使思维科学化的重要途径，也是取得研究成果的前提条件之一。我们要提高科学研究工作的效益，就要重视科学方法论的研究。用科学研究的思路来研究烹饪工艺一般是以下几个步骤，而且每一个步骤都有具体的方法。

1．合适的选题

对于科学研究工作而言，无论是自然科学还是人文社会科学，选题非常重要。因为选题就是确定研究工作的切入点。例如，马克思对资本主义的研究是从商品开始的；达尔文研究生物遗传的变异时，选择的观察对象是家鸽。总而言之，科研课题不是随意确定的，一定要提出合理的科学问题，而科学问题的来源是基于烹饪过程中暂未解决的现象。

2．掌握课题内容的历史和现状

在课题开始阶段，应该收集一切不同时间段的背景资料，即通常所说的文献情况及调查，充分利用索引、文摘之类的工具。尤其做理论研究和新的工艺或产品设计时，吸收别人已做过的成果（包括经验和教训）是绝对必要的。如今的互联网时代为我们做背景资料调研提供了有效便捷的方式。对于技术开发性的课题，同类产品和实物模型有触类旁通的奇效。

3．观察和实验是研究的手段

在研究过程中，观察和实验不是同一回事。观察是指对事物天然存在状态的直接感受，而实验则是研究者设定专门的观察点。人为创造符合事物本身发展规律的观察条件，从而获得可信的、能反映实物自然面貌的变化规律。在这个问题上，科学家的诚信和良知是绝不可少的，人为地修改实验结果或造假都是不可饶恕的。为了验证实验成果的可信度，复演是必不可少的，这在科学上叫作证伪，唯有证伪，才能确保科研成果的可靠，才能获得真正的科学规律。

4．运用科学的统计方法

用科学统计方法进行数据处理是去伪存真、梳理观察实验结果的重要步骤。一个常见的错误做法是孤证或将非正常的个别数据作为推定实验结论的主要依据。那么，推出来的结论就不是科学有效的。科研人员要记住，孤证只能在研究报告中立此存照，而不能作为科学结论的根据。

5．找出规律性结论

用比较、归纳、演绎等逻辑方法从经过统计处理的数据中寻出规律性的结论来，如果是工艺技术开发方面的研究，则要做成模型，测定其工作效率。总而言之，对所得的结果要再一次证伪，确保经得起他人的检验。

课后练习题

思政小结 ▶ 顺境逆境皆为人生财富

小结导入：“要像海绵汲水一样汲取知识。”对于处于人生积累阶段的青年人，习近平提出建议。抓学习既要惜时如金、孜孜不倦，又要突出主干、择其精要。

——《青年人要尝尽三味苦药，方能不负青春》（搜狐网，2019年5月8日）

思考讨论：请结合烹调技术的学习体会，谈谈你是如何理解这段话的内涵的。

分析强调：学习要克服浮躁之气，静下心来。要充分发挥青年的创造精神，勇于开拓实践，勇于探索，持之以恒。烹调技术学习过程是艰辛的，学习效率有高有低，学习成果有好有坏，要正确对待一时的成败得失，树立“顺境逆境皆为人生财富”的理念。

02

第二章 CHAPTER

烹饪原料的选择与初加工工艺

学习目标

1. **掌握：**常见原料鉴别的方法；常见鱼类的初加工方法及烹饪应用；虾类的出肉加工方法；猪内脏及附件的清洗整理方法；水发工艺、油发工艺、碱发工艺的基本原理及烹饪应用。

2. **熟悉：**选料的基本原则；植物性原料的洗涤加工、去皮加工；鲍鱼、田螺的初加工方法；原料的冷冻与解冻方法。

3. **了解：**原料选择的目的；蛙类、龟鳖类的初加工方法；禽类的宰杀方法及烹饪应用；原料干制的基本原理及方法；原料冲水的作用。

原料的选择是指依据一定的标准，运用一定的方法，对烹饪原料的特点、品种、性质等方面进行判断或检测，从而确定烹饪原料的优劣，保证合理利用优质烹饪原料的操作过程。原料的选择是烹调的第一道工序，是确保菜肴质量的前提，原料品质的优劣、利用是否合理，不仅影响菜品的色、香、味、形，还会影响到菜品的成本控制和人们的身体健康。清代学者袁枚在《随园食单》中讲到："物性不良，虽易牙烹之，亦无味也"，"大抵一席佳肴，司厨之功具其六，买办（原料采购）之功具其四。"可见，原料的选择是烹饪中的重要环节，决不可等闲视之。

第一节 烹饪原料选择的目的和方法

烹饪原料的选择具有重要意义，合理选择原料是保证菜点质量的重要条件之一。为菜点制作提供合适的原料，可保证菜点的基本质量，有助于形成菜点的风味特色和传统特色；扬长避短，使烹饪原料得到充分合理的应用，有效发挥烹饪原料的使用价值；可以满足人体的营养需求和卫生要求，避免伪劣原料混入膳食。否则不仅无法保证菜点质量，甚至会导致食物中毒；合理选择原料也是合理进行成本控制、减少浪费的良好途径。

一、原料选择的目的

（一）提供合理的营养物质

食物中含有多种人体需要的营养成分，其中主要有碳水化合物、脂肪、蛋白质、维生素、矿物质和水六大类。根据在机体内的作用，这些营养成分可以分为构成物质、能源物质和调节物质三部分。蛋白质、矿物质和水是构成物质，碳水化合物和脂肪是能源物质，维生素是调节物质。

合理选择烹饪原料可以提供人体所需的营养素，不同的人对营养的需求是有差异的。首先是年龄的差异，如儿童、成人和老人对不同营养素的需求就不同。其次是工作性质的差异，如脑力劳动、体力劳动及特殊条件下的劳动（重体力劳动者、运动员）等对营养素的需求也不同。再有，性别差异也会影响到他们对营养的需求。此外，不同健康状况的人也有各自的膳食特征，选料时要因人而异，如高血压、心脏病患者就不宜食用猪脑、猪内脏等胆固醇过高的食物，糖尿病患者不宜食用含碳水化合物较高的食物。

（二）保障食用的安全性

凡是由于食用了被细菌（如沙门氏菌、葡萄球菌、大肠杆菌、肉毒杆菌等）和它的毒素污染的食物，或是进食了含有毒性的化学成分的食物，或是食物本身含有自然毒素（如河豚、毒蘑菇、发芽的土豆等），引起的急性中毒性疾病，都称为食物中毒。食物中毒多发生在气温较高的夏秋季，但个别发病也可见集体中毒（如发生在食堂及宴会上）。

食物中毒者最常见的症状是剧烈的呕吐、腹泻，同时伴有中上腹部疼痛。食物中毒者常会因上吐下泻而出现脱水症状，如口干、眼窝下陷、皮肤弹性消失、肢体冰凉、脉搏细弱、血压降低等，严重可致休克。因此，通过原料选择，避免有毒有害成分对人体造成危害是非常必要的。

（三）保证菜肴造型和色彩的需要

菜肴的色彩十分重要，色彩运用得好，不仅可以增添菜肴的美感，而且可以增加菜肴的艺术感染力，提高菜品的质量。为了保证菜肴的造型和色彩，原料的形态必须新鲜、完整，色彩鲜艳有光泽，残缺不全或变色的原料不能保证菜品色和形的完美。原料的色彩和形态除了人为的损伤，还与原料的品种、新鲜度、成熟度、产地有一定的关系。同一种原料在不同产地其形态大小差异很大，或因品种不同出现色泽和形态差异，如番茄、葱、芹菜、萝卜等原料的形和色的差异都是由产地和品种造成的。同一种原料新鲜度或成熟度的变化也影响到原料的色彩和形态，如绿叶蔬菜，随着新鲜度的降低色泽由绿变黄。

（四）提供良好的菜点风味

烹饪离不开原料，而原料本身就有其固定的气味或滋味。比如：黄瓜的清香，羊肉的膻，鱼类的腥等，这些都归因于原料自身在代谢过程中产生的化学物质，当经过加热后，这些特殊的气味就会因为化学反应而发生变化。这就是说，原料本身气味是菜肴口味的基础。如果我们想做清香淡雅的菜肴便会选用青蔬绿叶原料；如果我们想做浓香味厚的菜肴便用鸡鸭鱼肉原料。

（五）有利于原料的加工处理

为了便于原料的加工处理，烹饪原料的选择原则上以鲜活为佳，但在制作具体菜肴时则要根据具体情况灵活掌握。例如猪肉、牛肉有一个成熟过程，如果用于肉糜类加工时就不能选择刚宰杀的肌肉，因为这时肌肉弹性大、吸水性差，不容易搅拌“上劲”，下锅后较松散，而且风味也不好，所以在加工肉糜时应选择成熟期（也称“后熟期”）的肌肉。再如虾仁的出肉加工，如果选择鲜活虾进行加工，因活虾肉紧且黏性大，虾壳和虾肉不易分离，加工时会影响出肉速度和出肉率；选择死后不久的虾进行加工则容易出肉，而且肉形完整，出肉率也高。

（六）有利于烹调的要求

烹调的过程是烹饪原料成熟和入味的过程，不同的原料、不同的部位都会影响到烹调方法的选择。以猪肉为例，猪肉的不同部位肉质不同，一般可分为四级。特级：里脊肉；一级：通脊肉、后腿肉；二级：前腿肉、五花肉；三级：血脖肉、奶脯肉、前肘、后肘。不同肉质，烹调时有不同吃法。吃猪肉，不同位置的肉口感也不同。猪身上里脊肉最嫩，后臀尖肉相对老些。前后臀尖一般采用炒的方法，五花肉一般采用炖的方法。

二、选料的基本原则

在餐饮行业中，从业者选择原料时大多采用感官鉴定的方法，即用人的鼻、口、眼、耳、手等来测定它们的品质，如形状、色泽、气味、质地是否发生了变化，从而判断其能否使用。选择原料的时候，一般遵循以下原则。

（一）依照食用的安全卫生标准

选择原料的安全卫生标准，应该根据《中华人民共和国食品安全法》以及其他有关食品鉴定法规作为标准。由于大气及工业废水的污染，加之粮食、蔬菜、水产原料等在生产期滥用农药、激素、着色剂、膨松剂、防腐剂，致使许多植物原料含有有害物质，动物原料也深受其害，如“瘦肉精”猪肉、“毛发水”酱油、“吊白块”腐竹、“敌敌畏”火腿、“矿物油”大米、福尔马林浸泡的水产品、农药残留蔬菜、激素饲养的甲鱼、“王金黄”着色的黄鱼、硫黄熏过的银耳、病死母猪肉炮制的“鲜”肉松等。

为此，中国消费者协会提出了“绿色消费”的主题；中国烹饪协会又提出了“绿色烹饪”的新主题，其内涵之一就是倡导人们选择未被污染或有助于健康的绿色产品。原料的识别与鉴别是选料的前提，因此，可依据鉴定的结果选择原料。

（二）根据时间

根据时间选择原料就是要选择动植物在其生命过程中作为烹饪原料的最佳时期来使用原料，不同的动植物其生命过程存在不同的发育阶段，必然存在最好的性状时期，如动物一般在壮龄以前肉质较嫩，壮龄之后肉质变老；对植物而言，同样有营养生长期和生殖生长期，不同时期植物根、茎、叶老嫩程度也不同。因此，在选择原料时，一定要尽可能地选择其生命特性最佳时期作为原料。

其次，根据时间选择原料还可因季节而异，不同季节对于许多动植物而言，表现出不同的生理性状，作为烹饪原料，它们所体现的质量有所不同，如螃蟹在春季肉少无黄，而在金秋十月，蟹肉肥美而且营养价值高，几乎所有的动植物或多或少都存在着季节上的差别。

另外，根据时间的选择还存在着新鲜程度不同的问题。不同动植物都有最佳的生长季节，然而季初与季末其新鲜程度亦不同，一方面表现在原料本身的质量区别；另一方面是人们对各种原料的感觉程度有异。如新鲜的某类蔬菜刚进入市场时，人们有较强的新鲜感，制成的菜肴也备受欢迎，一旦此类蔬菜大量进入市场之后，质量即使与以前相比并无多大变化，但也不会像刚进入市场那样受吸引，故选料应及时选用新鲜度高的原料制作菜肴。

（三）依照营养平衡

作为烹饪利用的原料，必须具有一定的营养价值，即要含有一定的营养素。烹饪原料营养物质含量的多少是决定烹饪原料食用价值的一个非常重要的方面。不同的原料品种各类营养素的组成和比例差别很大，通过品种和数量的选择可以使原料之间的营养得以互相补充，从而满足人体的正常需要，达到平衡膳食。少部分调辅原料，如糖精、人工合成色素、防腐剂等不含营养素，要按有关规定限量使用。

（四）依照烹调的要求

为了保证菜肴的质量，突出菜肴的风味特色，所选原料要与烹调方法相匹配。烹调的过程是原料成熟和入味的过程，原料的部位与老嫩必须与烹调方法相适应，否则就很难达到菜品的要求。例如，利用炒、爆等旺火速成之法，则应选择质地细嫩、无筋膜的里脊肉；利用小火长时间炖、焖的方法，应选择风味足、质地较老韧的带皮猪肋条肉或蹄髈肉等。此外，也可根据烹饪原料的特点，选择相应的加工烹调方法，使制作的菜肴发挥原料的最大优点。如猪夹心肉结缔组织多，肉质紧，吸水量大，可用来制肉糜；位于腰椎处呈长条形的猪梅条肉，色红，肌肉纤维长，脂肪少，质嫩，可用于炒、爆、熘、煎、汆、涮等。

（五）依照原料的物性特征

由于地理、气候等环境因素影响，不同的地区都有各自的特产原料，即使是同一种原料也因地区不同而异。同一品种的原料因部位不同也会出现品质差异。动物性原料因种类、部位等方面的差异而表现出肌肉老嫩程度的不同特别明显。比如牛肉中结缔组织多，因而胶原蛋白质含量也多，其肉质就较为坚韧，即俗称的“老”；而鱼肉中的胶原蛋白质仅占蛋白质含量的3%，所以肉质细嫩。

三、原料鉴别的方法

烹饪原料品质鉴定的方法主要有理化鉴定、生物鉴定、感官鉴定三大类。

理化鉴定是指利用物理的、化学的仪器分析方法，对原料中所含主要化学成分或有效成分进行定性和定量分析，来鉴定原料品质优良度的一种检验方法。理化检验内容包括：原料的营养成分、风味成分、有害成分等。运用理化鉴定能具体而准确地分析原料的物质构成和性质，对原料品质和新鲜度等方面做出科学的结论，还能查出其变质的原因、有毒物质的毒理等。

生物鉴定是指通过对生物生活现象的测试来确定其维持生存、发育和其他一些机能所不可缺少的或者阻碍物质的质量检验方法。例如，在测量禽类所含维生素的各种发育因子和激素状况时，用鸡冠实验的雄性激素测量法就可以达到效果。测量时只需要极小的量就能对其发育和机能产生效果进行测定。理化鉴定、生物鉴定在食品加工过程中使用较多，烹饪操作中使用较少。

感官鉴定是指凭借人体自身的感觉器官，对原料的色、香、味、形、质等方面进行综合的判断和评价，进而判断原料质量的检验方法。它主要是通过用眼睛看、鼻子嗅、耳朵听、口品尝和用手触摸等方式，对原料进行综合性的鉴别和评价。通过感官指标来鉴别烹饪原料的良莠和真伪，简便易行，直观实用。此方法适合于广大餐饮从业人员对食材的鉴别。使用感官鉴定法时，有时用一种，有时会几种方法配合使用。感官鉴定简单易行，但容易产生偏差。只有在长期的实践中积累了一定的经验后，才可以迅速地对原料的品质进行鉴定。但感官鉴定有它的局限性，它只能凭人的感觉对原料的某些外形特点进行大致判断，不能完全反映其内部的本质变化，其准确度不及理化检验。

烹饪原料的种类丰富，每一种原料都有区别于其他原料的特点，因此要鉴别的内容多、难度大，一般将需要鉴别的原料与已知的质量标准进行比较，才能得出结论。这就需要鉴别人员具有丰富的原料知识，积累丰富的鉴别经验，还要掌握不同原料的质量标准以及鉴别原料的方法或规律。下面以畜肉类、禽肉类、水产类、蔬果类、调味品五类原料为例，每类举一例原料的感官鉴别方法。

1．畜肉类

常见的畜肉包括牛肉、猪肉、羊肉等。它们的感官鉴别主要从颜色、黏度、弹性、气味和煮沸后的肉汤五个方面对肉进行综合性的感官鉴别，以猪肉为例（表2-1）。

表2-1 猪肉品质的感官检验

项目	变质	不新鲜	新鲜
颜色	肌肉无光泽，色暗红，有青紫色斑点；脂肪无光泽，色灰白，甚至呈灰绿色	肌肉色稍暗，脂肪缺乏光泽	肌肉有光泽，红色均匀，猪肉脂肪洁白
黏度	外表极度干燥或黏手，新切面也发黏	外表干燥或黏手，新切面湿润	外表微干，或微有湿润，不黏手
弹性	用手压凹陷，放手后不能马上复原，并有指痕	用手压凹陷，但离开后凹陷处恢复较慢，且不能完全复原	用手压略微凹陷，放手后立即复原
气味	有臭味	有酸败味	具有新鲜猪肉正常的气味
肉汤	浑浊，有黄色絮状物，脂肪较少浮于表面，有臭味	略有浑浊，脂肪呈小滴浮在表面，无鲜味	澄清透明，脂肪团聚于表面，具有香味

2. 禽肉类

禽肉的品质主要从禽类嘴巴、眼睛、皮肤、脂肪和肌肉这五个方面来鉴别，以鸡肉为例（表2-2），与畜肉的鉴别大致相似。

表2-2 鸡肉品质的感官检验

项目	变质	不新鲜	新鲜
嘴巴	嘴巴暗淡，角质软化，口角出现黏液，有腐败气味	失去光泽，局部无弹性，略有气味	有光泽，肉体干燥有弹性，无异味
眼睛	眼球全部凹陷，角膜暗淡并出现黏液	眼球部分下陷，角膜无光泽	眼球充满眼窝，角膜光泽度好
皮肤	表面湿润，呈暗灰黄色，局部带淡绿色，有霉味或腐败味	表面发黏，呈淡灰色或灰黄色，略有异味	表面干燥，呈淡黄色，有家禽固有的腥味
脂肪	呈淡灰色或绿色，有酸臭味道	色泽变化不大，但略有异味	色白稍带黄，有光泽，无异味
肌肉	呈暗红色、暗绿色或灰色，有较大的腐败气味	弹性变小，按压的地方有明显指痕，略带异味	结实有弹性，有鸡肉固有的香气，鸡肉为玫瑰色，有光泽，胸肌为白色或淡玫瑰色

3. 水产类

水产类是指生活或生长在水中具有一定经济价值，能供食用的一类动植物性原料。如鱼类、虾蟹类、贝类、爬行类等。它是我国重要的烹饪原料之一。以鱼类为例，其在进行感官鉴别时主要从眼睛、鳃部、体表、肉质和内脏五个方面进行鉴别（表2-3）。

表2-3 鱼的感官检验

项目	变质	不新鲜	新鲜
眼睛	眼球深陷，角膜浑浊无光，虹膜红染	眼球平坦或凹陷，角膜稍微浑浊，虹膜有轻度血液浸润	眼球饱满凸出，角膜光亮透明，虹膜无血液浸润
鳃部	鳃片呈暗红色，黏液浑浊，鳃丝粘连，有腐败气味	鳃片呈淡红色或灰褐色，黏液黏稠浑浊，有异味	鳃盖紧闭，鳃丝鲜红清晰，黏液润滑透明，无异味

续表

项目	变质	不新鲜	新鲜
体表	鱼鳞无光泽，一剥即落，黏液多而黏稠，味臭，肛门发紫，外凸，有较多的污染	鱼鳞不完整，光泽较差，容易剥落，黏液浑浊、黏稠且较多，有异味，肛门外凸，周围有污染	鱼鳞光亮完整，紧贴鱼体，不易剥落，黏液透明量少、无异味，肛门发白，向腹部紧缩，周围未污染
肉质	腹部膨胀，肌肉柔软松弛	肌肉弹性较差，指压痕迹回复慢或者不完全，尸僵已缓解	肌肉紧实，富有弹性，指压痕迹恢复迅速，肉体尸僵
内脏	内脏腐败变形，发臭	有轻度胆汁印染呈黄绿色，并且出现轻度脊柱红染现象	无胆汁印染或脊柱红染现象

4．蔬果类

蔬果泛指蔬菜和果品。蔬果是指可以做菜或加工成为食品的，除粮食以外其他植物的总称。蔬果是我国居民膳食结构中每日平均摄入量最多的食物，提供人体所必需的多种营养素，在烹饪过程中常作为主料、辅料、调料和装饰性原料而具有重要的作用。

果品的感官质量鉴别主要通过目测、鼻嗅和口尝三个途径来实现。目测包括：果品的成熟度、颜色及形态、大小、有无病虫害和机械损伤等；鼻嗅是辨别其是否具有本品种所特有的芳香味道；口尝不仅可以鉴别其滋味是否正常，还可以判断果肉的质地。

蔬菜的品种繁多而形态各异，仅常见的类型就包括根类、茎类、叶菜类、花菜类、果菜类、菌藻类等，很难确切地用感官鉴别其质量。一般可以从蔬菜的色泽、气味、滋味和形态进行鉴别（表2-4）。

表2-4 蔬菜的感官检验

项目	变质	不新鲜	新鲜
色泽	颜色变暗，光泽度急剧下降	具有本品种固有的颜色，但表面光泽度有略微下降的现象	具有本品种固有的颜色，大多有发亮的光泽
气味	有腐败变质的亚硝酸盐味或其他异常气味明显	具有清香、甜酸香气味，伴随有略微异常气味	具有清新、甜酸香气味
滋味	味道发生明显变化，有异味或臭味产生	滋味甘淡，酸甜、清爽鲜美的味道下降或本产品特有的味道中伴随有轻微的异味产生	滋味甘淡，酸甜、清爽鲜美或具有本产品特有的酸、涩味道
形态	根、茎、叶等组织表面变蔫，起皱严重	根、茎、叶等组织表面略微起皱	根、茎、叶等部分形态饱满

5．调味品

调味品的感官鉴别指标主要包括色泽、气味、滋味和外观形态等。其中气味和滋味在鉴别时非常关键，只要某种调味品在品质上稍有变化，就可以通过其气味和滋味微妙的变化表现出来，故在实施感官鉴别时，应该特别注意这两项性状的应用。其次，对于液态调味料还应目测其色泽是否正常，更要注意酱、酱油、食醋等表面是否有白醭或已经生蛆，对于固态调味品还应目测其外形或晶粒是否完整，所有调味品均应在感官指标上达到不霉、不臭、不酸败、不板结、无异物、无杂质、无寄生虫的程度。

思政小结 ▶ 保护环境实现可持续发展

小结导入： 人与自然是生命共同体，人类必须尊重自然、顺应自然、保护自然。环境与餐饮业有着十分密切的联系，环境既是餐饮业存在的基础，又是餐饮业发展的前提。保护环境，就是保护餐饮业的生存和可持续发展，功在当代，利在千秋。

思考讨论： 在学习中如何养成保护环境、实现可持续发展的基本意识？

分析强调： 生态文明建设，是国家重要发展战略之一，是建设和谐社会和实现民族复兴的需要。作为新时代专业院校的学生，必须牢固树立保护环境的意识，把保护环境作为学习的重要内容，遵守国家相关法律法规、政策法令，大力倡导“绿色环保”“绿色餐饮”“绿色消费”的新观念、新时尚。

第二节 植物性原料的初加工

植物性原料是指来自植物界用于烹饪中的一切原料及其制品的总称，主要包括粮食类的谷类、豆类、薯类及其制品，蔬菜、水果及其制品等。植物原料初加工的方法多种多样，概括起来有摘、撕、剔、剪、切、削、刮等。它们在膳食结构中所占比例极大，对其进行合理的初加工，在烹饪中有着非常重要的意义。

一、植物性原料的基础加工

（一）叶菜类

叶菜类是指以新鲜肥嫩的叶及叶柄为食用部位的蔬菜。常见的品种有：大白菜、小白菜、菠菜、塌棵菜、茼蒿、生菜、苋菜、香菜、卷心菜、韭菜等。其加工方法主要是择剔、洗涤。择剔就是要择除枯叶、老叶、老根、老帮、杂物等不能食用的部位。然后洗涤、沥干水分即可。

（二）茎菜类

茎菜类是指以肥大的植物变态茎为食用部位的蔬菜。常见的品种有：茎用莴苣、竹笋、芦笋、茭白、蒲菜、荸荠、莲藕、苤蓝、马铃薯、山药、洋葱等。其加工方法主要有掐、撕、剥、刮、削等，一般需去掉其表皮（特别是硬皮）、老筋、老根、顶花、顶尖、斑痕等不能食用的部分。茎类蔬菜绝大多数含有酚类物质，易出现褐变而影响蔬菜的颜色，所以加工后应将其浸泡在冷水中，以保持其鲜美的色彩。

（三）根菜类

根类蔬菜是指可以食用植物的地下部分，也就是根部，作为蔬菜供人们食用的一种分类。常见的品种有：萝卜、胡萝卜、根甜菜、红薯等。它们通常具有块茎、根茎或者直根的形态，能够积累大量的养分。初加工时，切去其头尾、刮去杂须，削去污斑，削皮或不削皮，洗净即可。

（四）瓠果类

瓠果类蔬菜是指葫芦科植物中以果实供食用的蔬菜。常见的品种有：黄瓜、丝瓜、苦瓜、冬瓜、南瓜、瓠子等。其加工方法主要包括刮、削，通常清除外皮、须根、蛀痕等，之后可用清水漂洗干净。

（五）果实类

果菜类是指以新鲜质嫩的植物果实为食用部位的蔬菜。常见的品种有：茄子、番茄、辣椒等。其加工方法主要包括刮、削、切、撕等，除去果实的硬皮、粗瓤、瓜籽、果蒂、果籽、老筋等不能食用的部位，之后用清水洗净即可。

（六）花菜类

花菜类是指以植物的花部器官为食用部位的蔬菜。常见的品种有：黄花菜、花菜、白菊花、韭菜花等。其加工方法主要用掐、择、刮、切等，除去花蕾上的锈斑、腐烂的花瓣和部分不可食用的花茎，之后用清水洗干净即可。

（七）豆荚类

豆类是指以豆科植物的豆荚（荚果）或籽粒为烹饪原料的蔬菜。常见的品种有：豌豆、毛豆、豆角、扁豆等。其加工方法是择除豆荚上的筋络或剥去豆荚，之后用清水洗干净即可。

二、植物性原料的洗涤加工

蔬菜的洗涤整理，是一项很重要的加工程序，如洗涤不净，菜中有泥沙、草根、虫和虫卵，就会严重降低菜肴的质量。根据蔬果的种类及初加工的要求，洗涤可分为以下几种。

（一）流水洗涤

蔬果表皮上的泥沙、污物一般用冷水浸漂冲洗，即可达到清洁的目的。流水洗涤蔬果方便易行，因此是一种常用的洗涤方法。在洗涤叶菜类如青菜、白菜、菠菜、甘蓝等时，可先在洗菜池内放足清水淹没浸泡一段时间，再进行淘洗，以便能洗掉虫卵、泥土和污物。

（二）沸水洗涤

沸水洗涤法是指将外形呈圆形的蔬菜类原料，放入沸水锅中，使其表皮瞬间受热成熟，再放入冷水中迅速投凉，使其表皮收缩与果实部分分离的一种去皮方法，多用于土豆、枇杷和番茄等原料的去皮。沸水烫制去皮法的关键是烫制的水温应达到100℃，烫制时间要在7～10秒钟之内。在使用沸水烫制去皮法时，应注意烫制时间不宜过长，否则会影响原料质地和风味。豆腐干用热水洗涤后，不但能去其白霉或盐霜，还可以除去豆腥味。

（三）盐水洗涤

食盐具有较强的杀菌作用。某些蔬菜（如甘蓝、小白菜、莴笋）在生长期间，因施肥、浇水及自然界中的昆虫喜欢在叶片上产卵寄生，从而致使它的叶或块茎上带有很多病菌、虫卵。虽然经过清水浸泡，仍不易洗净。此类菜品可放入浓度为2%左右的食盐溶液中，经洗涤处理后，其虫卵死亡，均浮于水面，易于清除。还有一些肉眼看不到的病菌也能通过此方法在一定程度上杀死，使菜叶清洁卫生。

（四）碱水洗涤

温水中加入食用碱搅匀，兑成碱水溶液（食用碱与温水的比例约为1：50），用来洗涤原料，能起到除异味或去皮的作用。碱水洗涤植物性原料并不多见，一般是莲子、甜杏仁、豆腐皮、豆棒等。先将原料放入碱水中浸泡约10分钟，然后在清水中进行冲洗，以免做菜时有碱味。

经过洗涤处理的各类原料，应放入干净的容器盛装，并注意按照类别堆放整齐，不可混杂、乱丢、乱码，以利于刀工处理。其容器最好能漏水、底下放托盘，保持通风、透气，以免影响蔬果的质量。

三、植物性原料的去皮加工

很多根茎类蔬菜、鲜果、干果原料要去皮加工，包括人工去皮、机械去皮、沸烫去皮、油炸去皮等。沸烫去皮法是采用高压蒸汽或沸水短时间加热，使果蔬表皮突然受热松软，与内部组织脱离，然后迅速冷却，再去除外皮的方法。它主要适用于一些浆果、干果的外皮去除。碱液去皮法是将原料放入一定浓度和一定温度的碱溶液中，浸泡一段时间后，其外皮被腐蚀，接着用清水冲洗，最后采用擦、搓等方式使外皮脱离，并洗净碱溶液。有时，根据原料的情况，可用酸溶液代替碱液。它主要适用于莲子、芡实等去皮。

油炸去皮是指将原料投入到160～180℃的热油锅中进行加热，使其外皮卷曲、脆化后脱水，然后用搓揉的方式去皮的方法。它主要适用于干果类的一些果仁去皮。人工去皮是利用小刀，以手工的方式将原料去皮的方法。机械去皮是指通过机械力的作用，将原料表面的皮层剥离，以达到加工或者清洁目的的去皮方法。

除此之外，还有酶法去皮和冷冻去皮法。酶法去皮是利用果胶酶的作用使原料中的果胶发生水解，从而脱去表皮的去皮方法。例如，橘瓣的去皮可采用1.5%的703果胶酶溶液，在约35℃和pH1.5～2.0的条件下，脱去橘瓣皮衣。冷冻去皮法是指原料放入温度在−28～−23℃的低温条件下，使原料表面发生冷冻，而达到果蔬皮剥离的去皮方法，如番茄。这里以餐饮中常见的果蔬去皮方法举例，见表2-5。

表2-5 蔬果常见去皮方法

去皮方法	加工措施	适用原料
沸烫去皮	原料入沸水（或采用蒸汽）中短时间加热烫制，冷却去皮	桃、番茄、枇杷、核桃仁等
碱液去皮	原料入热碱液中，用竹刷搅拌去皮	莲子、芡实、土豆、胡萝卜等
油炸去皮	原料入温油锅中加热浸炸，熟后轻搓去皮	花生、核桃仁、松仁等
人工去皮	用削、刨、撕、剥等方法将原料去皮	形态圆小或细长的原料，如牛蒡、芋头等
机械去皮	利用选刀片手工旋转去皮	梨子、苹果、萝卜等

思政小结 ▶ 珍惜粮食，杜绝浪费

小结导入： 食为政首，粮安天下，粮食安全始终是习近平总书记高度重视、时刻关心的问题。习近平总书记一直提倡“厉行节约、反对浪费”的社会风尚，多次强调要制止餐饮浪费行为。——《浪费可耻节约为荣，习近平关切“小米粒”里的“大民生”》（人民网，2020年8月13日）

思考讨论： 烹调训练需要各类食品原料，在训练中如何杜绝原料浪费？

分析强调： 加强对杜绝浪费的宣传教育，树立正确的世界观、人生观、价值观，使学生认识到节约粮食的重要性。从思想深处树立节约意识，进而养成节约的行为习惯，做到从实际需要出发，合理购买，规范使用，提升烹调技术，降低烹调失误率。

第三节 水生动物的初加工

水产品原料种类虽很多，但就大类而言，可分为咸水产品（海中产的）和淡水产品（江、河、湖、池、塘中产的）两大类。水产品营养丰富，是人类不可缺少的食物，是一类重要的烹调原料。由于水产品的种类繁多，形态、性质各异，因此，初步加工的方法较为复杂，必须认真细致地加以处理，才能成为适合于烹调的原料。

一、鱼类的加工

（一）去鳞、去鳃

大多数情况下，鱼都应该去鳞（不宜刮鳞的鱼有：鲥鱼、水密子、青波等）、去鳃并按照烹调要求修整鱼鳍。

去鳞的方法是：先将鱼洗净，揩干水分，平放于菜墩之上，左手持毛巾按稳头部，右手持刀从尾至头慢慢铲刮鳞片，待鳞片去尽后，将鱼翻一面用同样的方法处理。

鳃是鱼呼吸时吸氧排水的器官，它藏有泥沙，且腥重无肉，对烹调来讲无任何意义，故必须挖掏干净，以免影响菜肴质量。

鳍是鱼的运动器官，它成菜后在食用上并无价值，本应摒除，但其对菜肴的整形美观具有一定的意义，所以应把它修整好。

（二）去黏液

鱼类原料体表有较发达的黏液腺，分泌的黏液有较浓的腥味，一般需要去掉，具体去黏液的方法有以下两种。

1. 搓揉去黏液法

搓揉去黏液法是在鱼体表面涂上少量食盐或者食醋，经过反复搓揉，待黏液起沫后，用清水冲洗，以去掉其体表黏液。此方法适合草鱼、白鲢、鳙鱼、鲫鱼、青鱼等的加工。

2．熟烫去黏液法

熟烫去黏液法是将表面有黏液的鱼用热水冲烫，使其表面黏液凝固，然后用抹布将黏液抹干净。此方法适合泥鳅、青鳝、鳗鱼、鳝鱼（小）等的加工。热水的温度一般在60～90℃。

（三）内脏清理

1．开膛去内脏

（1）脊出法　用刀从鱼的脊背处剖开，割断肋骨与椎骨的连接处，取出内脏。刀口在背鳍的一侧，长度从项圈下至肛门的等高点。此方法适合于纺锤形鱼类的加工。经过脊出法加工的鱼腔利于填馅，完整性保存较好。例如：酿烧鱼、荷包鱼的加工。

（2）腹出法　用刀在肛门与胸鳍之间划一口子，取出内脏。它是基本的取内脏的方法，多用于丝、丁、片、块、条等不需要保持完整形状的鱼类加工，例如：干烧鱼、豆瓣鱼的加工。

（3）鳃出法　为了保持鱼身的完整，是在肛门正中开一横刀，在此处先把鱼肠割断，用两根竹条或竹筷，从鱼鳃处插入腹内，卷出内脏。此法适用于腥异味小、肉白细腻的名贵淡水鱼（鳜鱼、刀鲚、白鱼等）的加工。例如：八宝鳜鱼的加工。一些体窄肠短的鱼类也可用鳃出法。

淡水鱼类剖腹时注意不要弄破苦胆。如果不慎弄破苦胆，立即用酒、小苏打或醋等涂抹在胆汁污染过的部位，再用清水冲洗。部分种类的鱼腹内有一层黑膜，腥味很浓，初加工时应将其去尽。

2．内脏清理

（1）鱼鳔的加工　鳔是位于鱼的体腔背面的大而中空的囊状器官，多数硬骨鱼类都有鳔，软骨鱼类则无鳔。鳔的胶原蛋白含量丰富，是很好的食用原料，特别是鮰鱼鳔、黄鱼鳔更是鳔中的上品。加工时应先将鱼鳔剖开，用少量的盐搓揉一下，再用沸水略烫，洗净后即可。

（2）鱼肠的加工　鱼肠一般不作为食用的原料，只有极少数菜肴需要保留，如淮扬名菜“将军过桥”，但也只取咽部下端较肥厚的一段。加工时用剪刀剖开，加盐搓洗后入沸水略烫，再用清水洗净。

（3）鱼子的加工　鱼子又称鱼卵。在鱼卵中加4%的食盐水，用木棍搅动，使衣膜与卵脱离，滤出衣膜即可。大麻哈鱼的红鱼子、鲟鱼的黑鱼子都是上等美味，但应注意鱼卵虽然营养丰富，如食之不当，则易引起中毒。如河豚，北方的狗鱼、鲇鱼，南方的斑节光唇鱼，青海湖裸鲤等鱼卵均含有毒素，不能食用。食用含剧毒的河豚鱼卵则有致命的危险。

除鲤形目、鲽形目、鲈形目等常见鱼类外，鳝鱼在烹饪中也比较常见。鳝鱼又称黄鳝，为合鳃鱼目鱼类，是中国特产，除西北及少数地区外，中国各处都产，尤其在江苏、浙江及长江流域等地最多。黄鳝为底层生活的硬骨鱼类，喜栖息于河道、湖泊、沟渠、稻田之中。黄鳝体内富含蛋白质、DHA、卵磷脂、鳝鱼素、维生素A等成分，其肉质细嫩、味美刺少，别具风味。

小鳝鱼（笔杆粗）一般选用熟烫法，较粗的鳝鱼则可选用剐肉法。剐肉时，首先准备一个钉子，将鳝鱼头钉在菜板上，然后用小刀从鳝鱼脊椎处切开，刀尖贴着鳝鱼脊骨处向尾部划去。然后剔除脊骨，取出鳝鱼内脏即可。最后用清水洗净鳝鱼，沥干水即可。

二、两栖与爬行类的加工

（一）蛙类的加工

蛙类常见品种有：青蛙、牛蛙、哈士蟆、棘胸蛙等。加工方法基本一致，以牛蛙的加工为例加以说明。首先用手逮住牛蛙的后腿将其摔晕或用刀背敲其头部使其昏厥，然后从颈部下刀开口，沿刀口剥去外皮，剖开腹部，摘除内脏（肝、心、油脂可留用），然后用清水洗净。也有一些菜肴不需要去皮，如爆炒牛蛙、八宝牛蛙等，但需要用盐搓揉表皮，再用清水冲洗干净。

（二）龟鳖类的加工

在这类原料中常用的是人工养殖中华鳖，又称甲鱼、水鱼、团鱼等。甲鱼必须活宰杀，加工的方法一般有两种，一种是用于清蒸、红烧、炖汤的加工方法；另一种是用于生炒或酱爆的方法。

第一种加工方法是：将甲鱼腹部朝上，待头伸出即从颈根处割断血管，也可用手捏紧颈部，再用刀切断颈部，将其放入80℃左右的热水中浸烫2分钟左右，取出后趁热用小刀刮去贝壳和裙边上的黑膜。如果几只甲鱼同时加工，要将甲鱼放在50℃左右的水中进行刮膜，因为裙边胶质较多，凉透后黑膜会与裙边重新黏合一起，很难刮洗干净。去膜后，用刀在腹面剖个“十”字，再放入90℃左右的热水中浸烫10～15分钟，捞出后揭开背壳，并将背壳周围的裙边取下，再将内脏一起掏出，除保留心、肝、肾外，其余内脏不用。特别要注意其体内的黄油，它腥味较重，如不去除干净，不仅使菜肴带有腥味，还使汤汁浑浊不清。黄油一般附着在甲鱼四肢当中，摘除内脏时不能有遗漏。最后剪去爪尖，剖开尾部，用清水冲洗后即可。

另一种加工方法是在刮膜以后不再入热水中浸烫，而是直接用刀划开背壳，清除内脏后改刀成块，用清水冲洗干净后，沥干水分即可备用。

三、甲壳类的加工

（一）虾类的加工

虾类原料一般洗净后可整只烹调，既方便又美观，如需加工，主要是剪去额剑、触角、步足，体型较大的需要剔去背部虾线。大龙虾一般不需要剪去触角，因为触角中也带有肉质，而且装盘时还有美化作用。

将虾去壳出肉后用于做菜则能丰富菜肴的品种。如炒虾仁、炸虾球、烧虾饼等。虾的去壳出肉一般是依据虾形的大小，采用剥和挤的方法出肉。剥壳法针对大型虾，如对虾、龙虾，需要从腹部先胸甲、次腹甲、再尾柄分节剥去甲壳。挤捏法针对中、小型虾，如草虾、青虾、白虾等，其方法是：左手捏住虾尾，右手捏住虾胸甲，两手同时用力挤压并向相反方向拉，使虾肉从甲壳中脱出。挤出的虾仁，因其形体较小，无需挑去虾线，只要用清水浸漂搅洗至色白即可，剥出的虾肉，因形体较大，背部虾线（即肠）明显，需要挑去，否则将影响虾肉的色泽、质量以至口感风味。

虾线的去除法主要有三种：一种是留有虾尾的虾仁，用手捏住虾尾向虾腹方向折断，轻轻抽出虾线；二是未剥壳的虾，则从除虾尾外的第一节虾壳处，用牙签挑出虾线；三是直接用刀从虾仁背部片开，直接取出虾线。

（二）蟹类的加工

蟹类品种也十分丰富，常见的海产蟹有梭子蟹、锯缘青蟹等，淡水蟹中有中华绒螯蟹、溪蟹等。蟹在加工前，应将其静养于清水中，让其吐出泥沙，然后用软毛刷刷净骨缝、背壳、毛钳上残存的污物，最后挑起腹脐，挤出粪便，再用清水冲洗干净即可。加热前可用棉线将蟹足捆扎，以免受热后蟹足脱落，保持完整造型。

螃蟹的整食性较强，吃蟹赏菊为千古美事，但整蟹的使用范围仍具有很大的局限性，如与虾一样，去壳拆肉，则可丰富蟹菜的品种。由于螃蟹骨缝较多，拆肉十分困难，生拆不能达到目的。因此，必须采用熟拆方法。其步骤是：蒸熟→卸下步足→撬出腿节→摘下屈腹→开背壳→剔除上壳内脂肪与肌肉→剔去食胃→摘除胸肋上的肺叶→剔除肋间脂肪→将胸甲剪为左右两半→剖开胸肋成上下两半→剔去肋缝中肌肉→撬开螯足剔除肌肉→分别剪去步足关节→压或挑出足壁间肌肉→剖开曲腹除屎肠→剔除腹中肌肉→分装保管。

四、软体类的加工

（一）田螺的加工

先将田螺静养2～3天，待其吐尽泥沙。静养时可在水中放少量植物油，便于泥沙排出，然后刷洗外壳泥垢，用铁钳夹断尾壳，便于食用。如果需要直接取肉，可将外壳击碎，然后逐个选摘，切不可将碎壳带入肉中，然后取出残留的沙肠，用盐轻轻搓洗，再用清水冲洗即可。

（二）河蚌的加工

用薄型小刀插入两壳相接的缝隙中，向两侧移动，割开前、后闭壳肌，然后再沿两侧壳壁将肉取出，摘去鳃瓣和肠胃，用木棍轻轻将蚌足捶松，因蚌足肉质紧密，烹煮时不易酥烂，将蚌肉放入盆中加盐搓洗黏液，再用清水冲洗即可。加工干净后的蚌肉会渗出汁液，它鲜味很强，应连同蚌肉一起烹调。

（三）蛏、蛤蜊的加工

先将鲜活的蛏、蛤蜊用清水冲洗去外壳的泥沙，然后浸入2%浓度的食盐水中，静置40～80分钟，使其充分吐沙，体型较瘦的吐沙速度慢一些，烹调前用清水冲洗即可。烹调时既可以带壳（将闭壳肌割断），也可以取净肉，但外壳破裂或死蛏应剔除。

（四）乌贼的加工

加工乌贼时，除保留外套膜和足须外，其他如皮膜、眼、吸盘、唾液腺、胃肠、墨囊、胰脏及腮片和齿舌都要去除，包埋于外膜内的内壳可保留作药用。在批量加工时要将体内的生殖腺保留，雄性生殖腺可加工干制成墨穗，雌性产卵腺可干制成乌鱼蛋，二者都是著名的海味原料。鱿鱼与乌贼加工相同。

（五）鲍鱼的加工

鲜活鲍鱼仔初加工时，为了保证其形体完整，宰杀时切忌用力过猛。应将餐刀刀刃贴在鲍鱼的内壳，轻轻地来回划动，使其壳肉分离，然后取出鲍鱼肉，除去内脏。鲍鱼肉的外表面有一层黑膜，要将其去掉，故接着要将鲍鱼肉放入加有小苏打的清水中浸泡约6小时，再进行刷洗。水与小苏打的比例约为60∶1。经过苏打水浸泡后的鲍鱼肉，很容易进行刷洗。先用软毛刷轻轻将黑膜刷掉，再将鲍鱼肉放入清水中浸泡约2小时，用以漂净鲍鱼肉中多余的小苏打。接着，将洗净的鲍鱼肉入清水锅中加热煮至定型。注意，定型时一定要冷水下锅，如果是热水下锅，鲍鱼肉会因突然受高温而表皮出现很多裂开的小口，而且使成形后的鲍鱼肉出现软心，影响到下一步的烹调。另外，鲍鱼肉在定型完毕进行剪头时，切记不要剪破枕边，以免在下一步操作时出现开裂。

水生动物的加工

思政小结 ▶ 要像对待生命一样关爱海洋

小结导入： 习近平鲜明地提出推动构建海洋命运共同体。习近平强调，我们要像对待生命一样关爱海洋。——《关乎人类福祉!习近平提出一个重要理论》（新华网，2019年4月23日）

思考讨论： 海洋渔业资源近年来面临着巨大的挑战，结合“我们要像对待生命一样关爱海洋”这句话，谈谈你的看法。

分析强调： 中国高度重视海洋生态文明建设，持续加强海洋环境污染防治，保护海洋生物多样性，实现海洋资源有序开发利用，大家应拒食、拒烹海洋珍稀原料。

第四节 陆生动物的初加工

家畜是指人类为满足肉、乳、毛皮等需要而驯化蓄养的陆生动物。畜类原料根据动物学的分类，常见品种有：猪、牛、羊、兔、驴、狗、骆驼等。家禽是指人类为满足对肉、蛋的要求，经过人工长期饲养而驯化的鸟类。目前我国饲养的家禽主要有鸡、鸭、鹅、鸽、火鸡等。在烹饪中根据陆生动物所取的部位通常可分为头、颈、躯干、尾、四肢、内脏等。在烹饪原料选择时，畜类原料大多是新鲜或冷鲜状态。其品类、产地、年龄的不同导致的肌体组织、结构都有比较大的差别。因家畜的宰杀加工必须由国家卫生部门指定专门屠宰场进行，个人和单位未经许可不得擅自宰杀加工，故不予介绍，这里介绍家畜内脏的加工方法，并重点介绍家禽的初加工。

一、畜类原料的内脏整理

1. 肾脏的整理

猪腰，猪的肾脏。首先撕去外表膜和黏附在猪腰表面的油脂，然后将猪腰平放在菜墩上，沿猪腰的空隙处，从侧面采用拉刀片的方法将猪腰片成两片，用刀片去腰臊，然后清洗干净，根据原料的用途对其进行相应的处理。

2. 心脏和肝脏的整理

心脏和肝脏的初加工方法是用漂洗法，先用小刀去除心脏顶端的脂肪和血管，肝脏外表的筋膜，然后用清水反复漂洗即可。新鲜的猪心质地坚实，表面湿润有光泽，心室中有鲜红血液，有弹性、无异味。

3. 肺部的整理

由于肺叶中孔道很多，血污不易去除干净，对肺的初加工我们常用灌洗法。以猪肺为例，用手抓猪肺管，套在水龙头上，将水直接通过肺管灌入肺叶中，使肺叶充水胀大，当血污外溢时，将猪肺脱离水龙头，平放在空盆内，用双手轻轻拍打肺叶，倒提起肺叶，使血污流出，如水流速度很慢，可用双手用力挤压，排出肺内的血污，按此方法重复几次，至猪肺银白、无血污流出时，用刀划破肺的外膜，用清水反复冲洗。

4. 肠的整理

肠分为大肠和小肠，初加工方式与肚非常接近，也是采用盐、醋搓洗法，但要注意去除肠中的污物，如无法用手摘除，则可用剪刀剪掉，然后将肠子投入冷水锅中，等水烧沸后，再用冷水冲洗，去除黏液和腥味即可。

5. 肚的整理

猪肚、牛肚通常采用盐、醋揉搓洗涤。加工猪肚时要用淘米水、面粉等反复地搓洗，去掉表面的黏液和内脏味，再用清水冲洗干净。也可将猪肚放入沸水锅中微煮，待紧皮后泡入水中，用刀剐去黏膜，用热水或清水洗净。新鲜猪肚以色白略带浅黄，胃壁坚实，黏液多而湿润，有正常内脏气味者为佳。

6. 脑的整理

猪脑质地非常细嫩，在初加工时稍不注意则会使脑髓溢出，给洗涤带来不便，同时也会影响最终成菜效果。所以猪脑在洗涤时，应置于清水内，采用漂洗法处理，以去净血污。一些特殊菜肴的烹制，还应将猪脑外的一层薄膜撕去，在撕薄膜时，更要小心不能损伤猪脑。

7. 肝的整理

猪肝初加工时要小心去除胆囊，以免胆囊破裂，胆汁污染肝脏。若不小心污染，可用酒、小苏打或发酵粉涂抹在污染的部位使胆汁溶解，再用清水冲洗便可消除。在选择新鲜猪肝时应选有光泽，且质地细嫩、坚实、柔软，富有弹性，颜色为红褐色或黄褐色者为佳。适宜于炒、炸、煮、腌、卤、拌、烧等，如鱼香肝片、竹荪肝膏汤。

8. 舌的整理

猪舌初加工时，先放入沸水锅中烫5～10秒，取出于清水中漂洗，采用刮洗法用小刀刮去表面的舌苔，然后冲洗干净，并用刀切去舌的根部，修理成形即可。选择猪舌时以颜色纯正、个大、外形完整、气味纯正者为佳。

二、禽类的初加工

禽类可分为家禽、野禽两类。禽类的初加工一般包括宰杀、煺毛、开膛和内脏整理四个步骤。在初加工时，家禽煺毛需要用温度较高的水烫；野禽则是干煺或剥皮。

（一）宰杀

禽类宰杀法是指针对不同品种的禽类，根据各种烹饪方法的要求，进行屠宰的一种方法。常见的宰杀方法有放血宰杀和窒息宰杀两种。下面以鸡为例介绍禽类的宰杀。

放血宰杀法：将准备下刀处的毛拔去（防止宰杀时，颈毛掉入碗内和在浸泡、煺毛时将刀口处皮撕破），用左手握住鸡翅，小拇指勾住鸡的右腿，腾出大拇指和食指捏住鸡颈皮，并反复向后收紧，使气管和血管突起在头根部，用刀割断气管和血管，迅速将鸡身下倾使血液流入容器内，并用筷子将血液搅匀。

窒息宰杀法：窒息宰杀法是指将活的禽类动物头部浸于清水中，使其窒息死亡的宰杀方法。这种方法主要用于一些血液对肉色影响不大，或血液进入肌肉反而能增加肌肉鲜味的禽类宰杀，如鸽子等。

（二）浸泡、煺毛

浸泡是指将宰杀致死的动物放入80～90℃的热水中浸烫，使其毛孔收缩和放大，以致动物体表的毛容易脱落的一种去毛方法。操作时，准备足量的热水，将杀死的家禽投入适宜的水中浸没烫透，取出放置在案板上，左手按稳鸡身，右手将毛煺光，达到鸡身无毛即可。

煺毛法是指将宰杀后的动物体表不能够食用的毛去掉，以便于食用。煺毛法分为湿煺和干煺两种。湿煺法即将禽类原料进行上述的浸泡操作。湿煺法要注意掌握好水温，温度过高容易烫伤禽类表皮，温度过低毛则不易煺出。一些禽类，还要先用冷水将其浸湿，再用沸水冲烫，以提高沸水浸透力。干煺法不需浸烫，直接从动物体表将毛煺去。一般的家禽采用湿煺法较多。

（三）开膛取内脏

根据烹调用途不同，开膛的方法也不同，通常有肋开法、腹开法、背开法、尾开法四种。

肋开法：将鸡身侧放，右翅向上。左手掌根按稳鸡身，手指勾起右翅，用右手持刀在翅下开一小刀口。再用右手指伸入将内脏轻轻拉出（注意拉出嗉囊），用清水反复冲洗干净。此方法适用于烤制家禽的初加工，例如：烤鸡、烤鸭。

腹开法：先在鸡颈右侧靠近嗉囊处开一小口，轻轻取出嗉囊，再在两腿之间、肛门上方划一条5～6厘米的刀口，从刀口处轻轻掏出内脏（注意拉出嗉囊时用力要均匀适度），用清水冲洗干净。此方法适用于块形小的烹饪要求，如切片、丝、丁、块等。适合的烹调方法有：炒、拌、烧等。

背开法：用左手按稳鸡身，使鸡背向右，右手用刀顺脊骨批开，掏出内脏（注意拉出嗉囊时用力要均匀适度），用清水冲洗干净。此方法适用于清蒸、扒、油淋类家禽的初加工。例如：扒鸡、炸芦花鸡、人参鸡等。

尾开法：将去净毛的家禽先在颈背处割开一口，取出嗉子、气管、食管等，再在尾脊处横开7厘米长的刀口，取出内脏的方法。此方法适用于腌熏、酥炸类家禽菜肴的初加工。

以上取内脏的方法中，注意不能弄破肝脏和胆囊，不然会影响菜肴的质量和味道。鸭、鹅的肛门上有根叉肠和两根臊筋，臭味很大，宰杀时应把叉肠拉出来，割掉臊筋。做烤鸭、烤鹅时，臊筋可以不用去除，以免烤制时油从这里流失。

（四）内脏清洗整理

禽类在开膛取出内脏后，应拣去嗉子、喉管、苦胆、肺等不可使用部分，其他内脏需要清洗整理。洗涤分两步进行：一是禽身洗涤，二是内脏的加工洗涤。均有严格的要求。

禽身的洗涤：除需正常冲洗禽身外，还应重点将易污染、藏污的部位洗涤干净；禽类内脏的洗涤：禽类内脏多可食用，加工时应坚持卫生的原则，尽可能保持其营养成分，现分述如下。

心：先将家禽的心的表膜撕去，切掉顶部的血管，然后将其破开，用清水冲洗净血污即可。心适合于爆炒、卤、烧等。

血：家禽的血也是一种风味别具的烹饪原料。家禽血的采集时需先准备一个盛器，在盛器内放入适量淡盐水，家禽宰杀后，放血于盛器中，待血放尽后，立即搅拌均匀，放入笼内略蒸或放锅中略煮即可。

肝：摘除附在其上的胆囊（注意勿将其碰破），用清水漂洗干净即可。肝适合于炒、熘、制泥等，如：熘鸡肝、醉鸭肝、鸡肝汤、竹荪肝糕汤等。

肫：用刀将肫剖开，剥去油脂，先割去上部食管，摘除下连肠管，用清水冲去内容物，撕下黄皮（俗称鸡内金，另用），用清水冲洗干净。肫适于烧、炸、炒、拌、卤等，如：火爆胗干、炒嫩肫、麻辣胗松等。

肠：先用手撕去附在上面的两条白色胰脏，用剪刀剖开，用刀刮尽黏液和杂质，加干面粉、食盐和醋揉搓后用清水反复漂洗干净。肠一般用于火爆、凉拌或烫食。如：火爆鸭肠、蕨根粉拌鹅肠。

油脂：鸡鸭的腹中、肠、肫的外面等均含有大量脂肪，这些脂肪加工后可用于菜肴制作，以增加菜肴的风味。家禽脂肪提炼成油，适宜于蒸制，其操作方法是将脂肪洗净后剁碎，放入碗中，加入姜、葱，上笼旺火蒸制，蒸好后滗出色黄、味香的液态油脂即可。

思政小结 ▶ 环境保护的价值

小结导入： 生态道德又称环境道德，是道德范畴具有特殊含义的一部分，指反映生态环境的主要本质、体现人类保护生态环境的道德要求，并须成为人们的普遍信念而对人们行为发生影响的基本道德规范。

思考讨论： 为什么要保护环境？

分析强调： 人类诞生于自然环境之中，是自然环境的组成部分，与自然环境密切联系。良好的环境为人类的生存和发展提供了良好的物质基础，不良的环境将对人类的生存和发展构成危害，因此保护和改善环境是我们人类义不容辞的责任，也是维护我们自身生存和发展的前提。

第五节 干货原料的初加工

干货原料，简称干货或干料，是指人们为了便于保藏和运输，对鲜活的动植物原料、菌藻类原料经过脱水干制而成的一类食品原料的总称。所谓的干制，就是经过脱水处理，常用的方法有：属于自然干制的晒干、风干、阴干等；属于人工干制的烘房烘干、热空气干燥、真空干燥等。干货原料的品种很多，如黄花菜、香菇、木耳、干辣椒、玉兰片、鱿鱼、海参、蹄筋、鱼肚等。烹调加工过程中，干货原料都要进行涨发处理。

一、烹饪原料干制的基本原理

烹饪原料的干制是一种古老的保藏方法。在我国，北魏的《齐民要术》中就有关于干制方法的记载，如种椒篇中记有"天晴时摘下，薄布曝之，令一日即干，色赤椒好。若阴时收者，色黑失味。"我国劳动人民在长期的生产实践中创造了品种繁多的干货原料，如干海参、干鱿鱼、干香菇、干木耳、干辣椒、干黄花、干蹄筋等。一般干货原料干制方法分为自然干燥和人工干燥两种。自然干燥一般采用晒干、风干的形式；人工干燥则采用烘房烘干、热空气干燥、真空干燥等形式。不管采用哪一种干制方法，原料的干制过程就是使原料的水分含量降低到足以防止腐败变质的程度，始终保持低水分，使其不易变质。

微生物的生长离不开水，在其代谢过程中，从外部吸收营养或向外部排泄代谢物，都离不开水。但决定其生长的决定性因素并不是水的含量，而是它的有效水的含量，有效水是指能被微生物利用的水，即水分活度。在干制过程中，原料及其所污染的微生物也同时脱水。干制以后，微生物的新陈代谢受到抑制，但微生物并未死亡，一旦外界环境适宜时，如遇到温暖潮湿的环境，微生物还会生长繁殖，原料还会腐败变质。

烹饪原料中都含有自身的酶系，在水分降低的情况下，酶活性也降低，但酶反应速度也因反应物浓度的增大而加大。因此，在干制过程中，特别是在原料重新吸湿后，酶仍然在作用，从而引起原料的品质急速下降，例如酶促褐变。只有当原料的含水量低于1%时，酶的活性才会完全消失。

二、鲜活原料的干制方法

鲜活原料之所以要脱水干制，一是为了便于保存，二是方便运输。此外，有的原料干制后还可以增加独特的风味。一般鲜活原料干制方法有以下几种。

（一）自然干燥法

自然干燥法主要有晒干、风干两种。原料的干制过程就是使原料的水分降低到足以防止其腐烂变质的水平。自然干燥法的历史较长，即使科技比较发达的国家，这种干制方法仍被采用。在我国，尤其是交通不发达的山区，很多山货的干制离不开自然干制。自然干制的优点是方法和设备简单，生产费用低，便于管理。但是这种方法有很大的局限性，首先，要受气候条件的限制，在采收季节若遇阴雨连绵而使原料无法及时干制就会影响品质。其次，干制速度慢，需要广大的场地，还会受到灰尘、杂质的污染和昆虫等的侵袭。

（二）人工干制法

人工干制法主要有烘房烘干法、真空干燥法、石灰及草木灰炮干法等，也有用盐腌的方法干制或经盐腌后再晒干的。人工干制法适用于大规模生产，其特点是不再受气候条件限制，干制时间短，操作易于控制，产品质量得到保证。这是因为干制后能及时阻止生化反应，使营养物质的损耗量降低。但人工干制需用专门设备，投资高。目前新的干制技术如红外线、微波及升华干燥等方法也得到应用。

一般来说，晒干的原料较风干的硬，风干质量要比晒干的好。而盐腌干制品往往带有较重的咸味、苦味，容易改变原料本来的鲜味。热空气干燥、微波干燥等的干货原料品质上乘。

总的来讲，烹饪原料干制后会出现体积变小、表面硬化、多孔形成等物理变化和一系列化学变化，如色泽、风味、质地、含水率、营养价值等。了解这些变化，对于正确选择干货原料的涨发方法，理解涨发原理，具有重要的意义。

三、干制对原料性质的影响

根据微生物和分解酶的特性，对鲜活原料采取干制脱水的方法，使其原有的新鲜组织变紧，质地变硬，抑制了微生物的生长繁殖，降低了分解酶对原料的分解能力，基本保持烹饪原料原有的品质和特点。干货原料是由鲜活原料经过脱水加工处理的原料，其特点是体积小、重量轻，在常温下能长时间存放，便于远距离运输，并能产生特殊的风味。一般干制品的水分控制在3%~10%，蔬菜在4%以下，肉类在5%~10%。从表面上看这些干制品都具有干缩、组织结构紧密、表面硬化、老韧的特点，在风味方面有苦涩、腥臭、咸碱等不良味感。

（一）干制时原料的化学变化

烹饪原料在干制过程中会发生一系列的化学变化，这些变化对其复水后的品质，如色泽、风味、质地、黏度、复水率、营养价值等都会产生一定的影响。

1. 脱水干制对烹饪原料营养成分的影响

烹饪原料干制后失去水分，所以干制后残留物中营养成分的含量相对增加，每单位重量的原料中蛋白质、脂肪、碳水化合物和矿物质等的含量就高于新鲜的原料，但泡发后其品质与新鲜原料相比（表2-6），营养成分也会有一定的流失。

表2-6 新鲜与干制烹饪原料营养成分的对比

单位：%

营养成分	原料			
	牛肉		青豆	
	新鲜	干制	新鲜	干制
蛋白质	20	55	7	2.5
脂肪	10	30	1	3
碳水化合物	1	1	11	65
矿物质	1	4	1	2
水分	68	10	74	1

蔬菜类含有极高的碳水化合物，果糖和葡萄糖不够稳定，易于分解，高温长时间脱水干制会导致糖分损耗，在缓慢晒干过程的初期出于呼吸作用也会导致原料中的糖分分解，原料中的还原糖还会和有机酸作用产生褐变作用。因此，碳水化合物的变化会引起果蔬变质和营养损耗；脂肪含量高的一些动物性原料在保管的过程中由于外界环境温度的升高，极易发生

氧化，而出现酸败现象，例如蹄筋、肉皮等原料。另外，原料在干制的过程中常常也伴随着维生素的流失，部分水溶性维生素因氧化而损失掉，抗坏血酸和胡萝卜素也极易发生氧化，核黄素对光较为敏感，硫胺素对热敏感。动物性原料在干制后维生素的含量也略低于鲜货。

2．干制对原料色泽的影响

新鲜的蔬果在干制前大多呈现鲜艳颜色，干制后改变了它们的性质，使反射、散射、吸收和传递可见光的能力发生变化，从而改变了其自身的色泽。在干制的过程中，原料中的类胡萝卜素、花青素都要受到不同程度的破坏，硫处理会加速花青素的破坏，温度越高，处理时间越长，色素的破坏程度就越严重。蔬菜中的叶绿素也会因加热等失去镁原子而转化成脱镁叶绿素，最终颜色变成褐色。酶促褐变和非酶促褐变是促使干制蔬菜变色的原因。植物组织受伤后，由于氧化酶的作用，使多酚、鞣质、酪氨酸等一类物质被氧化成有色物质，这种酶促褐变给干制品的品质带来了不良影响。焦糖化反应和美拉德反应是脱水干制过程中常见的非酶促褐变反应。焦糖化反应中糖被分解成各种羰基化合物，再发生聚合反应生成褐色聚合物；美拉德反应为氨基化合物与还原糖之间的反应。因此，蔬菜在干制之前需要进行漂烫等处理，使其酶失去活性，以防止褐变。

3．干制后烹饪原料风味的变化

烹饪原料干制后进行涨发，质地和风味都会发生不同程度的变化，尤其是挥发性的香气成分，会随着水分的排除而大量散失。动物性原料常因干制而出现酸败等不良现象，但对于一些特殊的原料，如海参，干制会对风味产生一些有益的影响。鲜海参在烹调时效果不佳，这是因为海参在长期的海洋生活中，体内含有较高浓度的Mg^{2+}、I^-、K^+、Ca^{2+}等离子，上述离子及其盐类具有苦、涩、咸等味道。因此，鲜海参烹制后食用效果较差，而经过干制后，上述离子会以盐的形式结晶出来，尤其是经过涨发后，会降低海参体内上述离子或（盐类）的含量，使其达到最佳食用效果。

（二）干制后原料的物理变化

烹饪原料干制的时候常常伴随有物理变化：体积变小、表面硬化、多孔的形成等。了解这些物理变化，对于正确选择干货原料的涨发方法，理解涨发机理，具有很大意义。按照原料失水情况，大致可分为三类。

1．线性收缩

弹性完好并呈饱满状态的物料，全面均匀地失水时，原料将随着水分的消失，均匀地进行线性收缩，即原料的长度、面积和体积都会均匀地按照比例缩小（图2-1）。但在通常情况下，烹饪原料干制时受外界因素的影响，失水的程度往往是不均匀的。

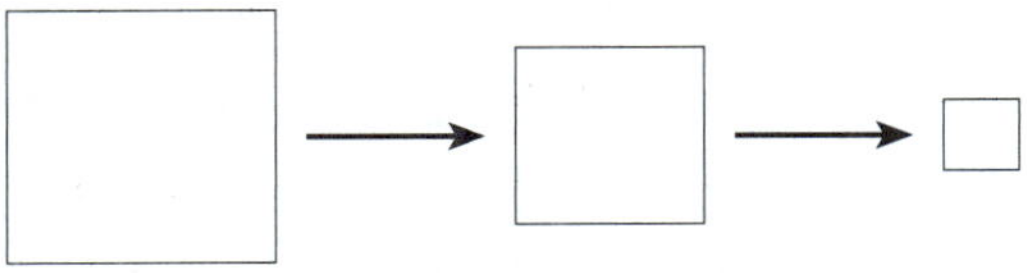

图2-1　烹饪原料干制时的线性收缩

2．非线性变形

对于烹饪原料来说，弹性并非绝对的。大多数的食材原料在干制的时候，其内部的水分难以均匀地排除，所以造成了原料干制时均匀收缩的现象就极为少见。因此，不同的原料在干制过程中收缩的情况也不相同，脱水干制时，百合科黄花菜的典型变化如下图所示（图2-2）。干制时棱角逐渐变圆滑，继续脱水干制时，水分排出，越向深层发展，最后至中心处，收缩也不断向原料中心进展，表面逐渐形成凹凸不平现象。

干制前的状态　　干制初的状态　　干制后的状态

图2-2　黄花干制过程的3个不同阶段

3．表面硬化

由于水分蒸发，原料在干制过程中，表面会逐渐发生硬化。造成表面硬化的原因有两个。首先，在原料干制时，其内部的溶质分子随着水分不断向表面迁移，积累在表面上形成结晶，从而造成变硬的现象。其次，由于原料表面水分的汽化速度过快，而内部水分扩散速度慢，不能及时移动到原料表面，从而使表面迅速形成一层干的硬壳。原料表面硬壳产生之后，毛细管发生断裂，水分移动受阻，一部分水分会封锁在原料内部，造成外干内湿的现象。因此，原料在干制的过程中，可以通过调节其大小、外部环境温度和风速等因素，而达到内外水分含量一致。

四、干货原料涨发的目的

利用烹饪原料的物性，进行复水和膨化加工，使其重新吸收水分后，基本能恢复原状，除去异味和杂质，合乎食用的要求，还有利于人体的消化吸收。干制品重新吸收水分后质量、大小、形状、质地、颜色、风味、成分以及其他方面恢复到原来新鲜状态的程度称之为干制品的复原性，它是衡量干制品品质的重要指标。

五、水发工艺

（一）水发工艺的原理

1．毛细管的吸附作用

许多原料干制时由于水分的失去会形成多孔状，在浸泡时水会沿着原来的孔道进入原料体内。这些孔道主要由生物组织的细胞间隙构成，呈毛细管状，具有吸附水并保持水的能力。这是因为毛细管的吸附作用及渗透作用，使水在干料体上由表及里地被快速吸收，凡类似于水的液体及可溶的小分子物质都可以进入干料体内。此过程是一种物理作用。

2．渗透作用

渗透是指细胞膜的通透性，这是存在于干细胞内的一种作用。由于干制品内部水分少，细胞中可溶性固形物的浓度很大，渗透压高，而外界水的渗透压低，这样就导致水分通过细胞膜向细胞内扩散，外观上表现为吸水涨大。原料干制后，细胞大量失水，细胞内的干物质浓度增大，当重新与水接触时，细胞外物质的浓度小于细胞内物质的浓度，这时，由于浓度差的作用，细胞外的水分开始向细胞内渗透，直到细胞内外的渗透压达到平衡时为止，这是被动吸收过程。

3．亲水性物质的吸附作用

原料中的糖类（淀粉、纤维素）及蛋白质分子结构中，含有大量的亲水基团（—OH、—COOH、—NH_2），它们能与水以氢键的形式结合。蛋白质的吸水过程通常又称蛋白质的水化作用。亲水性物质的吸附作用是一种化学作用，它对被吸附的物质具有选择性，即只有与亲水基团合成氢键的物质才可被吸附。另外其吸水速度慢，且多发生在极性基团暴露的部位。

（二）常见的方法

1．冷水发

冷水发是将干货原料放入冷水中，使其自然吸收水分，尽量恢复新鲜时软嫩状态的一种涨发方法。冷水发又分浸发和漂发两种。浸发是指用冷水将原料浸没，使其慢慢地涨发，时间要根据原料大小、老嫩、松软和坚硬度来定；漂发是指把原料放入冷水中，一般用工具或手不断地捏或使其漂动，并不断地换水将原料中的异味、泥沙等杂质漂洗干净。冷水发适合的原料有：黄花、木耳、石花、蜇皮、带皮、银耳、香菇等。

2．温水发

温水发指直接用60℃左右的水，将干制原料静置涨发的过程。部分干制原料用温水要比冷水发的速度快一些，如在冬季中要提高干制品的涨发速度，可以适当提高水的温度。

3．热水发

热水发是将干货原料放入热水中，用各种热传递方法促使原料加速吸收水分，从而使原料成为松软、滑嫩的半熟或全熟原料的涨发方法。热水发根据涨发的过程不同，大致可分为煮发、焖发、蒸发、泡发四种。

（1）煮发　指将水锅由低温到高温逐渐加热至沸腾状态的涨发过程。主要适用于体积大、厚重和特别坚韧的干制原料，如海参、牛蹄筋等，时间在10～20分钟。有时还需要适当保持一段微沸的状态，有时还需要反复煮发。但是，不能一次性长时间煮发，以免原料外表面水化速度太快，而内部不平衡的情况产生。

（2）焖发　指将干制原料置于保温的密闭容器中，并保持在一定温度，不继续加热的涨发过程。这实际上是继煮发之后的配合方法，其温度因物而异，一般在60～85℃。有时可将煮发后的干货原料置于保温设备中或者用微火进行保温。

（3）蒸发　指将干制原料置于笼中，利用蒸汽加热使其涨发的过程。主要适用一些体小易碎的或者具有鲜味的干制原料。蒸发可有效地保持原料的形状和鲜味，而不会破坏或流失鲜味呈味物质。其次，一些高档干货原料在蒸发时，还可酌情添加高汤、小黄姜、大葱、料酒、鸡腿、排骨之类的原料，以达到去异味、增鲜香的目的。蒸发主要适用于干贝、哈士蟆油、龙肠、乌鱼蛋、淡菜、海米、蟹子、虾子以及去沙的燕窝等。

（4）泡发　指将干制原料置于容器中，用沸水直接冲入容器中浸泡使原料涨发的过程。泡发主要适用于蛋白质已经变性、淀粉已经发生糊化的一类原料。另外，对于已经经过碱液腐蚀使其结构基本疏松，不能承受煮、焖或蒸发热力的一类原料也可以菜肴泡发。泡发主要适用于粉条、腐竹、虾米和经碱水发后的鱿鱼、墨鱼。

六、碱发工艺

碱发是指将干制原料置于碱溶液中进行涨发的过程，是在自然涨发的基础上采取的强化方法。一些干硬老韧、含有胶原纤维和少量油脂的原料，难以在清水中完全发透，为了加快其涨发的速度，提高其成品涨发率和质量，在介质溶液中可适量添加碱性物质，改变介质的酸碱度，造成碱性环境，促使蛋白质的碱性溶涨。主要适用于一些动物性原料，如蹄筋、鱿鱼、墨鱼等。但碱发的方法对原料营养及风味物质有一定的破坏作用，因此选择碱发方法时要谨慎。

碱发工艺

（一）碱发工艺的原理

碱液会使原料防水性失去，鱿鱼、墨鱼等都是海洋软体动物，在长期的生物进化过程中，为了适应海洋的环境，即高渗透性和腐蚀性，在鱿鱼的体表面能分泌出一种具有防水性的黏性物质，干制后防水性更强。将它们放入碱液中浸泡，从而使防水性物质失去防水性，有利于水与原料作用。

原料对水分的吸收有两个途径。即蛋白质的水化作用及毛细现象。因为干制后的鱿鱼会形成多孔状。与含有蛋白质的其他原料相似，在鱿鱼中也含有大量的蛋白质，在蛋白质分子间，有（—OH、—COOH、—NH_2）等亲水基团，经碱液浸泡，上述基团大量暴露出来，增加了蛋白质的水化作用。鱿鱼干制时由于水分的失去会形成多孔状，在浸泡时水会沿着原来的孔道进入原料体内。这些孔道主要由生物组织的细胞间隙构成，呈毛细管状，具有吸附水并保持水的能力。

蛋白质的水化作用与蛋白质的等电点、溶液的pH等有关系。碱液pH很高，可使溶液的pH远离蛋白质的等电点，增加了蛋白质的电荷数，使蛋白质分子的水化能力增强，从而增强了鱿鱼的吸水能力。通过细胞膜的通透性。这是存在于干细胞内的一种作用。由于鱿鱼干制品内部水分少，细胞中可溶性固形物的浓度很大，渗透压高，而外界水的渗透压低，这样就导致水分通过细胞膜向细胞内扩散，外观上表现为吸水涨大。

（二）碱发工艺的流程

[选料] → [干货整理] → [清水浸泡] → [回软] → [除去杂质] → [碱水浸泡] → [控制碱发程度] → [（提质）清水浸泡退碱] → [贮存备用]

碱发有生碱水发和熟碱水发两种，根据原料的情况和烹调需要而选用。涨发时可先将大块的原料分别切成小块，经冷水浸泡，吸足水分回软之后，再投入碱水中，以便涨发均匀并降低碱水对原料的腐蚀作用。注意掌握发料的时间，先发透的先捞出，未发透的继续涨发，以免有的涨发过度，有的又涨发不足。其制法如下：

1. 生碱水发

将纯碱0.5千克放入10千克温水内进行溶化，即成为5%的纯碱溶液，通常称之为生碱水。生碱水泡过的原料有滑腻的感觉，适用于墨鱼、鱿鱼、鲍鱼等干货原料。涨发时需要在80～90℃的恒温溶液中提质，使涨发后的原料具有柔软、质嫩、口感爽滑的特点，适合于用烧、烩、拌、熘及做汤菜等烹调方法。恒温提质后，用清水浸漂退碱，在此过程中，需要不断换水浸漂，最后在微量碱度的原汁内浸泡贮存备用。

2. 熟碱水发

将纯碱0.5千克、生石灰0.15千克放入陶制容器内，放入沸水5千克搅拌均匀，再加入冷水2.5千克搅匀，静置澄清后，取澄清的碱液，弃渣滓不用，即成为熟碱水。适用于墨鱼、鱿鱼、鲍鱼等原料，熟碱水滑腻，浸泡之后的原料不黏滑。可用于炒、爆、熘等烹调方法。涨发时不需要加温，直到膨胀发透，捞出退碱，用清水浸泡并不断换水，最后在微量碱度的原汁内浸泡贮存备用。

碱发鱿鱼示范

七、油发工艺

油发是将干货原料放在多量的油锅中，经过加热蒸发体内水分，形成空洞结构而使其组织膨胀疏松的涨发方法。适用于油发的原料主要为富含胶原蛋白、组织致密的干货，如干制的蹄筋、肉皮、鱼肚等。干制的淀粉胶状原料，如虾片、糍粑片、粉丝等也可以采用油发膨化，但不属于干货原料涨发范畴。1.013×10^5Pa（1个标准大气压）压力下，油的沸点在300℃左右。利用油的高温作用，能使干货原料结构中水充分气化膨胀形成无数气室，使胶体失去凝胶作用变得脆化，从而产生不同于水发的品质与结构特征。油发在涨发工艺中具有特殊的地位。

（一）油发工艺的原理

油发一般有焐油的过程，这个过程是在三至四成油温之间进行的。这样的油温没有达到胶原蛋白的起始温度，胶原蛋白也就没有变性。将原料投入较高的油温中进行油焐，原料中的胶原纤维结晶遇热就会发生熔化，从有序结晶型结构转为无序非晶型结构，产生肽链无规则不均匀收缩，同时大量失去原料内部的水分，原料内部出现较大的气室，而局部发生变性。

油发工艺

原料在焐油时一般采用双锅双火眼进行，一只油锅仍进行油焐保持待发原料的温度；另一只油锅则加热至高温状态，进行油发。这是确保原料在油发过程中均匀受热、涨发均匀的重要步骤。在油发锅内温度达到起泡的时候，将油焐好的原料放在漏勺中，用热油淋一下，这样既能保持原料内部温度，又能使原料内部温度有一个上升的过程，最终在油发阶段能传热均匀。当油焐的油锅温度和原料的内部温度降到常温时，此时将原料投入高油温的油锅中进行油发，原料外表的胶原蛋白就会因骤然受到高温而迅速变性凝固，阻止热能向原料传热，影响了内部水分的汽化和内部胶原蛋白的完全变性，出现外部焦黄、内部僵硬的现象。

要使原料油发效果好，油温是基础，火候是关键。油温过高，原料在油发时就会出现外焦里不透，外表焦煳了，内部的胶原蛋白还没有完全变性；油温偏低了，原料内部汽化的水气压力不足，又不能使原料膨发开来，油发出来的半成品便会出现僵硬的现象。因此，在油发的最后阶段温度应该控制在180℃左右和一定的时间内，并通过手勺和漏勺对原料不停地进行翻动或将其压入油中，使原料能均匀地受热，只有这样原料内部的胶原蛋白才能完全变性凝固。

（二）油发的工艺流程

选料 →（冲洗）→ 烘干或晾干 → 低温焐油 → 高温复炸 → 浸泡吸水 → 碱洗去油 → 贮存备用

1．烘干或晾干

干货原料在正式涨发之前，检查其干燥程度非常重要。如果原料中自由水含量较多，蛋白质的变性速度较快。原料内部水分开始汽化之前，表面的蛋白质已经变性形成不可伸缩的保护层，影响膨化效果。所以，根据原料的具体情况，适当采取烘干或晾干的方法，将原料中多余的水分去除掉，一般原料的含水量控制在10%～15%。所谓烘干，就是将干货原料放入烤箱中，用50℃左右的温度烘烤10～15分钟；而晾干则是将干货原料直接放在阳光下暴晒2小时左右。

2．低温焐油

把干货原料放在温油锅（约60℃）中浸泡，直至体积缩小，质地变软，呈半透明状。此时，原料中的胶原蛋白已发生变性，结合水转变成了自由水，胶原纤维的晶质结构基本"熔化"，再将油温升高至95℃左右，让原料进一步变化，直到原料表面泛起很多小泡，此时原料组织中已有自由水汽化，将先起小泡的原料放在80℃左右的热油中进行保温。

3．高温复炸

将油温逐渐提高到150℃时，将所有起小泡的干货原料投入锅中，开旺火。干货发生热膨化，并慢慢浮到油面，随着温度的逐渐升高和时间的不断延长，膨化效果越来越明显，直到原料组织从外到里全部膨松，即发透。在操作中，一定要注意识别油温，等到油温达到所需要的程度才将原料投入进去。这是因为借助突然的高温作用，使原料组织中的自由水骤然汽化，产生更大的冲发力，使原料发透。如果温度过低，则原料中的水分逐渐、缓慢地进行汽化，形成了保护层。

4．浸泡吸水

原料经油发后还只是半成品，需要经浸漂使之自然吸水而柔软膨松，才能达到最终涨发目的。此时原料对水的吸收主要依靠的是毛细管的吸附作用。放入1%的纯碱溶液中轻轻按揉，洗去油污。然后再反复用清水揉洗。对炸发后的原料不宜采用80℃以上的热水泡发。因为热水会使之塌缩，胶原纤维软溶而失去支持力，从而影响吸水率，伤害油发原料的本质。

油发花胶肚示范

八、其他涨发工艺

1．盐发

盐发与油发相比较，涨发原理相同，但传热介质不同。它是以食盐为传热介质。食盐呈颗粒状，传热没有液态的油脂那么均匀，操作时需要不停地翻炒，经常焐焖。盐发对干货原料的含水量要求不甚严格，受潮回软的也可以涨发。因为盐发所需要的时间较长，允许原料在涨发过程中干燥。盐发可分为预热、焐焖、炒发、浸泡4个步骤。

2．碱面发

碱面发也称作纯碱腌。它是将适合于碱水发的干货原料先用清水浸泡回软，剞上花刀，再改成小块，将每块原料均匀地粘上纯碱面，放置待用。纯碱腌有三大优点：一是便于涨发，需要使用时，加沸水冲烫即可，快速简便。纯碱腌之后的涨发实际上就是一个特殊的碱水发。二是剞花刀和干货原料涨发前的处理合并进行，简化了菜肴制作的工艺，而且所剞花刀有利于纯碱对原料的作用。三是便于原料较长时间存放，涨发好的原料一般不能久放，保藏也比较麻烦。而纯碱腌的原料存放简便，较长时间存放也不变质。

3．火发

火发也叫作明火烧。它是指通过直接加热，使毛、鳞、角等富含蛋白的原料表面用火焦化，即角蛋白变性的过程。角蛋白（来源于动物的外胚层分化细胞，存在于其发、毛、鳞、羽、甲、蹄、角、爪、喙、丝及其他表层结构中）的相对分子量很大，也是由多条肽链排列而成。链与链之间主要以硫键（—S—S—）和氢键连接，等电点为pH5.5。角蛋白胱氨酸的含量较高，酸性和碱性氨基酸的含量也很丰富。角蛋白极其稳定，其稳定性主要是由于分子中肽链间有为数众多的二硫键，火烧可使硫键氧化还原，从而使二硫键断裂，失去坚固、稳定性，因此达到涨发的目的。火发可分为烧烤、削刮、蒸煮、漂洗、蒸煨5个步骤。在烹饪中，火发适合于盐参、乌参等干货原料的涨发。

九、干货原料涨发实例

（一）干鱿鱼涨发（碱发）

1．操作的主要程序

（1）清水浸泡　鱿鱼以30℃左右的清水浸泡6小时以上，至鱿鱼体软、无硬芯为好。在用清水浸泡时，一定要泡透，浸泡温度对鱿鱼的浸泡效果影响较大，一般在30℃的清水中浸泡6小时即可，而在20℃的清水中要泡10小时以上，浸泡的水温不能超过40℃，超过40℃时，尽管浸泡时间短，但将影响碱发后的质量（主要是弹力、卷曲程度）。所要注意的是，这里所指的温度，不是初泡时的水温，而是浸泡全过程中的水温，水温的高低，浸泡主要以时间调节，即水温低、浸泡时间长，水温高，浸泡的时间短。浸泡好的鱿鱼，要求无硬心，指甲能捏动。

（2）碱水浸泡　清水浸泡后，鱿鱼即可入碱水涨发，一般采用熟碱水来浸泡，或者用生碱水涨发（纯碱与水的比例为1：20）。碱水的用量，一般5千克碱水溶液，可涨发约1千克鱿鱼，要求鱿鱼全部浸入碱水中。当碱液温度为35℃时，投入清水浸泡好的鱿鱼，当室温在30℃时，4小时即可涨发好，用熟碱水溶液涨发鱿鱼，当碱液温度为38℃时，投入清水浸泡好的鱿鱼，室温仍为30℃，涨发9小时，效果也很好。

（3）恒温提质　连同碱液一起倒入锅内，上小火慢慢加热，在80～90℃的恒温中提质，一边向锅内加入清水，一边将锅内碱液舀出，使碱液的浓度降低，至鱿鱼片逐渐呈均匀的黄色且鲜润透明时，鱿鱼就涨发足了。

（4）褪碱　取出涨发的鱿鱼放入冷水反复漂洗，用清水泡发1～2小时除掉碱味即可烹调做菜。

2．干鱿鱼涨发的关键点

（1）浓度　根据原料的性质和烹调时的具体要求来确定使用哪一种碱溶液及其浓度。强碱浓度要低，反之则要高。对同一种碱来说，浓度不同涨发的效果也不同。浓度过低，干料发不透；浓度过高，腐蚀性又太强，容易使干料腐烂。生碱水浓度控制在5%以下。

（2）温度　在碱液浓度一定的条件下，温度越高，涨发时间越短，但温度不能过高或过低。过高，会加速碱对原料的腐蚀。在强碱（纯碱系强碱）的环境中，如果温度超60℃，则会引起丝氨酸的减少。其他营养素也会遭到不同程度的破坏，原料表面和内部还会不同程度地糟烂，不能保持其完整形态及优良质地，因而降低了制品的质量。温度过低，涨发时间太长，一般以15～35℃为主。

（3）时间　涨发时间的长短受碱液浓度、涨发温度的制约，一般以4～10小时为宜。时间短，就要提高碱液浓度和涨发温度，时间太长，从操作角度来看，不利于节省时间，同时易使原料产生异味，变质。

（4）漂洗　不断漂洗能去掉碱味，还可以促使原料进一步涨发。碱液浸泡后的鱿鱼和清水可以看作是两个分散体系。当碱溶液浸泡后的原料放入清水中时，相当于一个半透膜，溶液的渗透压取决于所含质点的浓度，对碱液浸泡后的原料来说，由于鱿鱼中含有大量碱及盐类，其渗透压对于水来说是高渗透压性的一侧。因此，水要通过原料表面进入原料内部，而碱通过原料表面进入水中，这样既达到了失去碱味的目的，又可使原料进一步涨发。

（二）干蹄筋的涨发（油发）

1．操作的主要程序

（1）干燥　由于干制原料受加工及贮藏保管等因素的影响，原料中一般都或多或少地存在一定的水分。若所含水分超过其总量20%，就不利于涨发。因为过多的水分会阻碍油的热渗透率，减缓原料的汽化速度与膨胀功能，使原料不能充分发透，从而影响其质量及利用率。所以，对于含水量较多的蹄筋等原料在油发前要进行必要的干燥处理。使其含水量达到10%以下。但也不能处理得一点儿水分也不存，因为我们还要利用原料中所含的一定量的水分，使其汽化、膨松。干燥处理一般可采用日光晒干、烤箱低温烘干等简易的处理方法。经干燥处理后的蹄筋，质地坚硬，手折不易弯，重量约减10%。

（2）油焐　蹄筋经干燥处理后，应同冷的色拉油一起下锅，小火加热，加热至二成油温时，蹄筋内部水分即有少量排出体外，其形态也开始收缩，逐渐加热至四成油温时，原料中的胶体物质已呈半溶状态，此时的原料也具有弹性及透明感，其表面也出现少量的并不爆裂的小气泡，手捏也有轻微空松的感觉，此时油温不宜再继续升高，应保持在三至四成的范围以内，将蹄筋浸焐相当的一段时间，使其彻底焐透。在油焐过程中，还应经常翻动原料，使其受热均匀。

（3）炸发　将经充分油焐后的蹄筋投入油温已达六至七成的油锅中，利用油分子在高温下活力增强，能强力冲击原料的胶体蛋白质分子使其破裂，分子内部水分随之爆发汽化，使原料膨松，使蹄筋组织中的胶体蛋白质完全失水，原料的体积随水分的汽化而增大，品质酥脆。在炸发过程中，我们还可利用一下油与水的不容性和排斥性的原理，在高温油锅中滴几滴水，使油分子的活动能力更加强。来促使原料的涨发率达到最大限度。经炸发后的蹄筋，其质量要比油焐前减少10%左右，色呈淡黄、体态饱满、空松。用手一折就断，断面呈蜂孔状。炸发时应注意油温及原料的发制程度，油温不宜过低或过高，七至八成最适宜发制，原料能用手一折就断即可，过则影响其品质。

（4）浸漂　蹄筋经炸发后还需经浸漂，使其孔洞组织自然吸水而柔软膨松，达到涨发目的。油发的蹄筋不能采用80℃以上的热水泡制，因为热水能伤害油发蹄筋的体质，使其胶原纤维（胶原蛋白经油炸脱水膨胀成纤维质）软化溶解而失去支持能力，使原料塌缩，从而影响吸水率及品质，而应以30℃左右的温水浸泡，我们还可利用碱的脱脂性，在温水中加入少量的食用碱，脱去原料组织中的油分，提高原料的吸水率，但应注意要反复用清水漂去原料中碱的成分。清水浸泡备用（烹调前应挤去所含水分，使其能充分吸收各种调味品）。至此，蹄筋的油发发制已完成。一般来说，发制得成功的蹄筋其质量比发制前可增加三倍左右。

2．蹄筋涨发的关键点

（1）时间　一般情况下，干蹄筋需在油温中浸泡半小时左右；对形体较大的蹄筋，浸泡时间可再适当延长，直至符合炸发的要求；如果焐油不彻底则易发生“僵化”的不良后果，且该后果很难再挽救。

（2）火候　一定要用小火慢慢加热，油温保持在80～100℃最为合适，不可过高或过低，并且要经常翻动蹄筋使其均匀受热；否则，若受热过高，会使蹄筋表面的蛋白质变性凝固，阻碍热量向内渗透及内部水分向外蒸发，而表面的水分则会因蒸发过快，而出现起泡现象，导致蹄筋外面焦化而里面焐不透。因此，在焐油过程中，如发现蹄筋逐渐鼓起，说明油温已经偏高，蹄筋的分子正在膨胀，蛋白质已开始变性，这时，应立即将油锅端离火源或改用微火；若受热过低，热量传不到蹄筋内部，蹄筋的形体就不会发生变化，这样也必然会影响涨发的效果。

（三）干鲍鱼的涨发

1．操作的主要程序

（1）将干鲍鱼放入盆中，注入30℃的温水浸泡约3天，然后用小毛刷或牙刷刷去鲍鱼身上的毛灰、细沙及黑膜，洗净。

（2）将鲍鱼放入用竹箅垫底的砂锅中，掺入清水，用大火烧开后，转用小火煨约10小时，鲍鱼的边缘能撕下时，捞出漂入清水中，去掉鲍鱼的牙嘴和裙边。

（3）取一净砂煲，在煲底垫上竹箅子，再将鲍鱼整齐地摆放在竹箅子上，掺入顶汤，用大火烧开后，转用小火煲约24小时，至鲍鱼完全涨透回软，即可用于做菜。

2．干鲍鱼涨发的关键点

（1）鲍鱼浸泡和清洗干净后，一定要用砂锅或砂煲进行发制，这样才能保持鲍鱼的鲜美度。

（2）砂锅或砂煲底部一定要垫上竹箅子，以防鲍鱼粘锅和烧煳。

（3）煨煲鲍鱼时一定要用小火，以免汤汁溢出和烧干。

（4）鲍鱼的浸泡和煨、煲的时间一定要够，这样才能使鲍鱼涨透回软。

顶汤的制作是发制干鲍鱼的关键工序之一，顶汤的质量在一定程度上影响到鲍鱼发制的成败。因此制作顶汤时，一是要将原料的血水汆净；二是熬制要够时间；三是要将汤汁过滤干净。

（四）燕窝的涨发

1．操作的主要程序

由于燕窝的品质不同，所以其发制方法也不一样。上等燕窝只需用温水浸泡后，除去杂质，然后再用热水焖发，最后用清水冲漂去净异味就可以了。次等燕窝因其色泽和质地均要差一些，故先要用碱水进行泡发，除去杂质后再用热水焖发，最后再用清水冲漂干净。这样发制才能使次等燕窝色泽洁白，质地更加松软，从而达到食用的要求。

（1）上等燕窝的发制　将燕窝放入盆中，掺入30℃的温水，浸泡约10分钟，让燕窝充分吸取水分并软化，这时再换清水，继续浸泡约10分钟，使燕窝进一步蓬松，然后用镊子夹净绒毛杂质，再掺入60℃左右的热水，让燕窝焖发5分钟，至燕窝涨透发软、色泽更白时，捞出来用清水冲漂约30分钟，去净异味即成。

（2）次等燕窝的发制　先将燕窝清洗一遍，放入盆中，掺入60℃的热水，再加入碱水，浸泡约8分钟，随后将燕窝捞出，放入一清水盆里漂凉，然后用镊子夹净绒毛杂质。随后用沸水将燕窝稍焖一下，再捞出来放入清水盆中，用清水冲漂2～3小时，至燕窝色泽洁白、涨大蓬松且去净碱味时，即成。

2．燕窝涨发的关键点

（1）一定要先让燕窝吸足水分变得松软后，才能进行下一步的加工。

（2）燕窝吸足水分变得松软后，要用镊子夹净绒毛杂质。由于一些绒毛细小且难以发现，故要放在清水中，让水将绒毛冲洗映照出来，这样才便于夹除。

（3）上等燕窝只用水发，次等燕窝清洗后，须用碱水加水进行泡发。这道工序被称作“提级”，即提高次等燕窝的品质等级。

（4）“提级”虽然会破坏燕窝的一部分营养成分，但会使燕窝的涨发率大大提高，同时还可使燕窝迅速回软，容易发透，燕窝的色泽也才更加洁白。

（5）“提级”时加入碱水的比例为燕窝150克、碱水15克、外加热水1500克。

（6）“提级”后的次等燕窝，通常还需用沸水稍加焖发后，才能除净碱味，便于进一步的加工。

燕窝多以汤羹形式成菜，口味甜咸均可，也可制成烩菜。做成咸味时须注意，宜清不宜浓，宜纯不宜杂。因燕窝自身少味，烹制时往往需加上汤调味或加入具有鲜味的配料，但上汤及配料均宜清淡，不可浓腻。

十、冲水

冲水是指将原料放在常温的流水中进行冲洗以去掉其组织内杂质或污物的操作过程。它是对原料进行初加工的一种方法，有时通过冲水的过程还可以达到涨发原料的目的。冲水时水流速度应视菜品的需求调整大小，冲水时间也应或长或短，这种操作方法可以使成菜的色泽更加自然，尤其在干烧、炸收等烹调方法中运用较为广泛。冲水与“浸水”是有略微区别的，浸水是将原料浸泡在定量的清水中，目的是让其吸水回软或膨胀发大。冲水是将“冲”与“浸”并用，达到原料排放杂质或涨发松软的目的，故冲水的过程也会涉及浸水，但重在排出。其作用包括以下几方面。

（一）原料解冻

原料在冰箱中冷冻保存后，内部组织会结冰，而冷冻过的原料需要解冻，还原成本来的状态后，才能用于烹调。用冲水的方法不仅可使原料迅速解冻，而且还能保证原料的新鲜程度。因为流动的清水会迅速将原料中的冰融化，并使原料与空气隔绝，防止氧化。若把冻料直接置于空气中自然解冻，那么冻料易与空气中的氧结合，发生氧化反应，从而使原料变黑变软，例如冰鲜的基围虾在空气中自然解冻时，就容易出现头变黑、肉质变红等现象。若把冻料用温水或开水解冻，则又会使原料中的蛋白质受热变性，造成原料提前成熟。冻料冲水时，水流的速度不宜太快，冲制的时间以原料内部变软无冰碴即可。

（二）除去部分胶质

在鱼肚等海产品涨发后，虽然这些原料经过煲发而变得柔软，但其本身所含的胶质有部分会渗出来，为了防止在烹调中因这些渗出来的胶质过多而粘锅煳锅，也为了使成菜达到清爽的口感，故需除去这些胶质，才能用于烹调。这时只有通过冲水的方法，才能将这些胶质排出。给涨发好的鱼肚冲水时，水流速度可以稍慢些，冲制的时间约为2小时。

（三）除去多余油脂

在制作凉菜时，煮好的猪脚、整鸡等原料，因其油脂过多而口感不佳。这时可用冲水的方法把熟料中多余的油脂排出，使原料达到皮爽肉脆的效果，并且吃起来不油腻。冲水时，水流速度宜快，冲制的时间约为2小时。

（四）除去血污和杂质

在烹饪加工时，禽畜和海鲜类动物性原料中含有大量的血污和杂质，这些物质是产生腥异味的主要来源，并且还会使原料发黑，只有通过冲水的方法把原料内部的血污和杂质排出去，才能除去原料的腥臭味，使成菜色美味佳。如在制作“糖醋排骨”时，要先将排骨砍成节后，放入流水中进行冲洗以除去其组织内的血红蛋白，使最终成菜色泽棕红发亮，若不经过冲水处理，往往色泽发暗，影响成菜效果。

（五）使原料吸水膨胀

冲水能使原料吸足水分、体积膨胀，从而达到疏松爽脆的效果。这在对海蜇进行初步处理时体现得尤为明显。当海蜇丝入沸水锅中汆烫后，因其受热收缩而变得绵韧难嚼，所以要将海蜇放入清水中冲浸，让海蜇吸水膨胀，使其达到疏松爽脆的效果。冲水时，水流速度不宜太快，冲制的时间约为30分钟。

（六）排出原料内多余的碱

为了使一些动物性原料的质地变得脆爽和细嫩，初加工时往往会用碱水、苏打等碱性物质进行腌制，例如腌虾仁、腌兔肚、腌排骨等；为使一些植物性原料质地爽脆和颜色鲜艳，也往往会在沸水锅中加入苏打后进行焯水。这样做虽然使原料达到质感要求，但碱性物质却残留在原料中，为避免菜肴口感发涩，只有利用冲水的作用将碱性物质冲洗出来，并且通过冲水，可使蔬菜快速降温，保持色泽翠绿。

冲水时应根据原料的质地来决定水流的大小和冲制的时间。例如在处理较为细嫩的虾仁和脆嫩的蔬菜时，冲水的水流速度不宜太快，冲制时间约为30分钟；而给质地较为紧密的猪肚头和排骨段冲水时，水流速度宜快，冲制时间约为2小时。

（七）除去多余的盐

在加工一些腌制品原料时，需用大量的盐来腌制，以便保存较长的时间。荤料如火腿、咸肉、腊肉等；素料如冬菜、芽菜、霉干菜等。这些腌制品的含盐量均较高，味较咸。为了降低腌制品的咸度，可以利用冲水的方法来除去其多余的盐分。

思政小结 ▶ 勇于挑战，化压力为动力

小结导入：《风雨无阻创造美好生活》这篇重磅长文引发了高度关注，它让我们看到了国家发展的伟大成就，看到了发展中面临的重大机遇和挑战，也看到了创造美好生活的信心、决心和动力。——《化压力为动力，变挑战为机遇》（中青在线，2018年8月10日）

思考讨论：请学习《风雨无阻创造美好生活》这篇文章，并谈谈你的学习体会。

分析强调：遇到较大压力时要勇于承受压力并学会调节自己，提高各方面的能力，积蓄能量等待合适时机释放自己的才华。俗话说“没有压力就没有动力”“能承受的压力有多大，成就就有多大”。

第六节 冷冻与解冻工艺

冷冻是指降低烹饪原料的温度，使其凝固、冻结的过程。解冻是指把经过冷冻的原料在进入刀工切配或烹调之前采用一定的方式使其质地复原，以利于切配和烹调的加工过程。肉类、鱼类和禽类等烹饪原料在烹调前若需要较长时间的保存，通常采用冷冻的保藏方法，烹调时再进行解冻。冷冻与解冻时原料中的水分发生了变化，前者由液态变为固态（水），后者则反之。

随着食品工业的不断发展，冷冻类食品原料越来越受到人们的重视。在日常烹饪中，经常会用到冻鱼、冻猪肉、冻鸡、冻鸭等动物性原料及冷冻蔬菜瓜果等。目前，中央厨房生产的多数产品是经过烹调后再行冷冻的小包装配菜食品，例如黄焖鸡、冻抄手、冻饺子等，经过加热即可食用。在冷冻的过程中需要保持半成品或原料的色、香、味、形、质等感官标准，这和原料的解冻效果有着最直接的关系。

一、烹饪原料的冷冻

烹饪原料按照冷冻的速度可分为快速冷冻（简称速冻或急冻）和慢速冷冻（简称慢冻或缓冻）两种，原料在冷冻过程中是选择速冻还是慢冻，这与原料的品质有着密切的关系。

（一）快速冷冻

快速冷冻是指原料冷冻时温度迅速下降。原料在冷冻时，内部的水冻结成冰，其体积平均可增加10%。大的冰晶极容易刺破原料的细胞，破坏原料的质构。为了减少冷冻过程中原料质构被破坏，原料冷冻时往往采取低温快速冷冻的方法。因为快速冷冻能使原料中的水形成微细的冰晶，并且均匀地分布在原料组织细胞内。这样，原料的组织细胞才不会变性破裂。原料在解冻时，其细胞液才不会大量流失，从而避免原料营养物质的流失。所以慢速冷冻的原料品质不如快速冷冻的。快速冷冻的温度一般在-30～-18℃。

（二）慢速冷冻

慢速冷冻是指原料冷冻时温度下降的速度缓慢，慢速冷冻会形成较大的冰结晶，从而使组织细胞受挤压而发生变形或破裂，组织中液体流出，最终造成原料当中的营养物质大量流失。

二、烹饪原料的解冻

烹饪原料的解冻是使原料的冰晶体融化，恢复原来的生鲜状态和特性的过程。原料在解冻过程中，由于温度上升，原料中的酶的活性增强，氧化作用加速，并有利于微生物的活动，因原料内冰晶体融化，原料由冻结状态逐渐转化至生鲜状态，并伴随着汁液流失，在这种变化下，汁液流失对烹饪原料品质的影响最大。

原料解冻后，在冰晶体融化的水溶液中，会有大量的可溶性固形物，例如水溶性蛋白质和维生素，各种盐类、酸类和矿物质。这部分水溶液就是汁液。如果汁液流失严重，不仅会使原料的重量显著减轻，而且由于大量营养成分和风味物质的损失必将大大降低菜品的营养价值和感官品质。烹饪原料解冻时汁液流失的原因是冰晶体融化后，水分未能被组织细胞充分重新吸收造成的，具体原因可归纳如下。

（一）冻结的速度

缓慢冻结的烹饪原料，由于细胞间隙存在的大型冰晶对组织细胞造成严重的机械损伤，蛋白质变性严重，以至于解冻时细胞对水分重新吸收的能力差，汁液流失较为严重。

（二）冷藏的温度

冻结的烹饪原料如果在较高的温度下冻藏，细胞间隙中冰晶体生长的速度较慢，形成的大型冰晶对细胞的破坏作用较为严重，解冻时汁液的流失较多；如果在较低的温度下冻藏，冰晶体生长的速度较快，形成的冰晶体非常小，对组织的破坏较小，解冻时汁液流失就较少。

（三）原料的pH

蛋白质在等电点时，其胶体溶液的稳定性最差，对水的亲和力最弱，如果解冻时原料的pH正处于蛋白质的等电点附近，则汁液的流失就较大。因此，禽、畜、鱼类在解冻时汁液流失与它们的成熟度（pH随着成熟度不同而变化）有直接的关系，pH远离等电点时，汁液流失就较少，否则就增大。

（四）解冻的速度

解冻的速度有缓慢解冻与快速解冻之分，前者解冻时温度上升缓慢，后者温度上升迅速。一般认为缓慢解冻可减少汁液的流失，其理由是缓慢解冻可使冰晶体融化的速度与水分的转移、被吸附的速度相协调，从而减少汁液的流失，而快速解冻则相反。但快速解冻在保持烹饪原料品质方面也存在有利因素，其理由是原料解冻时，可迅速通过蛋白质变性和淀粉老化的温度带，从而减少蛋白质变性和淀粉老化；利用微波等快速解冻法，原料内外同时受热，细胞内冰晶体由于冻结点较低首先融化，所以在原料内部解冻时外部尚有外罩，汁液流失也比较少；

快速解冻由于解冻时间短，微生物的增量显著减少，同时由于酶、氧气所引起的对品质不利的影响及水分蒸发量均较小，所以烹调后菜肴的色泽、风味、营养价值等品质较佳。

三、冷冻原料的解冻方法

1．空气解冻

空气解冻，也称自然解冻。它分为静止空气解冻和流动空气解冻两种类型。常见的操作方法是将所要解冻的烹饪原料全部直接裸露在空气中，在室温作用下，冷冻原料细胞间质的冰结晶缓缓融化蒸发以达到解冻的目的。这种方法在烹饪中最经济，保存原料的营养价值也是最好的。但是由于解冻速度比较缓慢，一般需要时间较长，此方法适合于冬季原料解冻，在夏季不太适合。

2．冷水解冻

冷水解冻是一种极为方便的解冻方法。它可分为浸泡解冻、流水解冻和撇水解冻三种。其作用原理没有太大差别，流水解冻在这三种方法中运用较多，其解冻的时间以及对原料风味的破坏也是较小的，故在烹饪处理中大量使用。

3．盐水解冻

盐水解冻的操作类似于冷水解冻，其不同点是根据不同的解冻原料、解冻要求以及解冻时的气候变化等来制作一定浓度的食盐水，以增强对原料的渗透力，促使解冻速度加快并能抑制或杀灭某些微生物的生长繁殖，尤其是在夏天温度较高的条件下，其作用更为明显。但是，也应该注意盐水的浓度，以不影响菜肴的质感和风味为佳。

4．电子解冻

电子解冻通常使用的是微波解冻。微波是非离子的电磁波，其穿透力较强，它使原料内部的极性分子在电磁波的作用下，产生运动并随即蒸发，以得到加热解冻的目的。由于微波能缩短解冻时间，并使解冻原料内部和表面同时受热，这就提高了冷冻原料中营养成分的保存量，特别是维生素的保存量，加之操作方便，简单易行，是一种较为理想的解冻装置。

5．加热解冻

加热解冻的分类较多，例如有热空气、蒸汽、热/沸水、热盐水以及热金属器解冻等。无论是采用热对流、热辐射还是热传导等受热方式，均能加快解冻速度。一般不提倡为了求得速度而使用加热解冻，这是一种不科学的做法。因为冷冻原料在冷藏过程中，其细胞组织汁液遇冷形成肉纤维中间的冰结晶。这种冰结晶是一种营养价值极高的鲜味物质。缓慢解冻可使这种汁液的冰晶体重新融化还原成汁再渗入原料的纤维内，从而保持冷冻原料原有的营养和风味。

6．真空解冻

真空解冻一般运用在中央厨房和食品工厂。其原理是：在密封的容器内，将大气压降低到10～15毫米汞柱，水在10～15℃就可以沸腾，因而产生大量低温蒸汽，利用水蒸气的潜热，使水分子不断冲击冷冻原料的冰晶粒，进行热的交换，促使其快速解冻。另外，这些低温的水蒸气在冷冻原料的表面上凝结成水，放出大量凝结热，每千克水蒸气能产生500千卡热量，这些热量被冷冻原料吸收进行融化。水不断地沸腾汽化，所需要的热量由外界供给。真空解冻需要特制的容器装置、配合电热器、真空泵以及控制台等设备，在普通餐饮门店的应用受限。

四、解冻的注意事项

冷冻原料应当解冻到什么程度？最好是半解冻状态，而所谓的半解冻状态，就是指将冻结原料的温度提高到最大冰晶生成带的温度（0～5℃）就中止解冻，在随后的加工过程中，再使原料完全解冻。处于半解冻状态的原料，由于结冰率小，原料的硬度恰好能用刀切割，故不仅方便加工和切配，而且汁液流失也比较少。

冷冻原料解冻后，最好是马上就加工烹调。另外，冷冻原料一经解冻后，就不宜再次冷冻了。因为原料在冷冻时很多都没有进行充分的洗涤和消毒，虽然冷冻可以消灭原料中大量的细菌，但不能达到完全杀菌的目的。另外，原料解冻时流出的汁液，也为微生物的生长繁殖提供了养料，使得原料内部微生物繁殖加快。

原料解冻应当注意清洁卫生，防止污染。无论是用自然解冻法、微波解冻法，还是用加热解冻等方法，都应当先将冻结原料用保鲜膜密封好以后再进行解冻。

课后练习题

思政小结 ▶ 崇尚劳动，礼赞创造

小结导入： 1988年，陈康从技校烹调班毕业进入厨师行业，至今已三十余载。从懵懂青春到不惑之年，从一名普通员工成长为全国劳动模范，他做一行，爱一行，始终不忘初心，即便在最平凡的岗位上也从未心存懈怠。

思考讨论： 我们敬业是为了功成名就，还是为了在从事的领域大展手脚，不出名但有一番作为呢？请大家围绕这些开展讨论。

分析强调： 敬业精神是事业成功的关键之一，如果没有敬业精神，一切都无从谈起。敬业，应该从每一件事认真做起，落实在平时的工作中。

03 第三章 CHAPTER 原料的分割与成形工艺

学习目标

1. **掌握：**部位取料、刀工、刀法的概念；直刀法、平行刀法、斜刀法的分类及烹饪应用；常见块、丝、片、条及料头的规格成形及烹饪应用。
2. **熟悉：**部位取料的要求；禽类、畜类、鱼类常见品种部位在烹饪中的应用；刀工的作用；常见花刀的运刀方法及烹饪应用。
3. **了解：**部位取料的作用及方法；整料出骨的概念、作用及方法；刀工中的力学原理；刀工的基本要素；剞刀法的概念及目的。

在烹饪操作过程中，原料的形态可以从三方面进行体现：原有形态、一般加工形态和艺术形态。分割是根据整形烹饪原料不同部位的质量等级，使用不同的刀具和手法对其进行有目的的处理，使其成为相对独立意义上的更小的单位和部件，以满足烹饪操作的需要。成形是指通过对原料运用不同的刀法处理后，使其成为利于烹调、食用的一种技法。分割的目的是成形，而原料的成形又离不开分割加工。

第一节
部位取料工艺

部位取料又称分档取料。它是对经过宰杀等加工的禽、畜、水产品（鱼）、火腿等整只原料，根据其肌肉、骨骼等组织的不同部位、不同质量，采用不同刀法进行分档，并按照烹制菜肴的要求，有选择地进行取料。部位取料是一项技术性强、知识面广、细致认真的工作。若部位分不清楚，取料就难选，从而影响切配加工，并直接关系到菜肴的质量。部位取料和整料出骨是刀工技术中重要的两个部分。部位取料就是将动物肌肉组织的不同部位进行分类，并按照烹制菜肴的要求取料。整料出骨就是去净或剔除用于烹饪的整只动物原料的主要骨骼而仍保持其原有外形的一种技法。

一、部位取料的作用

（一）保证烹调特点

根据不同的烹调方法和原料部位，可以突出烹调的特点。煎、炒、爆、熘等烹调方法，一般选用比较嫩的原料。如滑炒鸡丝，宜选用鸡胸脯肉，从而突出其鲜嫩的特点。而烧、煮、炖、焖、烩等烹调方法，则可选用含结缔组织较多的原料。如烧牛脯，可选用牛瓦勾（是牛肋排将骨头去掉后的部分），从而突出该烧菜汤浓料烂、味透肌里的特点。

（二）保证菜肴的特色

不同部位的原料，可制作不同特色的菜肴。也就是说，制作特色菜肴，必须严格选料。如广东菜咕咾肉，必须选用猪的肩颈肉，制品才能达到外脆里嫩、色美味佳的效果。又如，湖北名菜梅菜扣肉，必须选用带皮五花肉，制品才能突出鲜香味厚、滑爽、无油腻感的特色。

（三）保证菜肴的质量

菜肴成品的质量与选料密切相关，取料适当，烹调合理，才能达到菜肴的质量要求。如四川名菜回锅肉，必须选用带皮坐臀肉，入锅煸炒至吐油、皮卷起，成品色泽红亮，肉片柔香，肥而不腻，味咸鲜微辣回甜，有浓郁的酱香味，则达到了该菜的质量标准。若选用的不是带皮的坐臀肉，煸炒时皮不能卷起，就达不到该菜的质量标准，也就不能称之为回锅肉。由此可见，选料直接影响着菜肴的质量，选好料，是保证菜肴质量的前提。

（四）保证原料的合理使用

动物肌肉组织有骨骼肌、平滑肌、心肌三种，肌肉的质量随部位不同而有差异。不同的肌肉能烹制出不同风味的菜肴，不同部位的原料适宜不同的烹调方法，合理使用才能物尽其用，不浪费原料。如猪的颈肉质差、肥瘦不分、吸水力强，宜制馅；五花肉肥瘦相间，适合烧、蒸；臀尖肉较嫩，适宜氽、爆、炒、熘；坐臀肉含有肌间脂肪，适宜炒；奶脯肉肥多瘦少，质又差，故炼油或炸酥肉为好。由此可见，针对不同部位、不同质地、不同性质的肉，应采用更合适的烹调方法，从而提高原料的使用价值，保证原料的合理使用，做到物尽其用。

二、部位取料的要求

（一）熟悉肌肉组织的结构及分布

熟悉肌肉组织的结构及分布，把握整料的肌肉部位，准确下刀，这是部位取料的关键。质量有别的肌肉之间，往往有一层筋膜，部位取料时，从筋膜处下刀，就能把部位肌肉之间的界线分清，顺膜取部位，不损伤原料，保证所取部位原料的完整及质量特点。

（二）掌握部位取料的先后顺序

部位取料操作时，必须从外向里循序进行。否则会破坏肌肉组织，影响取料质量。例如，猪的后腿肉，应先取臀尖肉，再取弹子肉，后取坐臀肉。只有按肌肉的先后顺序取料，才能保证部位取料的质量和数量及完整性。

（三）刀刃要紧贴骨骼操作

部位取料时，刀刃要紧贴着骨骼徐徐而进。运刀须十分小心谨慎，出骨时，骨要干净。做到骨不带肉，肉不带骨，骨肉分离。避免损伤肌肉，造成原料浪费。

（四）重复刀口要一致

部位取料操作时，常会出现刀离原料的情况。再次进刀时，一定要与上次的刀口相吻合，否则会出现刀痕混乱、刀口众多的情况，从而使碎肉渣增多、骨上带肉，影响出肉率。

三、部位取料的方法及应用

动物肌体构造和不同肌肉部位的分布大体相同，这里以猪、鸡、鱼为例，说明部位取料方法及用途。分别见表3-1、表3-2、表3-3。

表3-1　猪肉的部位取料方法和应用特点

部位	序号	名称	分割部位		应用特点
			别名	分割部位	
头尾部位	1	头		从宰杀刀口至脑颈部割下	一般用于烧、煮、卤、酱等
	2	尾	皮打皮、节节香	从尾根部割取（根部肉称翘尾）	翘尾较嫩，宜炒

续表

部位	序号	名称	分割部位		应用特点
			别名	分割部位	
前腿部位	3	肩颈肉	上脑肉、鹰嘴	背部靠颈处、在肩胛骨上方	肉质较嫩、瘦中夹肥，适于炸、熘，如制咕咾肉、汆肉汤
	4	夹心肉	挡朝肉、前夹	肩颈肉下部、前肘上方	肉质较多，筋膜多，宜于制馅、制蓉；排骨部分称小排骨、子排骨，可制红烧、糖醋、椒盐排骨或煮汤
	5	前肘	前蹄髈	在骱骨处斩下，取膝以下部分	皮厚胶质重、瘦肉多，宜白煮、红烧，制脊肉、捆蹄等
	6	颈肉	槽头、血脖、脖扣	在脑颈骨处直线切下	肉质差、肥瘦不分，一般用于作馅料
	7	前爪	前蹄、猪手	前膝下的脚爪	只有筋、骨，宜红烧、小煮、炖汤等，还可从中抽取蹄筋
腹背部位	8	脊背	外脊、通脊、夹脊	肩颈肉后至尾部的脊部骨称大排骨，肉称扁担肉	扁担肉筋少肉多，可供炸、煎、烤大排骨，可红烧、炖汤
	9	里脊	腰脊、腰柳	猪肾上方、贴分水骨底的一条长肉	是最嫩的肉，可炒、爆、炸、熘、汆等
	10	五花肋条	花肉、腰牌、三花肉、四层肉、五花肉	脊背下方、奶脯上方、前后腿之间的部分。偏上部分称硬肋，又称硬五花、上五花；偏下无骨部分称软肋，又称下五花	肋条肉可供割取方肉。硬肋肉坚实质好，肥多瘦少；软肋较松软，宜烧、焖、蒸、扣、炖、煮、烤及作砂锅菜等
	11	奶脯	拖泥、下踹、肚囊、泡泡肥	腹下部	肉质差、多为泡囊肥肉，肉可熬油，皮可熬冻
	12	臀尖肉	盖板肉	臀的上部	肉质佳，多瘦肉，质很嫩，可同里脊肉用
后腿	13	坐臀肉	坐板肉、底板肉	臀尖之下，弹子肉与磨档之上	肉质较老，可供制白切、回锅肉之用
	14	黄瓜条	肉瓜子、葫芦肉	附于坐臀、长圆形如黄瓜状，色稍淡	肉质较嫩，肌纤长，无筋，宜作肉丝等供爆、炒
	15	弹子肉	后腿肉、拳头肉	后蹄髈上部，靠腹的一侧	肉细嫩，但有筋，肌纤维纵横交叉，可供爆、炒、烧，也可代里脊用
	16	磨档	抹档	尾下，后腿后部	肉质细嫩，肌纤维长，筋少，宜炒、熘、炸、爆，也可代里脊用
	17	后肘	后蹄髈、豚蹄、圆蹄、大肘花后蹄	后腿膝以上部分	皮厚筋多，胶质多，瘦肉多，宜酱、卤、烧、煮、扒、炖
	18	后爪	后蹄、猪脚	后肘膝以下部分	同前爪

表3-2　鸡的部位取料部分和应用特点

序号	部位名称	分档取料部分与应用特点
1	脊背	位于脊骨两侧，各有一块肉，又称栗子肉，肉质适中，无筋，适于爆、炒等
2	腿肉	位于腿部，肉厚较老，适于烧、炖、扒、卤等
3	胸脯肉	位于翅膀与鸡骱之间，肉质嫩，在紧贴胸骨突起处有两条里脊肉，是全身最嫩部位，适宜切片、切丝及剁蓉等
4	翅膀	不宜出肉，适宜红烧、白煮、清炖等
5	爪	适宜卤、红烧、制汤等
6	头	适宜煮、炖、卤、红烧或用于制汤等
7	颈	一般不单独使用

表3-3　鱼的部位取料部分和应用特点

序号	名称	分档取料部分与应用特点
1	头	鳃盖骨部垂直下刀。肉少骨多，宜烹制红烧头尾、红烧下巴、头尾汤等
2	尾	紧贴臀鳍前部下刀。肉质鲜嫩肥口，宜烹制红烧划水、糟卤清炖头尾等
3	活络	头后、中段和肚档前一小段。肉质柔嫩，宜于烧、熘、烩等
4	中段	在上身中骨处下刀，刀口紧贴中骨。适宜做鱼片、鱼丝
5	肚档	沿胸骨处下刀。肉质肥嫩，宜烹制红烧肚档等

思政小结 ▶“庖丁解牛”的启示

小结导入：庖丁为文惠君解牛，手之所触，肩之所倚，足之所履，膝之所踦，砉然向然，奏刀騞然，莫不中音。合于《桑林》之舞，乃中《经首》之会。——《庄子·养生主》

思考讨论：请将以上文言文译成通俗易懂的白话文，讨论庖丁为什么能拥有这样高超的技术。

分析强调：解牛本来是一件非常辛苦的事情，但在庖丁眼里变成了一种艺术享受，因为他完全掌握了解牛的规律。烹调技术纷繁复杂，但只要反复实践，掌握了它的客观规律，就能得心应手，运用自如，享受烹调带来的快乐。

第二节
整料出骨工艺

制作鸡、鸭、鱼类菜肴，有时为了做到刀工精细、造型美观，需要进行整料出骨。所谓整料出骨，是指剔除整只原料中全部或主要骨骼，而基本保持原料原有完整形态的一项加工技术。这种技法既便于营养互补，又增加了可塑性，使菜肴造型更加精美。

一、整料出骨的作用

1．提高菜肴的档次，突出精湛的厨艺

整料出骨是一种工艺性较强、技术难度较大的刀工技术。一种菜肴档次的高低，除主料本身的价值外，还有配料、调料的讲究，更有工艺的难易程度等因素的影响。工艺难度大，相应的菜肴档次就高，也说明厨师的技术水平高。如制作八宝鸡，将鸡主要骨骼剔除，填入八宝馅心（馅心中必须有“三米”，即糯米、薏仁米、莲子米），蒸熟后的鸡栩栩如生。该菜从刀工、营养和造型上都有了新意，都上了一个台阶，因而此菜的档次提高了，精湛的厨艺表现出来了。

2．促进形态美观，有利于食用

经过整料出骨的鸡、鸭、鱼等，由于去掉了坚硬的骨骼，使躯体变得柔软，便于改变形态，制成有象征性的精美菜肴。另外，因为已去除了骨骼，让食用者在品尝时免去了吐骨的麻烦，无疑有利于方便食用。例如：荷包鲫鱼、花篮鳜鱼、葫芦鸭等。

3．便于加热成熟，易于入味

鸡、鸭、鱼的完整形态组织对热能向内部的传递和调料向原料内部的扩散及渗透，都有一定的阻碍。通过整料出骨，虽然原料外形仍保持完整，但其内壁组织却遭到了较大限度的破坏，这无疑会促进成熟，利于入味。这一作用在原料内脏填满辅料和调料时，尤为明显。

二、整鸡出骨的方法和关键

家禽中以鸡、鸭等比较适合于整料出骨。它们的肌体组织构造非常相似，所以出骨的方法和技术关键大同小异。下面以整鸡出骨为例。

1．整鸡出骨的方法

（1）划破颈皮，割断颈骨　首先在鸡颈右侧，翅尖上约6厘米处划一直刀口，长约6厘米，再把刀口用手撑开，去掉气管、食管和嗉囊，然后将颈骨从刀口处拉出平放在菜墩上，用刀在靠近鸡头处（宰杀刀口处）斩断。要注意刀尖不要碰到颈皮，也不能将原刀口撕大。

（2）去翅骨　斩断颈骨后，将鸡尾部朝下，从颈部刀口处将皮翻开，使鸡头下垂，连皮带肉用手缓缓向下翻剥，到两个翅膀的关节（骱骨）露出后，用刀将连接翅关节的筋腱割断（割时刀贴骨顺骨下），使翅膀与鸡腔骨脱离，再将翅骨抽出（翅骨有粗细两根），于翅膀的转弯处斩掉。

（3）去身骨　翅骨剔出后，将鸡的胸部朝上，平放在菜墩上，一手拉住鸡颈，一手按住鸡龙突骨，向下按一按，把突出的骨略微压低一些，以免下翻时骨尖戳破鸡皮。然后将皮肉继续向下翻剥，当剥到背部时（背部肉少皮薄，要防止拉破），要一手拉住鸡颈，一手拉住鸡背部的皮肉，轻轻翻剥，如遇到皮骨连得较紧，不易剥下时，可用刀在皮和骨之间，轻轻划割，再行翻剥。剥到腿部则应将鸡胸朝上，一手执左大腿，一手执右大腿，并用拇指扳着剥下的皮肉，将两腿向背部轻轻掰开，使股骨关节露出，用刀将连接关节的筋腱割断，使鸡的股骨与身骨脱离，再继续向下翻剥，直剥到肛门处，把鸡尾椎骨斩断（注意不可割破尾部的皮），鸡尾仍应连在鸡身上。这是除后腿骨外，鸡身的全部骨骼与皮肉分离。骨骼取出后（内脏仍包在身骨中），再将肛门处直肠割断，洗净肛门中的粪便。

（4）去后腿骨　首先将腿皮翻开，顺胫骨至股骨沿骨用刀尖在腿肉上划一刀口，刮净骨上端，左手抓住腿肉，右手拉取下股骨。取胫骨时先将胫骨靠近跖骨用刀背敲断，或用刀跟斩断（注意不可碰破腿皮），同取股骨一样取下胫骨，再将鸡腿皮翻转上来。

（5）翻转鸡皮　完成上述步骤之后，用清水将鸡肉清洗干净，再翻过面来，使鸡皮朝外，鸡肉朝里，从外观上看，仍然是只完整的鸡。

2．整鸡出骨的技术关键

整鸡出骨，既要将鸡身体内所有的骨骼全部去尽，又要保证鸡的表皮完好无损（颈部的正常刀口除外），它是一项技术要求较高、难度较大的原料加工技术。要掌握好此项技术，关键要注意以下几个方面。

（1）选用原料　鸡的大小、肥瘦、老嫩等均对整鸡出骨的操作有所影响。鸡体过大或过小，过肥或过瘦，过老或过嫩，都不利于出骨，轻则增大出骨的难度，重则难以进行整鸡出骨。一般选用生长约1年，尚未生蛋的肥壮母鸡较为合适。这种母鸡个体大小适中，质地不老不嫩，而且皮肤的弹性较足，韧性较强，出骨时不易撕裂，烹调时不易胀破。这与鸡体内结缔组织的含量及强度有关。

（2）处理原料　在整鸡出骨之前，将鸡进行恰当处理是十分必要的。一般应做到，宰杀时放尽血液，以免鸡的皮下遭其污染，影响成菜质量；烫毛时水温和时间适度，以防鸡的表面发脆，在煺毛和出骨时破裂。对于刚宰杀的活鸡，要么在宰杀后15分钟内出骨，要么冷冻一段时间后再出骨。因为动物死后身体都会经历尸僵期、成熟期、自溶期等几个阶段。活鸡经宰杀后不久便会进入尸僵期。鸡身由柔软变得僵硬，鸡皮发脆，不便出骨。进入成熟期后，鸡的躯体又变得柔软而有弹性，这正是出骨所要求的。然而从尸僵转入成熟，在自然条件下所需时间较长，宰杀后速冻有助于缩短鸡的尸僵期。此外，在动刀进行整鸡出骨之前，最好用手将鸡的腿、翅膀、鸡身体揉捏一下，使鸡体变得更加柔软，以利于出骨加工。

（3）出骨操作　整料出骨要达到预定的质量要求，操作技巧的运用特别重要。行刀操作时注意下刀准确，只割断骨肉相连的筋膜；用力适当，该轻就轻，该重就重；刀法正确，紧贴骨骼进行剔剐；用刀灵活，根据出骨过程中不同情况下的需要，刀跟、刀尖、刀刃、刀背交互使用，综合运用。另外还要注意刀和手的协调配合和交替使用。该用刀时则用刀，该用手时则用手。总而言之，整料出骨的操作应做到：在保证质量的前提下，整个动作熟练准确，简洁准确，轻重缓急，起伏连贯，具有节奏和韵律感。

整鸡出骨示范

三、整鱼出骨的方法及要求

整鱼出骨的操作过程较之整鸡出骨要简单一些，出骨方法主要有鳃出法、背出法等。

（一）鳃出法

将鱼洗净，去鳞、鳃、鳍等。去鳞后，从鳃部取出内脏，擦干水。将鱼平放在菜墩上，掀起鳃盖，把头与脊骨连接的部位斩断（勿将皮和肉切断），再用平刃钢刀或竹刀（用竹片削成长约30厘米，宽3厘米以上，前部略窄，两侧有刃），从鱼鳃中伸进鱼体内，紧贴鱼刺慢慢向鱼尾推进，便于刺和鱼肉分开，先处理腹部，再处理背部，然后将鱼翻个面，用同样的方法，使另一面的鱼刺和鱼骨分开。再从鱼尾处将尾骨敲断，不要弄破皮（即鱼尾通过鱼皮与鱼肉），并从鱼鳃部轻轻取出鱼刺。

此方法的优点是能够保持鱼体表皮的完好无损，适合于制作高档菜肴，缺点是所出骨的鱼不宜过小或过大，一般约为600克/尾。

（二）背出法

背出法是一种常用的整鱼出骨的方法。操作时分两步进行。

1．去脊椎骨

将鱼去鳞、鳃、鳍后，平放在菜墩上，鱼头朝外，鱼背朝右。左手按住鱼腹，右手用刀紧贴着鱼的脊椎骨上部片进去，从鳃后到尾部，片开一条刀缝，然后将按住鱼腹的左手向下掀一掀，这条缝口便张裂开来。再从缝口贴骨向里片，片过鱼的脊椎骨，并将鱼的胸骨与脊椎骨相连处片断（片时不能碰破鱼腹的肉）。当鱼身的脊椎骨与鱼肉完全分离后，将鱼翻身，使头朝里，鱼背朝右，放置在菜墩上，再用同样的方法使另一面鱼肉与脊椎骨完全分离。然后从背部刀口处将脊骨拉出，在靠近鱼头和鱼尾处将脊椎骨斩断，鱼身体的整个骨架就基本取出来了。此时鱼头尾仍与鱼肉连在一起。

2．去胸肋骨（刺）

将鱼头上背右平放在菜墩上，左手从刀口处翻开鱼肉，在被割断的胸骨与脊椎骨相连外，胸骨根端已露出肉外，将刀身略斜，紧贴着一排胸骨的根端横片进去，刀从近鱼头处向尾部拉出，先将近鱼尾处的胸骨片离鱼身，再用左手将近鱼尾处的胸骨提起，用刀将近鱼头处的胸骨片离鱼身，这样，一面的鱼胸骨就全部取下。然后再将鱼翻身掉头，用同样的方法将另一面的胸骨片去。最后将鱼身合起，外形上仍保持鱼的完整形态。

用此方法出骨的鱼，适合于制作酿馅的鱼肴等。

（三）整鱼出骨的要求

整鱼出骨以选用500～700克重、肉质肥厚的鱼为好，如鳜鱼、鲤鱼、黄鱼等。用于整鱼出骨的鱼必须是新鲜鱼或活鱼，否则出骨后不易成形。初加工时刮鱼鳞不可碰伤鱼皮。内脏可以不去（出骨时再去），如先去内脏须采用从鳃口处取的方法。鱼体组织比较松软，容易破碎，操作时更应小心谨慎，下刀准确，用力适度。

思政小结 ▶ 纸上得来终觉浅，绝知此事要躬行

小结导入： 实践是检验真理的唯一标准。在实际学习中发现问题所在，才能以问题为导向，找差距补短板。鲁迅先生曾说：专读书也有弊病，所以必须和现实社会接触，使所读的书活起来。丰富的知识储备，只有在实践中发挥作用，才能避免纸上谈兵。

思考讨论： 学习烹调技术能否将烹调理论知识与烹调技术割裂开来？为什么？

分析强调： 实干兴邦，空谈误国。在学习各类烹调技术的过程中，要用学到的相关知识指导实践，做到“外化于行”，不断提高学以致用的本领，实实在在练技术，争做一名优秀的高素质技能型人才。

第三节 刀工工艺概述

刀工的历史比较悠久，我们的祖先在刀耕火种、茹毛饮血的原始时代，就已发明了石刀、骨头刀。之后随着生产技术的进步又出现了青铜制作的刀具和铁制刀具，延续到科技进步的今天，各类刀具数不胜数、琳琅满目。中国烹饪刀工技术，吸收了几千年来前人创造和积累的实践经验，并加以不断创新，终于以它众多的技法形成现代的刀法体系。因此，继承、发扬、创新、提高刀工技术，为烹饪技术的发展创造良好的条件，这是赋予当代烹饪工作者崇高的历史使命。

一、认识刀工刀具

刀工是指根据烹调和食用的要求，运用不同的刀法将原料或半成品加工成特定形状的工艺过程。烹饪刀工是一门复杂的工艺，必须有一整套得心应手的工具。各种类型的刀是烹饪刀工的主要工具，俗话说："工欲善其事，必先利其器。"因此，刀工工具在原料加工过程中起着主要作用。刀具的好坏，使用得是否恰当，都将关系到菜肴的外形和质量。

1．刀具的部位

刀具是指专门用于切割食物的工具。烹饪刀具种类很多，外形各异。除了一些特殊用途的刀具以外，大多数刀的外形是比较接近的。为了便于说明，这里以切刀为例，介绍其各部位的名称。切刀的外形，是由A、B、C、D、E、H等部位所组成（图3-1）。

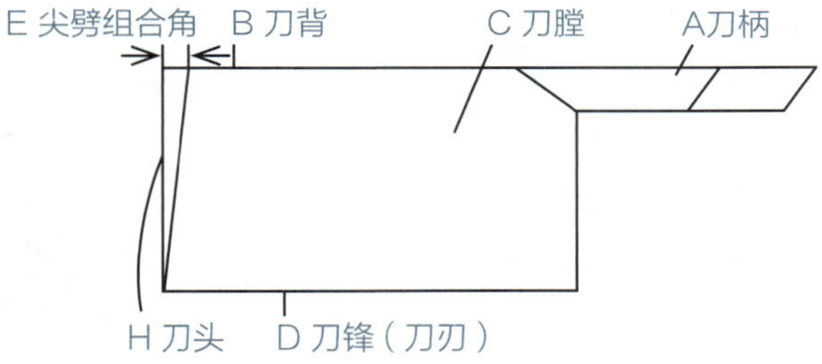

图3-1 切刀的外形

2．刀具的种类

烹饪行业所使用的刀具种类繁多，外形也不一样，体积也不尽相同，但其用途是同中有异。掌握刀的种类和用途是刀工技术中很重要的基础知识。由于菜肴品种繁多，原料质地也不相同，只有掌握各种刀具的性能和用途，结合原料的质地，选用与之相适应的刀具，才能保证原料成形后的规格质量。按刀的用途来划分，刀具可以分为四大类：片刀、砍刀、文武刀及特殊刀具。

（1）片刀 片刀又称批刀，重500～750克，轻而薄，刀口锋利，尖劈角小，是切、批工作中最重要的工具。它适合切或批经过精选的无骨动物性和植物性原料。刀背可用于捶蓉。

（2）砍刀 砍刀重量约1000克，厚背，厚膛，大尖劈角，分量较重，是砍劈工序中最常用的工具。专门用于砍骨头或砍体积较大的尖硬原料。

（3）文武刀 文武刀又称前切后砍刀，重量为750～1000克，刀锋的中前端近似于批刀，刀锋的后端厚而钝，近似于砍刀，尖劈角大于批刀，小于砍刀。应用范围较广，既可以用于批、切，又可以用于砍，刀背还可以捶蓉。由于其具有多种功能，故称文武刀。刀锋的中尖端适宜批、切无骨的韧性原料，也适宜加工植物性原料，后端适宜砍带骨的原料。

（4）特殊刀 特殊刀一般重200～500克，刀身窄小，刀口锋利，轻而灵活，外形各异，具有多种用途。其适宜于原料的粗加工，如刮、削、剔、剜等。常用的有烧鸭刀、刮刀、镊子刀、牛角刀等。

3．刀具的保养与储存

刀具用后的保养是延长刀具寿命，确保刀工质量的重要手段。在厨房的日常管理中，保养刀具显得非常重要。首先，清洁刀具。用刀以后必须用清水洗净刀身，再用干净的抹布擦干刀身的水分，特别是切咸味或带有黏性的原料，如咸菜、莲藕、菱角等原料，切后黏附在刀两侧的鞣酸，容易氧化而使刀面发黑，而且盐渍对刀具有腐蚀性，故刀用完后必须清水洗净擦干。其次，安全存储刀具。刀具使用完毕之后，必须固定挂在刀架上，或存放于刀盒内，切不可碰撞硬物，以免损伤刀刃或造成人员伤害。遇到气候潮湿的季节，铁刀使用完后，不仅要擦干水，而且还需要在刀身两面涂抹一层干淀粉或涂上一层植物油，以防生锈和腐蚀。

4．菜墩的选择与保养

菜墩又称墩子、刀板、砧板，是对烹饪原料进行加工时的衬垫工具，它对刀工起着重要的辅助作用。刀工与菜墩有着密切的关系，菜墩质地的优劣，关系着刀工技术能否正常地发挥。因此，刀工对菜墩有一定的要求，如墩面要平整，质地不宜太软，以免影响刀工质量。菜墩一般都选择银杏木、橄榄木、柳木、榆木等木段作为材料锯制而成。这些树木质地坚实，木纹细腻，密度适中，弹性好，不损刀刃。墩的尺寸以高20～25厘米、直径35～45厘米为宜。

新购买的木制菜墩最好先放入盐水中浸泡8小时或放入水锅内加热煮透，使木质收缩，组织细密，以免菜墩干裂变形，达到结实耐用的目的。菜墩使用之后，要用清水或碱水刷洗，刮净油污，保持清洁。每隔一段时间后，还需要用水浸泡数小时，使菜墩保持一定湿度，以防干裂。菜墩使用后要竖放在通风的地方，防止墩面被腐蚀。墩子使用一段时间后，若发现墩面凹凸不平，要及时修正、刨平，以保持墩面平整。

除木制菜墩外，PE塑料菜墩的使用也较为广泛。它们质地坚硬，不易皲裂，具有抗菌、防腐、防霉的作用。常见的塑料菜墩有白色、红色、黄色、蓝色和绿色等几种样式。白色塑料菜墩主要用于切制凉菜、小吃等食物；红色塑料菜墩主要用于切制生的肉类原料；黄色塑料菜墩主要用于加工炸制、烘焙等熟食类食物；蓝色塑料菜墩主要用于切制水产类原料；绿色塑料菜墩主要用于切制蔬菜类、水果类食材。当然，部分餐饮企业根据实际情况，可能略有差别。

使用墩子时，应在墩的整个平面均匀使用，保持菜墩磨损均衡，防止墩面凹凸不平，影响刀法的施展，因为墩面凹凸不平，切割的时候原料不容易被切断。墩面也不可留有油污，如留有油污，在原料加工时容易滑动，既不好掌握刀具，又容易伤害自身，同时还影响卫生，易产生异味。

5．磨石的种类及应用

（1）磨石的种类　磨石，即磨制各种烹饪工具的用具，大多呈长条形，规格尺寸、大小不等。其主要功能是通过刀在磨石上的反复摩擦，使刀刃锋利以适应加工原料的需要。磨石有天然雕凿的磨石和人工合成的磨石两大类。

①天然磨石是采集天然黄沙石料，雕凿成长方形，一般长约40厘米，高约15厘米，宽约12厘米。天然磨石又可分为两种：一种是粗石，其主要成分是黄沙，颗粒较粗，质地较硬；另一种是细石，其主要成分是清沙，颗粒细腻，质地细软，硬度适中。

②人工磨石采用金刚砂人工合成，质地软中带硬，也有粗细之分。种类、型号、尺寸不等，通常使用的磨石，一般以选用尺寸为宽约5厘米、长约20厘米、高约3厘米的粗、细磨石

为好。这种磨石体积较小，方便使用。

不同质地的磨石有着不同的用途。对两种磨石，要采取正确的使用方法。粗磨石质地粗糙，摩擦力大，多用于磨制新刀、开刃或有缺口的刀具；细磨石比较细腻，光滑，刀经粗磨石磨制以后，再转用细石磨制，适于磨快刀刃。

（2）磨刀的方法 为了提高切割效率，必须使刀具长期保持锋利的状态。要做到这一点，在切割过程中，必须经常磨刀，这不仅要有质地较好的磨石，而且要有正确的磨刀姿势和方法。磨刀的时候要求两脚分开，一前一后，前腿弓，后腿绷，胸部略向前倾，收腹，重心前移，两手持刀，目视刀锋。

首先将磨石固定在架子上，高度约为本人身高的一半，以操作方便、运用自如为准。磨刀时右手握住刀尖直角部位，左手握住刀柄前端，两手持稳刀，将刀身端平，刀与磨石的夹角为3°～5°为宜。磨刀时须按一定程式进行：向前平推至磨石的尽头，然后向后拉，始终保持刀与磨石的夹角为3°～5°，切不可忽高忽低。向前平推是磨刀膛，向后拉是磨刀口。无论是前推还是后拉，用力都要讲究平稳、均匀。当磨石表面起砂浆时，须淋点清水或盐水继续再磨。

磨刀时重点应放在磨刀锋部位。刀锋的前端、后端和中端部位都要均匀地磨到。磨完刀具的一面之后，再换手持刀，磨另一面，注意两面磨至一样的程度，才能保证磨完的刀口平直锋利。

检验刀磨得是否合格，一种方法是将刀刃朝上，两眼直视刀刃，如果刀刃上看不见白色光泽，就表明刀已经磨锋利了；如果有白色光泽，则表明刀有不锋利之处。另一种方法是触摸，把刀刃轻轻放在大拇指的指甲盖上轻轻拉一拉，如果有滞涩感，则表明刀刃锋利，如果刀刃在手指盖上感觉光滑，则表明刀刃还不锋利。

磨刀示范

二、刀工中的力学原理

（一）刀身的厚薄与切割时用力的关系

刀身的厚薄会直接影响原料改刀时用力的大小。在实际的烹饪切割中，我们可以体会到刀身越薄切割时所用的力就越小；反之，刀身越厚，切割时就越费力。刀在切割时的受力情况分析如图3-2所示。

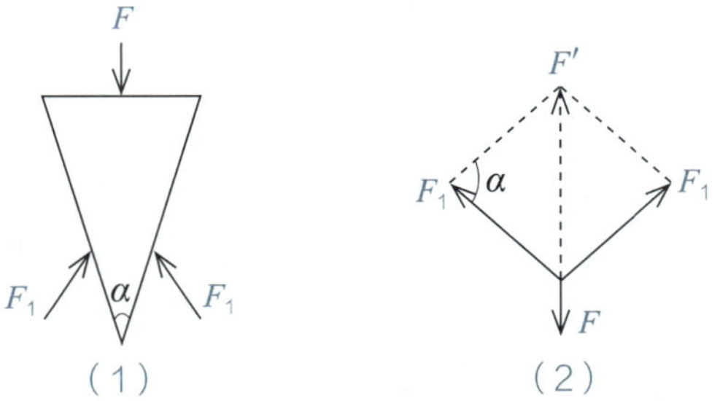

图3-2 刀切割时的受力情况

设刀两面的夹角为α，刀在劁入后所受原料的挤压力为F_1，人手对刀施加的力为F，由图3-2（1）可知，刀受三个力的作用，当刀处于平衡时，其受力如图3-2（2）所示。

根据力的平衡原理得

$$F=F'$$

根据余弦定理：

$$F=F'=\sqrt{F_1^{\ 2}+F_1^{\ 2}-2F_1 \cdot F_1\cos\alpha}$$
$$=2F_1 \cdot \sin\alpha/2$$

因$\alpha<90°$，所以在$0<\alpha<45°$范围内，$F=2F_1 \cdot \sin\alpha/2$为单值上升的（图3-3），可见，刀身越薄，切割时就越省力。上述结论是与实践体会一致的，尤其对于脆性原料，如土豆、青笋、萝卜等，采用的刀法多为直刀法，用的刀是劈刀，就是这个道理。

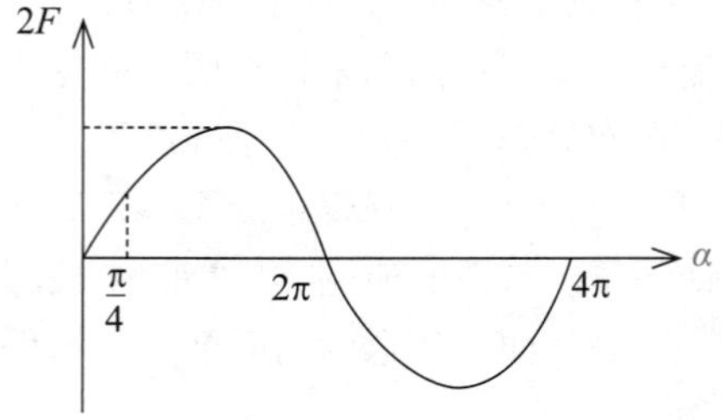

图3-3 $F=2F_1 \cdot \sin\alpha/2$函数图

（二）刀的锋利程度与用力的关系

刀的锋利程度与切割时所用的力的大小有很大关系。实践证明，刀越锋利，切割时就越省力；反之，刀越不锋利，切割时就越费力。

1. 刀的费力程度与压强的关系

压强是单位面积上物体所受的力，其单位为帕（Pa）。在给定的面积上，物体所受的力越大，压强也就越大；同样，所受的力一定时，受力面积越小，压强就越大。对于烹饪原料而言，由于其种类繁多，结构多样，用纯力学的原理对其力学性质进行研究无疑是不适宜的。例如，对某些蔬菜，用力切割时，蔬菜在受到切割的同时，由于压力的作用，还要产生一定的变形。但有一点是可以肯定的，就是对于特定种类的原料，其所受应力强度极限是一定的。显然，切割强度极限就是切割时原料的极限应力，而应力的大小与开始时其表面的压强成正比。无论刀刃怎样锋利，与原料接触时都有一个接触面积，也就是说绝对锋利的刀是没有的。刀越锋利，与原料接触时的面积就越小。设这一接触面积为S，烹饪者对刀施加的力为F，则根据压强计算公式得原料所受压强为：

$$P=F/S$$

对于给定原料，其切割时的极限应力是一定的，当原料所受应力超过极限应力时，就开始断裂，而应力的大小与开始时压强成正比。所以，为使原料被切断，就必须加大原料所受的压强。由上述公式可知，刀刃越锋利，即S越小，P越大，则原料越易断裂。上式是基于原料类似于材料学中所讨论的原料，即刚性原料。因此，公式中只能粗略地适用于质地坚硬和脆性的原料。

对于质地松散的原料，如鸡蛋、灌肠等，在考虑受剪切应力的同时，还要考虑挤压应力。为了保持形态的完整、美观，则采用各种特殊的刀法，如锯切。这是因为对于受切割的原料，除了可能发生剪切破坏外，还可能由于局部表面被挤压而破坏。原料所受的压力称挤压力，由于挤压作用而引起的应力称挤压应力。若挤压应力过大，就会使挤压处的局部发生塑性变形以至破坏。以切割香肠为例，对香肠的挤压发生在近半个圆柱表面上。挤压应力的分布比较复杂，这里只就与刀切原料时类似的情形加以说明。经验表明，在切香肠时，要采用锯切的方式。这是因为如采用其他刀法，香肠所受的挤压力要大于用锯切法时所承受的挤压力。由于香肠受挤压应力的极限很小，若用其他刀法就会超过挤压强度极限，香肠就会破碎。

2．刀的锋利程度与用力的关系

上面讨论的时候在烹饪者所施加的力一定时，刀刃的锋利程度变化情况。由上述公式可知，当原料一定时，刀越锋利（S越小），所需施加的力就越小；反之刀越钝，所需施加的力就越大，切割就越费力。

（三）刀工中的力矩

力矩在刀工中应用很广泛，刀对原料的切割就是典型的例子。了解其中的原理，对于正确操作，达到省力的目的很重要。

设原料与刀的接触点为O，原料对刀的支持力为F。实际操作中，操作者的拇指和食指起施加压力的作用，设力为F_1，作用点为A；中指、无名指、小指起支点作用，设力为F_1，作用点为B。根据力矩平衡原理，以B为支点，如图3-4所示。

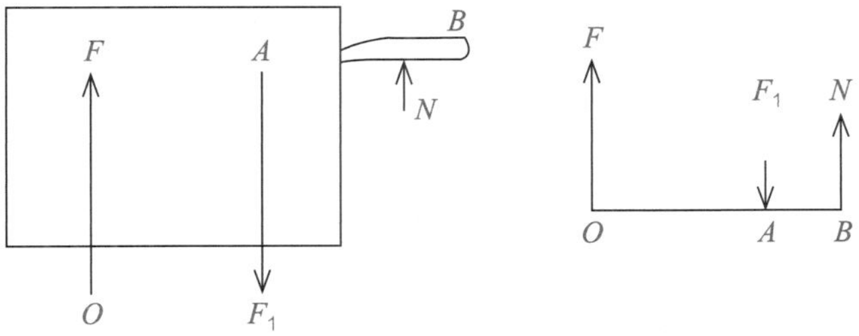

$F \cdot OB = F_1 \cdot AB$即：$F_1 = F \cdot OB/AB$

图3-4　力矩示意图

也就是说，OB越大，操作者用的力就越大；OA越小，操作者用的力就越小，就越省力。所以，在切割原料，尤其是坚硬的原料时，尽可能用刀的中部或跟部，这样会更省力。

（四）摩擦力与省力的关系

摩擦力是指相互接触的物体做相对运动，或有相对运动趋势时产生的阻碍物体运动的力，方向永远沿着接触面的切线方向，与物体相对运动或运动趋势的方向相反。研究摩擦问题在于掌握摩擦运动规律，利用有利的一面，减少不利的一面。在切黏性较大的原料，如粽子、年糕、红薯时，有经验的厨师往往在切之前，先在刀面上涂一层水或油，这样切出的原料就会形态完整，不至于破碎。这是因为水、油具有润滑作用，在刀面抹上这些之后，减少了刀面与切面之间的摩擦力。

三、烹饪刀工的基本要素

1．刀工对操作人员的身体素质要求

（1）加强身体训练的意义　烹饪中刀工处理是一项劳动强度大、操作时间长、消耗体力多的工作，故对从事刀工工作的人员身体素质要求很高。在进行刀工操作的时候，不仅需要持久的体力和耐力，也需要灵活的腕力和臂力，才能行刀稳定、运刀自如、出刀有力、落刀准确。否则，身体素质差，体力和耐力不足，在持刀操作时，必然失去稳定性，致使刀法变形，降低原料的规格质量，严重的甚至会碰伤手指，造成事故。

凡是刀工技术全面、技法娴熟、应变能力强的厨师，无论从体力上、耐力上以及指法和刀法上，都要做到灵活自如，落刀轻重得当。因此，加强身体素质及手指、手腕、臂力的训练，增强体质，对于提高刀工技能，保证菜肴质量具有重大的意义。

（2）身体训练及其方法　身体训练的方法很多，除了进行日常的体育锻炼、加强身体各部位的基本训练以外，可结合自身特点选择一些运动来进行耐力、体力以及柔韧性的练习，如单杠、哑铃训练等。刀工是通过人的双手来操作的。因此，增强腕力、臂力和手指的灵活性具有重要意义。下面谈谈腕力及手指灵活性的锻炼。

①空切练习：这是一种不用实物的练习方法。主要目的是通过模拟不同刀法的练习，体会实际刀法的动作和手指移动时的灵活性。当“空切”练习一段时间之后，可加快行刀速度，以便增强腕力和臂力及其灵活性。这对熟悉刀法、掌握刀法都有一定的辅助作用。

②强度练习：它是在“空切”的基础上采用废旧报纸作为“原料”，结合“切”“剁”等方法进行练习，练习时可加大训练强度，提高手指移动的灵活性，增加运刀频率，能有效地增强肌肉力量。练习的方法是把报纸裁成纸条，重叠两层，结合刀法进行练习。采用这种方法进行练习，具有一定的真实感，这对掌握刀法、指法、刀距都有辅助和促进作用，为节约原料，可用面团反复练习。

2．目测法和指法

目测法和指法是学习刀工技术的重要内容。两者关系紧密，既相互作用，又相互依存。经刀工切制的原料，如厚薄、宽窄、长短、大小是否均匀，主要取决于准确的目测力和准确运用指法的能力。所谓目测能力，是指用眼睛测量加工成形的原料是否合乎规格的能力。原料经过刀工处理的规格，不是用尺子来量的，而是通过操作者的眼睛来测量的。因此，目测水平的高低，取决于操作者对刀工的实践经验和掌握料形、尺度的程度，它关系到原料成形后的刀工质量。只有熟练掌握不同规格的料形和尺寸，不断提高目测力，并经过反复实践，才能在工作中做到得心应手，运用自如。

从事刀工工作，手是计量和掌握切割原料的尺子。通过这把“尺子”的正确运用，才能加工所需要的原料形状。因此，了解手掌及各个手指的作用，充分运用手掌和指法进行操作，对提高刀工技能、保证菜肴质量具有重要作用。手掌和各个手指在刀工操作时，既分工又合作，相互作用，相互配合。操作时的基本手势为：五指合拢，自然弯曲弓，俗称“蟹爬状”。五指及其手掌的作用分别表述如下。

①中指：操作时，中指第一个关节向着手心略向里弯曲，并紧贴刀膛，轻按原料，主要作用是控制“刀距”。

②食指和无名指：操作时食指和无名指向掌心方向略微弯曲，垂直朝下用力按住原料以避免原料滑动。

③小拇指：操作时小拇指要自然弯曲，呈弓形，配合并协助无名指按住原料，防止原料左右滑动。

④大拇指：操作时大拇指要协助食指、小拇指共同扶稳原料，防止行刀时原料滑动。同时，大拇指起着支撑作用，避免重心力集中在中指上，造成手法移动不灵活和刀距失控。

⑤手掌：操作时手掌起到支撑作用。手掌必须紧贴墩面，重心集中到手掌上，才能使各个手指发挥灵活的作用。否则，整只手的压力及重心必然前移至五个手指上，使各个手指的活动受到限制，发挥不了五个指头应有的作用，而且刀距也不好掌握。

3．刀工的基本要求

要研究和掌握刀工技术，首先必须了解进行刀工操作时的一些基本要求，只有掌握了这些基本要求，才能进一步研究刀工操作的各项具体问题。通过对基本要求的研究，可以更进一步地了解为什么刀工技术的好坏会对整个菜肴的色、香、味、形、口感等各个方面产生重要的影响。刀工操作时应注意以下几点基本要求。

（1）整齐划一　就是粗细均匀、厚薄一致、大小相等。经刀工切割的原料，不论其为丁、丝、片、条、块或其他形状，每一种形态的单位体积都需要粗细、厚薄、长短相仿，才能使烹制出的菜肴色、香、味、形、质感俱佳，而且符合饮食卫生的要求。反之，不仅形态不美观，而且在调味时，细的、薄的容易入味，粗的、厚的不易入味，这就严重影响了菜肴的口味；在加热时，细的、薄的已先熟，而粗的、厚的内部还未熟透，如果在此时就出锅上菜，会造成生熟不均，不仅不好吃，同时存在食品安全风险。如果等到粗的、厚的完全成熟，薄的、细的早已过熟或形态发生严重的变化，香味、颜色和质感都会相应改变。

（2）清爽利落　在刀工操作之时，需注意原料清爽利落，不可互相粘连。不论丝与丝之间、片与片之间、条与条之间或块与块之间必须完全分开，不可藕断丝连、似断未断、相互粘连在一起。如前面断了而后面还连着；上面断了而下面还连着；肉断了而筋膜还连着，这不仅影响菜肴的形态美观，而且还影响烹调和食用。要想达到清爽利落的目的，必须做到刀刃锋利，没有缺口；同时，菜墩平整，刀刃与菜墩应保持在同一水平线上，不可凹凸不平；最后，操作时用力均匀，不能先重后轻或先轻后重。

（3）配合烹调　由于菜肴有各种不同的烹调方法，也就是有不同的调味与火候的要求，因此刀工就必须密切配合这些要求。例如：爆、炒等烹调方法所用的火力旺、加热时间短，因而原料在刀工处理上就必须切得薄一些、小一些，过分厚大不仅不易入味，而且也不易熟透。炖、焖等烹调方法所用的火力较小、时间较长，因此原料的刀工处理就必须切得厚一些、大一些，过分薄小则烹制后肉质收缩或碎烂。

（4）灵活用刀和运刀　不同的原料具有不同的特性，在进行刀工处理时，应根据原料的不同性能选用不同的刀具和采取不同的方法。例如：韧性肉类原料，必须用拉切的刀法。猪肉较嫩，肉中结缔组织少，可斜着肌肉纤维纹路切，如果横着肌肉纹路切制，猪肉加热后容易断裂，采用斜切刀法，才能达到既不碎烂又不老的目的；牛肉较老，结缔组织多，必须横着肌肉纤维的纹路切断，成熟后就不会太老；鸡脯肉和鱼肉最嫩，要顺着肌肉纤维纹路来切，使切出的丝和片不易断裂。又如脆性的原料如冬瓜、笋等，可采用直刀刀法切制；而豆腐等易碎或薄小的原料则不宜直切，应该采用推切刀法或推拉切的刀法。根据原料的特性进行适当的刀工处理，才能保证菜肴的质量。

（5）注意几种原料形状的协调　菜肴包括主料、辅料和调料，在刀工处理时应注意彼此之间形态的协调，一般是辅料、调料要服从主料形态。如炒制时，辅料、调料多采取和主料同一形态为宜，而且辅料应比主料略微小一些，方能把主料衬托得更加突出。例如“五彩肉丝”，肉切成丝，其他的辅料都应切成丝进行搭配。

（6）物尽其用　合理使用原料是整个烹制过程中的一项重要原则，在刀工处理时更应密切注意，必须掌握“量材使用、小材大用、物尽其用”的原则。同样的原料，如能精打细算，并且选用适当刀法，不仅能使成品整齐美观，还能节约原料，降低原料的成本。

（7）注意卫生，妥善保管　原料刀工成形后并不意味着刀工结束，还必须注意成形后原料保管的清洁卫生。如果不对原料进行妥善保管处理，导致原料受污染或质量变坏，使前面的工作前功尽弃。

值得指出的是，加工过程中运用的刀工方法并非一成不变，必须在实践中不断总结经验，反复练习、刻苦钻研，然后熟能生巧，达到准、快、巧、美的要求。

四、刀工的作用

刀工技术不仅决定原料的最后形态，而且对菜肴制成后的色、香、味、形以及卫生等方面都起着重要的作用。主要表现在以下几点。

1．便于烹调

烹饪原料通过刀工处理后的形状与加热的时间密切相关，与调味品的渗透紧密相连，任何烹饪原料，无论是大改小，粗改细，整切碎，还是原料剞花等，都要运用刀工技术，将其切成丝、丁、片、块、条等各种不同形状或在原料上剞出不同的刀纹，以此扩大原料的受热面积，达到快速加热使原料成熟，并能使调味品的滋味能迅速地渗透到原料内部，从而保持菜肴的风味特色，使其质感、味道都获得最佳的效果。

2．便于美化菜肴，增进食欲

同一原料，运用不同的刀法，加工成不同的形状，就会使菜肴形式多样。在不影响烹调效果的前提下，应讲究原料的形态美观。自古以来，中国各菜系的菜型，都丰富多彩，百花争艳。除了使用水、火、调味品等几种因素改变原料形状外，常常使用刀具将原料切成菊花形、麦穗形、鸡冠形、松果形、荔枝形等各种几何形状，而运用蓉泥又可任意制成花、鸟、虫、草以及各种图案等，烹制出来的菜肴会显得协调，可增进食欲；使用不同的刀工技术，运用各种花刀和其他方法，再结合点缀镶嵌等手工工艺，则制成艺术与技术融为一体的多彩多姿、各式各样的工艺菜肴，增添了美的享受，能促进人们的食欲。所有这些都说明刀工与美化菜肴密切相关。

3．丰富菜品内容

随着烹饪技术的不断发展，中国菜肴的数量及品种以几何数在增加。实际操作中，运用不同的刀工方法，可以把各种不同质地、不同颜色的原料，切割加工成各种不同的形状，并采用拼摆、镶、嵌、叠、卷、排、酿、捆、包等手工技法，就可制成各式各样、造型优美、生动别致的菜肴。因此正确地运用不同的刀工方法，可大大地增加菜肴的数量和品种。

4．便于烹调获得理想的菜肴质感

烹饪原料有老、嫩、软、硬、脆、韧之分，有带骨、无骨，肉多骨少或肉少骨多之别，而使各种菜肴软嫩适口、易于咀嚼和消化吸收，是厨师和食者共同追求的目的。原料中不同的纤维有粗有细，结缔组织也有多有少，原料的含水量也各不相同，这些因素都要影响原料的质感。原料成熟后是否达到理想的质感效果，除了使用相应的烹调技法及挂糊、上浆等措施外，那么就必须运用刀工技术将原料作进一步处理，采用切、拍、斩、剞、剁等方法，改变原料的体积大小和形状，使其肌肉纤维组织断裂或解体，扩大原料表面面积，从而使更多的蛋白质亲水基团暴露出来，增加原料的持水性，确保原料达到理想的质感。

5．体现文明饮食，帮助消化

饮具、调味品的出现，使人类饮食产生了质的飞跃。尤其是筷子的出现，使中国饮食文明发展到了一个新阶段。除了某些少数民族的饮食习惯外，人类饮食已进入了一个讲究饮食卫生的文明时代，使用筷子夹食就要求所有的菜肴必须加工成一定的形状。因此，原始的食物形状已不能适应文明饮食的需要，要求对烹饪原料作进一步的刀工处理，于是便产生了丝、丁、片、块、条、蓉、末、粒等各种不同规格的形态。由此可见，刀工技术的发展与提高，反映了一个民族文明饮食发达的状况，也是一个民族文明饮食及饮食卫生的需要。

思政小结 ▶ 以严谨的态度诠释工匠精神

小结导入： 厨师行业中的刀工、烹饪技法、摆盘等无不体现精巧的技术。工匠精神的精髓就是怀着严谨的态度，对自己的产品精雕细琢。

思考讨论： 请谈谈你是如何理解厨师职业中的“工匠精神”。

分析强调： 复杂的事情简单做，简单的事情重复做，不断雕琢自己的产品，不断改善自己的工艺，对细节有高要求，对出品追求完美和极致。正是厨师们这种精益求精的“工匠精神”，才使得博大精深的中华饮食文化享誉世界。作为专业院校的学生，应把“工匠精神”与学习技术紧密结合，成为具有工匠精神的高技能人才。

第四节 刀法

刀法是指使用不同的刀具将原料加工成一定形状时采用的各种不同的运刀技法。简单来说，刀法就是运刀的方法。刀法是随着人们对各种原料加工的特性认识不断深化和烹饪加工自身的需要发展起来的。由于烹饪原料的种类不同，烹调的方法不同，需要将原料加工成各种不同的形状，而多种形状不可能用一种运刀技法去完成，因此就形成了众多的刀法。

我们常用的刀法有多种，如切、剁、劈、排、片、抖、拍、剞、削、旋、刮、剜、剔等。根据运刀时刀身与菜墩平面及原料的角度来分，可分为直刀法、平刀法、斜刀法、剞刀法和其他刀法等。

一、直刀法

直刀法就是在操作时刀刃向下、刀身向菜墩平面做垂直运动的一种运刀方法。直刀法操作灵活多变、简练快捷，适用范围广。由于原料性质的不同和形态要求的不同，直刀法又可分为切、剁、砍、斩等几种操作方法。

1．切

切，是刀工技术中一项基本技术，掌握了切，再学习运用别的刀法就比较容易掌握了。

什么是切呢？切就是刀和所切的原料始终保持垂直状态，着力点始终是自上而下地用力。切的原料一般都是无骨的原料。切又分为直切、推切、拉切、锯切、铡切、滚料切等。

（1）直切　又称跳切，是运刀方向直上直下、着力点布满刀刃、前后力量一致的切法。这种刀法在操作时要求刀与墩面垂直运动，从而将原料切断。这种刀法主要用于把原料加工成片的形状，然后在片形基础上，再使用其他刀法，还可加工出丝、条、段、丁、粒、末或其他形状。

操作方法：左手扶稳原料，用中指第一关节弯曲处顶住刀膛，手掌按在原料或墩面上，右手持刀，用刀刃的中前部位对准原料被切位置，刀垂直上下起落将原料切断。如此反复直切，直至切完原料为止。

技术要求：左手运用指法向左后方向移动要求刀距相等，两手协调配合，灵活自如。刀在运行时，刀身不可里外倾斜，作用点在刀刃的中前部位。

应用范围：适宜加工脆性原料，如白菜、油菜、荸荠、鲜藕、莴笋、冬笋、各种萝卜等。

（2）推切　这种刀法操作时要求刀与墩面垂直，自上而下从右后方向左前方推切下去，一推到底，将原料断开。这种刀法主要是用于把原料加工成片的形状。然后在片的形状的基础上，再施用其他刀法，加工出丁、丝、条、块、粒或其他几何形状。

操作方法：左手扶稳原料，用中指第一关节弯曲处顶住刀膛，右手持刀，用刀刃的前部对准原料被切的位置，刀从上至下、自右向左推切下去，将原料切断。如此反复推切，直至切完原料为止。

技术要求：左手运用指法朝后方移动，每次移动要求刀距相等。刀在运行切割原料时，通过右手腕的起伏摆动，使刀产生一个小弧度，从而加大刀在原料上的运行距离，用刀要充分有力，克服“连刀”的现象，一刀将原料推切断开。

应用范围：推刀切适宜加工韧性原料，如无骨的猪、牛、羊各部位的肉。对硬实性原料，如火腿、海蜇、海带等，也可用这种刀法加工。

（3）拉切　又称“拖刀切”。刀的着力点在前端，运刀方向由前上方向后下方拖拉的切法。拉刀切是与推刀切相对的一种刀法。操作时，要求刀与墩面垂直，用刀刃的中后部位对准原料被切位置，刀由上至下，从左向右运动，一拉到底，将原料切断。这种刀法主要是用于把原料加工成片、丝等形状。

操作方法：左手扶稳原料，用中指第一关节弯曲处顶住刀膛，右手持刀，用刀刃的后部位对准原料被切的位置，刀由上至下、自左向右运动，用力将原料拉切断开。如此反复拉切，直至原料切完为止。

技术要求：左手运用指法向后移动，要求刀距相等。刀在运行时，通过手腕的摆动，使刀在原料上产生一个弧度，从而加大刀的运行距离，避免连刀现象，用力要充分有力，一拉到底，将原料拉切断开。如此反复拉切，直至切完原料为止。

应用范围：拉刀切适宜加工韧性较弱的原料，如里脊肉、通脊肉、鸡脯肉等。

（4）推拉切　又称“锯切”，运刀方向前后来回推拉的切法。这种刀法操作时要求刀与墩面垂直，刀前后往返几次再行刀切下，直至将原料完全切断为止。这种行刀技法如木匠拉锯一般，故名“锯切”，锯切主要是把原料加工成片的形状。

操作方法：左手扶稳原料，中指第一关节弯曲处顶住刀膛，右手持刀，刀刃的前部接触原料被切部位，刀在运行时，先向前运行，刀刃移至原料的中部以后，再将刀向后拉回，如此反复多次，再将原料切断。

技术要求：刀与墩面保持垂直，刀在前后运行时用力要小，速度要缓慢，动作要轻松，还要注意刀在运动时的压力要小，避免原料因受压力过大而变形。锯切适宜加工质地松软的原料，如面包、馒头等。对软性原料，如各种酱猪肉、酱牛肉、酱羊肉，黄白蛋糕等也适用这种刀法加工。

应用范围：适用于质地坚韧或松软易碎的原料，如大块牛肉、面包等。

（5）滚料切 是指所切原料滚动一次切一刀的连续切法。这种刀法在操作时要求刀与墩面垂直，左手扶料，不断朝一个方向滚动。右手持刀，原料每滚动一次，采取直刀切或推刀切一次，将原料切断。运用这种刀法主要是将原料加工成块的形状。

应用范围：质地脆嫩、体积较小的圆形或圆柱形的植物原料，如萝卜、马铃薯、笋、茄子等。

（6）铡切 是指刀与菜墩和原料垂直，刀的中部和前端部位压住原料，然后压切下去的切法。包括平压铡切、交替铡切。这种刀法要求一手握刀柄，一手握刀背前部，两手上下交替用力压切。运用这种刀法主要是把原料加工成末的形状。

操作方法：左手握住刀背前部，右手握住刀柄，刀刃前部垂下，刀后部翘起，被切原料放在刀刃的中部。右手用力压切，再将刀刃前部翘起，接着左手用力压切。如此上下反复交替压切。

除了上述铡切以外，还有两种方法也可使用，既可以左手握住刀柄向下不动，用刀的前部或中前部对准原料，一上一下，将原料切断；也可以两只手交叉上下运动，将原料切断。

技术要求：操作时左右两手反复上下抬起，交替由上至下摇切，动作要连贯。

应用范围：铡刀切适宜加工带软骨或比较细小的硬骨原料，如蟹、烧鸡等。对形圆、体小、易滑的原料，如煮熟的蛋类等原料也适宜用这种刀法加工。

2. 剁

（1）单刀剁 又称直剁，这种刀法操作时要求刀与墩面垂直，刀上下运动，抬刀较高，用力较大。这种刀法主要用于将原料加工成末的形状。

操作方法：原料放置墩面中间，左手扶墩边，右手持刀，把刀抬起，用刀刃的中前部位对准原料，用力剁碎，当原料剁到一定程度时，用左手将原料拢起，右手使刀身倾斜，用刀将原料铲起归堆。再反复剁碎原料直至原料达到加工要求为止。

技术要求：操作时，用手腕带动小臂上下摆动，挥刀将原料剁碎，同时要勤翻原料，使其均匀细腻。用刀要稳、准，富有节奏，同时注意抬刀不可过高，以免将原料甩出，造成浪费。

应用范围：这种刀法适宜加工脆性原料，如白菜、葱、姜、蒜等。对韧性原料，如猪肉、羊肉、虾肉等也适用剁法加工。

（2）双刀剁 又称排斩，双刀剁操作时要求两手各持刀一把，两刀略呈“八”字形，与墩面垂直，上下交替运动。这种刀法用于加工成形原料，与单刀剁相同，但工作效率较高。

操作方法：两手各持一把刀，两刀保持一定距离，呈“八”字形，两刀垂直上下交替排剁，注意在排剁的过程中一定要持刀平衡，切勿相碰，否则容易碰伤刀口。当原料剁到一定程度时，两刀各向相反的方向倾斜，用刀将原料铲起归堆，然后，再继续行刀排剁。

技术要求：操作时，用手腕带动小臂上下摆动，挥刀将原料剁碎，同时要勤翻原料，使其均匀细腻，抬刀不可过高，避免将原料甩出，造成不应有的浪费。另外，为了提高排剁的速度和质量，可以用两把刀先从原料堆的一边连续向另一边排剁，然后身体相对原料转一个角度，再行排剁，使刀纹在原料上形成网格状。

采用剁加工制作的菜肴很多，如剁一些蔬菜（大白菜、小白菜、洋白菜等），剁前先将原料顶刀切成细丝，再横刀斩碎，而后再剁。剁前可撒少许食盐，这样使菜中的水分逐渐渗出，菜馅合团易剁碎。剁时要使菜板有点倾斜，使渗出的水分流出。在剁一些肉类原料（猪肉、牛肉、羊肉）时可加入少许清水，这样剁时既不易粘刀又会使剁出来的原料鲜嫩。如剁肉用于汆丸子、炸丸子时，可在剁的过程中加入少许蛋液、葱、姜使肉馅细嫩有味。

不论采用哪种刀法剁制原料，下刀要稳、准、有力（其用力要恰到好处，剁断原料即可），切不可用力过猛，剁得菜板咚咚响，这样既费力又会将菜板上的木屑剁下混入原料中。稳和准是指刀要始终垂直剁下，不可左右偏斜，刀偏斜剁，木屑也会被剁下。为了使排剁的过程不单调、不乏味，还可以使两只手按照一定的节奏（如马蹄节奏、鼓点节奏等）来运行，这样会排剁得又快、又好而且不乏味。

应用范围：双刀剁与单刀剁相同，都适宜加工一些脆性的原料，如白菜、葱、姜等；对猪、牛、羊肉，虾肉等韧性原料，也宜用此刀法加工。

（3）单刀背捶　这种刀法操作时要求左手扶墩，右手持刀，刀刃朝上，刀背与墩面垂直，刀垂直上下捶击原料。这种刀法主要用于加工肉蓉和捶击原料表面，使肉质疏松，或者将厚肉片捶击成薄肉片。

操作方法：左手扶墩，右手持刀，刀刃朝上，刀背朝下，将刀抬起垂直向下捶击原料，如此反复进行。当原料被捶击到一定程度时，用左手将原料拢起，右手使刀身倾斜，用刀将原料铲起归堆，再反复捶击原料，直至符合加工要求为止。

技术要求：操作时，刀背要与墩面保持垂直；应加大刀背与墩面之间的接触面积，不能只使用刀背的前端，并且使原料受力均匀，提高效率；持刀时用力要均匀，抬刀不要过高，避免将原料甩出；要勤翻动原料，从而使加工的原料均匀细腻。

应用范围：单刀背捶适宜加工经过细选的韧性原料，如鸡脯肉、里脊肉、净虾肉、肥膘肉、净鱼肉等。

（4）双刀背捶　这种刀法操作时要求左右两手各持刀一把，刀背朝下，与墩面垂直，两刀上下交替垂直运动。这种刀法主要用于加工肉蓉等，用此法加工原料，不仅工作效率比较高，而且加工的肉蓉也比较细，质量好。

操作方法：左右两手各持刀一把，刀背朝下，两刀呈“八”字形，两刀上下交替运行，用刀背捶击原料。当原料加工到一定程度时，刀刃向下，两刀向相反方向倾斜，用刀将原料铲起归堆，也可以直接用刀背从两边向中间推挤将原料归堆。然后再继续用刀背捶击原料，如此反复进行，直至达到加工要求为止。

技术要求：操作过程中一定要使两刀刀背与墩面保持垂直，加大刀背与墩面、刀背与原料的接触面积，并使原料受力均匀，从而提高工效。刀在运行时抬刀不要过高，避免将原料甩出，造成浪费，还要勤翻动原料，使加工后的肉蓉均匀细腻。

应用范围：双刀背捶适宜加工经过细选的韧性原料，如鸡脯肉、净虾肉、净鱼肉、肥膘肉、里脊肉等。

（5）刀尖（跟）排　这种刀法操作时要求刀垂直上下运动，用刀尖或刀跟在片形的原料上扎上几排分布均匀的刀缝或孔洞，用于斩断原料内的筋络、软骨或硬性的骨骼，防止原料因受热而卷曲变形或不方便造型，同时也便于调味品的渗透，还因扩大受热面积而使原料易于成熟。如加工炸里脊、炸大虾、炸鸡柳、整扒鸡、扒整鸭等。

操作方法：左手扶稳原料，右手持刀，将刀柄提起，用刀尖或刀跟垂直对准原料，刀尖在原料上反复起落，排扎刀缝或孔洞。如此反复进行，直至符合加工要求为止。

技术要求：刀在运行中要保持垂直起落；排剁的刀缝间隙或孔洞要均匀；用力不要过大，轻轻将原料扎透即可。

应用范围：刀尖排适宜加工厚片形的韧性原料，如大虾、通脊肉、鸡脯肉等；刀跟排适宜加工一些硬性的或带骨的原料，如鸡、鸭、鹅等这些原料，使用刀跟排不容易使刀刃受伤。

3．砍（又称劈）

（1）直刀砍（劈） 这种刀法操作时用左手扶稳原料，右手将刀举起，使刀保持上下垂直运动，用刀的中后部对准原料被砍的部位，用力挥刀直砍下去，使原料断开。这种刀法主要用于将原料加工成块、条、段等形状，也可用于分割大型带骨的原料。

操作方法：左手扶稳原料，右手持刀，将刀举起，用刀刃的中后部，对准原料被砍的位置，一刀将原料砍断。

技术要求：右手握牢刀柄，防止脱手伤人，但也不要握得太呆板，不利于操作。将原料在墩面上放平稳，左手扶料要离落刀处远一点，防止伤手。落刀要充分有力，准确，尽量不重刀，将原料一刀砍断。

应用范围：适宜加工形体较大的或带骨的韧性原料，如整鸡、整鸭、鱼、排骨和大块的肉等。

（2）跟刀砍（劈） 利用上述直刀砍的方法来加工原料时，如果一刀没有将原料断开，刀刃被嵌在原料中，这时就需要连续再砍一刀或几刀，直至将原料砍断为止，这种行刀技法称为“跟刀砍”。

用这种刀法操作时要求左手扶稳原料，刀刃垂直嵌牢在原料被砍的部位内部，刀运行时与原料同时上下起落，使原料断开。这种刀法主要用于将原料加工成块的形状。

操作方法：左手扶稳原料，右手持刀，用刀刃的中前部对准原料被砍的部位，一刀砍下去却没有砍断，刀刃紧嵌在原料内部。左手持稳原料，与刀同时举起，刀与原料同时落下，用力向下砍断原料。如果还没有断开，可以连续地、如此反复进行，直至砍断为止。

如果原料形状较小，重量又比较轻，而且刀刃在原料中嵌得又比较紧，可以不用左手持原料，直接用右手持刀带着原料一起落下，将原料断开。

技术要求：左手持料要牢，选好原料被砍的位置，而且刀刃要紧嵌在原料内部（防止脱落引起事故）。原料与刀同时举起同时落下，用力砍断原料，一刀未断开时，可连续多次砍，直至将原料完全断开为止。

应用范围：跟刀砍适宜加工猪蹄及小型的冻肉等。

（3）拍刀砍 这种刀法操作时要求右手持刀，将刀刃架在原料被砍的位置上，左手半握拳或伸平，用掌心或掌根向刀背拍击，通过左手拍击的作用力将原料砍断。这种刀法加工的准确度较高，主要用于把一些带皮、带骨的原料加工成整齐、均匀、大小一致的块、条、段等形状。

操作方法：左手扶稳原料，右手持刀，刀刃对准原料被砍的部位，左手离开原料并举起，用掌心或掌根拍击刀背，使原料断开。

技术要求：在行刀过程中，原料在墩面上一定要放平稳；用掌心或掌根拍击刀背时用力要充分均匀，原料一刀未断，刀刃不可离开原料，可连续拍击刀背直至原料完全断开为止。

应用范围：拍刀砍适宜加工圆形的、易滑的、质地比较坚硬的、带皮带骨的韧性原料，如鸭头、鸡头、酱鸡、酱鸭等。

（4）拍刀　这种刀法操作时要求右手持刀，将刀身端平，用刀膛拍击原料。拍刀主要用于拍松原料，放松原料组织或将较厚的韧性原料拍成更薄的肉片。

操作方法：左手将原料放置在墩面上，右手持刀，刀刃朝右，将刀举起，用力拍击原料，当刀拍击原料后，顺势向右前方外侧滑动或向后滑动，以便使刀具脱离原料，以免原料被吸附在刀具上。

技术要求：操作时，拍击原料用力大小要视不同情况具体掌握，以把原料拍松、拍碎或拍薄为度，用力要均匀。一次拍刀未达到目的，可再次行刀拍击。

应用范围：拍刀适宜加工脆性原料，如大葱、蒜头、鲜姜等。对经过精选的猪、牛、羊各部位的瘦肉以及鸡脯肉等韧性原料也适宜使用拍刀法来加工。

直刀法

二、平刀法

平刀法又称批刀法，是指刀与墩面或刀与原料呈平行状态运行的行刀技法。这种刀法可分为：平刀直片、平刀推片、平刀拉片、平刀滚料片、平刀抖片等。

1．平刀直片

这种刀法操作时要求刀膛与墩面或刀膛与原料平行，刀做水平直线运动，将原料一层层地片（批）开。应用这种刀法主要是将原料加工成片的形状。在片的基础上，再运用其他刀法加工丁、粒、末、丝、条、段、块或其他形状。平刀直片（批）又可分为两种操作方法。

第一种方法：将原料放置墩面里侧（靠腹侧一面），左手伸直，用手指或手掌抵住原料的左侧，右手将刀端平，用刀刃的中前部开始片（批）进原料，刀从右向左片（批）进原料。

技术要求：刀身要端平，不可忽高忽低，保持水平直线片（批）进原料。刀在运动时，下压力要小，不要将原料按得过死，以免将原料挤压变形。

应用范围：此法适宜加工固体原料或加工性原料，如豆腐、豆腐干、鸡血、鸭血、猪血、火腿肠等。

第二种方法：将原料放置墩面里侧，左手伸直，按稳原料，手掌和大拇指外侧支撑在墩面上，右手持刀，刀身端平，对准原料上端被片（批）的位置，随着手指的测量厚度将刀具批进原料内部。刀具自右向左做水平直线运动，将原料片（批）断。然后左手中指、食指、无名指微弓，并拉动已经片（批）下的原料向左侧移动，与下面即将要片的原料错开一定的距离，一般以5～10毫米为宜。这样一方面使片好的原料离开一段距离，提高下一片目测或指测的准确度；另一方面使片好的原料有序地叠起，为下一步加工作好准备。按此方法，使片（批）下的原料片片重叠，呈梯形状态。

技术要求：刀在运行时一定要将刀身端平，刀膛要紧紧贴住原料，从右向左运动，使片下的原料厚薄一致。

应用范围：此法适宜加工脆性原料，如马铃薯、黄瓜、胡萝卜、莴笋、冬笋等，质地细嫩的豆腐干、火腿肠等原料也可以使用此法加工。

2．平刀推片（批）

这种刀法操作时要求刀膛与墩面或原料保持平行，刀从右向左运行，将原料一层一层片（批）开。这种刀法主要用于把原料加工成片的形状。在片的基础上，再运用其他刀法将原料加工成丝、条、丁、粒等形状。平刀推片（批）又可细分为两种操作方法。

（1）上片方法　即在原料上端起刀片（批）进原料，将原料一层层地片（批）开。

操作方法：将原料放置在墩面里侧，距离墩面约3厘米处，左手扶按原料，用手掌作为支撑点，根据手指的测量或目测的情况，用右手持刀，将刀刃的中前部对准原料上端被片（批）位置，刀从右向左片（批）进原料，原料片（批）开之后，用手按住原料，将刀移至原料的右端，将刀抽出，脱离原料，用食指、中指、无名指托住原料翻转，将片好的片翻到左手的三个手指上，紧接着翻起左手掌，将片好的片放置在墩上，随即将手翻回（手背向上），将片（批）下的原料贴在墩面上，并将片摊平放置在墩面上，为下一步的操作提供方便，如此反复进行，直至片完为止。

技术要求：在行刀过程中一定要把刀端平，用刀膛紧贴原料，从始至终动作要连贯协调。一刀未将原料片（批）开，可连续推片，直至将原料片（批）开为止。

应用范围：此法适宜加工韧性较弱的原料，如通脊肉、鸡脯肉等。

（2）下片方法　下片法，即在原料的下边起刀，左手扶稳原料，右手将刀端平，根据目测厚度或根据经验，将刀锋推进原料，再行平刀推片（批），将原料一层层地片（批）开。

操作方法：将原料放置墩面右侧，以便于刀具的进入，左手扶按原料，右手持刀，并将刀端平，放于原料的下端，用刀刃的前部对准原料被片（批）的位置，并根据目测厚度将刀锋进入原料内部。用力推片（批），使原料移至刀刃的中后部位，片（批）开原料，随即将刀向右后方抽出，片好的片留在墩上，其余原料仍托在刀膛上，用刀刃前部将片（批）下的原料一端挑起，左手随之将原料拿起，再将片（批）下的原料放置在墩面上，并用刀的前端压住原料一边，将片好的片放置在刀板上。用左手四个手指按住原料，随即将手指分开，摊平原料，将原料舒平展开，并使原料紧附在墩面上，方便下一步操作，如此反复推片（批）。

技术要求：在推片过程中一定要将原料按稳，防止滑动，刀锋片（批）进原料之后，左手施加一定的向下压力，将原料按实，便于行刀，也便于提高片的质量。刀在运行时用力要充分，尽可能将原料一刀片开，如果一刀未断开，可连续推片（批）直至原料完全片（批）开为止。

应用范围：下片（批）法适宜加工韧性较强的原料，如五花肉、坐臀肉、颈肉、肥肉等。

3．平刀拉片（批）

这种刀法操作时要求刀膛与墩面或原料平行，刀从后向前运行，一层一层将原料片（批）开。应用此法主要是将原料加工成片的形状，在片的基础上，再运用其他刀法可加工出丝、条、丁、粒、末等形状。

操作方法：原料放置在墩面的右侧，用左手按稳原料，根据目测厚度或根据经验将刀刃的后部位对准原料被片（批）的部位，并将刀具的后部进入原料，刀从左前方向右后方拉动，用力将原料片（批）开，然后，刀膛贴住批开的原料，继续向右后方移动至原料的另一端，随即用刀前端挑起原料一边，然后用左手拿起片（批）开的原料，放置在墩面左侧，再用刀前端压住原料一边，将片好的原料平放在墩上，将左手的四指分开，摊平原料，使原料紧紧地贴附在墩面上，方便下一步操作，平刀拉片法与平刀推片法有很多相似之处，仅有的不同之处就是刀具的运行方向相反。

技术要求：操作时一定要将原料按稳，紧贴在刀板上，防止原料滑动。刀在运行时要充分有力，如果原料一刀未被片（批）开，可连续拉片（批），直至原料完全片（批）开为止。

应用范围：平刀拉片适宜加工韧性较弱的原料，如里脊肉、通脊肉、鸡脯肉等。

4．平刀推拉片（锯批）

平刀推拉片又叫锯批，因刀在原料中的运行犹如木匠用锯子一般而得名，它是一种将推刀片与拉刀片协调连贯起来综合运用的一种刀法。

操作时，刀先向左前方行刀推片，接着再行刀向右后方拉片，如此反复推拉片，使原料完全断开。应用这种刀法效率较高，动作也比较协调，此刀法主要用于将原料加工成片的形状。

操作方法：先将原料放置在墩面的右侧，左手扶稳原料，右手持刀端平。先运用推刀片的方法，根据目测厚度，从原料下面或原料上面起刀片进原料，然后再运用拉刀片的方法继续片料，将推刀片和拉刀片两种刀法结合起来，反复推拉片，直至将原料全部片断为止。

技术要求：首先要求掌握推刀片和拉刀片的刀法，再将这两种刀法连贯起来。操作时，要用手将原料按实并扶稳。无论是推刀片还是拉刀片，运刀都要充分有力，动作要连贯、协调、自然。

应用范围：这种刀法，多用于加工韧性较强的原料，如颈肉、蹄髈、腿肉等，对于韧性较弱的原料，如里脊肉、通脊肉、鸡脯肉等也适宜用这种刀法加工。

5．平刀滚料片

平刀滚料片又称旋料片，操作时要求刀膛与墩面平行，刀从右向左运动，原料向左或向右不断滚动，片（批）下原料。应用这种刀法主要是将圆形或圆柱形的原料加工成较大的片。滚料片（批）可分为以下两种操作方法。

（1）滚料上片

操作方法：将原料放置在墩面里侧，左手扶稳原料，右手持刀与墩面或原料平行，用刀刃的中前部位对准原料被片（批）的位置，并将刀锋进入原料，左手将原料平稳地向右推动原料，使原料慢慢地转动，右手持刀随着原料的滚动也作向左同步运行，逐渐地将原料片开，刀具在原料中如此反复运行，直至将原料表皮全部批下或加工至所需要大小的片为止。

技术要求：刀要端平，不可忽高忽低，否则容易将原料中途片（批）断，影响成品质量和规格，刀推进的速度与原料滚动的速度应保持一致。

应用范围：滚料上片法适宜加工圆柱形脆性原料，如黄瓜、胡萝卜、竹笋等。

（2）滚料下片

操作方法：将原料放置在墩面里侧，左手扶稳原料，右手持刀端平，用刀刃的中部对准原料被片（批）的部位，根据需要的厚度将刀锋进入原料内部，用左手的四个手指慢慢拉动原料，使原料慢慢地向左边滚动，右手持刀也随之向左边慢慢片（批）进，刀具在原料内按照此法反复进行，直至将原料完全片（批）开，或加工成需要的规格。

技术要求：在操作过程中，刀膛与墩面始终应保持平行，刀刃在运行时不可忽高忽低，否则会影响成形规格和质量，原料滚动的速度应与刀运行的速度一致。

应用范围：滚料下片法适宜加工圆形、锥形或多边形的韧性较弱的原料，如鸡心、鸭心、肉段、肉块等。

6．平刀抖片

这种刀法操作时要求刀膛与墩面或原料保持平行，刀刃不断作波浪式抖动，将原料一层层片（批）开。

平刀抖片主要是将原料加工成锯齿形的片状，在锯齿片形状的基础上，再运用其他刀法，可加工成齿牙条、齿牙丝、齿牙段、齿牙块等形状。

操作方法：将原料放置在墩面的右侧，用左手扶稳原料，右手持刀端平并且使刀膛与墩面平行，用刀刃上下抖动，逐渐片（批）进原料，直至将原料片（批）开为止。

技术要求：刀在上下抖动时，上下抖刀不可忽高忽低，刀纹的深度和刀距要相等。

应用范围：这种刀法适宜加工固体性原料，如黄/白蛋糕、豆腐干、松花蛋等。对软性的脆性原料，如莴笋、胡萝卜等也可加工。

平刀法

三、斜刀法

斜刀法是一种刀与墩面或刀与原料之间呈大于0且小于90° 或大于90° 且小于180° 的一个斜角，左手扶稳原料，右手持刀，使刀在原料中作倾斜运动，将原料片（批）开的一种行刀技法。这种刀法按照刀具与墩面或原料所呈的角度可以分为正斜刀法和反斜刀法两种。刀口向左，刀膛内侧与墩面或原料呈0～90° 的行刀技法称为正斜刀法；刀口向外，刀膛内侧与墩面或原料呈90° ～180° 的行刀技法称为反斜刀法。

1．正斜刀法

正斜刀法，又称左斜刀、内斜刀，是指刀背向右、刀口向左，刀身与菜墩面成锐角并角度倾斜以切断原料的刀法。

操作方法：将原料放置在墩面左侧，左手四指伸直扶按原料，右手持刀，按照目测的厚度，沿着一定的斜度准备进入原料，用刀刃的中前部对准原料被片（批）部位，随着左手的控制将刀锋进入原料内部，从刀的中前部向后拉动，将原料片（批）开，原料断开后，随即将左手四指微拱，通过摩擦力带动片（批）开的原料向左后方移动，使原料离开刀具。如此反复进行，直至将原料片完为止。

技术要求：刀在运动过程中，刀膛要紧贴原料，避免原料粘走或滑动，刀身的倾斜度要根据原料成形的规格要求灵活调整。每片（批）一刀以后，刀与左手同时移动一次，并保持刀距相等。

应用范围：斜刀拉片适宜加工各种质软、性韧、体薄的原料，如猪腰、净鱼肉、大虾肉、猪牛羊肉等，对白菜帮、油菜帮、扁豆等也可加工。

2．反斜刀法

反斜刀法，又称右斜刀法、外斜刀法，是指刀背向内、刀口向外，放平刀身略呈偏斜，刀片进入原料后由里向外运刀的刀法。

在具体操作时，由于原料和刀板之间的摩擦力不大好控制，往往采用反斜刀的方法来推片（批）。这种刀法操作时要求刀身倾斜，刀背朝左后方，刀刃自左后方向右前方运动。应用这种刀法主要是将原料加工成片、段等形状。

操作方法：左手扶按原料，中指第一关节微屈顶住刀膛，右手持刀，先按照正斜刀的持刀方法将刀拿起，然后将刀具翻转，使刀口向外，刀身倾斜，用刀刃的中前部对准原料被片（批）的部位，按照目测和指法测量的厚度，将刀锋按照一定的斜度进入原料，从刀的左前方向右后方运行，使原料断开。如此反复进行，直至将原料批完为止。

技术要求：在操作过程中，刀膛要紧贴左手关节，每片（批）一刀，左手与刀都要向左后方同时移动一次，并保持刀距一致。刀身倾斜角度，应根据原料成形的规格作灵活调整。

应用范围：反斜刀法适用于脆性植物原料和体薄、易滑动的动物原料，如鱿鱼、黄瓜、玉兰片、芹菜、白菜等，对熟猪肚子、熟猪心等软性原料也可用这种刀法加工。

四、剞刀法

剞刀法又称混合刀法，是指刀在原料表面或内部作垂直、倾斜等不同方向的运行，并在原料上切成或片成横竖交叉、深而不断的刀纹，使原料在受热时发生卷曲、变形而形成不同花形的一种行刀技法。这种刀法比较复杂，主要把原料加工成各种造型美观、形象逼真的形状，例如麦穗形、松果形、灯笼形等。用这种刀法制作出的美味佳肴，能给人以美好的艺术享受，并为整桌酒席增添气氛。这种刀法按照刀的运动方向可分为直刀剞、直刀推剞、斜刀推剞、斜刀拉剞等刀法。

（一）剞花刀的目的及原料选择

1. 剞花刀的目的

剞花刀既是烹调的需要，更是为了满足就餐者的审美需要，既产生形态美的效果，还能给就餐者带来美的享受。在对不同原料进行剞花刀时，一旦加热，原料的间隙增大导致受热面积增大，可以大大缩短烹调的时间；另外，经过剞花刀后，原料内的腥、膻、臊等异味容易挥发，同时有利于各种调味料的相互渗透，使原料更加入味。通过剞花刀后，还可提升原料的造型，美化成菜效果。例如，鱼肉通过不同的花刀工艺，可以做成不同造型菜品，有菊花鱼、糖醋脆皮鱼、松鼠鱼、狮子鱼、葡萄鱼、珊瑚鱼等。

2. 剞花刀的原料选择

在选择剞花刀原料时，并非所有的原料都适合，而是要满足剞花刀的要求。首先，所选的原料应该体积较厚或者组织紧密，不利于热的均匀渗透，或过于光滑不利于黏附卤汁，或带有异味的原料不能在短时间内散发，这样才有剞花刀的必要。或者，所选的原料必须具有一定面积的平面结构，有利于工艺的实施和成品的成形。或者，所选的原料应该具备不易松散、破碎，还有一定韧性和弹力的条件，具有受热收缩或卷曲变形的性能（原料表面带有结缔组织和膜），才能展现剞花刀工艺形态美的特点。

根据上述要求，花刀法主要适于柔韧、紧密、质脆或细嫩的原料，如猪肚头、鱿鱼、墨鱼、猪腰、鸡肫、鸭肫、猪里脊、兔柳、鱼肉、豆腐干等。通过剞刀，原料不仅易于成熟和入味，而且在受热后还可翻卷成各种成形美观的花纹。

（二）剞花刀的基本刀法

1. 直刀剞

直刀剞与直刀切相似，只是刀在运行时不能完全将原料断开。根据原料成形的规格要求，刀运行到一定深度时即要停刀，在原料上切成直线刀纹，也可结合运用其他刀法加工出蓑衣黄瓜、齿边萝卜条、鱼鳃腰片等各种形状。

操作方法：右手持刀，左手扶稳原料，中指第一个关节弯曲处顶住刀膛，用刀刃中间部位对准原料被切的部位。刀在原料中做自上而下的垂直运行，当刀剞到一定深度时（如原料厚度的3/4、4/5等）停止运行。如此反复进行，直至将原料剞完为止。

技术要求：左手扶料要稳，运用指法从右前方向左后方移动，保持刀距均匀，控制好进刀深度，做到深浅一致。

应用范围：适宜加工脆性原料和质地较嫩的韧性原料。例如：黄瓜、冬笋、胡萝卜、青笋、猪腰、鱿鱼等。

2. 直刀推剞

直刀推剞与推刀切相似，只是刀在运行时不将原料完全断开，留有一定的余地，根据原料成形的规格要求，刀在原料内运行到一定深度的时候要立即停刀，在原料上剞上直线刀纹，也可结合并运用其他刀法加工出荔枝形、麦穗形、菊花形等造型美观、形象逼真的各种形状。

操作方法：左手扶稳原料，中指第一个关节弯曲呈弓形，顶住刀膛，右手持刀，用刀刃的中前部对准原料被剞的部位。根据特定料形的需要，控制好刀距，并使刀自前向后运行，当刀纹剞到原料中一定深度（4/5）的时候便停止运行。然后将刀收回，按照上述方法再次行刀推剞。如此反复进行，直至将原料剞到头并达到刀工要求为止。

技术要求：操作过程中要使刀锋与墩面或原料始终保持垂直，控制好进刀深度，做到深浅一致；每剞一刀，左手和刀具都要移动一次，在移动过程中要灵活运用指法从右向左均匀移动，使刀距相等。

应用范围：这种刀法适宜加工各种韧性原料，如猪腰、猪肚、猪里脊、净鱼肉、鱿鱼、肝脏、墨鱼等，也可用于一些脆性原料，如萝卜、冬瓜等。

直刀拉剞往往不容易把握刀距和深度，一般不单独使用。在日常工作和生产中，往往把直刀拉剞和直刀推剞结合起来使用，作为一种协调动作。

3. 斜刀推剞

斜刀推剞与斜刀推片非常相似，只是刀在运行时不完全将原料断开，根据原料成形的规格要求，刀运行到一定深度时停刀，在原料表面剞上斜线刀纹，也可结合并运用其他刀法加工出如麦穗形、蓑衣形、松果形、菊花形等多种造型美观的料形。这种剞刀方法经常适用于一些比较薄的原料，利用斜刀推剞，可以增加刀纹的长度，能够充分地显示刀纹。

操作方法：左手扶稳原料，中指第一个关节微弓，紧贴刀膛。右手持刀呈一定倾斜度，用刀刃中前部对准原料被剞的部位。根据特定料形的需要，用眼睛目测好刀具，并使刀具自前向后平行运行，直至刀锋剞进原料中一定的深度时，停止运刀。然后将刀收回，再沿用此法反复运行斜刀推剞，直至剞到原料的另一头并达到加工要求为止。

技术要求：在剞刀的过程中，刀与墩面或原料的倾斜角度及剞刀的深度要始终保持一致，而且刀距也要相等，才能保证所剞花刀造型美观，卷曲充分且均匀。

应用范围：斜刀推剞适宜加工各种韧性原料，如猪腰、猪肚、猪里脊、鱿鱼、鸡鸭肫肝、墨鱼、鱼肚等。

4. 斜刀拉剞

斜刀拉剞与斜刀拉片非常相似，只是刀在原料中运行时也不完全将原料断开。根据原料成形的规格要求，刀在原料中运行到一定深度时便停刀，在原料表面剞上斜线锯齿、鸡冠、梳子、鱼鳃等刀纹，此法也可结合其他刀法，综合运用加工出多种美丽的形态，如麦穗形、灯笼锯齿、鸡冠、梳子、鱼鳃等。

操作方法：左手四指平放，扶稳原料被剞的一边，右手持刀。根据特定花刀的需要，目测好距离，将刀具倾斜一定的深度时并用刀刃的中后部对准原料被剞的部位。刀在原料中按照一定的倾斜度自后向前运行，当刀锋在原料中运行到一定深度时即停止运行。然后把刀抽出，再沿用此法反复进行斜刀拉剞，直至剞到原料的另一边并达到成形规格为止。

技术要求：在操作过程中，应该使刀与墩面或原料的倾斜度始终保持一致，同时还要使剞刀深度一样、刀具相等，另外刀膛还要紧贴原料运行，防止原料滑动。

应用范围：适宜加工各类韧性原料，如猪腰、猪里脊、鱿鱼、墨鱼、净鱼肉等。对于一些质地脆嫩的原料也适用，如萝卜、青笋等。

（三）剞花刀时的注意事项

1．根据不同的原料，运用不同的花刀

运用何种花刀法，应根据具体的原料而定。菊花花刀常用于家禽的肫，如鸡肫、鸭肫、鹅肫等，而形状较小的鸽肫，则只能剞十字花刀；鱼类原料肉厚、质细嫩，一般剞成菊花花刀、十字花刀等，往往不适合剞麦穗花刀、蓑衣花刀；柔软的鱿鱼、墨鱼，则适合剞麦穗花刀、蓑衣花刀、荔枝花刀，而不适合剞菊花花刀。当然，在适应烹调要求的前提下，还可灵活地、创造性地运用花刀法。

2．根据原料特性，掌握好运刀方向

对于多数原料，在剞花刀的时候，不需考虑花刀的方向，但对于某些特殊的原料，就得考虑花刀的方向了。如用鱿鱼剞麦穗花刀，将鲜鱿鱼从中间对剖成两半，须按鱿鱼头尾对角线方向剞斜刀，再相交剞直刀，然后横刀改成块。也就是说，剞花刀应考虑原料组织或肌肉纤维的纹路，成形改刀必须根据其花刀卷曲的方向来决定。

另外，在剞一些特殊花刀时，我们也要考虑运刀方向。就鳜鱼来说，在剞十字花刀制作玉米鳜鱼时，可直接交叉剞直刀，然而要将鳜鱼制成松鼠鳜鱼，我们就必须从鱼头方向朝鱼尾方向剞斜刀，如果不考虑剞刀方向，就很难得到满意的造型。

3．正确掌握运刀的角度

花刀的运刀角度，一是指刀身与菜墩的夹角；二是指两种刀纹纵横交叉的角度。在用直刀剞花刀时，刀身与菜墩的夹角为90°。不过剞麦穗花刀、凤尾花刀、鱼鳃花刀等还要用到斜刀。斜刀常用推刀剞法，推刀剞的角度一般是刀身与菜墩呈40°夹角。如果原料厚，角度可大于40°，原料比较薄，刀应放得平一些，即刀与菜墩角度小于40°，这样成形后的花纹会长一些。所以在剞花刀时，刀的斜度应视原料的厚薄和具体花刀的要求而定。

运刀的角度，还包括两种刀纹相交的角度，在剞菊花花刀、十字花刀时，刀纹之间相交成90°角为好。但对于麦穗花刀、凤尾花刀等，斜刀与直刀相交以70°～80°角为宜，原料受热后卷曲方向能呈现出明显的刀纹。形状逼真，交叉自然。

4．正确掌握运刀的深度

剞花刀的深度，是指刀剞进原料的深度。在花刀法中有这样的规律：刀纹深的地方卷曲程度大，刀纹浅的地方卷曲程度小，卷曲的方向也是由刀纹深度来决定的。在剞花刀时，刀纹一般应剞进原料的2/3～4/5，纵横刀的深度也要求深浅一致。但对某些特殊原料和特殊花刀法，则应特殊对待，如麦穗花刀，直刀纹应比斜刀纹深，这样，原料受热卷缩后，才能呈现出圆筒状的麦穗形状。

5．正确掌握刀纹的距离

剞花刀，要求在原料表面剞出一条条距离相等的平行刀纹，根据不同的花刀，其横刀与纵刀交叉刀纹间的距离往往不相等。十字花刀、钉子花刀，其横刀间距离与纵刀间距离基本相等；而剞麦穗花刀，斜刀剞却要比直刀剞的刀纹宽，这是因为麦粒的形状呈长圆柱形，如果直刀剞与斜刀剞各刀纹间的距离相等，麦粒就会呈方形。另外，对于不同的原料，我们剞菊花花刀的刀距也不一样，如鱼类原料，因其肉质细嫩易松碎，故刀距应大些，而对肉质紧实脆嫩的肫类原料，刀距则应细密些。

最后需要指出的是，花刀法还应根据不同的烹调方法去灵活运用。剞过花刀的原料，大多会经汆烫、爆炒、炸熘成菜。如爆炒菜，成菜脆嫩，炒制时火力强，要求操作迅速，故在剞刀时，刀距最好细密些，刀纹也宜深；又如炸熘菜，成菜外酥内嫩，往往需要经过挂糊、拍粉等工序后，才下油锅炸制，刀距也宜大，如果刀距太密，经拍粉、挂糊后油炸，花形容易相互粘连，成形既不美观，又达不到应有的口感要求。

五、其他刀法

剔，是指对带骨原料除骨取肉的刀法，适用于畜、禽、鱼类原料。下刀的刀路要准确，随部位不同分别使用刀尖、刀跟，要保证取料的完好。

剖，是用刀将整形原料剖开的方法。如鸡、鸭、鱼破腹时，根据烹调方法的需要掌握下刀部位及剖口的大小。

起，是将原料分割成两部分的刀法。如将猪肉起下猪皮，就是将刀反片进猪皮与肥膘之间，连推带拉地把肉皮与肥膘分离。

戳，指用刀跟戳刺原料（如鸡腿、猪蹄筋、肉类），而又不致断裂的方法。戳时要从左到右，从上到下，肌腱多的多戳，肌腱少的少戳。戳后仍保持原料的形状，使原料松弛，平整，易于入味，易于成熟，成菜质感松嫩。

排，是用刀背在原料上有顺序地轻捶的刀法。适用于鸡肉、猪肉等原料。排时刀背在原料表面有顺序地排出，使其疏松，保证成菜细嫩入味。

剐，是使肉离骨的加工运刀方法。如剐黄鳝。原料加工中，常与剔法结合，对鸡、鸭等进行整料出骨。

削，是一手拿原料，一手执刀，刃朝外，依靠手腕的力量使原料分离的一种方法。适用于脆性原料，如萝卜、黄瓜等；也适用于马铃薯、莴苣等原料的去皮。此法看似简单，但也须时常习作方能娴熟自如。

剜，是指用刀具将原料挖空的加工运刀方法。如挖空西瓜、番茄、苹果、雪梨等，以便制作瓤馅菜肴。剜时要注意原料四周的厚薄均匀，使不漏馅。

车，又称旋。旋分为手上旋和墩上旋两种。手上旋一般适用于苹果、梨、茄子等物品的旋皮，即将刀刃贴在原料的顶部，双手配合，使刀随着物体转动将皮旋出自然的弧度，增加造型的美感，如“三味瓜条”即是采用此法旋成。墩上旋适用于圆柱形原料，刀刃贴在原料的顶部或底部，一手掀动原料，使其转动；一手执刀身，最后将圆柱旋成片状。

敲，又称为砸、捶。即先将原料剁碎，而后用刀背将其砸成蓉状的操作过程。如运用较广的鸡泥子、鱼泥子等即采用此种方法制成。捶蓉时，刀身应与菜墩垂直，刀背向下有节奏、有顺序地左右移动，均匀捶制。

刮，指用刀将原料表皮或污垢去掉的运刀方法。如清洁肉皮、猪肚、鱼鳞等多用此法。

背刀，右手握刀柄，将刀倾斜，刀口向左，用刀口的另一面压着原料，连拖带按的一种运刀方法。其用意是为了观察加工的原料（如鸡蓉、肉蓉等）中有无肌腱、碎骨，以便于剔除。或者直接将某些原料背细，如背蒜泥、豆豉蓉（泥、糊）等。

拍，即将原料放在墩上，刀放平，刀刃朝后前方，用刀膛将物料拍松、拍散，如烂蒜、拍黄瓜、糖醋萝卜等均用此法。切鸡丁、肉丁时为使肉体松散、平整也常先用此法，然后再行切制。

思政小结 ▶ 喜观察，树榜样，向他人学习

小结导入： 子曰："三人行，必有我师焉；择其善者而从之，其不善者而改之。"别人的言行举止，必定有值得我们学习的地方。选择别人好的方面学习，看到别人的缺点，反省自身有没有同样的缺点，如果有，加以改正。

思考讨论： 在练习刀工技术时，如何发现身边的"老师"？

分析强调： 学习刀工技能，需要善于观察，认真审视自身，找到与他人的差距。积极主动地去学、去问，才能进一步提升自己的学习能力，提升学习效果。我们身边不乏某些方面比我们优秀的人，值得我们将其树为榜样。

第五节 原料的成形工艺

原料成形是指运用各种不同的刀具和不同的刀法，将烹饪原料加工成形态各异、造型美观、利于烹调和食用的特定形状的加工过程。原料的形状大体上可分基本料形、花刀料形两大类，按照使用刀法的不同，每类料形又可分为若干小类。

一、基本料形工艺

（一）块

使原料成块，刀工处理有切法和砍法两种。

1．切法

原料的质地较为松软、脆嫩，或者是虽然质地较坚硬，但出骨去皮以后就可以切断的，一般都是采用切法使其成块。如蔬菜类都可以用直切，已出骨去皮的各种肉类可以用推切或推拉切，切成各种块形。切块时，一般要先将原料除去瓤、皮、筋、骨，改成较宽的条形或较大的块形后再切块，如原料的体形较小，即不必再分段分块。

2．砍法

原料的质地较坚硬，而且有皮有骨，则可以采用砍的刀法，使其成块。如各种带骨的肉类、鱼类等，都要用直砍、跟刀砍，砍成块形。

砍块时虽然原料的筋、骨、皮之类根据烹调的需要，有时也可不必剔除，但也要进行必要的加工。如鸡、鸭等就要先去掉嘴壳、粗皮、脚爪尖；猪、牛、羊等也要先加工成为适宜于砍块的形后再进行砍块，如原料的体形较小，则也可不必再分段分块。

3. 块的种类及用途

块的大小，一方面取决于原料所改变成条的宽窄、厚薄；另一方面也取决于不同的刀法。要使块的形状整齐，就要求所改条的宽窄、厚薄一致；使用刀法也要正确。块的种类很多，厨房里经常用到的有菱形块、大小方块、骨牌块、梳子块、滚刀块等。其中象眼块、大小方块、骨牌块等，可以采用直切、推拉切、直砍等刀法；滚料块、梳子块则可以采用滚刀切的刀法。表3-4是常见块的成形规格及适用范围。

表3-4　常见块的成形规格及适用范围

品名	成形规格	成形方法	适用范围
菱形块	长轴4厘米×短轴2.5厘米×厚2厘米	先将原料切成2厘米厚的片，再切成2厘米宽的条，最后再顺着条形45°夹角直刀切成块	烧、烩、煨、焖、熘等菜肴
长方块	长4厘米×宽2.5厘米×厚1厘米	先将原料切成宽2.5厘米、长4厘米的坯料，最后再切成1厘米厚的块	烧、烩、焖、煮等菜肴
滚料块	长4厘米的多面体	原料和刀的夹角约45°，原料滚动速度微快于运刀频率直刀切下	烧、烩、煨、焖、煮等菜肴
梳子块	长3.5厘米×厚0.8厘米的多面体	原料和刀的夹角约45°，原料滚动速度微快于运刀频率直刀切下	炒、熘、烩等菜肴

（二）片

片，一般有切法和片法两种成形方法。

1. 切法

切法适用于质硬、性韧、细嫩的原料。如各种肉类宜用推切和推拉切；蔬菜宜用直切。

2. 片法

适用于一些质地较松软，直切不易切整齐，以及原料本身形状较为扁薄，无法直切的，可将原料片成片状。如形体薄小的各种肉类、鲜鱼等制片。不论哪种方法制片，都先将原料除去瓤、皮、筋、骨，改成适合切或片的形状后再行制片。

3. 片的种类及用途

片有不同的大小、厚薄和形状，我们日常采用的有柳叶片、骨牌片、菱形片、长方片、月牙片、指甲片、蓑衣片等，其各种片的规格要根据烹调的需要来定，如汤菜、熘菜的片要薄一些，爆、炒用的片则可稍微厚一些。质地松软易碎烂的原料，如豆腐片、鱼片、土豆片需要厚一些；质地较硬带有韧性的原料，如牛肉片、猪肉片、羊肉片、笋片等，则可以稍微薄一些。表3-5是常见片的成形规格及用途。

表3-5 常见片的成形规格及适用范围

品名	成形规格	成形方法	适用范围
牛舌片	长10厘米×宽3厘米×厚0.1厘米	先将原料切成10厘米长、3厘米宽的块，再片成0.1厘米厚的薄片，用清水浸泡卷曲即可	凉拌菜肴
灯影片	长8厘米×宽4厘米×厚0.1厘米	先将原料切成8厘米长、4厘米宽的大块，再片成0.1厘米厚的片	炸、凉拌等菜肴
菱形片	长轴5厘米×短轴2.5厘米×厚0.2厘米	方法一：将原料切成2厘米宽、0.2厘米厚的长片，再将长片切成菱形即可 方法二：将原料切成长轴5厘米、短轴2.5厘米的菱形块，再将块切成0.2厘米厚的片即可	炒、烩、凉拌等菜肴
麦穗片	长10厘米×宽2厘米×厚0.2厘米（形如麦穗）	先将原料切成10厘米长、2厘米宽的块，再将块的两边修成均匀的锯齿形，再将其切成0.2厘米厚的片即可	烩、蒸等菜肴
骨牌片	长6厘米×宽2厘米×厚0.4厘米	先将原料切成6厘米长、2厘米宽的块，再切成0.4厘米厚的片	烧、烩、焖等菜肴
二流骨牌片	长5厘米×宽2厘米×厚0.3厘米	先将原料切成5厘米长、2厘米宽的块，再切成0.3厘米厚的片	烧、烩、焖等菜肴
指甲片	长1.2厘米×宽1.2厘米×厚0.2厘米	先将原料切成1.2厘米见方的长条，再横切成0.2厘米厚的片	烩、羹汤等菜肴和姜蒜的成形等
连刀片	长10厘米×宽4厘米×厚0.3厘米（两片相连）	先将原料切成10厘米长、4厘米宽的块，再两刀一断将原料切成厚0.3厘米的片	蒸、炸等菜肴
柳叶片	长6厘米×厚0.3厘米（形如柳叶状）	选择或先将原料修成一边厚一边薄的6厘米长的块，再将原料切成0.3厘米厚的片	炒、凉拌等菜肴和拼盘装饰

（三）丝与条

1. 丝

（1）丝的切法　切丝时，需要先将原料加工成片形，然后再将片切成丝。以片切丝一般有以下两种排叠的方法：一种是将片拍成瓦楞形；另一种是将片排叠整齐后再切。瓦楞形的排列适合于大部分的原料，如肉类、多数蔬菜，而且效果也较好。整齐叠切只有少数原料适用，如豆腐干之类。此种切法还要求原料的形状、厚薄、大小比较整齐。否则，很难叠好，也就很难切好。无论是瓦楞形或整齐形，都需要排叠一致，不能叠得过高，因为不一致或过高，手不易按稳，容易塌倒，影响切丝的质量。

还有一种叠的方法，是对某些叶片较大、较长、较薄的原料，如带皮、大白菜等，可先将其卷成筒状，再切成丝。

（2）丝的成形及用途　切丝的粗细与片的厚薄有直接的关系，片厚则丝粗，片薄则丝细。并且，切丝的刀距与片的厚薄相同，这样切出来的丝才粗细均匀。表3-6是常见丝的规格及用途。

表3-6 常见丝的成形规格及适用范围

品名	成形规格	成形方法	适用范围
头粗丝	10厘米长×0.4厘米见方	用直刀法将原料切成10厘米长的整形，先切（片）成0.4厘米厚的片，再直切成0.4厘米见方的丝	炒、干煸、烩、凉拌等菜肴
二粗丝	10厘米长×0.3厘米见方	用直刀法将原料切成10厘米长的整形，先切（片）成0.3厘米厚的片，再直切成0.3厘米见方的丝	烩、炒、汆、凉拌等菜肴
细丝	10厘米长×0.2厘米见方	用直刀法将原料切成10厘米长的整形，先切成0.2厘米厚的片，再直切成0.2厘米见方的丝	熘、凉拌、烩等菜肴
银针丝	10厘米长×0.1厘米见方	用直刀法将原料切成10厘米长的整形，先片成0.1厘米厚的片，再直切成0.1厘米见方的丝	菜肴装饰、凉拌等菜肴

2. 条

条的形状与丝相似，切法也相近。切条同样需要先将原料加工成片形，再整齐叠切加工成条，也可制成长条后改短，或改成段后再切、砍成条。条也有粗细长短之分，同样根据烹调的要求与原料质地来选择。表3-7是常见条的成形规格及用途。

表3-7 常见条的成形规格及适用范围

品名	成形规格	成形方法	适用范围
大一指条（大一字条）	长6厘米×1.2厘米见方的条状	1. 先将原料切成1.2厘米见方的长条，再切成6厘米的条 2. 先将方形原料切成6厘米长的段，再切成1.2厘米厚的片，最后将厚片切成1.2厘米见方的条	烧、烩、煨、焖等菜肴
小一指条（小一字条）	长5厘米×1厘米见方的条状	1. 先将原料切成1厘米见方的长条，再切成5厘米的条 2. 先将方形原料切成5厘米长的段，再切成1厘米厚的片，最后将厚片切成1厘米见方的条	烧、烩、煨、焖等菜肴
筷子条	长4厘米×0.6厘米见方的条状	1. 先将原料切成0.6厘米见方的长条，再切成4厘米的条 2. 先将方形原料切成4厘米长的段，再切成0.6厘米厚的片，最后将厚片切成0.6厘米见方的条	炒、熘、凉拌等菜肴
象牙条	长5厘米×1厘米梯形	1. 先将原料切成1厘米厚的梯形长条，再切成5厘米长的条 2. 先将方形原料切成5厘米长的段，再切成1厘米厚的梯形片，最后将厚片切成1厘米宽的条	炒、熘、凉拌等菜肴

（四）丁、粒、末

丁，是由条加工切成的小方形块。它的大小取决于条的粗细，其形状可按需要切为小方形、椭圆形或菱形等。一般带有韧性的肉类，或脆性的笋类、藕、萝卜、茭白等都可以作为切丁的原料。加工丁状原料时，经常使用的刀法有直刀法中的切、剁，平刀法中的直片、推拉片；斜刀法中的正斜刀法、反斜刀法。

粒，是比丁还要小，且呈方形的一种形状。它是用丝加工而成的，其大小约与米粒相似，故常称为米粒。切粒与切丁的方法大致相同，只是片要薄一些，条要更细些，直切时刀工密度大些。切成粒的原料，一般常见于各种肉类或调料类，如火腿粒、牛肉粒等。加工粒状原料时，经常使用的刀法有直刀法中的切、剁，平刀法中的直片、推拉片。

末，是由丝改刀而成的最小的颗粒，比粒的形状还要小一些。通常是由丝、丁或粒再加工切小或剁碎而成。其大小约与芝麻或小米相似，通常称为碎末。一般在菜肴中作为配料、配色、调味等用。加工末状原料时，主要使用直刀法中的切、剁。

丁、粒、末的成形规格及适用范围如表3-8所示。

表3-8　丁、粒和末的成形规格及适用范围

品名	成形规格	成形方法	适用范围
大丁	约2厘米见方	先将原料切成2厘米厚的片，再切成2厘米宽的条，最后切成2厘米见方的粒	炒、烧、炸收、凉拌等菜肴
小丁	约1.2厘米见方	先将原料切成1.2厘米厚的片，再切成1.2厘米宽的条，最后切成1.2厘米见方的粒	炒、烧、凉拌等菜肴
黄豆粒	0.6厘米见方，形如黄豆	先将原料切成0.6厘米厚的片，再切成0.6厘米宽的条，最后切成0.6厘米见方的粒	炒、烩、凉拌等菜肴
绿豆粒	0.4厘米见方，形如绿豆	先将原料切成0.4厘米厚的片，再切成0.4厘米宽的条，再切成0.4厘米见方的粒	炒、烩等菜肴和馅料
米粒	0.2厘米大小，形如米粒	先将原料切成0.2厘米厚的片，再切成0.2厘米宽的条，再切成0.2厘米见方的粒	馅料、点缀及姜、蒜调味
末	0.1厘米大小的细末状	将原料剁成细末状	馅料、点缀及姜、蒜调味

（五）蓉泥

蓉泥是指将原料用刀背捶或用刀刃剁成极细的蓉状。动物性原料有鸡、鱼、虾、猪、牛、羊、兔肉等，一般称为蓉；植物性原料有蚕豆、马铃薯、红豆、豆腐、花椒、蒜等，一般称为泥。其质量要求是将原料捶剁得极细，不得出现颗粒。在捶、剁之前，应将原料的筋、皮、膜等杂质除尽。蓉泥制品在烹饪中一般可制作糁、调味品等。

（六）料头

料头是指经过刀工处理的一些质地新鲜的植物性香辛料的总称。一般情况下，料头的重量不超过主料重量的3%。其用量虽小，但作用却非常重要。植物性原料中的姜、葱、蒜、洋葱、香菜、辣椒等都属于料头的范畴，加以适当的运用，对调和、提升菜品味道起着至关重要的作用。其常见名称、规格、成形方法和适用范围如表3-9所示。

常见原料成形示范

表3-9　常见料头成形规格及适用范围

品名	成形名称	成形规格	成形方法	适用范围
蒜	蒜片	1厘米见方、0.2厘米厚	将大蒜去皮洗净，切成0.2厘米厚的片	用于主料成片状的菜肴
	蒜丝	0.2厘米粗、大蒜自然长度	先切片，再切丝	用于主料成丝状的菜肴
	蒜米	细米粒状	将丝切成末，再剁一下	主要用于突出蒜味的菜肴及调味
姜	姜片	1厘米见方、0.2厘米厚	姜洗净去皮，切成1厘米见方、0.2厘米厚的片	用于主料成片状的菜肴
	姜丝	2厘米长、0.15厘米粗的丝	先将姜洗净去皮，切成0.15厘米厚的长片，再切成丝	用于主料成丝状的菜肴
	姜末	细米粒状	将丝切成细末，再剁一下	主要用于突出姜味的菜肴及调味
葱	长葱	8厘米长的段	选用最粗的葱白，两端直切成8厘米长	主要用于烧、烩菜肴
	寸葱	3厘米长的段	选用较粗的葱白，两端直切成3厘米长	主要用于炒制菜肴
	开花葱	5厘米长花形状	选用较粗的葱白，先切成5厘米长的段，再将两端用刀各划8刀，放入清水中浸泡，让其向外翻卷开花	烧烤、酥炸菜肴配的葱酱味碟
	马耳朵葱	3厘米长、两端呈斜面	选用较粗的葱，采用刀与葱呈30° 角或斜刀切成3厘米长的节	多用于炒、熘等菜肴
	弹子葱	1.5厘米的圆柱状	选用较粗的葱，直刀切成1.5厘米长的丁状	主要用于主料呈丁或块状的炒、爆菜肴
	银丝葱	8厘米长的丝状	选用最粗的葱，先从中间对剖，切成丝	多用于菜肴垫底或盖面，点缀或装饰菜肴
葱	鱼眼葱	0.5厘米的颗粒状	选用较细的葱，切成0.5厘米长的颗粒状	多用于烧以及炒制鱼香味菜肴
	眉毛葱	长约8厘米，近似于丝状	选用最粗的葱，以最小角度将其切成片状，近似于眉毛形	多用于清蒸鱼类菜肴盖面
	葱花	约0.3厘米长	选用最小的葱，将其直切成细花状	多用于面食、凉菜、汤菜，一般不需加热
干辣椒	干辣椒段	2～3厘米长的段	干辣椒去籽，直刀切成2～3厘米长的节	主要用于炝、炒、炸收、烧等菜肴
	干辣椒丝	6厘米长的丝	干辣椒去籽，对剖后直刀切成6厘米长的细丝，在行业上，为方便操作，多用剪刀将干辣椒剪成6厘米的丝	主要用于干煸菜肴
泡辣椒	泡辣椒末	细末状	泡辣椒去蒂、去籽，用刀剁或机器绞成细末状	多用于鱼香味或增色菜肴
	泡辣椒段	6厘米长的段	泡辣椒去蒂、去籽，用刀直切成6厘米长的段	多用于烧、烩、煸炒等菜肴
	马耳朵泡辣椒	3厘米长的节	泡辣椒去蒂、去籽，采用刀与泡辣椒呈45° 角切成3厘米长的段	多用于炒制菜肴
	泡辣椒丝	6厘米长的丝	泡辣椒去蒂、去籽，用刀切成细丝	多用于菜肴盖面
蒜苗	马耳朵蒜苗	3厘米长、两端呈斜面状	选用较粗的蒜苗，采用刀与蒜苗呈30° 角或斜刀切成3厘米长的节	多用于炒制菜肴
	蒜苗段	6厘米长的段	选用较粗的蒜苗，用刀先将蒜苗头轻轻拍破，再将其切成6厘米长的段	主要用于烧、煮等菜肴
	蒜苗丝	6厘米长的粗丝状	选用较粗的蒜苗，切成6厘米长的段，将其从中间对剖，再对剖成粗丝	多用于炒、爆菜肴
	蒜苗花	0.5厘米长的颗粒状	选用较细的蒜苗，将其直切成约0.5厘米细花状	主要用于岔色的烧菜等

二、花形原料成形工艺

花形原料成形工艺是指运用混合刀法，在原料表面剞上横竖交错、深而不透的条纹，经过加热卷曲形成各种形态美观、造型别致的原料形状的过程。其工艺程序比较复杂，技术难度较高，主要有以下几种。

（一）鱼鳞花刀

鱼鳞形花刀是用斜刀一推一拉的方法，在鱼身两侧剞上鱼鳞状刀纹，从侧面上看，呈横着的“人”字形。加工时，刀不要离开鱼体，连续推拉至鱼尾为止。这种刀法刀口越深越好，但不能越过脊骨。鱼鳞形花刀适用于体形厚长的鱼类，如黄鱼、鲤鱼等，多用炸熘之法成菜。

（二）松鼠花刀

松鼠鱼花刀的刀纹是运用斜刀拉剞、直刀剞等刀法制成的。成形方法是先将鱼头去掉，沿脊骨用刀平片至尾根部，剁去脊骨，并片去胸刺。然后在两扇鱼片上剞上直刀纹，刀距为4～6毫米。再斜剞上刀纹，刀距为2～3毫米。直刀纹和斜刀纹均剞到鱼皮（不能剞断鱼皮），两刀相交构成菱形刀纹。经加热即成松鼠花刀状。适用原料黄花鱼、鲤鱼、鳜鱼、草鱼等。用于制作松鼠鳜鱼、松鼠黄鱼等。加工要求刀距、深浅、斜刀角度都要均匀一致，原料应选择净重约2千克的为宜。

（三）鲍鱼花刀

鲍鱼花刀又称格子切法，这种切法就是将贝类、鱿鱼等切出很深的格子刀痕，刀痕的间隔之间形成大小均匀的格子方可。选择鲍鱼比较平整的那一面，根据鲍鱼的大小决定每刀的宽度，垂直切横刀和竖刀，要切得均匀，这样熟了以后收缩得才漂亮，深度切至整个鲍鱼的2/3就行了，太浅了花刀不明显，太深了肉则会散掉。

（四）凤尾花刀

凤尾花刀是在厚约1厘米的原料上，先采用斜刀剞，刀距约0.3厘米，深度为原料的1/2，再将原料顺时针旋转90°，直刀切，刀刃与菜墩成一定角度，将原料切成0.3厘米宽、10厘米长，三刀一断、前段断开、后面相连的条状。

（五）眉毛花刀

眉毛花刀是在厚约0.5厘米的原料上，先采用斜刀剞，刀距约0.3厘米，深度为原料的1/2，再将原料顺时针旋转90°，直刀切，切时深度为原料的2/3，切成0.3厘米宽、10厘米长，三刀一断的条状。

（六）渔网花刀

渔网花刀是将心里美、白萝卜或红萝卜等原料改成侧面约为正方形的长方体，用筷子插入正方形侧面的中心，到底部。第一刀采用直刀法切厚约0.2厘米的片，然后旋转180°，切它的对面。接着，旋转90°，切第三刀，厚度也是0.2厘米，再旋转180°，切它的对面，厚度也是0.2厘米。四刀为一组，这样就形成了纵横深浅交错的片状，直至将整个长方体切完。然后将原料修成圆柱形，用食盐腌渍约5分钟。最后用刀片成厚约0.2厘米的片状，摊开即成渔网花刀。一般用于装饰菜品。

（七）菊花花刀

菊花形花刀的刀纹是运用直刀推剞的刀法制成的。成形方法是在原料上剞上横竖交错的刀纹，深度为原料厚度的4/5，两刀相交为90°，改刀切成约3厘米×3厘米的正方块。经加热后即卷曲成菊花形态。适用原料有净鱼肉、鸡鸭肫、通脊肉、豆腐等。可用于制作菊花鱼、芫爆肫花、清炸肉花、菊花豆腐等。要求刀距、刀纹深浅都要均匀一致，要选择肉质稍厚的原料。

（八）麦穗花刀

麦穗花刀是先在原料表面用斜刀剞上平行的刀纹，再转动70°～80°角，用直刀剞上一条条与原刀纹相交成一定角度的平行刀纹，刀口深度为原料的4/5，最后改刀成较窄的长方块。这种刀法处理过的原料一经烹制后，即成麦穗形，如腰花、墨鱼卷等可采用这种花刀。

麦穗形花刀的刀纹是运用直刀推剞和斜刀推剞的刀法制成的。麦穗形花刀还分为小麦穗和大麦穗。大、小麦穗的主要区别在于麦穗的长短变化，长者称大麦穗，短者称小麦穗，其加工方法基本相同。加工时先斜刀推剞，倾斜角度约为40°，刀纹深度是原料厚度的3/5。再转一个角度直刀推剞，直刀剞与斜刀剞相交，以70°～80°角为宜，深度是原料的4/5。最后改刀成块。经加热后刀纹即卷曲成麦穗形态，加工要求刀距、进刀深浅、斜刀角度都要均匀一致，大麦穗剞刀的倾斜角度越小，麦穗就越长。麦穗剞刀倾斜角度的大小，应视原料的厚薄来灵活调整。

（九）荔枝花刀

荔枝形花刀是运用直刀推剞的刀法制成的。成形方法是先运用直刀推剞，进刀深度为原料厚度的4/5。再转一个角度直刀推剞，进刀深度也是原料厚度的4/5。两刀相交为80°角，然后改刀切成边长约为3厘米的等边三角形。经加热后即卷曲成荔枝形态，适用原料有鱿鱼、腰子等。用于制作荔枝鱿鱼、芫爆腰花等。要求刀距、深浅、分块都要均匀一致。

（十）蓑衣花刀

蓑衣形花刀的刀纹是运用直刀剞和斜刀推剞的刀法制成的。主要有以下两种形式。

第一种蓑衣形花刀：先在原料一面直刀（或推刀）斜剞上一字刀纹，刀纹深度为原料厚度的1/2。然后，再在原料的另一面采用同样的刀法，剞上直一字刀纹，刀纹深度是原料厚度的1/2，与斜一字刀纹相交，即成蓑衣形花刀。适用原料有黄瓜、冬笋、莴笋、豆腐干等。此种花刀多用于冷菜制作，如糖醋蓑衣黄瓜、红油豆腐干。要求刀距及刀纹深度都要均匀一致。

第二种蓑衣形花刀：先在原料的一面直刀剞上深度为原料厚度4/5的刀纹，再斜刀推剞上深度为原料厚度4/5的刀纹。然后将原料翻起，再在另一面上斜刀推剞上深度为原料厚度4/5的刀纹。最后改刀切成长约2厘米、宽约1.5厘米的长方形。适用原料有猪肚、猪腰等。这种花刀可用于制作油爆肚仁、油爆蓑衣腰子等。

（十一）螺旋花刀

螺旋形花刀是采用小尖刀旋制而成的。成形方法选用圆柱形的原料（胡萝卜、黄瓜等），取其中段部位，用小刀斜架在原料上，进刀深约1厘米，逆时针转动原料，使刀从左向右移动。然后再用刀尖插进原料一端，顺时针旋进，将原料芯柱旋开。最后用手拉开，即成螺旋丝状。适用原料有黄瓜、莴笋、胡萝卜等。这种花刀多用于冷菜围边，也可用于拌制冷菜。加工要求小刀要窄而尖，原料转动要慢，旋丝时要均匀用力，丝不宜过细。丝的长度可长可短，应根据需要灵活掌握。

（十二）玉翅花刀

玉翅形花刀是运用平刀片和直刀切的刀法制成的。先将原料加工成长约5厘米、宽约4厘米、高约3厘米的长方块，用刀片进原料长度的4/5，再直刀切成连刀丝即成玉翅形，适用原料有冬笋、莴笋等。这种花刀可用于制作葱油玉翅、白扒玉翅等。加工要求刀距要均匀，丝的粗细应根据需要灵活掌握。

（十三）麻花花刀

麻花形花刀的原料成形是运用刀尖划再经穿拉而成的。将原料片成长6～8厘米、宽约2厘米、厚约0.2厘米的片。在原料中间划开3.5厘米长的口，再在中间缝口两旁各划上一道3厘米长的口。用手握住两端将原料一端从中间缝口穿过，即成麻花形。适用原料腰子、肥膘肉、通脊肉等。用于制作软炸麻花腰子、芝麻腰子等。

（十四）鱼鳃花刀

鱼鳃形花刀的原料成形是运用直刀推剞和斜刀拉剞的刀法制成的。先将原料片成片，运用直刀推剞的刀法，剞上深为原料厚度4/5的刀纹。然后，转个角度斜刀剞上深为厚度的3/5的刀纹。用斜刀拉片的刀法将原料断开，即一刀相连一刀断开，即成鱼鳃片，适用原料有腰子、茄子等。用于制作拌鱼鳃腰片、炒鱼鳃茄片等。

（十五）灯笼花刀

灯笼形花刀的原料成形是运用斜刀拉剞和直刀剞的刀法制成的。先将原料片成大片后，再改成长约4厘米、宽约3厘米、厚为0.2～0.3厘米的片。先在原料一端斜着拉剞上两刀深度为原料厚度的3/5的刀纹，然后，在另一端同样剞上两刀（相反的方向剞刀）。再转一个角度直刀剞上深为原料厚度的4/5的刀纹。经加热后即卷曲成灯笼形。适用原料有猪腰、鱿鱼等。灯笼花刀可用于制作炒腰花、麻油腰花、灯笼茄子等。要求加工时，斜刀进刀深度要浅于直刀的进刀深度。片形大小要一致，刀距要均匀。

（十六）如意花刀

如意形花刀的原料成形是用刀刃前端在原料四面各切两刀而制成的。将原料加工成2厘米见方的大丁，在丁的四面均切上两刀，进深为原料厚度的1/2，掰开方丁，即分成两个如意丁，适用原料有黄瓜、南瓜、胡萝卜、莴笋等。如意形花刀多用于菜肴的围边或充当配料。加工要求丁的大小要一致，分丁要均等。

（十七）锯齿花刀

锯齿形花刀的刀纹是运用直刀切和斜刀推剞等刀法制成的。锯齿花刀俗称蜈蚣丝。是先在原料上剞上深度为原料厚度4/5的刀纹，然后再将原料切断，即是锯齿花刀形。适用原料有腰子、鱿鱼、嫩白菜帮等。可制作如炒蜈蚣腰丝、芫爆鱿鱼丝等菜肴。嫩白菜帮需经冷水浸泡，经卷曲后，可用于拌制冷菜（如拌白菜丝），也可作为点缀、围边，装饰菜肴之用。要求刀距宽窄、刀纹深浅、粗细程度都要均匀一致。

（十八）蜈蚣花刀

蜈蚣形花刀是一种烹饪花刀技法，常以猪黄管或鱿鱼为原料，每隔一格对角斜剞一刀将剞开的刀纹原料向两边展开后即成蜈蚣形。先将猪黄管洗净放入水锅中煮熟，捞出撕去油筋，用筷子将其翻过来，放入汤锅氽透，捞出凉凉，将猪黄管横放在菜墩上，用直刀法每隔0.4厘米横剞一刀，深度为原料的1/2，而后每隔一格对角斜剞一刀将剞开的刀纹原料向两边展开后即成蜈蚣形。

（十九）卷形花刀

卷形花刀是将原料的一面剞上十字花刀，其深度为原料厚度的2/3，然后改成长方块，加热后成卷形，这种刀法一般用于脆性原料，如鱿鱼、乌贼鱼等。

（二十）梳子花刀

梳子花刀是先在原料表层用直刀剞出一排排紧密的刀纹，刀口深度大约为原料的2/3，接着把原料转动90°角，最后切成片或连刀片，入锅加热后即成梳子形。这种花刀处理常用于鱿鱼、鸡肫等原料。要求刀距宽窄、刀纹深浅、粗细程度都要均匀一致。适用食材如腰子、鱿鱼、嫩白菜帮等，也可作为点缀、围边和装饰菜肴之用。

（二十一）剪刀花刀

剪刀形花刀的原料成形是运用直刀推剞和平刀片的刀法制成的。剪刀片与剪刀块的区别在于薄者称片、厚者称块，加工方法相同。分别在两个长边厚度的1/2处片进原料（两刀进深相对，但不能片断），再用直刀推剞，在两面均匀地剞上宽度一致的斜刀纹，深度为原料厚度的1/2。然后用手拉开，即分成交叉剪刀片（或块）。适用原料有黄瓜、冬笋、莴笋等。剪刀花刀多用于配料或作为菜肴点缀及围边装饰之用。要求刀距、交叉角度、大小、厚薄都要均匀一致。

（二十二）竹节花刀

竹节花刀是将原料切成4厘米长，2.5厘米宽的块，顺长用直刀剖三刀，再转一个角度，在原料的一端1厘米外用直刀刻两刀，加热后即卷曲成竹节形。

（二十三）斜一字形花刀

一字形花刀可用斜刀、直刀推剞的方法成形。用斜刀的称斜一字形花刀；用直刀的称正一字形花刀。斜一字形花刀是在整鱼的鱼身两侧，分别从左到右剞上一定间距的斜向一字形的平行刀纹。其刀纹间距的大小可分为一指刀、半指刀和兰草花刀三种。一指刀，又名让指花刀，刀纹间距与食指同宽，为1.2～1.5厘米；半指刀，刀纹间距为一指刀的一半；兰草花刀，又名密纹花刀，刀纹间距小于前两种，为0.5～0.65厘米。以上三种间距的刀法，刀深约为鱼肉的1/3。斜一字形花刀可用于常见的鱼类，如黄鱼、鲈鱼、鳜鱼、青鱼、鳙鱼等。一指刀宜用红烧方法成菜；半指刀宜用干烧等方法成菜；兰草花刀宜用清蒸方法成菜。

（二十四）正一字形花刀

正一字形花刀的刀法与斜一字形花刀的刀法相同，区别在于刀纹是正向刀纹。正一字形花刀俗称麒麟花刀，又名多连夹刀。加工时，在鱼身两侧分别用斜刀剞上刀距一致的正向一字形刀纹，刀距为1.5～2厘米，刀深约为鱼肉的1/2。正一字形花刀多用于鲈鱼、鳜鱼、鲩鱼等鱼类，采用清蒸的方法成菜。在具体运用中，多将其他片状原料插入刀纹中。

（二十五）十字形花刀

十字形花刀的刀纹是运用直刀推剞和拉剞相结合的方法加工而成。一般可分为单十字花刀形、双十字花刀形和多十字花刀形。多十字花刀形根据刀纹之间的夹角不同，又可分为棋盘花刀和菱格花刀两种。棋盘花刀又名丁字花刀，其刀纹交叉角为90°，整个外观如同棋盘；菱格花刀，相交十字刀纹的夹角小于90°，即成菱格图案。

加工单十字形花刀时，应右手持刀，左手按稳原料，用推刀剞的方法先在原料的表面斜剞一刀，然后在剞好的刀纹上再拉剞一刀，使其呈十字交叉状。刀深约为鱼肉的1/2。

双十字形花刀、多十字形花刀和单十字形花刀的刀法相同。原料体大而长的，剞多十字花刀，刀距可窄一些（约2厘米）；体小而短的，则剞双十字形花刀或单十字形花刀，刀距可适当宽一些。

适用十字形花刀的原料有鲤鱼、鳊鱼、鲳鱼、鳜鱼等。单十字形花刀宜用红烧、酱汁；双十字形花刀宜用干烧成菜；多十字形花刀宜用炸熘、网烤等方法成菜。用十字形花刀加工处理后的原料，一般需要拍粉、挂糊或上浆，否则易使原料表皮脱落。

（二十六）柳叶花刀

柳叶形花刀也称秋叶花刀，以鱼身作为叶面，直剞上象征叶脉的条纹，加工时先在鱼一面的中间，顺长剞一直刀纹，以此刀纹为基准线，等距向背部剞3～4刀斜刀纹，再于基线等距向腹部拉剞2～3刀斜刀纹。要求是刀距宽窄一致，刀深约为鱼肉的2/3。加热收缩后即成柳叶状。柳叶形花刀适合鱼身较窄的鱼类，如白鱼、鲚鱼、牙鲆鱼、鲫鱼等，其烹制方法多用于清炖、清蒸、汆等，如清蒸糟白鱼、萝卜丝汆鲫鱼。

（二十七）箭尾花刀

箭尾形花刀的刀法与柳叶形花刀相似，且下刀次数相同，其区别在于箭尾形花刀刀纹对称于基线两侧，而柳叶形花刀则是相错于基线两侧。箭尾形花刀的应用范围及烹制方法与柳叶花刀相同。

（二十八）竹叶花刀

竹叶形花刀，又称小字花刀。加工时，在鱼身两侧中间顺长的基线上直剞像“小”字的刀纹，呈弧线排列。竹叶形花刀适用于鱼体窄而厚长的鱼类，如青鱼、草鱼、大麻哈鱼、鲮鱼等，烹制方法宜用烧。

（二十九）人字花刀

人字形花刀，是在鱼身的两侧直剞上“人”字形的刀纹，既可两个“人”字相对横排，又可顺长单字排列，刀纹深度约为鱼肉的1/3。人字形花刀适用于鱼体较宽的鱼类，如鲳鱼、鲂鱼、鳜鱼、左口鱼等，多用清蒸、油淋之法成菜。

（三十）蚌纹花刀

蚌纹形花刀是在鱼身两侧分别直剞上像河蚌壳纹理的刀纹，刀深约为鱼肉的1/3。适用于较宽鱼体的鱼类。一般多用蒸制方法成菜。

（三十一）月牙形花刀

月牙形花刀是在鱼身的两侧均匀地剞上弯曲似月牙的刀纹，刀纹间距约0.6厘米，刀深约为鱼肉的1/3。月牙形花刀多用于体扁平的鱼类，如鲳鱼、团头鲂、比目鱼等，宜用清蒸、油浸类方法成菜。

（三十二）波浪花刀

波浪形花刀是在鱼身两侧用刀尖划象征波浪的三条曲线，刀深约为鱼肉的1/3，适用于鱼身较窄的鱼类，多用于清蒸、氽汤方法成菜。成形方法：波浪形花刀的刀纹是运用斜刀拉剞的刀法制成的。加工时在原料两面均匀剞上弯曲似波浪形的刀纹，刀纹间距约0.6厘米。加工要求与斜一字形花刀相同。适用三花五罗等鱼类。用于制作清蒸鱼、油浸鱼等。

（三十三）牡丹花刀

牡丹花刀的刀口截面呈圆弧形。加工时，运用斜刀法在鱼身两侧剞至鱼椎骨，刀刃再沿椎骨平批1厘米，刀距约1.5厘米，每片大小一致，且两侧剞刀次数要相等，鱼肉经受热后，翻开即成花瓣状。切记不要剞破鱼腹。牡丹花刀宜用于体长肉厚，重1.5千克左右的鱼类，如鲤鱼、黄鱼、青鱼、鳜鱼等，多用于熘法成菜。

（三十四）瓦楞形花刀

瓦楞形花刀，又称瓦垄花刀、八卦花刀。刀口截面是直角形。加工时，先在鱼身的一侧，由胸鳍处用直刀剞切至椎肋，然后刀身再与鱼身平行，批进2～2.5厘米至鱼鳃处，留二分肉与脊骨相连。用同样的方法每隔3～4厘米剞一刀，直至鱼尾。将鱼身两侧剞完后即可。注意：鱼身两侧剞刀的位置应相同，不要错开。此刀法适宜鱼体长而窄的鱼类，如草鱼、黄鱼、鲈鱼、鲴鱼等，宜用熘的方法成菜。

（三十五）球形花刀

球形花刀，又称松果花刀，刀纹是运用斜刀推剞的刀法制成的。先把原料切成厚片（或采用平刀片的刀法制成厚片），再在原料表面剞上刀距比较紧密的十字花纹，刀口深度约为原料的2/3，然后改刀成正方块或圆块，入锅加热后即卷成球形。球形花刀多用于脆性和韧性原料。

成形方法是运用斜刀推剞在原料上剞刀，深度是原料厚度的4/5，进刀倾斜度为45°。再转一个角度斜刀推剞，进刀深度是原料厚度的4/5，进刀倾斜度为45°。两刀相交角度为

45°，然后改刀切成宽4厘米、长5厘米的块，经加热后即卷曲成象形的松果形态，适用原料有鱿鱼、墨鱼等。用于制作糖醋鱿鱼卷、爆炒墨鱼花等。加工要求与荔枝形花刀相同。

花刀成形示范　　课后练习题

思政小结 ▶ 菊花与儒家思想

小结导入： 两千多年以来，中国人深受儒家思想的影响，认为菊花艳在深秋，傲霜怒放，具有不畏强暴、傲然不屈的高尚品格。同时，它开在百花凋零之后，不与群芳争艳，又显示出恬淡自处、淡泊清丽、自强不息、不趋炎附势、不媚权贵的高风亮节。

思考讨论： 今天我们学习了菊花花刀的切制方法，也了解了菊花所体现的儒家思想，请谈谈你对菊花还有哪些认识。

分析强调： 古往今来，菊花深受人们喜爱，是我国十大名花之一，在我国已有三千多年的栽培历史。不同的菊花花语不同，春菊的花语是为爱占卜，冬菊是别离，黄菊是飞黄腾达，白菊则是哀悼和真实坦诚，富贵菊是富贵荣华，非洲菊是神秘、兴奋、有毅力。送人菊花时要特别注意其中的含义，避免造成误会。

04 第四章 CHAPTER

菜肴与宴席的组配工艺

学习目标

1. **掌握**：菜肴组配的概念及意义；菜肴色、香、味、形组配的一般规律及烹饪应用；宴席上菜的顺序及组配的原则；菜肴命名的具体方法及代表性品种。

2. **熟悉**：单一菜肴组配工艺的作用；常见宴席的种类及内容构成；菜肴命名的原则。

3. **了解**：菜肴组配人员的工作要求；菜肴组配的形式；中国菜命名存在的常见问题。

《黄帝内经·素问》中提到“毒药攻邪，五谷为养，五果为助，五畜为益，五菜为充。气味合而服之，以补精益气”，意思是将药物和谷果肉菜依气味而调配服用，可以补精益气。从这里就能看到古人在食物搭配方面的智慧。随着社会的发展，当今的餐饮产品主要包括冷菜、热菜、小吃、汤品、水果等，有时根据需要还会配置开胃小菜和醒酒汤等。随着时代经济的发展和人们生活水平的不断提升，人们对宴席的规格和档次，对宴席的组成和机构，对宴席菜点的选择和组配也越来越重视。尤其是在众多的中式菜点中选择合适的品种，保证宴席菜肴整体的和谐性和科学性，已经成为宴席质量和规格的重要表现形式，也是社会对餐饮业管理和经营水平的重要评价依据。

第一节 菜肴的组配意义与要求

菜肴组配是指将各种相关的可食性原料有规律地按照一定质和量有机组合、搭配，为定性、定量的规范化生产和提高产品的稳定性提供标准的操作过程。组配，即组合、搭配之意。所谓组配工艺，有两层含义，一是烹饪原料之间的搭配，即将经过选择、加工后的各种烹饪原料，按照一定的规格质量标准，通过一定的方式方法，组配成可供直接进行烹调的完整工艺过程，传统饮食业称为“配菜”。二是菜肴之间的组合，即将烹调后的菜肴精心组织和搭配，成为一定规格质量的整套菜肴的工艺过程。菜肴组配工艺是基础，套菜组配工艺是提高。

一、菜肴组配的意义

（一）确定菜肴的质和量

菜肴的质和量中，“质”是指一个菜肴构成的内容，即各种原料的配合比例。“量”是指一个菜肴中所包含的各种原料的数量，也就是菜肴的主料、辅料的比例与数量的单位定量。这二者都是通过配菜确定的，它的配备准确与否，直接影响菜肴的质量。菜肴的质和量是构成菜肴的基本因素。

（二）确定菜肴的色、香、味、形

菜肴的色、香、味不能在配菜中直接体现，需要烹调才能确定。由于各种原料本身都有其特定的色泽、香气和口味，在配菜时需要将几种不同的原料配合在一起，它们的色泽、香味会相互掺和、相互补充。只有原料搭配合理，整个菜肴的色、香、味才能恰当。如果搭配不好，菜肴的颜色会出现混乱、不协调；香味和口味会有失协调，显得不自然。

一种原料的形态是由刀工来确定，但整个菜肴的形态，都是依靠配菜来确定。配菜时，必须根据美观要求，将各种相同形状的原料适当地配合在一起，使之成为一个完美的整体。如果配合不协调、不恰当，即使刀工很精细，整个菜肴仍达不到美观的要求。菜肴的色泽、口味、形状变化多端、各式各样，都是通过配菜工序巧妙搭配而成。

（三）确定菜肴的营养价值

菜肴原料含有各种营养成分，如肉类含有较多的蛋白质、脂肪；蔬菜含有多种维生素和

无机盐。为了满足人体多方面需要，在配菜中尽量使菜肴所含营养成分能够全面、均衡。肉类与蔬菜进行配合，能互相影响、互相补充，使肉类能解腻，蔬菜味道更加浓郁，以此提高整个菜肴营养价值。例如：在京酱肉丝组配时，猪里脊肉中含有较多的蛋白质，炒菜的油脂中含有较多的脂肪，将大葱葱白与之进行搭配，这样不仅里脊肉提供了优质蛋白，大葱还补充了维生素、膳食纤维等营养成分，而且大葱还能起到解腻的作用，从而提高了整个菜肴的营养价值和风味。至于在宴席之中，菜肴之间营养素的搭配也是通过配菜来决定的。因此，菜肴的营养价值在很大程度上是经过配菜确定的。

（四）确定菜肴成本

配菜时，原料的精与粗，量的多与少，直接影响着菜肴的成本。如果在配菜时原料的分量不准确、主料和配料的比例不恰当，结果不是影响整个菜肴的质量，就是造成菜肴成本的提高，甚至会影响餐厅的盈亏。

（五）使菜肴多样化

烹饪原料种类繁多，通过原料的不同种类、不同数量、不同质地、不同口味、不同营养价值的巧妙搭配，使菜肴种类多样化，也是菜肴创新的根本。

二、菜肴组配人员的工作要求

原料种类繁多，各季节原料肥嫩度变化很大，同一原料各部位的性能也有很大差异。而每个菜肴都有自己的色、味、香、形标准。因此，从业者必须熟悉原料的性能，一般从以下标准来鉴别。

（一）了解货源情况

许多原料都有季节性，许多原料耐贮存，作为一名配菜师傅应掌握季节性原料品种，备足紧缺原料，合理安排使用贮存的备料，使饭店的特色菜能长期在菜谱中存在，又不至于形成原料的积压。

（二）熟悉菜肴的成品要求

热菜的配制是烹调前的加工，一切为后道工序的烹调服务，以保证菜肴符合标准。任何一道菜肴都有相对稳定的原料配比及加工特色，只有熟悉成品特色，才能在配菜时尽力为体现特色而切配。

（三）要掌握菜肴的成本核算

每个菜肴都有一定的质量标准，配菜师傅必须认真把好质量关。对净料率、成本毛利率、售价的核算应该烂熟于心，在不影响饭店利益的基础上，要全心全意为消费者考虑，给消费者以更多的实惠。

（四）具备一定的营养和卫生知识

人体所需营养需从食物中摄取，因此，了解不同原料中所含的营养成分及人体对营养素的需要，掌握各种不同原料配合后在烹饪过程中所起的变化等理论知识，合理搭配和烹制，以促进人体膳食平衡。同时，应掌握食品安全和卫生知识，做到生熟原料的详细区分，防止原料腐烂变质，交叉污染，从而对人体健康造成危害。随着人民生活水平的提高，营养越来越为人们所重视。菜肴中的营养成分是菜肴质量的一部分。我国菜肴中许多原料搭配很合理，但也有些菜肴组配对营养成分的互相补充、相互配合有所忽视。因此，厨师应对传统菜不合理处加以改良，制作创新菜肴时，要将营养成分的搭配作为一个重要内容考虑进去。

（五）既要精通刀工又要了解烹调

刀工是配菜的前提，精通刀工才能将原料加工成符合搭配的形状和规格。了解各种烹调方法的特点，懂得不同的火候和各种调味品及他们对原料的影响，掌握原料的生、熟、老、嫩以及在烹调时投料顺序，以利于烹调，提高工作效率。

（六）要有审美观，能创新品种

菜肴拼配时色彩、形态直接关系菜肴给人的美感程度。因此，应注意尽量将不同性质、不同颜色和形态的原料合理协调地组合在一起。菜肴总是在不断地发展创新，厨师应不拘陈规，根据传统菜原料组合特点，结合现今原料，创造出更多品种，丰富中国菜谱。

思政小结 ▶“治大国，若烹小鲜”的启示

小结导入：商汤王向伊尹问政时，伊尹回答：“做菜既不能太咸，也不能太淡，要调好作料才行；治国如同做菜，既不能操之过急，也不能松弛懈怠，只有恰到好处，才能把事情办好。”最后，商汤王听了伊尹的治国方法，打败了夏桀，建立了商朝。老子在写作《道德经》时把“治理大国就像伊尹做菜”这个故事概括为“治大国，若烹小鲜”。——《治大国如烹小鲜》（《内蒙古日报》，2015年12月7日）

思考讨论：查询相关资料，了解“治大国，若烹小鲜”的内涵，结合烹调技术的学习，谈谈应该怎样学习。

分析强调：“治大国，若烹小鲜”是老子极具代表性的治国理念，这个理念体现在跟着规律走、不倒行逆施，能坚守道德观、不丧失社会主义核心价值观。学习烹调技术时，应遵循技术养成的一般规律，坚守烹饪职业道德，以期在厨师职业道路上有所建树。

第二节 单一菜肴的组配

组配工艺是紧接在刀工处理后的一道加工工序，与刀工处理有着密切的关系，有的地方将刀工处理和组配工艺合称为“切配”。组配工艺在整个烹饪工艺流程中是一个具有重要意义的相对独立的加工工序，是菜肴烹制成熟前必不可少的一个加工过程，为定性、定量的规范化生产，提高产品的稳定性提供标准，对菜肴的风味特点、感官性状、营养质量等都有一定的作用，对平衡膳食有重要意义。

单一菜肴原料组配工艺，简称“配菜”，它是把加工成形的各种原料加以适当的配合，使其可烹制出一份完整的菜肴的工艺过程。原料组配工艺是整个烹调工艺的重要环节之一，它是菜肴具有一定品质形态的设计过程。

一、单一菜肴原料的构成及组配形式

一般来说，一份完整的菜肴由三个部分组成，即主料、配料和调料。主料在菜肴中作为主要成分，占主导地位，是起突出作用的原料。它所占的比重较大，通常为60%以上，其作用是能反映该菜的主要营养与主体风味指标。配料又称“辅料”，在菜肴中为从属原料，指配合、辅佐、衬托和点缀主料的原料，所占比例较少，通常在30%～40%，作用是补充或增强主料的风味特性。调料又称“调味原料”，是用于烹调过程中调和食物风味的一类原料。调料在烹调中用量虽少，但作用却很大，其原因在于每一种调味品都含有区别于其他调味品的特殊成分。在烹调过程中原料之间呈味物质相互作用，产生一系列反应，从而形成各种美馔佳肴的特定口味。

在菜肴组成方面，主料起关键作用，是菜肴的主要内容。对于一份菜肴而言，主料的品种、数量、质地、形状均有一定的要求，是固定不变的。而辅料应顺应主料，往往由于季节、货源等因素影响，部分菜肴的辅料是可以改变的。如炒肉丝在配辅料时，春季用韭芽、春笋，夏季用青椒，秋季用茭白、芹菜，冬季用韭黄、青蒜、冬笋；再如翡翠蹄筋的绿色配料，春季用莴笋，夏季用丝瓜，秋季用鲜白果等。调料的选择与烹饪的菜肴所要求的风味特点有关，往往一道菜肴的主配料确定后，再根据菜肴所要求的风味特点选择适合的调料。在实际的组配工作中，一般不考虑菜肴所搭配的调料，而由临灶的厨师完成调料的搭配。

任何菜肴都需调味，因而一般菜肴的组配往往依据主料、配料的多少，分为如下三类。

1．单一原料菜肴的组配

菜肴中没有配料，只有一种主料，经调味即可。它对原料的要求特别高，必须是比较新鲜、质地细嫩、口感较佳的原料，如清炒虾仁、清蒸鲥鱼、蚝油牛肉、葱油海蜇等。

2．多种主料菜肴的组配

菜肴中主料品种的数量在两种或两种以上，数量上大致相等，无任何主辅之别，在配菜时应分别放置在配菜盘中，方便菜肴的烹调加工。此类菜肴的名称一般均与数字离不开，如汤爆双脆、三色鱼圆、植物四宝等。

3．主、辅料菜肴的组配

菜肴中有主料和辅料，并按一定的比例构成。其中主料为动物性原料，辅料为植物性原料的组配形式较多，也有主料为植物性原料，辅料为动物性原料的组配形式，如肉末豆腐、大煮干丝等。辅料可以只有一种，如宫保鸡丁、青椒肉丝；也可以多种，如五彩虾仁、绣球鸡等。组配时应掌握主料与辅料的特点，在质量方面以主料为主导，起突出作用，辅料对主料的色、香、味、形起衬托和补充的作用，对主料的营养起互补的作用，从而提高菜肴的营养价值，使菜肴的营养素含量更全面。主、辅料的比例一般为9∶1或8∶2或7∶3或6∶4等形式，其中配料的比例宜少不宜多，以数量少为高档。主、辅料配菜时要注意配料不可喧宾夺主，不能以次充好。

花色菜肴的组配，有的是由一种原料组成，如菊花青鱼；有的是由多种原料组成，如三丝鱼卷、扣三丝等。从原料组成上讲，与一般菜肴相同，区别在于花色菜肴侧重于造型，原料搭配好后，还要进一步进行菜肴的坯型加工处理。

单一冷菜的组配形式与热菜相同。冷菜之间的搭配组合，进而形成各种拼盘及花式冷盘，则属于套菜组配范畴，将在下一节介绍。

二、单一菜肴组配工艺的作用

组配工艺是整个烹饪工艺流程的一个组成部分，在它之前承接多种前道工序，而在它之后还有后续工序跟接。但是，从发挥的作用看，菜肴制作由初始选料到最后成菜，组配工艺又处于整个工艺流程的中心环节。通过菜肴组配工艺的实施，可以确定菜肴的价格、营养成分、烹调方法、口味、造型、色泽等。

1．确定菜肴所用的原料，进而确定菜肴的成本和售价

通过组配工艺，可以确定该种菜肴的所用原料（包括主料、配料、调料等）的品种、规格、单价、数量、成本等。菜肴的用料一经确定，就具有一定的稳定性，不可随意增减、调换，这既是保证菜肴质量的关键之一，又体现了企业的信誉。

将各种原料价款的总和计算出来，就是菜肴的总成本，再核定菜肴的售价。俗话说："厨师手一松，顶做三个工"，形象地说明了组配工艺与菜肴成本、客我利益关系。所以，把好原料组配的关口，对合理使用原料，提高原料的使用价值，避免不必要的浪费，降低菜肴成本，吸引顾客，扩大经营，都是至关重要的。

2．奠定菜肴的质量基础

各种菜肴都是由一定的质和量构成的。所谓质，是指组成菜肴的各种原料的营养成分和风味指标；所谓量，是指菜肴中原料的重量及菜肴的重量。一定的质量构成菜肴的规格，而不同的规格决定了它的销售价格和食用价值。因此，对菜肴的不同规格进行确定，是组配工艺的首要任务。对菜肴的规格质量的组配，实际上是对菜肴构成成分的适当结合。除组配工艺之外的所有制作工艺对菜肴质量或多或少都有影响，但是，组配工艺作为关键性的中心环节，它规定和制约着菜肴原料结构组合的优劣、精粗、营养成分、技术指数、用料比例、数量多少，并且按照菜肴的要求进行具体化，进行适当的调节和变通，以保证菜肴质量的实现。

3．奠定菜肴的风味基础

菜肴的风味不是随机的。各种菜肴感官性状、风味特征的确定，虽然离不开烹制工艺，但要达到菜肴的质量要求，调配工艺也起着非常重要的作用。通过组配工艺，能使菜肴的主体风味基本确定，即人们通常所说的色、形、香、味、质等的综合表现。

确定菜肴的口味和烹调方法。菜肴的主料、配料和调料确定下来以后，口味也就确定了下来。烹调方法的确定是依据配菜的生坯中主料和辅料的性状、调料的用量，来确定菜肴采用何种烹调方法，以达到预期目的。

确定菜肴的色泽、造型。菜肴的色泽与三个方面有关：①主料和辅料本身固有的色泽，是菜肴的基本色彩；②调味品赋予的色泽，是菜肴的辅助色彩；③加热过程中的变化色泽，它是各种原料经加热而产生的，随加热的进行而逐步变化。凡高温速成的炒、爆、烹等菜肴，其原料形状需加工成丁、丝、条、片、糜、泥等细小的形状。长时间加热的炖、煨、焖等菜肴的加工形状比较大，成品酥烂脱骨，口味醇厚。原料的质地与特征、调味品等一旦确定，烹调方法就能定下来了。一般厨师看到配好的菜，就能知道采用何种烹调方法加工。如整条鳜鱼刺上牡丹花刀，就知道该菜的烹调方法为脆熘；大鳊鱼上面剞上柳叶花刀，盘边放上葱段、姜片及其他配菜，就能知道该菜的烹调方法为清蒸。

4．组配工艺是菜肴品种多样化的基本手段

菜式创新的方式虽然很多了，但在很大程度上是原料组配工艺的作用。原料组配形式和方法的变化，必然会导致菜肴的风味、形态等方面的改变，并使烹调方法与这种改变相适应。在烹饪实践中，注重组配工艺的调节作用，发挥组配烹饪厨师的创造才能，是烹饪工艺的关键环节之一。可以说，组配工艺是菜式创新的基本手段。

5．确定菜肴的营养价值

菜肴的规格、质量确定下来以后，各种原料的营养成分也就固定了下来。通过组配，可将多种原料有机地结合在一起。各种原料所含的营养成分不可能完全相同，它们之间可相互补充，以满足人体对营养素的需求，提高菜肴原料的消化吸收率和营养价值。菜肴的营养价值已经成为人们衡量菜肴价值的标准之一，因而在组配过程中，如何提高菜肴构成的营养供给水平，需要精心地组织和搭配，从而达到平衡膳食、合理营养的实用目的。

三、菜肴色、香、味、形组配的一般规律

1．原料色彩的组配规律

色彩是反映菜肴质量的一个重要方面。菜肴的风味特点或多或少地通过菜肴的色彩被客观地反映出来，从而对人的饮食心理产生极大的作用。好的菜肴色彩柔和、配色绚丽，能增进人们的食欲，促进消化吸收，使人看了就想吃。菜肴的色彩是其质量好坏的一个重要方面。

菜肴的色彩可以分为冷色调和暖色调两类，来表示菜肴色彩的温度感。在色彩的七个标准色中，近于光谱红端区的红、橙、黄为暖色，接近紫端区的青、蓝、紫为冷色。绿色是中性色彩。在具体的色彩环境中，各种色彩的冷暖是相对的，两种色彩的对比常常是决定冷暖的主要因素。例如紫色在红色环境里为冷色，而在绿色环境里又成了暖色；黄色对于青、蓝为暖色，而对于红、橙又偏冷了。所谓冷、暖都是互为条件、互为依存的。在感情上，暖色与热情、乐观、兴奋相关，冷色则与深沉、宁静、健康相关。

烹饪的色彩是注重本色美，上述七种色彩是常用的几种色彩，要善于运用，妥善处理，尽量少用或不用人工合成色素。对菜肴的色彩组配，首先要确定菜肴的色调，即菜肴的主要色彩，又称为“主调”或“基调”。在菜肴中通常以主料的色彩为基调，以辅料的色彩为辅色，起衬托、点缀、烘托的作用。主辅料之间的配色，应根据色彩间的变化关系来确定。菜肴色彩的组配有以下四种形式。

（1）单一色彩菜肴　即组成菜肴的原料色彩是由单一的原料色彩构成的。

（2）同类色的组配　也称“顺色配”。所配的主料、辅料必须是同类色的原料，它们的色相相同，只是光度不同，且非常相似，可产生协调而有节奏的效果。如韭黄炒肉丝，由韭黄、里脊肉丝两种主配料组配而成，成熟后韭黄呈淡黄色，肉丝呈乳白色，经芡汁包裹，水油糊化淀粉交融在一起，透出淡淡的奶黄色，色泽光亮，给人以和谐、顺畅、清鲜的感觉；糟熘三白是由鸡片、鱼片、笋片组配而成，成熟后三种原料都具有固有的白色，色泽近似，鲜亮清洁。

（3）对比色的组配　也称“花色配”“异色配”等，即把两种不同颜色的原料组配在一起，成为菜肴，如果主料颜色浅，配料和料头颜色就宜深一些；相反，如果主料颜色深，配料和料头的颜色就适宜浅一些。主料是红的，配料则宜是黄的、绿的；主料是白的，配料则宜是绿的、红的。在色相环上相距60°以外范围的各色成为对比色，此外成为调和色。对比色可分为同时对比色和连续对比色等多种关系。依据这个原理，可以将原料经组合排成多种不同的菜肴，这也是配菜经常采用的一个方法。配色时一般要求主辅料的色差要大些，比例要适当，配料应突出主料的颜色，起衬托、辅佐的作用，使整个菜肴色泽分明，浓淡适宜，美观鲜艳，色彩和谐，具有一定的艺术性。

（4）多色彩的组配　即组成菜肴的色彩是由多种不同颜色的原料组配在一起，其中以一色为主，多色附之，色彩绚丽，总体调和。如三丝鸡蓉蛋，主料“鸡蓉蛋”色泽洁白，配以火腿丝、香菇丝、绿茶叶丝，色彩十分和谐，将“鸡蓉蛋”的洁白衬托得淋漓尽致。或者多种色彩均匀搭配，如三色鱼丸，红、绿、白三种颜色对比分明，使人感到鱼丸鲜嫩、味感丰富。

2．菜肴香味的组配规律

气味是人们通过嗅觉器官感知物质时的感觉。研究菜肴的香味，主要考虑当食物加热和调味以后才表现出来的嗅觉风味。各种水果、蔬菜及新鲜的动植物原料都具有独特的香味，组配菜肴时既要熟悉各种烹饪原料所具有的香味，又要知道其成熟后的香味，注意保存或突出它们的香味特点，并进行适当的搭配，才能符合人们的需要。如洋葱、大葱、大蒜、韭菜、药芹、香菜等都具有丰富的芳香类物质，若适当地与动物性原料相配，就能使烹制出的菜肴更为醇香。菜肴香味组配要遵循的一般规律如下。

（1）主料香味较好，应突出主料的香味　就是在组配时以主料的香味为主，辅料、调料起辅佐、衬托主料香味的作用，使主料的香味更突出。在组配鲜活的动植物性原料时，一般都采用这种方法，如滑炒鸡丝，鸡丝本身香味较好，只配白色淡味的调味品即可。

（2）主料香味不足，应突出辅料的香味　有些主料的香味较淡，可用香味较好的辅料弥补其不足，使主料吸收辅料的部分香味而增加香味。如“水发海参”，本身没什么滋味，需要火腿、鸡脯肉、鲜笋、香菇等辅料以增加鲜香味。

（3）主料有腥膻异味，可用调味品掩盖　主料的异味较浓时，可突出调味品的香味，常用五香、桂皮、香叶、茉莉、荷叶、玫瑰、红糟等香味调料，给菜肴一个特定的香味。

（4）香味相似的原料不宜相互搭配　有些原料的香味比较相近，组配在一起反而使主料的香味更差，如鸭肉与鹅肉、牛肉与羊肉、南瓜与白瓜、大白菜与卷心菜等。

3．菜肴口味的组配规律

口味是通过口腔感觉器官——舌头上的味蕾鉴别的，是评价中国菜肴的主要标准，是菜肴的灵魂所在，如川菜的“一菜一格，百菜百味”。原料经烹制后具有各种不同的味道，其中有些是人们喜欢的，需保留发挥；有些是人们不喜欢的，需采用各种方法去除或改变其味道。这就需要把它们进行适当的组配，以适应人们对味的要求。菜肴口味组配的规律有下面几项。

（1）突出主料的本味　就是以清淡咸鲜口味为主，所需调味品的品种不多，常用葱、姜、酒、食盐、味精、淀粉等，菜肴的用盐量较少，汤羹烩煮等菜肴一般含盐量在0.8%左右，炒爆等菜肴含盐量稍多，达2%左右。这类菜肴的主料需鲜活并且口味较好。

（2）突出调味品的味道　口味浓郁，辛辣刺激，起调节口味、增加食欲的作用。所需调味品的品种较多，数量较大，以复合味居多。

（3）适口与适时规律 一方水土养一方人，中国幅员辽阔，各地有各地的风俗习惯和风味特点，各地的口味也有一定的差异，菜肴所配制的口味必须符合当地人们的口味，符合大多数人的味觉习性。组配工艺还要符合人在不同时令季节对口味的需要，一般夏季清淡，冬季浓烈，春秋季适中。因为人的生理变化与季节的变化紧密联系，应随着季节的变化做相应的调整。

4. 菜肴原料形状的组配规律

菜肴原料形状的组配是指将各种加工好的原料按照一定的形状要求进行组配，组成一盘特定形状的菜肴。菜肴原料形状的组配，不仅关系到菜肴的外观，而且直接影响烹调和菜肴的质量，是配菜的一个重要环节。菜肴好的形态能给人以舒适的感觉，增加食欲；臃肿杂乱则使人产生不快，影响食欲。菜肴形状组配的规律如下。

（1）依加热时间长短来组配 菜肴的烹调加热时间有长有短，菜肴原料的形状大小必须适应烹调方法。凡烹调时间比较短的菜肴，组配的原料形状，宜小不宜大，应选择形状细小的烹饪原料；凡加热时间较长的菜肴，组配的原料形状，宜大不宜小，应选择整形或稍大一些的原料。如整形原料、整鸡、整鸭、整鱼等。

（2）依料形相似来组配 所配的主料、辅料必须和谐统一、相似相近，根据烹调的需要确定主料的形状，从而在每一盘菜肴中，丁配丁、丝配丝、条配条、片配片、块配块，使主辅料形状一致。

（3）辅料服从主料来组配 配料在菜肴中处于从属地位，其形状大小不能超过主料，即要等于或小于主料。一些原料成熟后体积会有所变化，生料的体积应考虑这一因素，配得稍大一些或小一些，使成熟后的形状符合要求；一些主料成熟后会成花形、自然形，辅料的形状在方便的情况下，应与主料的形状相似。如主料成熟后的形状呈菊花状，辅料可切成柳叶片、秋叶片；再如荔枝腰花，配笋尖青椒时，辅料不太好造型，可加工成菱形片、长方片。

5. 菜肴原料质地的组配规律

组配菜肴的原料品种较多，同一品种的原料又由于生长的环境和时间不同，性质有所差异，它们的质地也就有软、硬、脆、嫩、老、韧之别，在配菜时应该根据它们的性质进行合理的搭配，符合烹调和食用的要求。原料质地组配主要有两个方面。

（1）同一质地原料相配 在菜肴原料的组配中，常以质地相同或基本相同的数种原料组配在一起，即原料质地脆配脆、嫩配嫩、软配软的方法，如汤爆双脆，主料以猪肚尖、鸭肫两个脆性原料组配在一起；又如炒虾蟹，虾仁和蟹粉都是软嫩原料相配。

（2）不同质地原料相配 即将不同质地的原料组配在一起，使菜肴的质地有脆有嫩，口感丰富，给人以一种质感反差的口感享受。如宫保鸡丁，鸡丁细嫩，油炸花生米酥脆，质地反差极大；又如雪菜肉丝，雪菜脆嫩香鲜，肉丝软嫩细韧，吃口香脆软嫩，是佐酒下饭之佳肴。在炖、焖、烧、扒等长时间的加热烹调方法制作菜肴中，主、辅料软硬相配的情况经常碰到，通过菜肴口感差异，使菜肴的脆、嫩、软、烂、酥、滑等多种口感风味得到体现。

6. 菜肴与器皿的组配规律

器皿种类繁多，从质地材料看有金（或镀金）、银（或镀银）、铜、不锈钢、陶、瓷、玻璃、木质、竹、漆器、镜子之别；从形状上看，有圆、椭圆、方形、多边形、象形、带盖等多种形状；从性质来看有盘、碟、腰盘、碗、品锅、明炉、火锅等品种。美食需配美器，不同的菜肴要选择适合的餐具。

（1）依菜肴的档次定餐具　菜肴的档次往往与所用原料的价格有关，燕窝、鱼翅等山珍海味原料价格较贵，制成的菜肴档次较高，一般选用档次较高的银质或镀银的餐具来盛装，其他质地餐具灵活运用。

（2）依菜肴的类别定餐具　一般大菜、花色拼盘用大型的器皿，其他用中小型的器皿。无汤水的用平盘，汤水少的用汤盘，汤水多的用汤碗。同样是平盘，有5寸盘、7寸盘、8寸盘、9寸盘、10寸盘等规格，不同大小的餐具能适应顾客用餐人数的需要。

为了使菜肴装在餐具中显得饱满，又不显臃肿，通常以器皿定量，这是最基本的，也是最常用的确定单个菜肴原料总量的定量方法，即用不同容量、不同规格的盛器，可以预先核定出菜料总量标准。在此基础上，根据不同的菜肴，规定总量中不同原料的数量、构成比例等。如居主导地位的主要原料在总量上要多于居次要地位的辅助原料，无主次之分的原料组成，数量大致相等即可。

单一菜肴组配规律

思政小结 ▶ 践行为人民服务的宗旨

小结导入： 为人民服务是社会主义职业道德的核心内容和根本宗旨，这是区别于其他社会形态道德的显著标志。为人民服务不仅是共产党员必须身体力行的道德规范，也是各行各业的从业人员应遵循的职业道德规范。

思考讨论： 结合自己所学专业谈谈如何践行为人民服务的宗旨。

分析强调： 把为人民服务作为自己的道德思想和行为准则，从身边事做起，突出服务质量，大力倡导以爱岗敬业、诚实守信、办事公道、服务群众、奉献社会为主要内容的服务观，最后达到为人民服务的境界。

第三节　整套菜肴的组配

宴会起源于社会及宗教发展的朦胧时代。早在农业出现之前，原始氏族部落就在季节变化的时候举行各种祭祀、典礼仪式。这些仪式往往有聚餐活动。农业出现以后，因季节的变换与耕种和收获的关系更加密切，人们也要在规定的日子里举行盛宴，以庆祝自然的更新和人的更新。宴席，指酒席、酒宴。语出五代王仁裕《开元天宝遗事》卷上：“杨氏子弟，每至伏中，取大冰使匠琢为山，周围于宴席间，座客虽酒酣，而各有寒色。”宴席活动经常有多人出席，常常为宴请某人或为纪念某事而举行的酒席。宴席是一种带有目的性的、具有一定规格的、传统的聚餐方式，是中国饮食文化的重要组成部分。当社会生活资料有了一定的积余之后，人与人之间有了“礼”的往来，诸如宴客、接风、践行、祝寿、庆贺、婚嫁等，多举办宴席来表达。

宴席菜肴组配，也称整套菜肴组配。它是指单个菜组配集合成具有一定隶属关系的整体的组配方法。单个菜当它还只是它自身存在时，是孤立的个体；然而当它隶属于某个整体时，便成为群体中的个体，即既是本来个体又不是本来个体了。整套菜肴组配有一类菜的组配、一组菜的组配和一席菜的组配，其中又以一席菜的组配最具有典型的代表性，它包容了所有其他组配对象的基本特征，同时又有它自身的特殊性意义：单个菜组配更多地强调单个组配客观对象构成的完整性，整套菜肴组配更多地强调组配客观对象群体和人的对象群体的双向联系和统一。因而，研究整套菜肴组配必须用全面的、整体的、结构的、层次的、联系的观点系统考虑。

一、宴席组配的内容与步骤

（一）宴席的种类

宴席被人们广泛地应用于社会交往的方方面面。但由于宴请的目的、规格、形式、时间、礼仪、习俗等不尽相同，因而宴席名目繁多。从餐饮业宴席经营与设计的角度，现将宴席的几种分类方法及其主要特点简单介绍如下。

1．按宴席性质与接待规格分

按宴席性质与接待规格可分为国宴、正式宴席、便宴和家宴等。

（1）国宴　国宴是国家元首或政府首脑为国家庆典及其他国际或国内重大活动，或为欢迎外国元首或政府首脑来访而举行的正式宴会。国宴通常被认为是接待规格最高、形式最为隆重的宴会。

（2）正式宴席　正式宴席是指在正式场合举办的讲究礼节程序而且气氛较隆重的宴席。正式宴席是一种高规格的、讲究排场、气氛隆重的宴席。

（3）便宴　便宴是用于日常友好交往的形式简便、较为亲切随便的宴席。

（4）家宴　家宴是在家中举行的私人宴请。家宴在我国有着悠久的传统，或为全家人的聚会设宴，或为亲戚友朋设宴，无论是显贵名流，还是平民百姓，居家举宴，皆无不可。家宴礼节可以从简，但礼仪却不可缺少。家宴具有独特的亲和力。

2．按宴席菜式分

按宴席菜式分，有中式宴席、西式宴席和中西结合式宴席。

（1）中式宴席　中式宴席是采用中国餐具、食用中国菜肴、摆中国式台面、采用中国式服务、反映中国宴饮习俗的宴席。

（2）西式宴席　西式宴席是摆西式餐台、食用西式菜肴、摆西式台面、采用西式服务的宴席。西式宴席是相对于中式宴席以外的宴席而言的广义概念。如果根据不同国别的菜式和服务方式，又可以细分出若干种，如法式宴席、俄式宴席、英式宴席、意式宴席、日式宴席等。

（3）中西结合式宴席　中西结合式宴席是根据某种特定的需要，将中式宴席与西式宴席结合起来的宴席。

3．按礼仪分

按礼仪分，有欢迎宴席、答谢宴席。欢迎宴席一般是主人表示对外地来访宾客的敬意而设的宴席，答谢宴席则是外地来访宾客为感谢主人的盛情接待而设的宴席。这两种宴席是礼仪性的，有了欢迎才会有答谢，其设宴规格是对等的，出席的人员基本上是一致的。

4．按形式与食品属性分

按形式与食品属性分，有冷餐酒会、鸡尾酒会、茶话会等。

（1）冷餐酒会　冷餐酒会是以冷食菜肴为主，且食品多采用宴前陈设，供宾客自取方式，客人或站立或坐着进餐的宴席。冷餐酒会一般不排席位，不设主宾席，也没有固定的座位；或采用不设座椅站立进餐的形式。冷餐会多采用顾客自助形式，凭个人喜好取食。

（2）鸡尾酒会　鸡尾酒会又称酒会，是以酒水为主略备小食，客人站立用餐且可随意走动、广泛接触、交流形式活泼的宴席。鸡尾酒是用多种酒调配成的混合饮料，酒会上并不一定都用鸡尾酒，但通常用的酒类品种较多，并配有多种果汁，不用或少用烈性酒。鸡尾酒会不设座椅，没有主宾席，仅设小桌或茶几。在酒会进行期间，客人可在任何时候到达或退席，来去自由，不受约束。鸡尾酒会有纯鸡尾酒会、餐前鸡尾酒会和餐后鸡尾酒会的分别。

（3）茶话会　茶话会是以喝茶与吃点心为主的一种简便而又雅致的宴席形式。茶话会以茶代酒，另备点心、水果和一些风味小吃。茶话会一般不排席位，随意就座，品茶尝点，亲切交谈，气氛随和，格调幽雅，或席间安排一些文艺节目助兴，以增添欢快的气氛。

5. 按目的和主题分

按目的和主题分，这类宴席有很多，现择其有代表性的婚宴、生日宴、节庆宴、庆典宴席、谢师宴、商务宴席、仿古宴席等介绍如下。

（1）婚宴　婚宴是为人们在举行婚礼时，为庆祝婚姻的美满幸福和感谢前来祝贺的亲朋好友而举行的宴席。中国人把婚礼看作人生中的大事，故婚宴既讲究隆重又要热烈欢快，喜气洋洋，既符合民风民俗，又有现代文明气息。

（2）生日宴　生日宴是人们为纪念出生日而举办的宴席。生日宴反映了人们祈求康乐长寿的愿望，因而现在的生日宴上，既有代表中国传统的寿桃、寿面等食品，也有揉进西方文明的点蜡烛、吹蜡烛、唱生日歌、切蛋糕、吃蛋糕等形式。

（3）节庆宴　节庆宴是人们为欢庆节日而举办的宴席。在中国传统的端午节、中秋节、重阳节、除夕、春节等大的节日里，人们有设宴欢庆的习俗，不仅如此，人们也为现代节日如五一节、国庆节，以及西方节日，举宴设席，欢度节日。

（4）庆典宴席　庆典宴席是指企事业单位为庆贺各种典礼活动而举办的宴席。如为开业庆典、店庆活动、校庆活动、毕业庆典、开工庆典、获奖庆功等举行的宴席。庆典宴席主题明确，赴宴者心情欢快，洋溢着喜庆气氛。

（5）谢师宴　谢师宴是学生家长或学生为感谢老师对学生的辛勤培育而举行的宴席。师恩如海，学生们为表达老师把自己培养成社会有用人才的心意，设宴答谢老师，这样的宴席重在师生情感的交融。

（6）商务宴席　商务宴席是指在商务活动中，商务伙伴为建立互信、联络感情和洽谈商务活动而举行的宴席。商务宴请的消费标准大都比较高，已成为餐饮企业宴席经营的主要目标群体之一。

（7）仿古宴席　仿古宴席是为弘扬古代饮食文化而专门设计的把古代非常有特色的宴席与现代文明相融合的宴席。著名的仿古宴席有扬州的红楼宴、乾隆御宴，西安的仿唐宴，北京的满汉全席等。

宴席种类还有很多，还有按举宴时间分的，有按菜品风格分的，有按餐饮文化特色分的，不再一一叙述。但是，无论哪种类型的宴席，都可以有高、中、低档之别，其规模也有大有小，一般把30桌以上的宴席称之为大型宴席，10～30桌的宴席为中型宴席，10桌以下的宴席则为小型宴席。

（二）宴席的内容构成

中式宴席食品的结构，有“龙头、象肚、凤尾”之说。它既像古代军阵中的前锋、中军与后卫，又像现代交响乐中的序曲、高潮及尾声。冷菜通常以造型美丽、小巧玲珑的“单碟”为开场菜，它就像乐章的“前奏曲”将食者吸引入宴，可起到先声夺人的作用；热炒大菜用丰富多彩的美馔佳肴，是显示宴席的最精彩的部分，就像乐章的“主题歌”，引人入胜，使人感到喜悦和回味无穷；饭点菜果则锦上添花，如凤尾般绚丽多姿，其中统率整组食品的是头菜。不论何种宴席菜点，其内部结构大致相同，至于差异，主要在于食品原材料和加工工艺的不同。如高档宴席，菜肴质量好，加工精细；地方风味宴席，突出地方名菜；国宴与专宴，更为重视社交礼仪。中式宴席菜点的结构，必须把握三个突出原则和组配要求，即在宴席食品中突出热菜，在热菜中突出大菜，在大菜中突出头菜；宴席菜品的组配必须富于变化，有节奏感，在菜与菜之间的配合上，要注意荤素、咸甜、浓淡、酥软、干稀之间的和谐、协调，相辅相成，浑然一体。掌握中式宴席食品的结构，有助于我们组配出符合宴席主题和满足顾客需求的宴席菜点。

1．冷菜

冷菜又称“冷盘”“冷荤”等，是相对于热菜而言的。形式有单碟、双拼、三拼、什锦拼盘或花拼带围碟等，都是佐酒开胃的冷食菜，其特点是讲究调味、刀面与造型，要求荤素兼备，质精味美。

（1）单碟　又称独碟、围碟，指由一种冷菜装成的冷碟。单碟有元宝碟、平围碟、弓桥碟、条形碟、菱形碟及散装碟等形式。一般使用5～7寸的圆盘或腰盘盛装，每份的净料用量大多控制在100克左右。一般筵席中单碟多为4～8道一组，于正菜之前直接上桌。各单碟之间应交错变换，避免用料、技法、色泽和口味的重复。至于荤素搭配，一般是荤多素少、荤素兼备。在中高档宴席中，单碟若与主碟同上，则称“围碟”，其用量较精，主要用来烘托主碟。

（2）双拼、三镶

①双拼：又名对镶，是由分量相当的两种冷菜拼成的冷碟。这类冷碟在数量，形状和色泽上都应协调，还须讲究口味和质地的配合。味型丰富、色泽和谐、刀面协调、质地多变，是双拼冷盘的基本要求。双拼通常选用7～9寸腰盘或圆盘盛装，盛器的规格统一。每盘配用150～200克净料，一般是一荤一素，也可使用两种荤料，但素料总量应保持在1／3左右。例如，宴席中配置6道双拼，可用4种素料、8种荤料。双拼常是4～6道一组，应用于中低档宴席中。

②三镶：又称三拼盘，是由分量相当的三种冷菜拼成的冷碟。同样注重色泽、口味、质感和刀面的配合。制作三镶既可选用腰盘，也可使用圆盘，其直径多在8～10寸。每盘三镶冷碟的净料在200～250克，三者大体均衡。三镶取料精、档次高，更讲究色、质、味、形、器的配合。多是4～6道一组，应用于中高档宴席。

（3）什锦拼盘　又称大拼盘、什锦大拼，是将多种类别、味型和色彩的冷菜拼制在一个器皿中的大型冷盘。其图案有风车形、扇面形、葵花形、塔基形、梅花形等，以刀面精细、构图匀称为佳。使用盛器既可用腰盘，也可用圆盘，还可用攒盒。什锦拼盘通常选用8～10种冷菜，色泽、口味、质地要尽量错开，摆放或呈中轴对称，或呈中心对称，各部分都须切成相近的刀口，分量也应大体均衡。它多用于中档宴席中，替代其他类型的冷碟。

（4）主碟和围碟

①主碟：又称花碟、彩拼、工艺冷碟或看盘。常运用装饰艺术和刀技造型，在盘中酿拼

山水、建筑、器物或图案，用12寸以上的圆盘、腰盘、方盘、菱形盘或异形盘装成。主碟的设计涉及立意、命名、题材、风格、选料、构图、定型、设色诸方面，必须与宴会主题相一致，比如婚庆用鸳鸯戏水、贺寿用松鹤延年、中秋故乡月明、团年用吉庆有余、迎宾用满园春色等。主碟必须符合营养卫生要求，原料的规格与工艺的难易应视宴席档次而定。同时，构图要有新意。

②围碟是主碟的陪衬，多用5～6寸小碟盛装，拼装时要按主碟的要求确定型制，或摆出整齐划一的刀面，或制成小巧玲珑的简易图案，使之相辅相成。

主碟与围碟的配套，通常是1主碟带4～8只围碟，高档宴席可1主碟带8～12只围碟。其评判标准是：选题得当，图案新颖，寓意鲜明，刀工精细，用料丰富，搭配合理，色调和谐，造型生动，滋味多变，清洁卫生，能形成众星捧月之势。一般说来，主碟以观赏为主或观赏与食用并重，围碟以食用为主，并在总体上对主碟起衬托作用。

2．热菜

热菜一般由热炒、大菜组成，它们属于宴席食品的“躯干”，质量要求较高，排菜应跌宕变化，好似浪峰波谷，逐步将宴席推向高潮。

（1）热炒　一般排在冷菜后、大菜前，起承上启下的过渡作用。它多是速成菜，以色艳、味美、鲜热爽口为特点，一般是4～6道。有“单炒”（只炒一种菜）、“拼炒”（炒两种菜拼装）等形式。热炒原料多用鲜鱼、畜禽或蛋奶、果蔬，主要取其质脆鲜嫩的部位，加工成丁、丝、条、片或花刀形状，采用炸、熘、爆、炒等快速烹法，大多是在30秒至2分钟内完成，为快烹速成，常采用旺火热油、兑汁调味，使成菜脆美爽口。每道菜所用净料多为300克左右，用8～9寸的平圆盘或腰盘盛装。可以连续上席，也可以间隔在大菜中穿插上席，一般质优者先上，质次者后上，突出名贵物料；清淡者先上，浓厚者后上，防止味的互相压抑。

（2）大菜　大菜，又称“主菜”，是宴席中的主要菜品，通常由头菜、热荤大菜（包括山珍菜、海味菜、肉畜菜、禽蛋菜、水鲜菜）组成，根据宴席的档次和需要确定数量。其成本约占食品总成本的50%～60%，有着举足轻重的地位和作用。

大菜原料多为山珍海味或鸡鸭鱼肉的精华部位，一般是用整件（如全鸡、全鸭、全鱼、全蹄）或大件拼装（如10只鸡翅、12只鹌鹑），置于大型餐具（如大盘、大盆、大碗、大盅）之中，菜式丰满、大方、壮观。烹制方法主要是烧、扒、炖、焖、烤、蒸、烩，须经多道工序，持续较长的时间方能制成，成品要求或香酥，或爽脆，或鲜嫩，或软烂，在质与量上都超出其他菜品。一般讲究造型，名贵菜肴多采用“各客”的形式上席，可以随带点心、味碟，具有一定的气势。每盘用料一般都在750克以上，上菜有一定的程序，菜名也较讲究。

热荤大菜是大菜中的主要支柱，宴席中常安排2～5道，多由鱼虾菜、禽畜菜、蛋奶菜以及山珍海味菜组成。它们与甜食、汤品连为一体，共同烘托头菜，构成整桌宴席的主干。不论热荤大菜档次如何，都不可超过头菜，各道热荤之间也要搭配合理，原料、口味、质地与制法协调，要避免重复，其汤汁一般较宽，需选容积较大的器皿，有些热荤还需配置相应的味碟。此外，热荤的量也要相称，通常情况下，每份用净料为750～1250克；整形的热荤菜，由于是以大取胜，故用量一般不受限制，像烤鸭、烧鹅，越大越显得气派。

（3）头菜　头菜是整席菜点中原料最好、质量最精、名气最大、价格最贵的菜肴。它通常排在所有大菜最前面，统率全席。头菜成本过高或过低，都会影响其他菜肴的配置，头菜的等级高，热炒和其他大菜的档次也跟着高；头菜低，其他菜式也低，故审视宴席食品的规格常以头菜为标准。鉴于头菜的特殊地位，故原料多选山珍海味或常用原料中的优良品种。另外，头菜应与宴席性质、规格、风味协调，照顾主宾的口味嗜好，与本店的技术专长结合起来，头菜出场应当醒目，盛器要大，装盘丰满，注意造型，服务人员要重点加以介绍。

3．甜菜

甜菜包括甜汤、甜羹在内，泛指宴席中一切甜味的菜品。其品种较多，有干稀、冷热、荤素之不同，需视季节和席面而定，并结合成本因素考虑。甜菜的用料多选果蔬菌耳或畜肉蛋奶。其中，高档的如冰糖燕窝、冰糖甲鱼、冰糖哈士蟆；中档的如散烩八宝、拔丝香蕉；低档的如什锦果羹、蜜汁莲藕。甜菜的制法有拔丝、蜜汁、挂霜、糖水、蒸烩、煨炖、煎炸、冰镇等，每种都能派生出不少菜式。它们用于宴席，有改善营养、调剂口味、增加滋味、解酒醒目的作用。

4．素菜

宴席菜点中不可缺少的菜品，包括粮、豆、蔬、果，其中有名贵品种（如竹荪、芦笋、野生菌类），但大部分是普通蔬食。通常配2～4道，其上席顺序大都偏后。素菜入席，一须应时当令，二须取其精华，三须精心烹制。素菜的制法也要视料而异，炒、焖、烧、扒、烩均可。宴席中合理地安排素菜，能够改善宴席食物的营养结构，调节人体酸碱平衡，去腻解酒，变化口味；增进食欲，促进消化。

5．席点

宴席点心的特色是注重款式和档次，讲究造型和配器，玲珑精巧，观赏价值高。宴席点心通常安排2～4道，随大菜、汤品一起编入菜单中，品种有糕、团、饼、酥、卷、角、皮、包、饺、奶、羹等，常用的制法多为蒸、煮、炸、煎、烤、烘。它一般需要造型（如鸟兽点心、时果点心、花草点心、器皿点心、图案点心），要求精细、灵巧，具有较高的审美价值。上点心的顺序一般穿插于大菜之间上席。配置席点，一要少而精，二须闻名品，三应请行家制作。

6．汤菜

汤菜种类甚多，传统宴席中有首汤、二汤、中汤、座汤和饭汤之分。

（1）首汤　又称“开席汤”，此汤在冷盘之前上席，用海米、虾仁、鱼丁等鲜嫩原料用清汤卤制而成，略呈羹状。它口味清淡，鲜醇香美，多用于宴前清口润喉，开胃提神，刺激食欲。首汤多见于广东、广西、海南与香港、澳门地区，现在内地许多宾馆、饭店举办宴席也安排首汤，不过多将此汤以羹的形式安排在冷盘之后，作为第一道菜上席。

（2）二汤　二汤源于清代。由于满人宴席的头菜多为烧烤，为了爽口润喉，头菜之后往往要配一道汤菜，因其在热菜顺序中排列第二，故名。如果头菜为烩菜，二汤可以省去，假若二菜上烧烤，那么二汤就移到第三位。

（3）中汤　又名“跟汤”。酒过三巡，菜吃一半，穿插在大荤热菜后的汤即为中汤。中汤主要冲消前面的酒菜之腻，开启后面的佳肴之美。

（4）座汤　又称“主汤”“尾汤”，是大菜中最后上的一道菜，也是最好的一道汤。座汤的规格一般都高，制作座汤可用整形的鸡鸭鱼肉；可加名贵辅料；清汤、奶汤均可。为了不使汤味重复，若二汤为清汤，座汤就用奶汤，反之亦然。座汤习惯用有盖子的品锅盛装，冬季多用火锅代替。安排宴席菜品时，座汤的规格应当是仅次于头菜，给热菜一个完美的收尾。

（5）饭汤　是宴席行将结束时，与饭菜配套的汤品，如酸辣鱿鱼汤、肉丝粉条汤、虾米紫菜汤之类。此汤档次较低，多用普通原料，调味偏重，以酸辣、麻辣、微辣、咸鲜味型居多，制法有氽、煮、烩等。现代宴席中，饭汤已不多见，仅在部分地区受欢迎。

汤品的配置原则通常是：低档宴席仅配座汤，中档宴席加配二汤；高档宴席再加配中汤。总之，汤品越多，档次越高；汤品越精，越受欢迎。所以有“唱戏靠腔，坐席靠汤”“无汤不成席”“宁喝好汤一口，不吃烂菜半盘”等说法。

7．主食

主食多由粮豆制作，能补充以糖类为主的营养素，协助冷菜和热菜，使宴席食品营养结构平衡，全部食品配套成龙。主食通常包括米饭和面食，宴席一般不用粥品。

（1）米饭　分为白米饭和炒饭，白米饭中的大米饭最常见，还有麦米饭、小豆饭、小米饭、高粱饭等。炒饭是在米饭中添加鸡蛋、虾仁、葱花等调辅料炒制而成的，一般以大盘或大盆盛装，上席后，各人分取食用。

（2）面食　包括汤团、馄饨、饺子、各色面条（如炒面、凉面、煮面）及大众化点心。我国面食品种多，以面条而论，就有数百种花色，颇耐品尝。宴席中配用当地的著名面食，能展示乡土气息和民族情韵，还能体现宴席主题，如寿宴必备面条或桃形馒头，称“寿面”或“寿桃”。

8．饭菜

饭菜又称“小菜”，它与前面的冷菜、热炒、大菜等下酒菜相对，专指饮酒后用以下饭的菜肴。宴席中合理配置饭菜有清口、解腻、醒酒、佐饭等功用。饭菜多由名特酱菜、泡菜、腌菜、风腊鱼肉以及部分炒菜组成，如卤黄瓜、小红方、玫瑰大头菜、榨菜炒肉丝、风鱼等。它们在座汤后入席，不过，有些丰盛的宴席，由于菜肴较多，宾客很少用饭，也常常取消饭菜；而简单的宴席因正菜较少，可配饭菜作为佐餐小食。

9．辅佐食品

（1）手碟　是宴席正式开始之前接待宾客的配套小食，一般由香茗、水果、蜜脯、糕饼、瓜子、糖果等灵活组配而成。如举办婚宴、寿宴、满月宴，席前每桌摆放的瓜子、糖果和茶水。手碟要求质精量少，干稀配套。它可供宾主品茗谈心，稍解饥渴，还能松弛开席前焦急等待迟到客人的烦躁心理，使守时的宾客得到应有的礼遇。西餐正式宴席前的鸡尾酒服务，其作用也是如此。

（2）蛋糕　裱花蛋糕用于中国宴席是受欧美习俗的影响，蛋糕上有花卉图案和中英文祝颂词语，如“新婚幸福”“生日愉快”“圣诞之夜”“桃李芬芳”等，一般重750～2500克，多用于生日宴席、结婚宴席等。配置蛋糕要求图案清秀，造型别致。它可增添喜庆气氛，突出办宴宗旨，还能调节宴席食品的营养构成，提高蛋、奶、糖、面粉的供给比例。

（3）果品　宴席配果多用新鲜时令水果，如苹果、香蕉、橙子、梨、猕猴桃、哈密瓜等，一般宴席多对这些水果做刀工处理后，摆成拼盘，插上牙签（高档宴席用水果叉），最后上席，表示宴席结束。高档宴席时兴水果切雕，即运用多种刀具，按一定的艺术构思，将瓜果原料加工成具有观赏价值和象征意义的食用工艺品，并进行文学命名，如“一帆风顺”“春满华堂”之类。瓜果切雕常为宴席锦上添花。

（4）茶品　宴席茶的配置，通常选一种茶，有时也可数种齐备，根据个人爱好选用，开席前和收席后都可以上，一般都在休息室品用。上茶的关键，一是注意茶的档次；二是尊重宾客的风俗习惯，如华北多用花茶，东北多用甜茶，西北多用盖碗茶，长江流域多用清茶或绿茶。

（三）宴席的上菜顺序

清代袁枚在《随园食单》上菜须知中说："上菜之法：咸者宜先，淡者宜后；浓者宜先，薄者宜后；无汤者宜先，有汤者宜后。"可见，在那个时候人们已经懂得了就餐时上菜要有先后顺序。时至今日，宴席上菜的顺序已演变为宴会服务中重要的组成部分。根据菜的不同质地、色泽、形状和烹调方法，进行科学组合，使其成为一组具有一定规格和质量标准且有明显节奏感的排列形式。一桌山珍海味，运用科学的上菜顺序，可使宾客随着宴席菜点变化的节奏，形成臻于完美的意趣和享受。

宴席上菜顺序，原则上是根据宴会的种类和各地的传统习惯来决定，但安排是否合理、是否科学，对宾客的就餐情绪、生理要求乃至对整个宴席效果的影响是很大的。因此应考虑以下原则。

1．按菜肴的种类排列

（1）先上凉菜，后上热菜　凉菜是整个宴席的开路先锋，具有干香脆嫩、爽口不腻、味入其骨、香透肌里的特点，为佐酒佳肴。当酒喝至二三成，凉菜吃进三分之一左右时。宾客也已适应宴会的环境，形成了良好的食欲。此时应及时上热菜，以烘托宴会热烈的气氛。

（2）热菜中，应先上重点菜，后上一般菜；重点菜中应先上主菜，后上其他重点菜　头一道热菜，为宴席的主菜。这是宴席中最名贵、烹调最精致的名菜佳肴。如燕菜席的头一道热菜就是燕菜。海参席头一道热菜，应是海参为主料制成的菜肴等。头菜上完后，再上其他重点菜，再上一般菜。这样，可使宾客在宴会伊始就有一个美好的第一印象，而最后吃不了的已不是重点菜。

（3）先上本地、本店名菜和时令季节菜，后上其他品种菜　这可给宾客一个良好的感官刺激和主观遐想，从而使宾客对本店的菜肴留有很深的印象。

（4）先上酒菜，后上饭菜　这与一般饮酒为主的宴席是一致的，待吃饭时再上随饭菜。

（5）汤菜及汤汁多的菜肴排列要适宜　传统宴席的汤多在最后才上，从人体生理学观点来看，传统宴席的汤菜配备及顺序，显然是不大科学的。应在宴席始初，先上一小份果汁或清鲜汤制成的头汤，吃饭时再上一道座汤，并在行菜中适当地穿插一些汤汁略多的烩、煮、烧、扒菜，以补充因消化液大量分泌而减少的水分，使宾客保持旺盛的食欲，以促进对食物的消化与吸收。

2．从菜肴口味上排列

（1）先上咸味菜，后上甜味菜　咸味和甜味对味觉的刺激性均很大，但比较之下，甜味在味觉器官上滞留的时间要相对长一些。宾客吃了甜味菜点后，再食用咸味菜点，会出现减味或乏味的感觉，破坏了味觉器官的感应平衡，最后上甜点，还有另一层含义，即酒菜已上完，该吃饭了。

（2）先上浓味菜，后上淡味菜　滋味浓厚的菜先上，可给予宾客的味觉器官以强烈的刺激，味中枢神经处于兴奋状态，呈现出旺盛的食欲。如先上淡味菜，宾客会有寡而无味的感觉，造成兴趣索然的心理，以后也难出现食欲的高潮。

随着宴会进行，宾客在浓味的连续刺激下，会出现兴奋、紧张过度，对于菜肴油腻、过咸也会产生厌烦心理，因此这时上一些略淡、爽口不腻的菜肴，便可调节宾客味觉器官的感受性，缓和过于紧张的心理状态。

3．点心和水果的排列

上点心的顺序，各地的习惯也有不同，一般是在宴会进行中，随某些特定的大件菜肴上，也有的是接近宴会尾声时上。

水果是在宾客即将就餐完毕时上，多由服务员削皮切好，插上牙签端上桌，供客取食。在安排果点出台顺序时，还应根据不同季节、不同就餐对象等具体情况，灵活地、恰如其分地排列，以收到好的效果。

二、宴席菜点组配的原则与要求

宴席三要素是主题（进餐目的）、餐饮产品和进餐对象，是为了既定的进餐目的，由多人同时享受的具有一整套菜点的组合。可见，餐饮产品的选择和组配是宴席重要的表现形式。就宴席而言，餐饮产品主要包括冷菜、热炒、大菜、点心、水果、主食和汤，有时根据需要还会配置甜品、开胃小菜和醒酒汤。随着时代经济的发展和人们生活水平的不断提升，人们对宴席的规格和档次，对宴席的组成和结构，对宴席菜点的选择和组配也越来越重视。尤其是在众多的中式菜点中选择适合的品种，保证宴席菜肴整体的和谐性和科学性，已经成为宴席质量和规格的重要表现形式，也是社会对餐饮业管理和经营水平的重要评价依据。

（一）因人配菜，迎合宾主嗜好

宴席菜肴配置涉及的内容很多，但核心必须满足顾客的需求。首先，要了解并掌握顾客的特征，如生活习惯、口味嗜好、饮食禁忌、年龄、性别、生理状况、职业等，这是宴会菜肴配置的基础，同时还必须满足顾客的心理需求，办宴者与客人都有一定的心理需求，有些是为了显示档次，追求豪华、气派；有些是为了享受宴会良好气氛，注重环境与氛围；有些是讲究经济实惠。因此，了解顾客的心理需求，才能使制作的菜肴符合顾客的需求。

（二）因时配菜

结合节令特征，选择时令菜肴以体现特色。任何一种原料，都有其生长周期，只有成熟期的原料，方滋汁鲜美，质地细腻，营养丰富，带有自然的鲜香，时令原料是不可缺少的。另外，还要根据季节特征，灵活调配菜肴的色、味、汁等。夏秋气温较高，口味偏重清淡，应多用炒、烩、凉菜，偏重鲜香，菜肴汁稀、色淡、质脆。冬春气温低，趋向醇浓，多用烧菜、扒菜，突出咸酸，以汁浓、色深、质烂的菜为主。

（三）因价配菜

宴会价格是配菜的依据，既要保证餐馆合理收入，又不能使顾客吃亏。一般来讲，应根据“质价相称”“优质优价”的原则，合理选配菜肴。通常情况下价格的高低与所用的原料与工艺的繁简有密切的关系，原料与加工精细者，所体现的价格就高。高档宴席，料贵质精；普通宴席，料贱质粗。如果聚餐宾客少，出价又高，则应多选精料、好料，巧变花样，推出工艺复杂的高档菜；如宾客较多，出价又低，则应安排普通用料，大众化菜肴，保证每人吃饱吃好。

（四）控制宴席菜肴的数量

菜肴的数量没有统一的规定，它受价格、人数、分量、风俗习惯等因素的影响制约，在售价一定的情况下，要根据人数的多寡，适当调整菜肴品种的数量和质量。规格高的宴席，菜肴的只数相对充裕，选料精细，刀工和烹调都比较讲究。在价格允许的范围内，考虑到用料的粗精，主副料的搭配比例等因素，灵活掌握菜肴的数量。在全席用料量上，总的以每人平均能食用750克左右的净料为宜。为突出宴会的规格和档次，在配菜时，往往多使用工艺菜和食品点缀物，以增加菜肴的美观，提高宴会的艺术性。但一定要注意恰当、适度、卫生，应突出菜肴的食用性，防止堆砌点缀物，造成喧宾夺主的局面。

（五）宴席的营养组配

虽然我们很难从个体上把握每个客人的营养需求，但可从宏观上考虑整桌菜点的营养搭配是否合理。配置时首先要尽量选择多种原料，使就餐者得到各种营养素。我国传统宴席中，动物性原料使用过多，片面追求重油大荤，虽然动物性原料含有丰富的优质蛋白质和饱和脂肪酸、脂溶性维生素，但以肉类为主要原料的宴席，往往会缺乏碳水化合物、水溶性维生素、无机盐、膳食纤维。所以，在选择原料时，应按照各种原料所含营养素种类和数量进行合理选择和科学搭配，以改善和提高整席菜肴的营养水平，达到平衡膳食的要求。同时，要考虑三种热能营养素作为热能来源比例的平衡，饱和脂肪酸与不饱和脂肪酸之间的平衡、酸性物质和碱性物质之间的平衡。对易破坏的营养素，如水溶性维生素，要增加其在整个宴席中的供给量，选择含量较多的原料。现今选择原料，应适当增加植物性原料，使之保持在1/3左右，合理地配置豆类、笋类、菌类、蔬菜（包括深色蔬菜）和水果。

（六）注意宴席菜点色彩组配

菜品的不同颜色也会给消费者不同的联想，如红色番茄给人又甜又酸的滋味；看到绿色的蔬菜，让人联想到脆嫩爽口的清香味，这就是色彩的妙处。菜品的色彩同样对食欲有着很大的影响。当参加宴席的客人看到一道道色彩缤纷、明快宜人的菜肴，便会食欲顿起、胃口大开。

相对单个菜品，整桌的宴席则比较复杂，它既要讲究菜品之间的色彩均衡和相互呼应，避免色调重复，又不能让辅菜的色彩掩盖了主菜；冷菜应考虑采用不同色调、不同烹调方法，热菜同样不能重复出现相同色调。在配色选料时，应当以味道为主旨，一般采用相似味型的原料。对于宴席中的单个菜品来讲，有的菜品色彩较多，厨师应当避免不分主次地使用主料，应当严格掌握原料色彩对比，突出主题色彩，切忌主料搭配不均，厚此薄彼，而影响了整个菜品色彩的层次感。其次，一道好的菜品，一定要有突出的主题色彩。例如，水晶虾仁烹制后具有白里透红、粒粒晶莹、均匀饱满的感官色彩，才能体现出这道菜的风格。

（七）注意菜点的质地多样化

所谓菜肴的质地是指口腔感受各种不同菜肴表现出来的各种感觉，也即触感。这种触感包括牙齿、口腔皮肤和舌面甚至咽喉对菜肴的接触感觉。在宴席制作中，任何美味佳肴都需讲究色、香、味、形，是视觉、味觉、嗅觉和触觉同时感受的综合艺术，所以品尝宴席菜点时少不了触感，质地也就相应地成为非常重要的一个指标。

食物有老嫩之分，滞滑之别，松实之异，常见的类型有：软滑、软糯、软烂、绵软、柔软有劲、柔软滑润、脆嫩、外酥里嫩、柔韧带脆、清爽不腻、醇鲜而不腻等口感。在宴席配菜时，要充分考虑到各个菜点的质地，尽可能地多采用各种不同的烹调方法，使菜点最终具有多种质地，口感越来越丰富。另外，在组配宴席菜点时，还应该根据就餐者的特点、身体状况、特殊要求等灵活调整。

（八）宴席中的菜点要丰富多彩

坚持菜点多元化选择的主要途径是广泛地选择烹饪原料，既要保证动物性原料的供应，又要满足植物性原料的配备，保证宴席的膳食营养平衡；既要保证原汁原味的清淡饮食原则，又要掺杂具有鲜明口味特色菜肴的供应，保证食客对味的求新需求；另外还应该满足对宴席菜点色泽、质感、形状以及盛器选择等方面的多元化，满足食客视觉、触觉、嗅觉和味觉的综合审美冲击，达到生理满足和精神享受等全方位的饮食需要。

（九）宴席中各菜点的比例要恰当

宴席是多种菜肴的有机组合，必须合理配置各类食品的比例，使之成为有机统一的整体。宴席一般由酒水、冷碟、热炒、大菜、饭点、水果组成，各部分应当枝干分明、匀称协调。根据宴会的档次，适当调整各类食品的比例关系。目前高、中、低三个等级宴席的冷菜、热炒、大菜、点心所占成本的比例分别为高档20%、30%、40%、10%，中档为15%、30%、50%、5%，低档为10%，40%、45%、5%。

（十）注意菜肴与餐具的配套

常言道："红花须得绿叶衬"，美食与美器的巧妙搭配，不仅能体现单个菜肴的艺术之美，还能够让整桌宴席锦上添花。中国饮食器具之美，美在质，美在形，美在装饰，美在与馔品的和谐。在宴席就餐时，菜品不断变化着花样，餐具同样也需要不停地变换着花样。根据餐具质料的不同，主要有：陶器、瓷器、铜器、金银器、玉器、漆器、玻璃器等，此外还有珐琅器、象牙器、竹木器等器具。

在宴席组配餐具时，餐具的形状、大小与菜肴的多少及形态要密切配合。餐具的质量、色彩与菜肴的质地、色泽要相辅相成。整桌宴席各类不同的餐具在使用时，其大小、形状、质量、色彩都应该配置得相映成趣。器具使用得当可以从感官上提高客人的食欲，增强其对菜肴的美感。

思政小结 ▶ 食品安全更需要诚信与责任

小结导入： 食品安全关系到广大人民群众的身体健康和生命安全，关系到经济健康发展和社会稳定，关系到政府和国家的形象。食品安全已经成为衡量人民生活质量、社会管理水平和国家法治建设的一个重要方面。

思考讨论： 食品安全为什么需要诚信与责任？如何提升商家的诚信与责任意识？

分析强调： 诚信，自古以来就是中华民族的传统美德。为继承传统美德，我们应当弘扬诚实守信的道德风尚，增强全社会的信用意识。通过立法的形式，建立企业诚信制度。健全相关法律法规和加强对企业的监督力度。

第四节 菜肴的命名

菜名是菜肴的组成部分。中国菜肴命名方法多样，特别是艺术菜名，古已有之，体现了中国饮食文化的博大精深。菜名与菜肴是共生且平行发展的，而烹饪的发展促使菜名更加丰富和细密。菜名不能脱离菜肴而存在，但在饮食中比较特殊，可以把它独立出来讨论。对菜肴命名的研究，旨在揭示中国菜肴命名规律，有利于中菜命名的规范化、科学化，更有助于烹饪行业术语的标准化和研究工作的进行，进而促进中外饮食文化的交流。

菜肴命名的方法

一、菜肴命名的原则

（一）通俗易懂

通常情况下，大多数顾客并不是烹饪方面的专家，即使是文学水平很高的人，也很难将引申文字的含义与相关菜肴所要表达的原料、烹调方法、特色联系起来。而作为零点经营的餐厅也很难要求服务员去对每一位顾客作出详尽的解释。运用晦涩隐喻手法命名的菜名既影响了顾客的心情，又影响了餐厅的效益。由于顾客自尊心的原因或其他客观条件，经常看到顾客对于难理解的菜肴常常是一带而过，不再问津。例如“火山下雪”“风花雪月”等。事实上，菜肴命名最根本的目的就在于向顾客展示该菜肴的原料、口味、特色、风格等实质性内容，以供顾客在众多的菜品中找到符合自己喜好和口味的菜肴。

（二）体现风格特色

在社会高速发展的今天，无论何种菜系，所用的烹饪原料和烹调方法大多是相同或相似的。同一种原料之所以能被不同的流派制成不同的菜肴，关键在于其具有某种特定的“风格和特色”，而餐厅将菜肴推向市场时，也是基于其具有某种特定的“风格和特色”。所以，作为这种特定风格与顾客联系的纽带——菜名，在命名时一定要把其特点标明清楚。比如，这道菜品是采用了名贵原料，还是原料采用了特定的烹调方法；是以调味见长，还是以质感见长；是由于使用了新式的器皿，还是中西合璧……应充分利用各种不同的命名方法，体现菜肴的风味特色，用字不可过于简练，也不可过繁，一般以5个字左右为宜，将菜肴的用料、烹调方法、口味、器皿、质感等重要特点表示出来。

（三）宴席菜名应附加正名

当前艺术菜名用得最广泛的是宴席菜单，为宴席增趣生色，活跃气氛，提高档次。例如婚宴上的菜名多用“连理、并蒂、鸳鸯、和合”等字样，表达了对新婚夫妇的美好祝福；寿宴上的菜名多采用“蟠桃、南山、白鹤、青松”等吉言，寄托期望老人洪福齐天的情感。欣赏这些菜名时，如不与菜肴对号，很容易让人不知所云。因此，开列菜单时，应结合写实的名称为艺术名称附加正名，例如寿宴上的“寿比南山”可附以正名“南瓜童鸡”。

二、中国菜肴命名存在的问题

在不同地区的烹饪行业中，菜肴的命名仍存在不少问题，给中国菜名规范化造成很大的障碍。

1．一菜多名或多菜一名

这类问题表现为同一道菜有多个名称，或者一个菜名表示多道菜肴。造成这类情况的原因很多：

首先是烹饪原料的影响。在菜肴命名中，原料名称使用率很高，由于原料种类繁多，以及地理、历史和社会等各方面的原因，在不同民族、地区、社会行业中，原料的名称极为混乱，表现为俗名太多，如长江三鲜之一的“长吻鮠”，在四川称“江团”，在安徽称“肥王鱼”，到了江苏则称“鮰鱼”，另外还有“白吉”“蓝鱼”等名称，这些俗名会导致一菜多名问题。再如，山东将带鱼称“刀鱼”，江苏将刀鲚称“刀鱼”，民间将石斑鱼属的40多种鱼均称为石斑鱼，原料的多物一名又导致了多菜一名问题。原料名称的混乱给应用带来了困难，为消除障碍，便于菜肴规范命名，必须给每一原料制定通用的科学名称。

其次是地区方言、土语的影响。方言、土语和风俗习惯，使饮食文化具有强烈的地域特征，从菜肴名称上可见一斑，如炒鸡蛋，北方地区称“炒木樨”，煎鸡蛋在济南称“摊黄菜”。济南还有一种常见的早点“窝果子”，实质上就是煮荷包蛋，这是方言土语带来的差异，其原因是北方旧时“蛋”字作贬义使用，如浑蛋、坏蛋、捣蛋等。面点中的馄饨，类似于四川“抄手”，广东称“云吞”，江西称“清汤”，新疆称“曲曲”，江苏淮阴称“淮饺”，同一品种有五个名称，让人眼花缭乱。

中国菜品众多，不同地区的菜点出现同名现象不可避免，如“珍珠圆子”在江苏是用肉馅滚糯米蒸制而成的菜肴（在徽菜中称“徽州丸子”），在四川则是用糯米饭、豆沙、糯米制成的风味小吃。再如“猫耳朵”，在上海是一种著名的大众化名点，即油炸馄饨，在晋中地区的猫耳朵则是一种传统面食，形如猫耳，煮后浇卤，别具风味。另外，重名问题还影响饮食文化研究工作的进行。截至目前，仍尚未有确切的数字来表明中国菜肴的数量，多用虚数“成千上万”代之。

2．胡乱命名

一方面错别字的菜名很多。一些厨师或餐饮管理人员，文化素质低，编写菜单时出现了许多带有错别字的菜名，如“宫保鸡丁”写成“宫爆鸡丁”，“干烧鲳鱼”写成“干烧昌鱼”，“豆腐”写成“豆付”，将“番茄蛋汤”写成“反茄旦汤”。这些错别字在中小型餐饮业尤为突出。

另一方面泛起“艺术”菜名的现象严重。一些餐饮经营者为了抓住顾客的求异心理，在菜名上玩噱头，如南京一些餐馆里，将猪耳朵与猪舌头的凉拌菜称为“悄悄话”，将花菜炒猪心称为“花心”，甚至将人们的客气话“随便”作为菜名搬上菜谱。在一家咖啡屋中，“随便”是一个烘烤过的法式小面包，外加两片火腿和一盒黄油，而在另一家餐馆中“随便”则是“时令”菜，既可单炒某种蔬菜，也可以是双料配菜，完全“随”该店的“便”，根本没有标准和规范可言，消费者上当受骗在所难免。有些经营者专研“菜名”，似乎走火入魔，他们不是在菜肴的质量上下功夫，而是将社会上庸俗的词语当作“文化”菜名，如“情人眼泪”是芥末拌肚丝，“红灯区”是辣子鸡丁，这些庸俗的菜名多引起消费者的反感。餐饮经营是要讲究“出奇制胜”，但“出奇制胜”并不等于“怪名制胜”，关键还在于菜肴的质量。

3. 庸俗不堪、低级趣味

新颖奇特的菜名的确可以给消费者想象的空间，增加就餐趣味。但是，一些菜名却超出了普通消费者可以接受的心理底线，严重违背了社会道德观。例如："火辣辣的吻"是用红辣椒炒猪嘴；"小蜜傍大款"是花生嵌在蜜枣里……诸如此类庸俗不堪、低级趣味的菜名屡见不鲜，命名者生搬硬套地将菜肴和低俗的内容联系在一起，严重有损于社会道德风化。

4. 消费欺诈

在国内一些旅游景区、车站、机场等地方，由于大多食客是一次性消费，商家利用当地特色，给一些家常菜冠以美名，作为本店的特色菜推出以吸引消费者的注意。例如："牛拉面"不是牛肉拉面，是一位姓牛的师傅做的拉面；"黄山一绝"利用了谐音，其实就是一盘蕨菜。这些地方的人口流量大，即使发现上当受骗，很多食客也是忍气吞声，商家也不必费心地去拉回头客。但是，这种行为带有明显的欺骗性，严重违背了市场经济活动中的诚实信用原则。长此以往，也会给这些门店带来不可估量的损失。

三、菜肴命名的方法

（一）用主料加烹调方法命名

菜肴在命名时，为了突出主料的价值、色泽和特殊形态，可采用主料之名来为菜肴命名。例如干烧江团、葱烧海参、清蒸鱼唇等。这种命名的方法可以直接反应菜品的内在成分，表现材料美。同时，因主料昂贵，也可提高菜肴价值和档次。

（二）以菜肴的形态命名

烹饪美也要通过视觉形象来实现。所以，中国菜十分考究形式美。通常是一菜一姿，或一菜多姿，千姿百态，美不胜收。例如松鼠鳜鱼就是因加工后的鳜鱼酷似松鼠而得名。另外，当滚烫的卤汁浇在用油炸过鱼的身上时，还可发出"吱吱"的尖叫，十分招人喜爱。还有狮子头、鸡豆花等菜肴，造型生动别致，名称含蓄典雅，很能刺激人们品尝的欲望。

（三）用烹饪器具加主料命名

此类方法在运用时，所用的炊具往往都很有特色，一般充分突出起名的独特造型和色彩，烘托菜肴中主料的优势，激发人们视觉、味觉的享受。例如四川的坛子肉、砂锅鱼头、鱼香茄子煲、汽锅鸡等，都属于此类。

（四）以烹饪技巧和器具命名

烹饪离不开技法和器具，用具有特色的技法和器具为菜肴命名，直观明了，有一种特殊的魅力。例如三蒸九扣、烤鸭、盐焗鸡等，着意突出技法的特征，表现菜肴烹制的技术美。比较典型的有四川的棒棒鸡，该菜为了使鸡肉松散入味，易嚼，有一道用棒敲打的工序，故称"棒棒鸡"。罕见的技艺为菜肴增添了一种奇异神秘的色彩，能唤起人们的好奇心。

（五）借名流之名命名

四川名菜宫保鸡丁就是以丁宝桢和其官衔命名的。相传，丁宝桢在担任四川总督的时候非常喜爱吃炒鸡丁，离世后清政府为了追封他的功绩，封其"太子少保"，此菜因此而得名。类似用名流来对菜品进行命名的很多，例如于右任爱吃的斑肝汤、李鸿章吃过的公章杂碎、倪瓒吃过的云林豆腐等。另外，还有以名厨名师命名的菜肴，例如，川菜王忠吉烤鸭、扬州菜文昌豆腐等。通过这种命名方式，既可提高菜肴的技术权威性，又让人们永远记住为后人增添口福的烹饪大师，一举两得。

（六）借助民间传奇故事命名

民间传奇故事多以有情有义的情节见长，有着广泛的群众基础。用其命名的菜肴具有群众性，人们喜闻乐见。再则，优美动人的传说是永远年轻的，从而可以增强菜肴的生命力。例如川菜中将粉蒸排骨命名为“原笼玉簪”，就是借助了民间故事和戏曲中的有趣情节。这些佳肴一道菜隐喻着一个优美的故事，色、味、形和意境样样俱佳，很受食客欢迎。

（七）运用夸张、比喻的方法命名

夸张、比喻之法是常用的菜肴命名方法之一。适当的夸张、比喻可唤起人们无限的遐想，烘托气氛，激发食客的感情共鸣，促进审美快感的实现。人们在喜庆之日宴请亲朋的习俗，为了适应这种特殊的心理环境，烹饪巧匠们设计了不少形象生动，寓意深刻的佳肴。例如四喜吉庆、龙凤呈祥、百事如意、松鹤延年等，暗喻着喜庆、吉祥、如意、长寿，能激发人们审美快感，深得食客的青睐。此类名称，有着鲜明的民族特色。

还有些是引用典故、成语为菜肴命名的，也运用了比喻的方法。如脱胎换骨、偷梁换柱和霸王别姬等。“霸王别姬”用鳖比喻“霸王”，“鸡”“姬”互为谐音，用“鸡”喻“姬”，十分贴切。名称典雅别致，令人回味无穷。

（八）移植诗情画意命名

诗画是根植于中华古老文化沃土中的并蒂花，十分讲究意境。移植诗情画意用于烹饪之中，可丰富菜肴的表现形式，大有可为。《醒世恒言》苏小妹三难新郎中有“闭门推开窗前月”“投石冲开水中天”的诗句。四川厨师根据此诗句创作了一道“推纱望月”的名菜。盘中窗口帘静雅致，窗外皎月如镜，湖中倒影成趣，深园静谧无声。“推纱望月”一名高度凝聚了原诗的意境美。名中有诗，盘中有画，令人心旷神怡，浮想翩翩。

（九）以味命名

菜肴在命名时，可以借助味型来进行命名，让顾客能对其口味有一个直接的了解。四川名菜口水鸡，不能直接说明是什么味，仅“口水”二字便更显其味诱人之深。巴国布衣风味酒楼将其编入《巴国布衣烹饪经典》时，还用一首民谣加以诠释：“口水鸡呀口水鸡，阿妹做菜好手艺。麻辣酸甜又鲜香，川菜川妹一出戏。”把口水鸡的味道阐述得十分明白。又如三国味火锅这个名字在取用的时候还专门配顺口溜做广告词：“三分天下三国味，麻辣红汤加白味，还有新津黄辣丁，调出酸汤复合味。”“三国味”这个名字使顾客耳目一新，一锅三味这种做法也十分新颖，很容易就把顾客的口味吊起来。

总之，为菜肴命名的方法很多，以上只不过列举了几种。在实际运用时，可用其中一法，也可以多种方法套用。关键要创新，有个性；其次，要注意准确，洗练，通俗；再则，必须符合人们的审美习惯，还要在语音上下功夫，平仄有序，朗朗上口；最后，还要克服故弄玄虚，华而不实和哗众取宠的作风，真正起到为菜肴锦上添花的作用。

四、中国菜肴命名的注意事项

饮食文化的交流与传承离不开菜名，餐饮企业的生产与经营更离不开菜名，菜肴名称的重要性决定了菜名不应该随机乱造或任意胡编，应合乎命名规律。要对菜肴进行规范命名，首先必须规范用于菜肴命名的每一类词汇，尤其是要给原料制定通用的科学名称；其次，菜肴命名要排除方言的干扰，随着新原料的出现，新炊具、新技术的产生，一些创新菜不断问世，根据命名规律可以找出最能反映菜肴特征或特色的词汇，进行命名，直至人们认可。在实际工作中，还需要注意以下五点。

（一）慎起艺术菜名

艺术菜名随意性较大，运用不当会产生相反的效果。有专家认为，对那些以意为之或者含有历史典故的菜点名称，诸如佛跳墙、霸王别姬、将军过桥、荣华富贵、文思豆腐等可以作为学名以外的俗名而予以保留，但数量不宜过多，而且以后也不要胡乱编造，只有少数符合“信、达、雅”原则的艺术性名称才予以承认，既要高雅脱俗，又要形象逼真，否则胡乱编造，就失去了艺术享受的真谛。那些让人摸不着头脑的甚至不健康和庸俗的菜名，是餐饮业的糟粕和垃圾，是不良文化的一种新花样，应引起我们的重视并及时清理，这对于企业效益和社会效益都是有利无弊的。

（二）供顾客选择菜品的菜单中不宜选用艺术菜名

如餐厅中最基本的零点菜单是供顾客选择菜品的依据，顾客仅仅凭品名去挑选菜肴，真实的名称有助于顾客选择适合自己的菜肴。根据国际菜单法规，菜品名要具有真实性，不能太离奇。以前曾流行过充满想象力、离奇和不精确的艺术名称。国际餐馆协会对顾客进行调查发现，故弄玄虚而离奇的名字，不容易被顾客接受，影响顾客的购买欲望，因而向大众开放的餐厅应该采用名副其实并为顾客熟悉的菜名。

（三）宴席菜单中的艺术名称应结合正名

当前艺术菜名用得最广泛的是宴会菜单，为宴席增趣生色、活跃气氛，是提高档次所不可缺少的。例如，婚宴上的菜名，多用连理、并蒂、鸳鸯、和合等字样，表达了对新婚夫妇美好的祝福；寿宴上的菜名多用蟠桃、南山、白鹤、青松等吉言，寄托期望老人洪福齐天的情感。欣赏这些菜名时，如不与菜肴对号，很容易让人感觉不知所云，因此开列菜单时应结合写实的名称，具体方式为艺术名称附加正名，如霸王别姬（甲鱼炖鸡），或者正名附加艺术名称，如南瓜童鸡（寿比南山），这样既一目了然，又不失高雅。

（四）仿荤素菜名要注意忌讳

过去素菜馆多用荤菜名称来命名素菜，本意是赞美厨师高超的手艺，却引起众多异议，如素鸡、素鸭、素鹅。佛教徒和回民忌讳仿荤素菜名，而在我国港澳地区、东南亚和日本等地的佛事宴席菜名都不能和动物有任何联系。为此，江苏南京著名素菜馆绿柳居将沿袭已久的菜名做了一次大更改，请来餐饮烹饪界的专家、学者以及佛界高僧，对佛事宴席的三套菜单菜名全部更名。现在经营的素菜都不再用荤菜名，且更有诗情画意了，如豆腐做成鸭子形状以前叫“绿柳大鸭”，现在则叫“春江水暖”；盘中一堆香菇丝，四周是莲藕，以前叫“脆鳝素排骨”，现在则名“他山之石”；豆腐皮裹以土豆泥的“三丝刀鱼”，则含蓄成了“扬子精粹”。

（五）艺术菜名英译要准确

这类菜名的不足之处是不便于翻译成相应的外国语言，影响中外饮食文化的交流及餐厅的经营。菜名是餐厅质量的一种标记，如果菜名的外文名搞错或拼写错误，说明餐厅对该菜的烹调根本不熟悉或对质量控制不严，这样会使顾客对餐厅产生不信任感。因此，在进行翻译时，对艺术菜名仅仅根据字面上的意思是难以翻译准确的，必须了解其制作的全过程，从配料到最后菜的成形都要做到心中有数，这样才能翻译出较为准确的菜名来。总之，艺术菜名英语意译为主，如直译，则需加上说明。如四川名菜叫化鸡，译成英文为“Beggar’s Chicken”，若不作介绍，会给客人一种不好的印象（乞丐食用的鸡）而不去点这个菜，应该加上一段英文说明：“Beggar’s chicken，or stuffed roast chicken wrapped in lotus leaves，gets its name from a folktale.”这样，客人不仅会清楚是什么菜，并且会产生兴趣，愿意去尝试此菜。

烹饪的科学化进程离不开一套经得起推敲的专业语言，菜肴名称是烹饪专业语言之一。随着烹饪的发展，菜名通过适度改革，朝着科学化、规范化方向发展，是势所必然的。

思政小结 ▶ 取其精华、去其糟粕

小结导入：任何一个民族的历史传统中都既有精华也有糟粕，必须在扬弃中继承和发展。中国共产党对待传统文化的一贯态度是，坚守中华民族的文化根脉，取其精华、去其糟粕，弘扬优秀传统文化，坚定不移走中国特色社会主义道路。——《取其精华、去其糟粕》（《中国纪检监察报》，2017年6月19日）

思考讨论：深入理解“取其精华、去其糟粕”的内涵，谈谈我们应该如何应对外来饮食文化。

分析强调：对外来饮食文化，真正可取的态度是取其精华、去其糟粕，因地制宜地不断更新、完善，形成符合国人、符合健康饮食需要的民族饮食文化。

课后练习题

05 第五章 CHAPTER 浆糊调配工艺

学习目标

1. **掌握**：浆糊调配工艺的概念、分类及烹饪作用；上浆、挂糊、勾芡的概念及原理；影响上浆、挂糊的主要因素；勾芡的机理、作用。
2. **熟悉**：浆糊工艺常见的原料及作用；常见浆的种类及烹饪应用；上浆的工艺流程；常见糊的种类及烹饪应用；挂糊的操作方法及要领；常见芡汁的种类及烹饪应用；勾芡的操作方法及影响因素。
3. **了解**：浆糊在烹饪中的变化过程；常见拍粉的方法；勾芡中注意的事项。

浆糊调配工艺又称着衣工艺，它是指用鸡蛋、粉、水等原料在主料外层加上一层保护性膜或外壳，使原料在加热过程中不会丧失水分和风味物质的操作过程。浆糊工艺主要是利用淀粉糊化和鸡蛋蛋白质变性凝固形成的外膜起保护作用。它主要包括：上浆、挂糊、勾芡和拍粉四个部分。浆糊对菜肴的色、香、味、形都有很大的影响。一般来说，浆的浓度较低，适用于滑炒、爆、汆、煮等烹调技法；糊的浓度较高，适用于熘、炸、煎、贴等烹调技法。拍粉也是糊的一种，只是这种糊所需的水分是原料自身所提供的。

第一节 浆糊的作用及烹饪变化

我国菜肴品种如此之多，风味如此之全，对国内外吸引力如此之强，以致被国际友人誉为烹调技术上璀璨的明珠，除了技术多样，火候多变，调味奇妙等因素外，上浆挂糊的技术也起着重大的作用。烹调中的浆糊，行业称之为“上浆、挂糊”技术处理。它的出现有力地推进了我国烹调技术的发展，标志着我国烹调技术进入了新的时期。因此，上浆、挂糊的好坏直接影响到菜肴的质量。

一、浆糊的作用

浆糊是烹调前的一项重要操作程序，对菜肴的色、香、味、形等各方面均有很大的影响，其作用主要有以下几个方面。

（一）可以保持原料中的水分和鲜味

经过挂糊处理后，原料外部裹上一层黏性糊浆，糊浆受热后立即凝成一层薄膜，使原料不直接与高温接触，油不易浸入原料内部，原料内部的水分和鲜味也不易外溢，可保持原料的鲜嫩；同时，还可以用不同配料的糊浆，使过油后的原料呈现香脆、松软、焦酥、滑爽等特性，从而使菜肴的风味更加突出。炸、熘等烹调方法，大都是用旺火热油，如果鸡、鸭、鱼、肉等原料不经过挂糊，进入到旺火热油中后水分会很快耗干，鲜味也随着水分外溢，而会使质地变老，鲜味减少。

（二）能保持原料形态的光润饱满

鸡、鱼、肉等原料，切成较薄较小的丝、丁、条、片以后，在烹调加热时往往易断、散碎或卷缩，经过上浆、挂糊处理，增强了原料的黏性，提高了耐热性能，加热以后，不但能保持原料原来的形态，有的还能略微涨大；同时，表面的糊浆经过油的作用，形态饱满、色泽光润，从而增加了菜肴的美观。

（三）形成丰富口感

当原料挂上浆糊，经较高温度的油炸、炉烤或低温长时间炸、煎后，原料表面上的浆糊酥脆；若低温短时间炸或煎后，则原料表面柔滑或松软，原料内部细嫩。

（四）能保持和增加菜肴的营养成分

通过挂糊或上浆，原料的外面有了保护层，使原料不直接与热油接触，内部的营养物质和水分就不易溢出，其营养成分也就不会受到较多的损失。鸡、鱼、肉等原料如果直接与高温接触，其中所含的蛋白质、维生素、脂肪等营养成分就会遭受不同程度的破坏，从而会大大降低原料的营养价值。此外，糊浆中的鸡蛋、淀粉等可以使得菜肴的营养价值增加。

（五）增加菜肴创新的手法

自从上浆、挂糊技法出现后，我国的烹调技法犹如雨后春笋般纷纷涌现，又如含苞花朵竞相开放，使我国烹调技术园地百花盛开、万紫千红。例如，炸法，在上浆、挂糊出现以前基本上只有清炸一种方法，现在发展到干炸、酥炸、软炸、松炸等多种炸法。又如，熘法中有脆熘、滑熘等，也都是上浆、挂糊出现后的产物。再如选料广泛，质地鲜嫩的滑炒法，无论做什么菜都必须上浆；没有上浆技术的处理就没有滑炒方式的问世。其他煎、贴、蒸许多技法中的风味菜肴，都与上浆、挂糊有密切的关系。所以上浆、挂糊与调味品一样，是烹调中不可缺少的组成部分，也是烹调技术中很重要的一个内容。另外从表面看，给烹调原料上浆、挂糊，似乎并无特别之处。调浆制糊的操作方法看似十分简单，而实际上需要一定的技巧。如果掌握不好这种技巧，加热过程中也会造成“脱浆”“掉糊”等情况，严重的直接影响菜肴的质量。

（六）缩短烹调时间

实验证明，上浆后再加热的原料，其成熟时间会大大缩短。第一，原料上浆后，其表面形成一种由变性蛋白质和糊化淀粉组成的密封膜，密封膜可以阻止原料受热后产生的蒸汽外溢，使原料受热的温度提高；第二，密封膜还可以阻止原料受热后的水分外流，使传热介质原有温度不至下降过快，从而相对提高了原料的受热温度；第三，上浆为原料补充了大量的水分，原料成熟速度加快。

二、浆糊在烹饪中的变化

淀粉在常温下不溶于水，但当水温在53℃以上时，淀粉的物理性能发生明显变化。淀粉在高温下吸水溶胀、分裂形成均匀糊状溶液的特性，称为淀粉的糊化。我国烹调中常用的淀粉原料有马铃薯淀粉、玉米淀粉、山芋淀粉、小麦淀粉、绿豆淀粉等。天然淀粉包括直链淀粉和支链淀粉两种分子结构。这些淀粉从外观上看都是粉末状形态，实质上是由淀粉粒构成，淀粉粒是由直链淀粉和支链淀粉通过径向排列形成的结晶区和非结晶区构成。在勾芡时，所用淀粉原料中支链淀粉的含量高低与勾芡后菜肴卤汁的黏度大小有关。一般地，淀粉中支链淀粉含量高的淀粉糊化时形成的黏度大，并与原料黏附得较紧，而淀粉中支链淀粉含量低的，则糊化时形成的黏度要小一些，与菜肴原料黏附得也较为疏松些。

（一）淀粉的糊化

在菜肴勾芡时，芡汁内的淀粉因受热吸水膨胀致使淀粉发生糊化，淀粉要完成糊化过程，一般经过这样三个阶段。

1．可逆吸水阶段

暴露在淀粉颗粒外部的羟基（或颗粒空隙中的羟基）与水溶液中的水分子通过氢键作用，使得淀粉吸收有限的水分，淀粉颗粒的体积只发生有限的膨胀，而淀粉悬浮液的黏度并没有任何的变化，水分子只是进入了无定形区，而结晶结构没有受到影响，因为偏光显微镜下仍能看到偏光十字，整个淀粉颗粒的外形和性质与原来的状态并没有区别。此时若是将水分子在温和的条件下去除（常温下，温度不高于40℃），则可以得到原来的淀粉。

2．不可逆吸水阶段

当芡汁下锅后，淀粉颗粒是处在受热加温的条件下，水分子开始逐步进入淀粉颗粒内的结晶区域，这时便出现了不可逆吸水的现象。这是因为随着锅内菜肴汤汁的温度不断升高，使得淀粉胶束运动的动能增强，淀粉分子内氢键本身也会变得很不稳定，淀粉颗粒内的结晶区域则由原来排列紧密的状态逐步转变为疏松的状态，这时菜肴汤汁中的水分子就很容易与淀粉分子中断裂后的极性键上的极性基团相亲和，使得淀粉的吸收水量迅速增加，由此而出现大量吸水的现象。在这一阶段，淀粉溶液的黏稠度开始升高，同时颗粒内有一小部分淀粉分子开始溶入水中。

因此，我们有时把淀粉的不可逆吸水阶段也称为淀粉晶体的“溶解阶段”。当淀粉颗粒处于不可逆吸水阶段时，即便重新进行干燥处理，其内部结构也无法恢复到原来的结构状态，在烹饪中的勾芡过程，我们可以看到芡汁中的淀粉糊化开始。随着糊化的进行，菜肴卤汁的黏度不断在增加，卤汁与菜肴原料的黏附力也逐步加大。

3．颗粒解体阶段

在勾芡过程中，淀粉颗粒经过第二阶段的不可逆吸水后，很快进入第三阶段——颗粒解体阶段。这时由于锅内菜肴汤汁的温度还在继续提高，达到60～80℃时，淀粉颗粒仍在继续吸水膨胀，当淀粉颗粒的体积膨胀到一定限度后，颗粒便会出现破裂现象，颗粒内的淀粉分子便向各个方向伸展扩散，溶入水中。扩散开来的淀粉分子之间已规则地相互联结、缠绕，形成一个网状的含水胶体，这就是淀粉糊化后形成的糊状体。

在淀粉颗粒破裂时，首先是颗粒内的直链淀粉分子向锅内汤汁中扩散并分散成为胶状溶液。随后，颗粒内的支链淀粉分子也大部分或全部进入锅内的汤汁中。至此，淀粉颗粒完全解体，菜肴的汤汁成为具有一定黏稠度的胶体。经过糊化后的淀粉又称为α-化淀粉，并且将淀粉的这种糊化作用成为α-化作用。勾芡后菜肴卤汁的黏稠程度由淀粉的用量、种类以及锅内菜肴的油量、汤汁的多少等因素所决定。

（二）淀粉的老化

淀粉的老化是指经糊化后，淀粉在室温或低于室温下变得不透明甚至凝结沉淀的现象。在糊化过程中，已经溶解膨胀的淀粉分子部分重新排列组合，形成一种类似天然淀粉结构的物质。值得注意的是：淀粉老化的过程是不可逆的，不可能通过糊化再恢复到老化前的状态。老化后的淀粉，不仅口感变差，消化吸收率也随之降低。淀粉的老化首先与淀粉的组成密切相关，含直链淀粉多的淀粉易老化，不易糊化；含支链淀粉多的淀粉易糊化，不易老化。玉米淀粉、小麦淀粉易老化，糯米淀粉老化速度缓慢。

在烹饪中，影响淀粉老化的因素主要有四方面：一是淀粉的结构。对于不同来源的淀粉，其老化难易程度并不相同。直链淀粉较支链淀粉易于老化。支链淀粉不易发生老化是由于它的结构呈三维网状空间排列，且淀粉分子间键短，从而妨碍了氢键的形成。二是温度。

淀粉发生老化的最适温度为2～4℃，大于60℃或小于-20℃都不会发生老化现象。为了防止老化，可将糊化淀粉迅速脱水或速冻，从而阻碍了淀粉分子相互靠近形成氢键。三是水分。当淀粉食物中水分含量较高或较低时，老化不易产生。通常老化最适含水量为30%～60%。淀粉糊的水分含量少于15%不易发生老化现象。红薯淀粉所含直链淀粉较少而支链淀粉含量较高，老化速度较慢且凝沉性最弱，淀粉糊黏性最大。四是食盐。面制品中添加适量的盐，可减缓淀粉的老化。这主要是因为加入少量的食盐，电离出带电的离子，被吸附在蛋白质分子的表面，增加了蛋白质表面的电荷量，提高了蛋白质的水化能力。由于吸水量增加，加之通过不断揉揣甩打，使氢键、盐键等各种化学键不断地形成，面筋网络点增多，形成的网络更密、更紧。这样对淀粉微束的形成带来一定的困难。一般情况下，盐类用量越大，老化越缓慢。

除此之外，影响淀粉老化的因素还包括：淀粉糊化程度、糊化过程、蛋白质的含量、添加各种糖类、油脂的含量、乳化剂的使用等。

三、浆糊中常见的原料

（一）淀粉

挂糊和上浆就是利用淀粉的糊化达到保护的目的。它们在原料的外表形成隔膜，防止原料水分流失，使菜肴鲜嫩、饱满。淀粉分子由直链淀粉和支链淀粉构成。一般淀粉颗粒大的、结构较疏松的淀粉比颗粒小的、结构紧密的淀粉易于糊化，所需的糊化温度也较低，含支链淀粉多的也较易于糊化。其次，挂糊上浆时应选择糊化速度快、糊化黏度上升较快的淀粉。

（二）面粉

面粉主要是由淀粉和蛋白质组成，其中蛋白质又由麦麸蛋白和麦胶蛋白组成。麦胶蛋白的黏性比较强，它能增加糊的黏度，从而使浆糊更容易挂在原料上。而麦麸蛋白则有一定的韧性和较好的抗拉强度，它能抵御化学疏松剂所产生气体的膨胀力，从而使内部产生更多的空隙——形成片状或椭圆形的多孔结构而不散碎，故面粉可以看作是调制浆糊的松软剂和弹性剂。

（三）鸡蛋

鸡蛋的主要成分是蛋白质，加热后变性凝固，使挂糊上浆的原料加热后，很快因外部形成保护膜而避免原料内部水分蒸发，并使原料具有鲜嫩的品质。此外，蛋白质是一种亲水性胶体，具有良好的起泡性，经强烈搅拌后，蛋白薄膜将混入的空气包围起来而形成泡沫。由于表面张力的作用，迫使泡沫成为球形，又由于蛋白胶体的黏度及淀粉等原料的加入，使泡沫变得浓厚坚实，增强了泡沫的稳定性。因此，挂蛋泡糊的菜肴，松软里嫩。蛋液具有良好的亲水性和持水性，使上浆的菜肴质地滑嫩。

（四）膨松剂

糊浆多使用化学膨松剂，在苏打糊、苏打浆中用到小苏打，经加热反应后有二氧化碳产生，所以，使制品表面酥脆、丰满，同时反应生成碳酸钠，有使肉类组织嫩化，增强肉的保水性的作用，因此特别适用于牛肉等组织较老的原料。调糊时加入少量泡打粉，在加热的过程中会产生二氧化碳气体，因此便起到了膨松的作用。另外，在加了泡打粉的浆糊里添加适量的白糖、色拉油，也能够增加浆糊的膨胀效果。在调糊时，泡打粉的用量一定要把握好，若是用量过少，成品干瘪而不松脆，若是用量过多，炸制时糊易散碎而不成形，这不但会影响成菜的外形，而且还会给成品带来苦味。

（五）油脂

油脂一般使用色拉油、花生油、橄榄油等。在挂糊中，油脂多用于脆浆糊。油脂主要是起酥的作用，起酥的机理是由于油脂的加入，使蛋白质、淀粉等成分微粒被油膜所包围，形成以油膜为分界面的蛋白质或淀粉的分散体系，加热后使菜肴表皮具有酥、脆、香的品质。此外，在上浆中也可以加入油脂。一是防止浆料风干、变色；二是下锅滑油时原料间不容易黏结，对原料起到一定保水的作用。

思政小结 ▶ 坚定持之以恒的信念

小结导入：三百六十行，行行出状元。无论从事什么职业，都能做出成绩，成为这一行的专家、能人。再平凡的职业，只要用心去做，定会在平凡中感受到伟大，在辛苦中体会到幸福。

思考讨论：烹饪这一行业平凡而辛苦，如何才能在职业道路上取得卓越的成就呢？

分析强调：想当“状元”，可非易事。要想在厨师行业做出成绩，成为楷模，就需要在本职工作中坚定持之以恒的信念，努力上进，发奋图强，刻苦钻研。必须树立干一行爱一行的态度，把自己的专业技术学好、学精。

第二节 上浆工艺

上浆又称抓浆、吃浆，就是在经刀工处理的主料表面用淀粉、鸡蛋、食盐等佐助料和调料，使主、配料表面粘裹一层薄薄的浆液，经过加热后使制成的菜肴达到滑嫩效果的施调方法。上浆工艺是菜肴制作技术中非常重要的一项基本技法，它广泛适用于质嫩、形小、易成熟的食材。上浆是否恰当，直接关系到整个菜品的外观与质感。只有熟悉上浆的原理及操作工艺流程，才能烹制出外滑里嫩、形态饱满的合格菜肴。

上浆工艺

一、上浆的原理

上浆的原料一般是经过精细加工的刀工处理、质地细嫩的、精细加工的动物性原料，这类原料均含有丰富的肌原纤维蛋白质，辅助上浆的原料大多为鸡蛋、食盐、淀粉和水等。在操作时，加入食盐，经过人工搅拌使盐渗透到原料组织中，使原料中所含的肌原纤维蛋白质——肌球蛋白、肌动蛋白、肌动球蛋白等在盐溶液中溶解度增大，表面蛋白质静电荷增加，水化作用加强，引起蛋白质分子体积增大。上浆时加入淀粉和蛋清等表面活性物质，导致原料表面蛋白质结构α–螺旋解离而变性，使原料表面的黏性增大，在肉类原料的表面上均匀地浸润或糊上一层不均匀的高分子胶体体系。加热时，淀粉颗粒的糊化温度较肉类蛋白质变性温度高；当淀粉糊化时，肌肉蛋白质的变性作用已基本完成，并形成了网状结构，此时淀粉的糊化作用是夺取存在于网状结构中所结合的不够紧密的水分，这部分水分被淀粉颗粒固定，在原料的表面形成一个保护层，使原料中的固有水分不因受热脱去，保护了原料的细胞组织不受破坏，从而使得原料成熟后质地变嫩。同时，淀粉颗粒变得柔软而有弹性，并起着黏附物质的作用，从而赋予了菜肴良好的食用品质。

二、上浆的种类

（一）水淀粉浆

用料配比：清水100克、干玉米淀粉50克。

调制：干玉米淀粉中加入清水后充分搅拌均匀，至无淀粉颗粒、干稀适度即可。

特征及应用：呈现白色，半流体状，具有一定黏性，上浆烹制后原料细嫩。此浆适合烹调后带色的菜肴，在滑炒类菜肴中最为常见。

水淀粉浆的代表菜品：白油肉片、锅巴肉片等。

（二）蛋清淀粉浆

用料配比：鸡蛋清35克、干玉米淀粉20克。

调制：鸡蛋清搅散，加入干玉米淀粉充分搅拌均匀，至无淀粉颗粒、干稀适度即可。

特征及应用：色泽洁白，呈半流体状，具有一定黏性，上浆烹制后原料细嫩。此浆适用于肉质细嫩且成菜要求洁白的原料上浆，对应的烹调方法为煮、滑炒、滑熘等。蛋清浆也是很好的黏合剂，用在包卷类菜肴的制作中，以增强食材之间的结合力，使成品更加美观且口感更佳。

上浆示范
（鲜熘鸡丝）

蛋清淀粉浆的代表菜品：鲜熘鸡丝、酸菜鱼等。

（三）全蛋淀粉浆

用料配比：全蛋液35克、干玉米淀粉20克。

调制：鸡蛋液搅散，加入干玉米淀粉充分搅拌均匀，至无淀粉颗粒、干稀适度即可。

特征及应用：呈现蛋液的自然色，半流体状，具有一定黏性，上浆烹制后原料细嫩。此浆适合烹调后带色的菜肴，对应的烹调方法为煎、炒、炸等。

全蛋淀粉浆的代表菜品：酱爆鸡丁、钱江肉丝等。

（四）苏打浆

用料配比：鸡蛋清3个、干玉米淀粉35克、小苏打5克、食盐2克、白糖8克、色拉油15克、温水适量。

调制：先将小苏打用适量温水溶化，加入食盐、白糖进一步溶化，倒入鸡蛋清一起搅打均匀，然后加入色拉油进行搅打，最后加入干玉米淀粉调至融合，放入冰箱冷藏静置2～3小时即可。

特征及应用：呈流沙状，具有很强的乳化疏松作用。此浆常用于质地较老、纤维较粗的牛羊肉等原料，滑熟后特别细嫩，对应的烹调方法为滑炒、爆等。

苏打浆的代表菜品：蚝油牛肉、水煮牛肉等。

以上4种上浆类型只能作为参考。在实际工作中，需要根据原料的干稀程度做适度调整。原料如果新鲜、含水量较低，则上浆时浆液可略稀；反之，如果原料被冷冻过或含水量较高，则上浆时可略干、稠一些。在挂糊时，不同干稀程度的原料处理方式和上浆是一样的，可根据具体情况进行调整。

三、上浆的工艺流程

新鲜原料经清洗、刀工成形后，即可进入上浆的流程。在正式上浆之前，可根据原料冷冻与否、含水量、新鲜度等情况进行吃水致嫩。上浆结束后，也可考虑是否需要采用静置、冷藏等手段来增强原料上浆的效果。上浆的工艺流程具体如下：

（一）吃水

吃水又称持水，在正式上浆前根据原料的吸水能力添加一定量的水润剂使其嫩滑。常见水润剂有清水、料酒、花椒水、生姜汁、葱汁、蒜泥汁等。这些水性物质因为含有水分，也都有极强的渗压性，可以使肉类吸收足够的水分，从而达到肉质鲜嫩的目的，同时，还可以去除肉类的腥味，给肉增香。尤其是生姜中含有蛋白质水解酶，可以将肉类中的胶原蛋白水解成柔软的明胶。有时还可添加嫩肉粉使其做嫩化处理。

（二）码味

码味时，先放入食盐，用手抓揉至肉质开始发黏，这是因为盐有很强的渗压性和透湿性，使肉类的胶原蛋白质发生变性。加食盐的时候要注意，盐的量要加足，保证食盐的渗压性和透湿性达到最强。加盐的同时可以放入其他调味料，如胡椒粉、五香粉、花椒粉、酱油等，这些调料中同样含有食盐的成分，调味料的选择要根据菜品的要求而定。

（三）挂浆

挂浆时，根据菜品的要求添加蛋清浆、水淀粉浆等。具体要用到哪一种浆要根据肉的性质与烹调方法来决定。全蛋浆多用于酱爆菜，适用于给肉上色的菜肴，也就是炒菜的过程中要加一些增色调味品，如生抽、老抽、各式酱汁；蛋清浆多用于鲜熘、滑炒菜，宜选用色泽洁白的食材，如鱼片、虾仁、滑炒鸡丁等。根据食材的多少来控制浆液具体的用量。在实际操作中，将调制好的浆液与原料充分拌合，使浆液均匀地黏附在原料表面即可。此时应保持原料的完整性、避免原料中有干的淀粉颗粒。

（四）加食用油

加食用油是为了更好地锁住水分，肉类被油脂包裹形成一种保护膜，入油锅的时候可以防止肉的营养与水分流失；同时，也可以避免肉类入油锅的时候，油花四溅。适量添加油脂可以提高成菜的光泽度和润滑性。有时加入香味油，还可以提高菜肴的呈香性。食用油应在加热前放入，过早则会影响上浆后的咀嚼性。

（五）静置

新鲜的、未经冷冻过的原料在上浆后不宜马上下锅滑油。应放置在5℃左右的冷藏室内静置1小时，使原料表面稍有凝结，以避免在滑油时产生浆液脱落的现象。对于使用苏打浆的一些牛羊肉类食材静置的时间可以更长一些，以利于肌肉进一步膨松、吸水。

四、影响上浆的因素

上浆技艺的操作要领包括辅料、搅打力和浆的稀稠度三点：辅料主要指食盐、淀粉、蛋清和水的投放数量与投放的先后顺序；搅拌时作用于原料的力的大小决定原料能否上劲；浆的稀稠度直接决定成菜效果。要想准确掌握这些要领，必须考虑各种因素的影响。影响原料上浆的因素很多，经常遇到的主要有以下几点。

（一）原料的品质特征

用于上浆的动物性原料品种繁多，性质各异，不同品种、不同年龄、不同生理状态和不同的食用部位的肉类原料均有不同的品质特征。对于水产类原料而言，鳜鱼、青鱼、草鱼、鲢鱼、墨鱼、鳝鱼等由于组织结构、水分含量多有差异，故在上浆时处理手法差别较大。鱼肉由多数分布排列的圆锥状肌节和肌膈相互套叠构成，组织结构比较松散，易断裂；其肌肉主要是横纹肌，有红肌和白肌之分。红肌收缩缓慢，持久性长、耐疲劳、能长时间运动，行动缓慢的鱼，如鲤鱼等，红肌发达。白肌收缩性强，持久性差、易疲劳、较灵活的鱼类白肌多，如黑鱼、鳜鱼等。一般来说，白肌多的鱼肉结构较红肌多的鱼肉结构要紧密一些，如黑鱼肉质比鲤鱼、草鱼、鲢鱼的肉质要紧密，故在上浆时，黑鱼片上浆难度大，搅拌用力要大一些，时间要长一些，否则鱼片很难上劲，同时淀粉量要少，浆的稀稠度宜薄，而草鱼、鲢鱼片上浆难度较小，搅拌时用力要小，时间短，容易上劲，粉质稍重，浆的稀稠度宜厚一点。同为200克清炒鱼片，黑鱼片用干淀粉约30克，而草鱼片用干淀粉约40克。

牛肉、猪肉、鸡肉等肌肉组织的基本单元是肌纤维，各个肌纤维都是由有结缔组织性质的纤维网连接起来的，而按一定顺序排列整齐的明暗条纹的肌肉是横纹肌，是附着于骨骼的肌肉，烹调所用的肉大多选用此肉。在肌纤维内，充满着由原生质转化的很细的肌原纤维，是肌肉特有的收缩成分。这种特殊的结构，使肉质加工后加热则极易收缩，而上浆使其免受高温，加热时不至于过分收缩。这类原料组织紧密，粗糙，含水量较少，上浆时不易断裂，故在搅拌时用力要大，并在加盐搅拌上劲后要加适量的水分，干淀粉的用量较少，浆要稀薄。

原料的老嫩也影响着上浆技艺。较嫩的原料组织松软，本身所含的水分较多，吸水力弱，上浆的厚度应稠一些，粉质要重一点，以保持其嫩的特色，如鸡脯肉。而质地较老的原料，组织结构粗糙而紧密，水分含量较少，吸水力强，故在上浆时应加入适量的水分，以增加原料成熟时的嫩度，浆要稀一些，粉质宜少，如鸡腿肉。同为200克原料，鸡脯肉丝在上浆时不能加水，常加入少许蛋清及植物油，用干淀粉约40克；鸡腿肉丁需加水30克左右，待原料吃水上劲后再加入20克左右的干淀粉拌匀即可。

（二）原料的冷冻与否

在实际工作中，新鲜的肉类原料比较容易上浆，而经过冰冻的原料上浆难度较大，主要归因于冷冻肉类的特点。冷冻肉类一般在-20～-18℃条件下贮存，肉类中的游离水结冰率达到90%以上，会促使肌肉纤维内部水分外移而造成肌间纤维的脱水和收缩，造成纤维内蛋白质质点的靠近和集结；随着冰冻时间的延长，肌肉组织中的水分冻结，引起肌肉体积增大，在肉体内形成的冰结晶对肌肉产生了一定的机械压力。当肌肉在解冻后，肉质缺乏弹性，结构比较松散，刀工处理后易碎易断。同时，由于肌浆等构成机体的成分流失，肉汁浓度下降，胶体结合水中亲水基团如—OH，—COOH，—SH等数目减少，从而导致原料在上浆时很难上劲。因此，冷冻肉在刀工处理时应做到片宜厚，丝宜粗。在上浆时，应尽量沥干或搌干原料表面的水分，加入盐后，搅拌时间要长，但用力要适度，使原料上劲且形状完整，粉质稍重，浆要稠。冷冻肉上浆时还应谨慎加水，因为被破坏了的肌肉组织结构很难再吸收水分，加水极易造成“脱浆”的现象，一般可适量加点黏稠度比较大的蛋清或植物油。

（三）烹调方法

不同的烹调方法能产生不同的菜肴风味，上浆必须与烹调方法相适应。一般来说，烹调时间短、快速成菜、菜肴风味脆嫩的烹调方法，上浆时浆要薄、粉质要少，以保证原料在快速成熟时清爽完整，不黏不糊；对于烹调时间稍长、菜肴风味以嫩为特色的烹调方法，在上浆时，粉质要多一点，浆宜厚一些；对于烹调时间长一些、菜肴风味以柔滑鲜嫩为特色的原料，在上浆时粉质应重一些，浆宜厚。三者比较见表5-1。

表5-1 烹调方法对上浆技艺的影响

原料重量	烹调方法	烹调时间	菜肴质感	浆的干稀度	菜例	淀粉量
200克	爆	20～30秒	脆	薄而干	葱爆肚尖	20～50克
	炒	50秒左右	嫩	适中	清炒鱼丝	30～40克
	熘	90秒左右	柔滑	厚而较稀	滑熘鱼片	45～50克

以上只是常规手法处理，在实践中需要根据实际情况综合考虑各种因素，灵活运用，同时注意加强实践经验的摸索和积累。

（四）上浆后间距烹调时间的长短

实践表明，原料在上浆后，间距烹调时间一般为1.5～2小时为宜，如果上浆后放到0℃的冰箱中静置，可以间隔4个小时左右。肉类原料中的蛋白质分子表面分布着不同的极性基团，由于这些极性基团同水分子之间的吸引力使蛋白质表面形成高度水化的分子，当加入强电解质的盐以后，增加了蛋白质的表面电荷，通过人工搅拌，使蛋白质具有更大的结合力。这时，加入淀粉和水或蛋清，借助淀粉的吸湿性而形成相互融洽的浆状形态，经过一段时间的静置，使原料的亲水基团更完全地与水结合，肉中的毛细管吸附更多的水分，使淀粉与肉质有充足的时间相互充分地吸收与黏着相融，在过油时，一般就很少有脱浆的现象，且跑油后原料呈现特有的光泽滑亮、丰满完整的形态。如果为了节省时间，原料上浆后需要立即烹调，则应在上浆时增加浆的厚度，宜干不宜稀，否则原料来不及吸收浆中的水分，下锅跑油时极易脱落。上浆还要注意操作环境中的温度。温度高，原料吸水快，浆中的水分蒸发也快，故上浆时应随着时间的延长而浆稀一点；反之，温度低，原料吸水慢，浆中的水分蒸发也慢，故上浆时在相应的时间内浆应干一些。

思政小结 ▶ 心守诚信，必有远方

小结导入：“守诚信”是中华民族的传统美德，也是社会主义核心价值观的基本要求。系统梳理习近平总书记关于诚信建设的思想，努力营造“守诚信”的浓郁文化氛围，让“守诚信”成为人们“日用而不觉”的价值追求，必将对全社会培育和践行社会主义核心价值观产生重要的推动作用。——《让“守诚信”成为人们的行为自觉》（《河南日报》，2015年10月16日）

思考讨论：请结合餐饮行业职业道德要求，谈谈餐饮服务中如何做到“守诚信”。

分析强调：严格遵守食品安全相关法律法规，依法经营，诚信经营，严格执行食品安全操作规范，落实餐饮服务食品安全的各项管理制度；认真履行餐饮服务食品安全主体责任；上浆环节中不采购、不使用法律法规禁止生产经营的食品、食品添加剂及食品相关产品。例如：调香剂、着色剂、致嫩剂等。

第三节 挂糊工艺

挂糊又称着衣，就是根据菜肴的质量标准，在经过刀工处理的主、配料表面，适当地挂上一层黏性的糊，经过加热，使制成的菜肴达到酥脆、松软效果的施调方法。挂糊是我国烹调中常用的一种技法，极大地丰富了烹饪内容，促进了炸熘、软炸、酥炸等技法的诞生和发展。从饮食美学的角度来讲，挂糊能改善原料的营养特性（质美）、味觉特性（味美）、触觉特性（触美）、嗅觉特性（嗅美）和视觉特性（色美、形美）。糊的种类、操作过程及要领与上浆有着明显的差异。

挂糊工艺

一、挂糊工艺的原理

挂糊的工艺原理与上浆的工艺原理大致相同，但不同点是挂糊过程中，大多数情况下需用水、鸡蛋、淀粉调制成黏稠状的厚糊。其糊质比浆质稠厚得多。通过作用于原料外层，从而形成较厚的膜或壳。加热到一定的程度，从而形成松、软、酥、脆的质感和各种不同的色泽，并使外层与内部原料形成一定层次性的视觉、触觉差别。挂糊后的半成品原料大多应用于炸、煎、烤、熘等烹调方法。

二、挂糊的种类

（一）水淀粉糊

用料配比：清水350克、干玉米淀粉500克。

调制：将淀粉加清水掺拌均匀，使其完全吸收水分即可。有时会根据菜品情况酌情添加一定量的色拉油。

特征及应用：色泽乳白，呈流沙状，手感黏性较大。此糊在炸制过程中极易受热凝固，稳定性好，其缺点是成品色泽土黄，不够鲜艳，口感生硬。

水淀粉糊的代表菜品：糖醋脆皮鱼、锅包肉、熘肉段等。

挂糊示范
（糖醋脆皮鱼）

（二）蛋清淀粉糊

用料配比：鸡蛋清2个（约60克）、干玉米淀粉60克。

调制：将鸡蛋清用手慢慢抓散，倒入淀粉拌匀即成。有时，根据菜品的情况，可酌情添加一定量的清水、面粉和食盐。

特征及应用：色泽洁白，手感特别光滑。此糊主要用于软炸等烹调技法，在炸制过程中分两次下油锅，第一次入锅油温在四五成热，将糊炸至定型，捞出；第二次油温升至六七成热，再入油炸至呈淡黄、菜肴质地松软。

蛋清淀粉糊的代表菜品：软炸虾仁、软炸鸡条等。

（三）发粉糊

用料配比：面粉500克、发酵粉15克、干玉米淀粉120克、色拉油50克、食盐5克，清水150克。

调制：将面粉、发酵粉、干玉米淀粉掺拌好，加入清水用手搅拌均匀，加入色拉油、食盐，搅拌均匀，醒发约30分钟后即可使用。

特征及应用：色泽光亮，酥脆可口。此糊多用于炸制类菜肴，在加热过程中油温应控制在200℃左右，确保成品涨发饱满。此糊现用现调制，不宜提前加工或用后储存。

发粉糊的代表菜品：香辣鱼条、猪油夹沙球等。

（四）蛋黄淀粉糊

用料配比：鸡蛋黄2个（约30克）、低筋面粉200克、鹰粟粉100克、清水100克、色拉油50克。

调制：将鸡蛋黄、低筋面粉和鹰粟粉掺拌均匀，并用手轻轻揉搓，分几次加入清水，糊面用少量的色拉油封面，以防止面糊表面起硬皮。

特征及应用：色泽黄润油亮，手感松软滑溜，成品饱满。多用于锅、煎等烹饪技法。

蛋黄淀粉糊的代表菜品：锅豆腐盒、拔丝鸡蛋饼等。

（五）雪丽糊（蛋泡糊）

用料配比：鸡蛋清3个（约100克）、干玉米淀粉50克，面粉20克。

调制：用打蛋器把鸡蛋清搅打成泡沫状，以插入筷子能够竖立为标准，接着将淀粉一次性加入，朝一个方向搅拌均匀，搅至手感有劲时，再把面粉撒上，搅匀即可。也可根据菜品情况可酌情添加色拉油等。

特征及应用：色泽洁白如雪，质地饱满，松软酥香。多用于炸熘等烹调技法。此糊现用现调制，放置时间较长，糊就会出现澥水现象，直接影响菜肴的质量。加入少量面粉或绵白糖能够有效防止澥水。应用此糊炸制时一般冷油下锅，油温控制在80～90℃，直至原料成熟。

雪丽糊的代表菜品：雪丽银鱼、脯酥鱼片等。

（六）全蛋淀粉糊

用料配比：鸡蛋3个（约120克）、干淀粉350克。

调制：鸡蛋打散，加入干淀粉掺拌均匀，并用手轻轻揉搓，使其相互渗透融合即可。也可根据菜品情况酌情添加高筋粉、清水和色拉油等。

特征及应用：色泽金黄，外焦内嫩，酥脆。此糊应用范围最广泛，是大众化的浆糊，多用于炸、煎、熘、烩等多种烹调技法。此糊调制的手法比较特别，在入油锅炸制时，不会引起“爆”糊伤人的现象。

全蛋淀粉糊的代表菜品：糖醋里脊、鱼香茄饼、鱼香八块鸡等。

（七）脆皮糊

用料配比：面粉375克、老面75克、干玉米淀粉150克、清水550克、花生油160克、碱水20克。

调制：先将老面、面粉、干玉米淀粉用清水调成匀浆，静置发酵膨胀，当浆糊中含有大量气体时，加入花生油、碱水再进行调匀，静置一段时间后即可使用。有时，也可用发酵粉代替碱水和老面。可根据菜品具体要求，酌情添加适量吉士粉。

特征及应用：色泽油润黄亮，呈流沙状，糊薄而均匀附着于原料表面。此糊适用于脆炸技法，其加热的油温控制在六七成热，一次性炸制成熟，无须复炸。

脆皮糊的代表菜品：糖醋脆皮鱼、脆皮虾仁、脆皮鲜奶等。

（八）干粉糊

用料配比：干玉米淀粉150克、糯米粉100克、吉士粉50克。

调制：把干玉米淀粉、糯米粉、吉士粉掺拌均匀即可使用。有时根据菜品情况，可只用干玉米淀粉。

特征及应用：操作简单，口感酥脆。此糊多用于炸、煎等烹调技法，其作用在于使原料脆嫩而不干瘪，营养不外溢。缺点为容易使油脂变浑浊，影响油的质量。

干粉糊的代表菜品：干煎黄花鱼、清炸腰花等。

（九）拖香糊

用料配比：鸡蛋4个（约240克或蛋黄约140克），干玉米淀粉150克（或面粉100克）、咸面包渣100克。

调制：先在原料表面均匀拍上一层干玉米淀粉或干面粉，再放入打好的蛋液中均匀蘸取，然后再裹上一层面包渣，用手轻轻压紧实即可。

特征及应用：色泽金黄，粒粒酥香，质地不易回软，适合大批量加工。此糊中的各种用料应根据原料的性质进行加工，有的原料无须拍粉，直接拖蛋液；有的原料为使其色泽及口感更加鲜亮适口，需拍面粉或拖蛋黄液。将面包渣换成芝麻、松子、腰果、杏仁等原料，是丰富和创新菜肴较好的途径。

拖香糊的代表菜品：香煎鳕鱼、锅鱼肚等。

（十）鸡蓉糊

用料配比：鸡胸脯肉350克、蛋清2个（约60克）、湿玉米淀粉65克、食盐15克、味精5克、姜葱水10克、熟化猪油35克。

调制：将鸡脯肉剁成泥，加入蛋清、湿淀粉朝一个方向搅拌均匀，分次将姜葱水搅打入鸡肉泥中，加入食盐、味精搅拌均匀，加入融化猪油搅匀即可。

特征及应用：浓稠乳白，糊蓉质地细嫩。用动物性原料作为调制浆糊的用料，在古今诸多烹饪古籍丛书中均有记载，如《调鼎集》《食经》等。此糊适用于炸、烤、煎等多种烹调技法。此糊与各种素菜原料，如豆腐、蘑菇、芸豆、茄子等搭配在一起成菜，色泽、营养、质感效果俱佳。用于加热此糊的油温应在五六成热，油温不宜过高。

鸡蓉糊的代表菜品：鸡蓉芸豆、鸡蓉蘑菇等。

三、挂糊的操作方法

由于原料的性质不同和菜肴的要求不同，其挂糊的操作方法也有所不同。挂糊的操作方法大致有：拖、拌、抹、挤等几种。

（一）拖

拖就是将原料逐一放入调制好的糊中均匀上糊，然后拖出放入油锅或水锅中加热。如干炸鱼条、鸡糊菜心等。此法挂糊的特点是：裹糊均匀，厚薄一致，主要适宜于比较整齐规则的原料和外观要求比较高的菜肴。

（二）拌

拌就是将原料一起放在调制好了的糊中拌匀，然后分散放入油锅或水锅中加热。如酥皮花生、酥炸鱼等。此法挂糊的特点是：裹糊厚薄不一，成菜外表凹凸不平，不整齐，外观较差。主要适宜于比较细小或不太整齐规则的原料和外观要求不高的菜肴。

（三）抹

抹就是将调制好的糊涂在原料表面后直接放入油锅或烤箱中加热。如芝麻脆皮鸡、脆皮鲩鱼等。主要适宜于比较大型的原料或某些塑形原料。

（四）挤

挤是指左手舀糊，挤成丸子形，右手将原料嵌入糊丸中，然后右手拇指将嵌口抹平，再用小汤勺沾水将裹有糊的原料摘放于油锅或水锅加热，或摘放于抹过油的盘内，上笼蒸之。如龙胎仙子、虾糊干贝等。此法的优点是：成菜外表光滑，形态圆滚美观。主要适用于挂荤糊的小圆形原料。

四、挂糊的操作要领

（一）灵活掌握各种糊液的浓度

在挂糊时，应当根据原料性质、烹调的要求以及原料是否经过冷冻等因素，决定糊液的浓度。如较嫩的原料水分含量高，需用稠糊包裹才不致使原料中的水分外溢；反之，质老的原料因为本身水分缺乏则应补水。

（二）恰当掌握好各种糊液的调制方法

调制糊液时，必须掌握先慢后快、先轻后重的原则，并且要十分细致。打蛋泡糊时须将蛋清用力打透，能立住筷子时再加入淀粉。搅出的糊液必须均匀，糊中不能带有小颗粒，以防原料过油时小颗粒爆裂脱落，造成脱糊。

（三）用糊液将原料表面全部包裹起来

糊液包裹原料时应不留空白点，否则原料在烹调时，油会趁虚而入，使这部分原料质地变老、形状萎缩、色泽焦黄。把原料表面均匀地包裹起来，形成一个完整的保护层，这样加热才不会造成原料老嫩不均、色泽不均等现象。同时也避免没有包裹到的地方，容易造成失水、失鲜味、失营养等现象。

（四）要根据原料性质和菜肴的要求选用糊液

由于原料性质、形态、烹调方法和菜肴要求各异，糊液的选择十分重要。如要求色泽洁白的菜肴，必须选用一些无色的糊液（如蛋清糊、蛋泡糊等）。

（五）挂糊操作时要灵活应变

水分较多、表面光滑的原料挂糊时，可在原料表面拍上一层干粉后再挂糊，然后再拖入调制好的糊内，最后下锅油炸。这样可使干粉吸收原料表面的水分，同时使原料更为平整，使糊更加容易附着，避免脱糊现象的发生。

由于各地菜点的特色不同，制作糊液的方法及用料也有一定的差异，要掌握好挂糊的技能，就必须在实践中不断地摸索与总结，只有掌握好挂糊的规律，才能做出色、香、味、形俱佳的菜肴。

思政小结 ▶ 产品质量与“工匠精神”

小结导入： 史正良大师在全国首创“太白诗酒宴”，还开发设计了“中华文昌宴”“桔根养生宴”“田园百鸡宴”等。他的代表菜品有：鱼香虾球、白汁鱼肚卷、一品豆腐、峨眉松鼠鱼等品种。这些宴席和代表菜品就是餐饮行业的“口碑”，口碑就是对“质量”的保障。

思考讨论： 请谈谈如何才能拥有高质量的产品。

分析强调： 高质量的产品并不是凭包装得到的，而是相关人员长期刻苦训练与钻研、孜孜以求的结果，这正体现了今天大力倡导的“工匠精神”。专业院校师生应该大力弘扬“工匠精神”，在学习中一丝不苟，刻苦钻研，追求卓越。

第四节 拍粉工艺

所谓“拍粉”，就是在原料表面粘拍上一层干淀粉，以起到与挂糊作用相同的一种方法，所以拍粉也叫挂“干粉糊”。干性粉粒包括面粉、干淀粉、面包粉、椰丝粉、芝麻、干果碎等原料，其主要作用是使原料吸水固型、增强风味，并具有一定的保护作用。拍粉被广泛应用于炸、煎、熘类菜肴之中，原料经拍粉后，受热变形率较小，并且有外层金黄香脆、内部鲜嫩的特点。一般拍粉的菜肴比挂糊更为香脆，但嫩度稍欠。拍粉有如下方法。

一、干拍粉

即直接将干粉拍粘在原料上，无上浆过程，作用于对原料吸收水分，强化固型。以鱼拍粉为主要形式，方法是先将原料腌渍，带湿拍粉，形成外壳。适用于熘菜，如菊花青鱼、松鼠鳜鱼等。特点是条纹清晰，物面平整，成形方便美观，但嫩度不够。

二、上浆拍粉

即先上浆后拍粉。上浆的作用是加强对原料的嫩度保护和粉粒的附着性，适用于板块面的生肉原料，但不适应复杂花形。特点是外脆里嫩，形体饱满，但条纹难以清晰。

三、拖蛋液拍粉

即原料腌渍入味后裹上蛋液再拍粉。蛋液中可以加入适量面粉调成蛋糊增加其黏性，这种方法对于粉料的裹附性最佳，适合于大多数原料，尤其适用于高温油炸成熟，成品外香松酥脆、里鲜嫩。

拍粉时要注意现拍现炸，这是因为粉料非常干燥，拍得过早，则原料内部水分被淀粉吸收，经高温炸制后原料质地会发干变硬，失去外酥脆、里鲜嫩的效果，影响菜肴的质量；同时，粉料吸水过多也会结成块或粒，造成表面粉层不匀，炸制后外表不光滑美观，也不酥脆。所以，拍干粉时，现拍现炸为宜。

思政小结 ▶ 学而不思则罔

小结导入： 在追求上进的道路上，学习、实践和思考是一个循环往复的过程，三者关系密切，缺一不可。爱迪生热爱学习，对好奇的事物喜欢亲自试验，一次次的失败并没有让他停止研究，通过不断思考、总结和尝试，最终成为举世闻名的“发明大王”。

思考讨论： 在学习烹饪工艺技术的过程中，需要学习爱迪生身上的哪些品质？为什么？

分析强调： 在学习和实践烹调技术的过程中，应懂得反思总结，举一反三，才能为实践活动提供更好的理论指导，为本领打牢基础，切实提高综合能力。

第五节 勾芡工艺

勾芡是指根据烹调要求，在菜肴加热后期即将成熟起锅时，加入以淀粉为主要原料调制的粉汁，使锅内汁液变浓黏附或部分黏附于菜肴之上的操作方法。芡汁是指勾芡前以湿淀粉加入调味料、汤汁调制而成的混合物。有时也把勾芡后锅中形成的黏稠状的胶态汁液称为芡汁。

勾芡工艺

勾芡是我国烹饪的基本技法之一。勾芡的好坏，对菜肴的鲜美入味、原料与汤汁的相互融合以及菜肴在视觉上的色彩鲜艳、光亮明洁都起着十分重要的作用。一般来讲，勾芡往往是制作菜肴的最后一道工序。如果勾芡失败，则无论你前面的制作工艺是如何完美，菜肴的调味是如何的适口，都将会因此而导致菜肴制作的失败，前功尽弃。

一、勾芡的机理

勾芡对菜肴的鲜美入味，原料与汤汁的相互融合以及形成菜肴的光洁明亮都起着非常重要的作用。然而在勾芡的过程中，芡汁内的淀粉在锅内受热状况下是如何发生一系列变化的，勾芡后的菜肴的卤汁又是怎样形成黏稠性的?

在烹调制作中，常用的淀粉原料有马铃薯淀粉、玉米淀粉、豌豆淀粉、木薯淀粉、绿豆淀粉等。天然淀粉可分为两种分子结构，即直链淀粉和支链淀粉。在勾芡的时候，所用淀粉原料中支链淀粉的含量高低与勾芡后菜肴卤汁的黏度大小有关系。一般来讲，淀粉中支链淀粉含量高的淀粉糊化时形成的卤汁黏度大，并与原料黏附得较紧，而支链淀粉含量低的，则糊化时形成的卤汁黏度要小一些，与菜肴原料黏附得也较为疏松一些。

二、勾芡的作用

（一）增加菜肴汤汁的黏性和浓度

一般菜肴在烹调时，都需要加入一些水（汤）以及液体调味品，有时原料在加热时还会流出一些水分来，成为菜肴的汤汁。由于这种汤汁稀而不黏，附着能力差，难于裹附于菜肴上。通过勾芡后，菜肴的汤汁变得浓稠，附着能力大大地增强。

（二）增加菜肴的口味

菜肴勾芡后，汤汁中的混合滋味随之黏附于菜肴上，菜肴的口味也随之更加浓厚鲜美。其原因主要有两个方面。其一，由于原料内部的呈鲜味物质与调味品均溶于水。在烹调中为了加快制作的时间，往往需要添加鲜汤等，促使原料成熟和入味。由于加热时间短，溶于汤汁中的鲜味和其他调味品不能马上被原料吸收，使鲜味与调味品的滋味均溶于汤汁中；其二，原料本身的吸附能力有限，不可能在较短的时间内将所有的鲜味和其他调味品滋味吸附进来，相对来讲菜肴的滋味就不浓厚。通过勾芡能促使汤汁黏稠度增大，吸附力增强。这样就很容易使菜肴的表面均匀地吸附芡汁，使菜肴具有较强的滋味。

（三）增加菜肴的光泽和润滑性

颜色与光泽是相辅相成的。一道菜肴的颜色如果没有光泽度，则是不完美的。勾芡能增加菜肴的光泽，主要原因是粉汁加热糊化后，不仅变黏增稠，而且透明、润滑、光亮，尤其是在与油和多量的糖混合加热时，其糊化物（芡汁）更为透明、油润，裹附于菜肴上后，菜肴显得格外光亮、润滑。

（四）增加菜肴的美观

菜肴着芡后，形态丰满不瘪。此外，有些菜肴在勾芡时，需要在粉汁中加入一些鲜红的红辣椒蓉、番茄沙司、咖喱酱、糖色、酱油之类的调料，以增加菜肴的口味和丰富菜肴的色彩。当菜肴裹上这种芡汁时，就犹如穿上了一件明亮而美丽的彩色外衣，打扮得非常漂亮。

（五）使菜与汤汁融合

菜肴勾芡后，可使菜与汤汁融为一体。如爆、炒类的菜肴，经勾芡后，汤汁能紧包原料。否则，菜汤分家，不仅味道不佳，同时出品也不美观。又如羹类和有些汤菜，经勾芡后，菜汤交融，汤汁柔和润滑，菜肴滑嫩鲜美。

（六）保持菜肴的温度

菜肴的温度直接关系到菜肴的质地和口味。俗话说：一热顶三鲜，是指菜肴具有一定的热度。菜肴的滋味、质感、光泽均能处于最佳状态。其原因是淀粉糊（芡汁）具有恒温性好、散热慢的特点。芡汁裹附于菜肴上，可使菜肴的热量消失减缓，从而起到一定的保温作用。

三、芡汁的种类和应用

由于不同菜肴的烹调方法不同，芡汁的稠稀程度也要求不同。按其稠稀的情况来分，可分为厚芡（稠芡）和薄芡（稀芡）两大类。

（一）厚芡

厚芡又分为包芡和糊芡。

包芡多用于炒、爆、滑熘等旺火速成类菜肴，使用的粉汁最稠。此类菜肴由于加热时间短暂，各种液体调味品和汤汁难于渗透到主料里。经过勾芡后，由于汤汁的黏性和浓度增加，使得芡汁均匀地包裹在原料的表面上，吃完之后盘内见油不见芡。由于淀粉的凝胶受热透明光泽，因而使菜肴和调味品的色泽鲜明、光亮，菜肴的外形丰满、美观。包芡代表的菜品有：油爆双脆、炒腰花、鱼香肉丝、宫保鸡丁、木耳肉片等。

糊芡多用于烩、焖等烹调方法制作的菜肴，它以汤汁宽、浓稠度大为基本特征。这类菜肴由于汤汁较多，原料表面不宜黏附汤汁。勾芡之后，汤汁呈糊状，部分黏附于原料表面，部分流动于原料之间，可达到汤菜融合、口味滑柔、光润明亮的效果。糊芡代表的菜品有：三鲜鱼肚、口袋豆腐、奶汤烩银丝等。

（二）薄芡

薄芡分为流芡和米汤芡。

流芡又称奶油芡、玻璃芡。它多用于大型或整形的菜肴，也适合大批量制作的烧、焖、扒、炸熘等烹调方法，其特点使粉汁较稀、浓稠度较小。一般是菜肴装盘后，再将锅中的卤汁加热勾芡，然后浇淋在菜肴之上。一部分粘在菜肴上，一部分呈琉璃状态。芡汁透明光亮，食后盘内剩余部分芡汁。流芡又分两种，一种为“油发芡”，勾芡时粉汁较多，芡汁烧浓稠，经过锅内推搅，加热振荡，使油与汁融合，形成琉璃状。其特点是光滑、明亮，浇在菜肴表面，水分不易渗入，保持了菜肴外酥脆、内软嫩的风味特点。如松鼠鱼、糖醋里脊。另一种为“白汁芡”，该芡一般不用底油，有透明、洁净的特点。它是在菜肴起锅之后将芡汁浇在已经装盘的菜肴上。此法适用于造型要求整齐美观、但不宜在锅内翻拌。通过浇上流芡，使菜肴汤汁融合在一起，从而增加了菜肴柔软、滑嫩的质感。如东坡肘子。

米汤芡多用于烧、煮等烹调方法制作的菜肴，它的浓稠度较流芡小，是芡汁中最稀的一种，目的是把汤汁调浓，促使汤、菜融合。具体做法是：当锅内菜肴已接近成熟时，一手持锅缓缓晃动，一手持芡汁均匀地淋入。边淋边晃，哪里冒泡，淋在哪里，至汤汁变浓，汤、菜融合为止。由于淀粉凝胶的保水性可产生柔润滑嫩的特殊风味。菜肴通过勾芡后，汤汁变浓，使主料显得滑润、丰满而不干瘪，增大了汤汁的浮力，使主料上浮、突出，可改变见汤不见菜的现象。米汤芡一般采用淋入晃匀法，或者用手勺推动菜肴原料，使其和芡汁融合在一起。米汤芡主要适用于一些花色菜和汤菜，如金钩菜心、金鱼闹莲、迎春鸡脯、酸辣汤等。

四、芡汁的调制与使用

（一）单纯芡汁

单纯芡汁又称跑马芡，是由淀粉和水调匀而成。这种粉汁又叫水淀粉。水淀粉沉淀后的淀粉块称之为湿粉团。单纯粉汁一般都是预先调好，使用时，随用随取，要多少取多少。这种粉汁每调一次的数量较多，一般都是够一餐的菜肴之量。但也不宜调得过多，以免变馊变酸，尤其是夏天，更易变质，当天调当天用。

单纯粉汁的淀粉与水的比例，一般以1∶5为宜。这种浓度的粉汁，能适用于较多的菜肴。但是，由于菜肴的品种不同和菜肴的烹调方法不同，所使用的粉汁浓度也有所不同。所以，还得根据具体情况灵活增加或降低粉汁的浓度。

（二）调味芡汁

调味芡汁又称兑味芡汁，它需要用的是混合粉汁，是用细淀粉（或湿粉团）加上一定数量的水（汤）以及各种调味品调匀而成。这种粉汁是在菜肴烹调前把这道菜所需用的各种调味品和淀粉与水（或汤）放入碗内调匀，在菜肴出锅前倒入锅中；或倒入锅中烧热的底油中，调成芡汁后，再和入过油后的原料，或将芡汁浇在烹好装盘的菜肴上。餐饮业中，很多厨师称调味芡汁为“碗芡”。

混合粉汁的淀粉与水的液体调料比例是1∶20，即每100克干细淀粉加入2000克的水和液体调料。调制时，首先，应该确定液体调料的数量，然后，再决定掺水后的数量。如所需加的液体调料多，水量则应相应减少；如所需加的液体调料水少，量则应相对增加。如每盘菜肴所需混合粉汁一般为150克左右，其中干细淀粉6克左右，水或汤为90克左右，各种调料的总重量为54克左右。混合粉汁主要适用于爆、炒、熘等旺火速成的菜肴。使用这种粉汁有利于缩短烹调时间，保证菜肴的脆嫩性。

五、勾芡的操作方法

一般依据烹调技法和菜肴要求而定，大体上可分为拌、淋、浇三种方法。

（一）拌

此法多用于炒、爆、熘等菜肴的烹制。这类菜肴要求旺火速成，着厚芡，芡汁全部包裹在原料上。具体的操作又可分为两种方法：一种是在菜肴接近成熟时，放入粉汁，然后连续翻锅或拌炒，使粉汁均匀地裹在菜肴上；另一种是将调味品、汤汁、粉汁入锅加热，至粉汁完全糊化变黏时，即通常所说的芡粉成熟了，将已过油的原料再投入，再连续翻锅或拌炒，使芡汁均匀地裹在菜肴上。

（二）淋

淋法多用于煮、烧、烩等烹调方法，要求汤汁稠浓，促进汤菜融合。具体操作方法是：当菜肴接近成熟时，一手持锅缓慢晃动，一手持芡汁均匀地淋入，边淋边晃，直至汤菜融合为止。有的菜肴也可以边淋芡，边用手勺在锅中轻轻搅动，使之均匀，虽手法不同，但效果一样。

（三）浇

此法多用于熘或扒的菜肴，特别是整形大块的原料。这类菜肴一般要求菜形整齐美观，不宜在锅中翻拌，或体积较大，不易在锅中颠翻，因而采用浇法较为合适。具体操作方法是：将成熟的原料装入盛器中，再把芡汁倒入锅中加热，待芡汁受热变黏稠时，把芡汁迅速地浇到盛器中的菜肴上。

六、影响勾芡的因素

（一）淀粉的种类

用于勾芡的淀粉，宜选用洁白、细腻、无渣滓、无泥沙杂质、无酸馊异味的淀粉。用于名贵、高档、精致的菜肴勾芡的淀粉，应该选用优质的淀粉，以保证芡汁和菜肴的质量。爆、炒、熘、扒、烧的菜肴宜选用恒水性能好，附着能力强的绿豆淀粉、荸荠淀粉、马铃薯淀粉、番薯淀粉；烩菜和某些要求透明清澈的芡汁宜选用木薯淀粉，因木薯淀粉调制的芡汁非常柔滑，特别透明、清晰，使芡汁中的各种菜肴可一目了然。

（二）加热的时间

不同淀粉的糊化温度不一样，达到糊化温度并加热一定时间以后，淀粉才能完全糊化。一般来讲，加热温度越高，糊化速度越快，所以勾芡在菜肴汤汁沸腾以后进行较好，这样能在较短时间内使淀粉完全糊化，完成勾芡操作。在糊化过程中，菜肴汤汁的黏度逐渐增大，完全糊化时最大，之后随着加热时间延长，黏度会有所下降。

（三）淀粉的浓度

要掌握好粉汁的浓度。粉汁的浓度是否恰当，对菜肴的质量影响很大。粉汁过浓，芡汁过稠，成菜黏黏糊糊；粉汁太淡，芡汁太稀，附着能力差。勾芡时，汤汁多的菜肴，粉汁可稍浓些；汤汁少的菜肴，粉汁可略淡些；有些胶性大的菜肴，粉汁宜淡些，或者不勾芡。

（四）有关调料

掌握好菜肴的油量。在菜肴勾芡时，锅内菜肴的油量不宜过多，否则勾芡后菜肴的卤汁不易包裹住菜肴，菜肴的汤汁也不易完全融合。出现这种现象主要有两方面的原因。第一，勾芡时锅内菜肴的油量如过多，芡汁下锅后有部分淀粉颗粒就会被油层所包围，在颗粒外层形成一层油膜。处在油膜内的淀粉颗粒由于与油膜外菜肴汤汁中的水相隔离，使得淀粉颗粒不能充分地吸水膨胀，致使芡汁中部分淀粉颗粒糊化受到抑制，并且糊化程度不均匀，糊化不彻底。第二，锅内菜肴的油量过多，会使淀粉糊化后的胶体各小区域之间由于油脂的阻隔，不能很好地相互联结成整体的网状胶体，这也在一定程度上削弱了淀粉糊化后的黏稠性，由于这两方面的原因都影响到淀粉糊化后的黏稠性，从而产生勾芡后菜肴卤汁的黏度不高，卤汁与菜肴原料相分离，菜肴汤汁的融合度不好等现象，使得勾芡效果不佳。

为了避免这些现象的发生，可以在菜肴勾芡前将菜肴中过多的油脂去除一部分，这样就可使淀粉在勾芡的过程中容易发生糊化，淀粉的糊化程度也容易达到均匀一致，糊化后形成的糊化物黏度较高，从而达到预期的勾芡效果。对于某些菜肴因制作上的需要而加入明油的，可以等锅内淀粉完全糊化以后，再沿着锅边加入适量的油脂即可。

（五）温度

芡汁下锅后，锅内菜肴的温度会有所降低，这就使芡汁中的淀粉要达到完全糊化必须经过一段加热升温的过程。对于同一种淀粉来说，淀粉颗粒的大小不同，其糊化温度也不同。较大的淀粉颗粒因为结构较疏松，淀粉分子本身的彼此结合力较小，所以容易发生糊化，所需的糊化温度也较低。而颗粒较小的淀粉粒因为结构较为紧密，分子本身的结合力较大，糊化也比大颗粒淀粉难，所需的糊化温度也较高。

对于不同种类的淀粉，糊化温度随着淀粉中的直链淀粉含量不同而不同。淀粉中直链淀粉的含量越高，则颗粒内有序排列的结晶区域越大，结晶越紧密，它的分子内结合力较大，使得糊化较为困难。与此相反，淀粉内含支链淀粉较多的淀粉，其糊化要容易些。

烹饪时外界所提供的热量就是破坏芡汁中淀粉分子内的结合力，使得原来紧密的结构逐渐变得疏松，氢键断裂，最终导致淀粉的完全糊化。每一种淀粉就其糊化温度来说，又可分为糊化开始温度（TO）、糊化中间温度（TP）和糊化终了温度（TC）三个阶段。只有当温度达到糊化终了温度时，淀粉的糊化才能算完全彻底。表5-2所列的是几种常见淀粉的糊化温度。

表5-2　几种常见淀粉的不同糊化温度

淀粉品种	糊化温度范围/℃		
	开始温度（TO）	中间温度（TP）	终了温度（TC）
马铃薯	58.0	62.0	66.0
山芋	52.0	59.0	64.0
小麦	59.5	62.5	64.0
大米	68.0	74.5	78.0
普通玉米	62.0	67.0	70.0
黏质玉米	63.0	68.6	72.0

因此，在菜肴勾芡的过程中，芡汁下锅后引起的锅内温度下降，就必须继续加热升温，直至芡汁的温度达到或超过了淀粉糊化终了温度，芡汁中的淀粉才能糊化完全。在烹饪实践中，如常见的炒鱼片、炒腰花等菜肴，都是先将主料（如鱼片、腰花）过油锅捞起，再另炒配菜，进行调味和勾芡，最后倒入主料拌合而成。在主料下锅之前，一定要等锅内芡汁中的淀粉完全糊化后才能下主料。如果主料下锅过早，此时芡汁中淀粉还未完全糊化，待到完全糊化后，主料却因在锅内受热时间过长，已失去其嫩感，达不到菜肴预期的效果和要求。

七、勾芡的注意事项

（一）把握好勾芡的时机

勾芡必须在菜肴成熟或接近成熟时进行。过早或太迟都会影响菜肴的质量。过早，菜肴未到成熟的程度，或汤汁达不到所需要的浓度；太迟，有些原料会变色失脆或出水，有些菜肴因加热时间过长，还会出现汤汁不足的现象。此外，经过油后的原料，也要立即着芡，才能保持菜肴的香酥或脆嫩。

（二）要掌握好粉汁的用量

1．粉汁的用量不可过多或太少

粉汁多了，芡汁过量，甚至太稠；粉汁少了，芡汁不足或太稀。勾芡时，还要视菜肴的汤汁多少和原料过油后的干湿度如何来灵活掌握其用量。菜肴汤汁偏多、原料过油后较湿，粉汁的用量宜浓宜少；菜肴汤汁偏少，原料过油后较干，粉汁的用量宜淡宜多。这样，芡汁的稠度和数量才能达到恰到好处的标准。

2．勾芡时锅中的汤汁必须恰如其分

汤汁过多或过少，会使芡汁过多或太少。芡汁过多，成菜黏黏糊糊，口味淡薄；芡汁太少，成菜枯干不润，口味浓重。菜肴在烹调时，要根据菜肴的加热时间长短和火力大小，以及菜肴的数量多少来比较准确地投放汤水和液体调味品，使菜肴的汤汁不多和不少。有些加热时间长的菜肴，较难一次性将汤水放准，因此，难免会出现过多或过少的现象。如果出现汤汁过多或过少的话，可用旺火收浓一些或再掺些开水，然后再勾芡。

（三）水淀粉的稀稠度要准确

要掌握好粉汁的浓度。粉汁的浓度是否恰当，对菜肴的质量影响很大。粉汁过浓，芡汁过稠，成菜黏黏糊糊；粉汁太淡，芡汁太稀，附着能力差。勾芡时，汤汁多的菜肴，粉汁可稍浓些；汤汁少的菜肴，粉汁可略淡些；有些胶性大的菜肴，粉汁宜淡些，或者不勾芡。

（四）粉汁要调匀

调制粉汁时，呈块粒状的淀粉应先加少量水调成粉团，用手搓匀，再加足水量调匀，这样调制的粉汁均匀、细腻、无颗粒。如粉汁未调匀，芡汁则不匀滑，并有糊粒出现。

（五）勾芡须先调准色、味

用单纯粉汁勾芡，必须在菜肴的口味、颜色已经确定后进行。菜肴勾芡后，再加调料，则无法补正其口味和颜色的缺点。因为，后补的调料难以与芡汁混合均匀，更难透过菜肴上

的芡糊层而渗入到原料内部，因而起不到调味和调色的作用。

（六）勾芡时火力要适当

火力的大小对芡汁的影响很大。勾芡的火力大小，需按照不同的烹调方法和不同的菜肴要求来决定。一般来说，汤汁油量少、胶性大的菜肴，宜使用小火勾芡。因为汤汁油量少或胶性大的菜肴，在大火的情况下，勾芡搅拌时，粘在锅壁上的芡汁极易烧焦，烧焦物落入芡汁中后，会严重影响芡汁和菜肴的质量。所以这类菜肴勾芡时火不宜大。汤汁油量较多、无胶性（或胶性极小）的菜肴，宜使用中火或旺火勾芡。用爆、炒、熘等烹调方法烹制的菜肴宜旺火勾芡；用烧等烹调方法烹制的菜肴宜中火勾芡；用烩、扒等烹调方法烹制的菜肴宜小火勾芡。

勾芡虽然能改善菜肴的口味和外观，但是不能一概而论，绝不是说凡是爆、炒、熘、烧、扒、烩等烹调方法烹制的每一道菜都一定要勾芡。有的菜肴勾芡后会适得其反，如炒鸡蛋、干爆牛肉丝、炒韭菜、干烧鲫鱼等，这类菜肴勾芡后，口感变差，外观欠佳，失去了应有的美感。所以，勾芡应结合实际，合理采用，使烹制出来的菜肴达到美的顶点。

课后练习题

思政小结 ▶ 端正思想认识，理解吃苦耐劳的重要性

小结导入：“故天将降大任于是人也，必先苦其心志，劳其筋骨，饿其体肤，空乏其身，行拂乱其所为，所以动心忍性，增益其所不能。”上天将会把重大的责任降给那些敢于吃苦的人，“不经一番寒彻骨，怎得梅花扑鼻香”。吃得了苦，在挫折面前不低头，终会成功。

思考讨论：讨论吃苦与成功之间的辩证关系。

分析强调：吃苦耐劳是获取成功的秘诀，是每一位成功人士具备的基本素质和基本条件。要想在烹调技术方面有所突破，吃苦耐劳是必不可少的。天上不会掉馅饼，一分耕耘一分收获，只有付出艰辛的努力，才会掌握高超的技术，才能取得职业道路上的成功。

06 第六章 CHAPTER

优化调配工艺

学习目标

1. **掌握：** 烹饪中常见着色剂的种类及烹饪运用；烹饪中致嫩的方法；菜肴香气的来源及调香的原则；常见调味料在烹饪中的作用；常见味型的种类、制作方法及生产运用；制汤的概念及原料的选择；高级清汤、高级奶汤制作的方法及烹饪运用。蓉胶的工艺流程、常见种类及烹饪运用。

2. **熟悉：** 菜肴色泽的来源；着色工艺的具体要求；致嫩工艺的概念及影响因素；调香的基本原理及操作的方法；味觉的概念及共性；味觉的心理现象；厨房常见符合调味品的制作方法及烹饪运用；调味的基本原理、作用及方法。汤味鲜香、汤质黏稠、汤色形成原理；制汤的基本要求；蓉胶形成的原理。

3. **了解：** 着色工艺的概念及意义；肉类致嫩的可行性；不同烹调方法所产生的嗅觉特征；味的分类及特性；调味品的保管方法；调味的常见规律。蓉胶的作用及常见原料。

对烹饪原料原有的营养成分、风味特性（色、香、味、质）以及形态等方面进一步提高和改良的加工工艺，叫作优化调配工艺。它是原料经过初加工、刀工、码味等基础工艺后，进行品质再提升的工艺过程。优化调配工艺包括：着色工艺、调香工艺、调味工艺、致嫩工艺、制汤工艺、蓉胶工艺。优化加工能使原料具有更好的工艺性、适用性，对促进食客生理与心理的调节发挥着重要的作用，以满足不同层次人群的烹饪需求。

第一节 着色工艺

色、香、味、形是我们对烹饪菜肴好坏的最直接和最显著的感官评价指标。颜色是烹饪菜肴给人最直观的感受。早在春秋时期，孔子的《论语》曰：“色恶，不食。”我国台湾著名哲学家张起钧先生曾在他的《烹调原理》一书中提到：“先声夺人不如先色夺人。”美好的色泽一直是烹饪工作者追求的目标。随着时代的不断发展，人们对于美好色彩的追求也越来越高，正所谓“秀色可餐”。因此，美好的色泽可以使人心情愉快，赏心悦目，而且可以增进人们的食欲。

着色工艺就是指在烹饪过程中，为了改善菜肴色泽，运用各种有色调料和调配手段，对需要加工烹制的原料进行渲染，让原料色泽发生变化以达到增加菜肴色泽，使菜肴美观的工艺过程。

一、着色加工的意义

菜肴的色泽在一定程度上能反映出菜肴的风味度。通常情况下，洁白表示细嫩，姜黄表示油润，酱红表示醇浓，翠绿表示新鲜，鲜红表示香辣，金黄表示酥脆，乳白表示醇厚等。每一种菜肴都有其特定的色泽和内涵。因此，不良的菜肴色泽是无法体现其正常风味的。

菜肴的色泽对人的心理有很大的影响。色泽不美观往往会导致顾客的食欲下降，降低食用效果。比雷氏实验认为：红色促进食欲最大、橙色次之、黄色稍低、绿色回升、蓝色高一些、紫色差一些。因此，菜肴的色泽又被称为心理味觉之一和营养性色彩。着色工艺能美化菜肴的色泽，辅助并增强菜肴对应风味的表达，并对人的心理调节、提高进餐效果起到了一定的作用。

二、菜肴色泽的来源

要想使最后成菜的色泽达到理想效果，就必须先要深入了解菜肴色泽的来源，这样才能在烹制过程中更好地对菜肴的色泽进行处理，使好的色泽得以保存，不好的色泽得以去除。

（一）原料的自然色泽

烹饪菜肴大多数因含有呈色物质而显出颜色，烹饪原料自身固有的颜色，是没有经过任何加工处理的自身色彩，尤其是蔬菜的颜色和水果的颜色相对较多。蔬菜中的色素和呈色前体物质主要存在于像叶绿体和其他有色体等蔬菜的细胞质包含物中，同时较少地溶解在脂肪液滴以及原生质和液泡内的水中。在植物性原料中，有叶绿素、类胡萝卜素、黄酮色素、花色苷类色素、酯类化合物和其他类色素以及单宁等。如红色的番茄、红椒、山橘、鲜肉、辣椒油等；绿色的青菜、黄瓜、青椒、菠菜；紫色的茄子、紫菜头、紫色甘蓝；黑色的木耳、黑米等，这些色彩正是菜肴原料自然美的体现。肉及肉制品的色泽主要是由肌红蛋白及其衍生物决定。随着生活物资的日益丰富，人们在选择菜肴时也逐渐意识到要最大限度地保持和体现出烹饪原料固有的天然色彩。

（二）加热形成的色泽

菜肴原料在加热过程中，自身含有的呈色部分等会在加热的条件下发生化学变化，改变其原有的色泽。如菠菜、青菜等绿色蔬菜类原料经过焯水或加热处理，颜色可以变得更翠绿或变暗，这是因为叶绿素在瞬间的加热过程中，水解成比较稳定的、呈鲜绿色的叶绿酸盐，使绿色更绿且其在弱碱冷却条件下更为稳定。而一旦过度加热，就会使叶绿素发生脱镁反应生成褐色的脱镁叶绿素，从而改变其颜色。水产原料类，如青褐色的虾蟹类经过加热后，虾蟹外壳中所含的虾青素会发生变化而呈红色。红色肉类原料中所含的主要呈色物质血红素，经过加热处理，其所含的血红素中的亚铁极易被氧化成高铁，从而失去鲜红色而变成灰褐色等。所以，在制作菜肴时原料选择相当重要，如炒鱼片，就不能选用带有血红色素（即红肌纤维）部位的鱼肉，以免鱼丝颜色达不到质量要求，影响了整道菜肴的品质。

（三）调料调配的色泽

中国烹饪工艺是一种复杂的调配工艺，就其添加的调味品而言，数量不亚于数十种，有的菜肴多达几十种。与此同时，烹饪中所使用的各种调味品也构筑了丰富的菜肴色彩。在烹饪过程中利用预烹饪上色，在烹饪过程中使用某些调料，通过加热产生一定的化学变化才能产生相应的颜色。例如著名的北京烤鸭、烤乳猪等菜肴中使用的酱油、饴糖、蜂蜜、麦芽糖、黄酒等，其用量及比例，直接关系到菜肴的色泽和成品质量。

（四）色素染成的色泽

烹饪中较为常用的着色剂主要包括天然色素和人工合成色素。其中天然色素分为：植物色素如叶绿素、类胡萝卜素、花青素等；动物色素如血红素、卵黄和虾壳中的类胡萝卜素；微生物色素如红曲色素。烹饪中常见的有叶绿素、类胡萝卜素、红曲色素等。在烹饪中允许使用的人工合成色素，主要包括苋菜红、胭脂红、日落黄、柠檬黄、靛蓝等。人工合成色素具有色泽鲜艳、化学性质稳定、着色力强的特点，但这类色素属于食品添加剂，应严格控制其使用量。

三、常见着色剂及运用

（一）焦糖着色

美拉德反应是指单糖或还原糖的羰基能与氨基酸、蛋白质、胺等含胺基的化合物进行缩合反应，产生具有特殊香味的棕褐色缩合物。焦糖化反应是指糖类在没有氨基化合物存在的情况下，加热到熔点（140～170℃），产生挥发性香味且褐色物质的现象。糖类在无水条件下加热，温度较低时主要发生异构化、脱水和苷元移位等反应，结果缩聚成深色的焦糖。我们以蔗糖为例，蔗糖在温度达200℃时发生分子内苷元移位和脱水，失去1分子水生成异蔗糖酐，这是焦糖化的初始阶段，继续加热失水达9%时，形成焦糖苷色素，进一步加热则生成焦糖烯。同时，蔗糖还会发生降解反应，即糖类在加热温度较高时发生的碳链的断裂，生成分子质量较小的醛、酮、呋喃类化合物等（这种类型的反应要求的温度条件在烹调实际操作中很难达到）。

羰氨反应和焦糖化反应在烘烤、炸制以及原料的初步熟处理时经常发生，使原料产生金黄、金红乃至深红的色泽。对于此类菜肴或半成品色泽的调制，应从掌握烹制时火力着手，既要防止火力过大，菜品成熟时色泽过深；又要防止火力过小，菜品成熟时色泽过浅。普通方法生产的焦糖色，其在果酱中的最大使用量为1.5克/千克，在面糊（用于鱼和禽肉的拖面糊）、裹粉、煎炸粉、果冻、酱及酱制品、复合调味料、焙烤食品馅料及表面挂浆中可按生产需要适量添加。

（二）色素染色

1. 人工色素

人工色素是以煤焦油酚为原料合成的焦油色素。人工色素耐光、热、还原剂，耐酸、耐碱性均比天然色素要强，染着力也要好一些。一般在食品加工中被广泛使用。研究表明，一般人工色素都有不同程度的毒性，有的甚至有致癌性。因此，在使用方面国家进行了严格的限制。我国对人工合成色素的限制较严，据国家《食品安全国家标准 食品添加剂使用标准》（GB 2760—2024）批准使用的食用合成色素有7个品种，即天然苋菜红、胭脂虫红、柠檬黄、日落黄、靛蓝等。下面介绍几种餐饮中常见的人工色素：

①天然苋菜红：天然苋菜红又名酸性红27、食品红2，鸡冠花红。它是一种水溶性偶氮类着色剂，为有机化合物。苋菜红为红褐色或紫红色颗粒或粉末，呈紫红色，不溶于油脂。苋菜红可用于糖果、糕点上彩装、果冻、装饰性果蔬中，其最大的使用量为0.25克/千克。

②胭脂虫红：胭脂虫红又名食用红色7号、大红、亮猩红。它是一种水溶性偶氮类着色剂。胭脂红为红色或暗红色粉末，不溶于油脂，耐光、耐热性好，遇酸稳定，遇碱变褐。胭脂虫红在果酱中的最大使用量为0.6克/千克，在面糊（如用于鱼和禽肉的拖面糊）、裹粉、煎炸粉、熟肉制品中最大使用量为0.5克/千克，在焙烤食品中最大使用量为0.6克/千克。

③柠檬黄：柠檬黄又称酒石黄、酸性淡黄、肼黄。柠檬黄为橙黄色颗粒或粉末，易溶于水，呈黄色，难溶于油脂，遇光、酸不变色，遇碱变红。柠檬黄在果酱中的最大使用量为0.5克/千克，在腌渍蔬菜、熟制豆类、装饰性果蔬、糕点上彩装、香辛料酱中最大使用量为0.1克/千克，在焙烤食品馅料及表面挂浆中最大使用量为0.05克/千克，在面糊（如用于鱼和禽肉的拖面糊）、裹粉、煎炸粉中最大使用量为0.3克/千克。

④日落黄：日落黄为水溶性偶氮类着色剂。它是橙红色的颗粒或粉末，易溶于水，呈橙色，不溶于油脂，耐光、耐酸性强，但遇碱呈褐色。日落黄在蜜饯凉果、熟制豆类、糕点上彩装中最大使用量为0.1克/千克，在面糊（如用于鱼和禽肉的拖面糊）、裹粉、煎炸粉中最大使用量为0.3克/千克，在果酱中最大使用量为0.5克/千克。

⑤靛蓝色素：靛蓝为水溶性非偶氮类着色剂。它是暗蓝色粉末，溶于水，呈靛蓝色，不溶于油脂，其对光、热、酸、碱十分敏感，用于混合色不稳定。靓蓝色素在腌渍的蔬菜、可可制品、糕点上彩装、饼干夹心馅料中最大使用量为0.1克/千克，在装饰性果蔬中最大使用量为0.2克/千克。

人工合成色素用于食品着色有很多优点，例如色彩鲜艳、着色力强、性质较为稳定、结合牢固等，这些都是天然色素所不及的。但人工合成色素的安全性问题日益受到重视，各国对此均有严格的限制，因此餐饮中实际使用的品种正在减少。人工合成色素对儿童的智力发育、肝脏的解毒功能等都有一定的危害。同时，人工合成色素还有一定的致癌性。

2．天然色素

食物中天然色素就来源而言，可分为动物色素、植物色素和微生物色素三大类，以植物色素最为缤纷多彩，是构成食物色素的主体。这些不同来源的色素若以溶解性来区分，可分为脂溶性和水溶性色素。从化学结构类型来区分，可分为吡咯色素、多烯色素、酚类色素、吡啶色素、醌酮色素以及其他类别色素。可以说，色素存在于绝大多数食物体之中。下面介绍几种烹饪中常见的天然色素：

①红曲米色素：红曲米色素是大米在红曲菌中发酵而成的一种色素。它是不规则的米粒状，优质红曲外表呈棕红色和鲜红色，质地疏松，断面呈粉红色，无白心，微带酒酸气，味微苦。红曲色素不溶于水，溶于乙醇等有机溶剂中，用量不限，几乎无毒。在烹饪中，它广泛运用于卤类、烧类、烤类等菜肴的上色。

②虫胶红色素：虫胶红色素又叫紫胶红色素。它是一种动物色素，是紫胶虫分泌的紫胶原胶经水提取，钙盐沉淀得到的一种色素成分。虫胶色素有溶于水和不溶于水两大类，均属于蒽醌衍生物。溶于水的虫胶色素称为虫胶红酸，包括A、B、C、D、E 5种组分，虫胶红酸为鲜红色粉末，微溶于水，易溶于碱性溶液。虫胶红色素在果酱、风味类烘焙食品馅料及表面用挂浆、复合调味料、果蔬汁类饮料中最大使用量为0.5克/千克。

③姜黄色素：姜黄色素是蘘荷科植物姜黄根茎中提取的黄色色素，是一种二酮类化合物，易溶于水、乙醇中，遇碱后立即变红，中和后复原。姜黄色素有特殊的芳香气味，染着性较强，但耐光性、耐热性即耐铁等金属离子性较差。姜黄色素在面糊（用于鱼和禽肉的拖面糊）、裹粉、煎炸粉中的最大使用量为0.3克/千克，在果冻中的最大使用量为0.01克/千克，在粮食制品馅料中可按生产需要适量添加。

④栀子黄色素：栀子黄又称藏花素、黄栀子，属类胡萝卜素系列。它是栀子中的黄色色素，其黄色素成分为类胡萝卜类色素的藏花素，与藏红花中的藏花素相同。栀子黄色素在腌渍的蔬菜、粮食制品馅料、禽肉熟食制品中的最大使用量为1.5克/千克，在生湿面制品（如面条、饺子皮、馄饨皮、烧卖皮）、焙烤食品馅料及表面用挂浆中最大使用量为1.0克/千克。

⑤红花色素：红花色素是红花中多种水溶性查尔酮成分的混合物，含羟基红花黄色素A的一种色素，有红色素、黄色素两种。其黄色素为水溶性色素，红色素为脂溶性色素。红花色素有微毒。红花色素具有独特的香气和苦味，烹调时能起到增加风味的作用。在烹饪中，它常用于蜜饯凉果、装饰性果蔬、糕点、果蔬汁饮料、果冻等制品中，最大使用量为0.2克/千克，还可以使用在腌腊肉制品、调味品、粮食制品馅料、腌渍的蔬菜中，最大使用量为0.5克/千克。

⑥类胡萝卜素：类胡萝卜素是广泛分布于生物界得一大类色素，已知达300种以上，颜色从黄、橙、红到紫色都有，不溶于水而溶于油脂中。类胡萝卜素可分为两类：一类是胡萝卜素类，一类是叶黄素类。主要的类胡萝卜素包含α-胡萝卜素、β-胡萝卜素、γ-胡萝卜素、叶黄素、玉米黄素、β-隐黄素、番茄红素等。以β-胡萝卜素为例，其在脂肪类甜品、盐渍水果、果酱、面糊（用于鱼和禽肉的拖面糊）、裹粉、煎炸粉、油炸面制品、粮食制品馅料、焙烤食品、冷冻鱼糜制品、果冻等食物中最大使用量为1.0克/千克。在熟肉制品中最大使用

量为0.02克/千克。

⑦紫草红色素：紫草红色素是由紫草树根、紫花地丁等植物中所提取的紫红色萘醌类天然色素，主要成分是紫草醌及其衍生物。紫草素是一种有机物，具有不溶于水，溶于乙醇、有机溶剂和植物油，易溶于碱水，遇酸又沉淀析出的性质。紫草红色素在焙烤食品馅料及表面用挂浆的最大使用量为1.0克/千克，在糕点中最大使用量为0.9克/千克，在饼干、果味饮料中最大使用量为0.1克/千克。

⑧可可壳色素：可可壳色素是由梧桐科植物可可树果实的种子及外皮制取的天然色素，主要呈色组分为聚黄酮糖苷。它为棕色粉末，无臭，味微苦，易吸潮，易溶于水及稀乙醇溶液。同时，可可色素也耐热、耐光、耐氧化。可可壳色素在可可制品、巧克力及巧克力制品、糖果、糕点上彩装中最大使用量为3.0克/千克，在面包中最大使用量为0.5克/千克，在糕点中最大使用量为0.9克/千克，在焙烤食品馅料及表面用挂浆中最大使用量为1.0克/千克。

近年来，流行一种叫竹炭粉的上色剂，是指精选的竹子经过1200℃高温后，经研碎加工、消毒萃取而成的一种黑色物质。目前，在一些中西式面点、工艺造型菜肴中有看到运用。它是一种燃料，而不是食品，也不是食品添加剂。其毒性程度未经过风险评估测试，使用时尤其需要注意。

在运用色素时，必须进行配制，必要时还可进行拼色处理。一般是将色素配制成溶液使用。此外，溶液应每次按需要配制。因为配好的溶液久置，易产生沉淀，加上温度对溶解度的影响，色素溶液贮藏在冰箱或温度低的冬天会析出。如胭脂虫红的水溶液，在长期放置后，会变成黑色。配制水溶液，应用冷开水或蒸馏水，并避免使用金属器具及日光照射。

四、着色工艺的要求

1. 突出菜肴原料本色

调色的主要目的是赋予菜肴色泽，而并不是所有的菜肴都需要赋色。例如绿叶蔬菜类，就应该以突出其本色为主。在大多数情况下，如菜肴原料味淡或有异味的动物性原料，需要使用有色的重味调料达到调而盖之的目的。烹饪菜肴调色应突出其本色，恢复菜肴原料自然的色彩。

2. 以食用为先

随着人们对饮食精神层面的不断追求，在一些烹饪比赛或产品展示过程中出现类似于艺术品一样的“烹饪佳作”，这些色彩艳丽的烹饪作品，看上去鲜艳夺目，是因为添加食用色素而赋予的美好色泽，然而并没有多少顾客愿意食用。因此，在烹饪调色过程中，首先应该考虑以食用为先的原则，否则就真的失去了烹饪的本质。

3. 要了解菜肴成品的色泽标准

每一道菜肴都有其成形后的色泽标准。如芙蓉鱼片、清汤鸡圆，必须要求鱼片、鸡圆色泽洁白如雪，不能带一丝其他颜色；脆皮乳鸽必须要求色泽红褐明亮；一般炒时令绿叶蔬菜则要求其颜色翠绿。这是因为菜肴的风味在色泽上也有一定的反应，食客在看到菜肴色泽时通常对它的质感有一个心理上的判断。通常洁白代表细嫩；姜黄色代表油润；酱红色表示醇浓；翠绿色表示新鲜；鲜红色表示香辣；金黄色表示酥脆；乳白色表示醇厚等。

4. 烹制时要先调色后调味

在烹制菜肴时，因有些原料、调料本身就具有一定的味道，如腌制品具有咸味；半成品一般都进行了码味处理；调味品如蚝油、酱类制品也具有一定的咸度和甜度，所以烹制时应当遵循先调色后调味的原则。如果先调味后调色，已经调好的口味会因后来调色工艺加入而发生味道的偏离。例如，做粉蒸牛肉时，应在牛肉入笼屉之前用糖色、酱油等调料使其上色，再上笼蒸制，最后用香菜、蒜泥进行辅助性调味。这样才能使最终成菜色正、味准。

5．需长时间加热的菜肴应注意分步调色

有些菜肴，如冰糖肘子扒蹄、红烧狮子头等需要长时间加热，成菜后颜色需要达到一定的深度，在烹制过程中，一定要逐步调色，切不可在烹饪的开始阶段调上过重的色。因为这类菜肴在长时间加热的过程中，调味品如酱油、糖色、酱制品会发生糖分减少、酸度增加、颜色由浅至深的变化，会直接影响最后原料色泽的效果，所以在烹制这类菜肴时要注意观察原料颜色的变化，开始调色至七八成，在成菜前，再进行一次定色调制，使菜肴色泽深浅适宜。

6．要符合人们的生理需要和安全卫生要求

在烹制任何菜肴时，要时刻守住安全卫生这个底线，再好看的菜肴如果不符合安全卫生的要求，那也是坚决不能食用的。在调色工艺中涉及安全问题的主要是人工合成色素或发色剂等添加剂使用的问题，目前已有相关的法律规定来规范和控制。只要严格遵守相关规定，做出来的菜肴就是安全卫生的，即使色泽不是那么诱人，那也应该去接受。另外，调色还要符合人们的生理需要，因时而异。同一菜肴因季节不同，其色泽深浅要适度调整，冬季宜深，夏天宜浅。

着色工艺是菜肴制作过程中的重要步骤，它效果的好坏直接影响着菜肴的成功与否。随着人们对饮食健康安全要求的不断提高，对着色工艺的要求也越来越严格。当今食品安全卫生事故频发，这就要求我们在制作菜肴时必须从安全、卫生、健康的角度出发，摒弃一些不良的烹饪习惯，提倡运用无毒安全的方法来进行着色，这样才有利于着色工艺在烹饪制作过程中的传播和发展。因此，作为烹饪从业者，应当深入学习并推广此理念，为烹制出安全、健康、卫生、美观的菜肴作出自己的贡献。

思政小结 ▶ “史上最严”食品安全法

小结导入： 2009年2月28日，第十一届全国人民代表大会常务委员会第七次会议通过《中华人民共和国食品安全法》，自2009年6月1日起施行。2015年4月24日，第十二届全国人民代表大会常务委员会第十四次会议修订《中华人民共和国食品安全法》，现行的《中华人民共和国食品安全法》于2021年4月修正。全文共十章一百五十四条，被称为“史上最严”食品安全法。

思考讨论： 食品安全关系人民身体健康，餐饮服务业应如何执行《中华人民共和国食品安全法》相关要求？

分析强调： 餐饮服务行业的法律法规主要有《中华人民共和国食品安全法》《中华人民共和国食品安全法实施条例》，对餐饮服务行业提出了明确要求，规定“取得餐饮服务许可证”是从事餐饮经营的基本资格，明确了餐饮服务单位与食品安全直接相关的具体规定，规定了保障食品安全必须满足的量化指标。

第二节 致嫩工艺

无数佳肴名馔之所以备受食客的青睐，莫过于味感和质感。在诸多质感中，保持和提高菜肴的嫩度是难点，特别是那些在烹调中极易变老的原料，如草鸡肉、牛肉、羊肉等，其组织结构致密，肌肉细胞内的水分含量极少，在烹调中胶原纤维无法被水解，咀嚼时具有高度持续性和抵抗力，口感发柴，并具有较强的韧性，不易被人体所消化吸收。因此，在菜肴制作过程中，必须对这一类原料进行一定的致嫩处理，使原料通过发生物理及化学等系列变化，最终提高菜肴的品质，保证成菜鲜嫩可口。

致嫩工艺

致嫩工艺，是指在烹饪原料中添加某些化学品或施以适当的机械作用，使原料原先的生物组织疏松，提高原料的持水性，从而导致其质构发生变化，表现出柔嫩特征的工艺过程。

一、致嫩影响因素

肉的嫩度是指肉入口咀嚼时对碎裂的抵抗力，常指煮熟肉类制品柔软、多汁和易于被嚼烂的程度。在日常生活中，我们通常采用感官，尤其是用牙齿对食物的咀嚼来判断肉的嫩度。为了达到良好的口感，厨师们往往要对动物肌肉原料采用致嫩工艺。肉的嫩度主要与以下因素有关。

1．肌纤维的种类、结构和性质

不同动物的肌纤维粗细、长短不一。肌纤维聚集成的肌纤维束，其单位截面内肌纤维数目不同引起肉类嫩度的差异，肌纤维短的、细小的，肌纤维束单位截面内肌纤维就多，其肉类相对较嫩。肌纤维束的排列方向亦可影响嫩度，如禽类肫、猪肚尖等肌纤维束错综排列使其相关组织嫩度较差。此外，肌纤维中肌原纤维的状况也是一个至关重要的影响因素。

2．结缔组织的性质和含量

结缔组织包括致密结缔组织和疏松结缔组织，相对而言，致密结缔组织对肉嫩度的影响更大。结缔组织含量越多，其肉越韧。

3．肌间脂肪组织的含量和分布

在一定范围内，肌间结缔组织上沉积的脂肪组织越多、分布越均匀（通常所称的大理石纹样脂肪），会增加肉的嫩度。

4．肉的持水性

肉的持水性是指肉在冻结、冷藏、解冻、腌渍、绞碎、斩拌、加热等加工处理过程中，肉中的水分以及添加剂中水分的保持能力。肉的持水性主要是肉中蛋白质的持水性，其保持的水分主要是结合水和不易流动水，特别是后者。蛋白质的持水能力主要由其所带净电荷及蛋白质凝胶的网状结构等决定。一般来讲，肉的持水性越高，嫩度越大。

二、肉类致嫩的可行性

（一）改变肌肉组织的状态

通过改变肌肉组织状态致嫩，可从两方面入手：一方面改变肌纤维的状况；另一方面改变肌原纤维的状况。肌纤维的长短、粗细因动物的种类、性别、年龄、营养状况、肌肉活动量不同而有差异。一般幼龄、营养状况好的动物及肌肉活动量少的部位，肌纤维显得较细，嫩度相对较大。可以通过改良品种，改变饲养状况（如笼养、圈养等），缩短育成时间、肥育、阉割等方法来改变肌纤维的状况。同时也可用敲击、切割或超声振动等机械方法分离或断裂肉类纤维，达到人工致嫩的目的。

肌原纤维蛋白之间的空隙充满水溶液，最大程度保留这个空隙及其充满的水溶液是肌原纤维影响嫩度的关键所在。此空隙受肌节的长度、宰后状态、离子强度和pH等因素的影响。动物宰后在成熟阶段，肌动蛋白和肌球蛋白结合力降低，Z线结构崩解及伴随Z线—肌动蛋白纤维之间结合部的减弱，肌原纤维破裂。其周围的肌质网状结构崩坏，可溶性肌浆蛋白大部被分解而且释放Ca^{2+}吸收K^{+}，增加了肌肉蛋白质的保水性，肉的嫩度增高。此外，离子强度相对较大，pH远离肌球蛋白的等电点均可避免肌球蛋白与肌动蛋白结合而维持肌原纤维蛋白之间的间隙和水溶液。

肌原纤维蛋白还受酶和温度的影响。由于肌球蛋白的肽链中含有胰蛋白酶和木瓜蛋白酶的裂解位点，所以用木瓜蛋白酶、菠萝蛋白酶、无花果蛋白酶等广谱性内切酶使球蛋白分解成较小的单位，可以使肉类致嫩。热加工时肌原纤维蛋白变性凝固，降低了持水性，过度变性肌原纤维硬化，使肌肉变韧。但在57～60℃范围内，随着时间的延长对肉中的肌原纤维蛋白无硬化作用，而这个温度恰是蛋白质轻微变性温度。这告诉我们在热加工时，可对肉类采取保护措施，防止蛋白质过度变性。

（二）改变结缔组织的状况

动物体不同部位肌肉中结缔组织的含量不一样。一般肌肉活动量小的部位结缔组织含量少，肉的嫩度也较大，如：牛、猪、羊的背最长肌，禽的胸脯肌肉等。一般通过合理分档取料从动物肉尸中得到含结缔组织少的生肌肉。此外，可以通过去肌腱、筋膜等来减少肉中的结缔组织。结缔组织中的胶原纤维受酸、碱、酶、乙醇、温度的影响较大。胶原纤维可在酸、碱作用下加热（温度适宜）发生水解变成多肽高聚物；也可在胃蛋白酶、木瓜蛋白酶、菠萝蛋白酶、某些动物组织蛋白酶及胶原酶的作用下降解。这些均可使结缔组织软化从而改变结缔组织的状况而致嫩。

（三）提高肉的持水性

肌肉的持水性主要决定于蛋白质，一方面蛋白质凝胶的网状结构在其间隙中封闭水；另一方面是蛋白质的水化作用持水。提高肉的持水性的方法有：动物宰后成熟阶段，肉类持水性较高，在热加工中防止蛋白质分子过度变性及水分大量流失，可采用在肉表面加保护层或产生保护层的方法；改变pH，远离肌肉蛋白质等电点，使蛋白质分子带同种净电荷，一方面增加水化层；另一方面带同种净电荷的蛋白质分子间相互排斥，使其空隙变大，持水量变大；酸、碱、乙醇会破坏蛋白质结构的离子键、氢键，使蛋白质轻微变性，同时暴露出形成离子键、氢键的极性基团，使其水化能力增强；改变离子强度，如添加0.8～1.0mol/L氯化钠或3%焦磷酸盐、三聚磷酸盐能增加肉类对水的吸收。

（四）改善肌间脂肪的沉积

动物年龄、饲养状况、使役情况及饲料是影响肌间沉积的因素。年老的动物，肌间脂肪沉积少。活动量小的肌肉，如背最长肌，肌间脂肪沉积明显。研究发现，酒糟喂猪可增加脂肪的沉积。肌间脂肪的沉积可改善肉的嫩度。

三、烹饪致嫩方法

（一）烹饪原料的选择

肉的嫩度与动物种类、年龄、性别、营养状况等有关。为了保证菜肴的质量要求，有些菜肴在选料上有其特殊性，如烤乳猪选4500克左右猪崽，北京烤鸭选填鸭（肌间脂肪沉积较多），仔鸡肉质细嫩，适合爆炒，而老母鸡肉质老韧，适合煨汤等。

动物宰后成熟时期的肉具有嫩度高、切面多汁、风味佳等特点，是烹饪用料的最佳选择。不同动物宰后在不同温度下达到成熟的时间不一样。2～4℃温度下，鸡肉2天、猪肉3～5天、牛肉7～10天。温度越高，达到成熟的时间越短。丹麦、新西兰等采用一定条件下加快肉成熟的方法提高肉的嫩度，如高频电流加热法及电刺激法等。高频电流加热法使组织深部维持39～40℃，从而在短时间内达到极限pH和乳酸最大生成量。电刺激法可以加快僵直的进行，缩短僵直时间，使肉的色泽鲜艳，增加肉的嫩度，一般电刺激后的牛肉可提高嫩度15%～16%。

为了减少肌间的收缩和使肌纤维断裂，大型动物（特别是牛）宰杀后常采用悬挂的方法保存，这是一种机械致嫩方法。冷冻初始，肉的嫩度降低。但随着肉类冷冻保存时间的延长，硬化的肌肉会慢慢地从僵硬状态松弛下来。在-50℃条件下，10天之后肌肉的纤维结构开始破坏，肌纤维断裂，其嫩度增加，所以冷冻贮存是肉类致嫩的一种方法。

（二）烹饪初加工

胴体不同部分结缔组织含量、组织结构特点及其对烹饪加工的适应性是不同的，据此可对胴体进行分档取料以满足菜肴原料的需要。例如：酱爆里脊、抓炒里脊、酸熘里脊最好选用腰背肉，而制作肉糜宜选择夹心肉。这样一方面可根据不同部位肉质的特点确定不同的烹饪方法，另一方面又确保菜肴产生最佳柔嫩度的风味。

去肌腱、剔筋膜等减少结缔组织的方法是烹饪致嫩的一种常用手段。特别是爆炒的肉类，若不去掉这些组织，短时间高温加热成菜后，由于胶原纤维的急剧收缩而使菜肴变韧。肉类干制品由于脱水质地老韧。通过涨发尽量恢复其原有新鲜状态是提高干货嫩度的手段。

涨发的基本过程是使肉类干制品中蛋白质达到最大程度的水化作用增加其持水性而膨润。一般分为水发、碱发、油发、干热膨化法（盐发、砂发）等。碱发是通过在涨发液中加碱破坏干料的表面膜以利于水的通透，同时偏离原料蛋白质的等电点增加蛋白质的吸水性和持水性达到致嫩的目的。如干制海参、鱿鱼、墨鱼等含蛋白质丰富的原料多采用碱发。油发及其他干热膨发的原理是利用高温使干料机械膨胀，结构松散，形成较多毛细孔隙，利于水分吸收，增加蛋白质持水性而提高物料的嫩度。干制的蹄筋、肉皮、鱼肚等含胶原蛋白丰富，组织结构致密，适宜油发。由上述可知，水在干货涨发中起着至关重要的作用，提高物料中蛋白质的持水性是干货涨发致嫩的主要因素。涨发时加入少量盐类可增大蛋白质的水化膨润作用。

（三）烹饪工艺

1．刀口致嫩

烹饪原料经刀工处理后，所形成的各种形状常称为刀口。刀口致嫩是根据肉类肌纤维束的走向、粗细、长短及结缔组织含量等特点选择合适的刀工处理切断肌纤维束和结缔组织的一种机械致嫩方法。肉质坚韧的部分可加工成丝、丁、粒、末等；松软的部位可加工成条、片等。牛肉的肌纤维束粗且结缔组织含量多，应当横切；猪肉比牛肉软嫩，可斜切或顺切；鸡胸脯肉、猪里脊肉、鱼肉含结缔组织少，必须沿其肌纤维方向顺切。肌纤维束走向错综复杂或含水量丰富、结缔组织相对较多的原料，可采用剞或打花刀使原料致嫩利于烹调，如鱿鱼、肾皮质的处理等。通过绞的方式能切断肌纤维束和结缔组织，这对所有老而韧的分割肉来说都有大量实际应用；通过捣的方式能撕断表面的肌纤维和结缔组织使用肉柔嫩化；通过斩的方式可将肉类制成蓉泥，如鱼蓉、肉糜，其中配以肥膘（或猪油），成品柔嫩、可口。

2．腌渍致嫩

腌渍是向烹饪原料中添加一定物质用以改变原料质地和风味的加工方法。腌渍的功能很多，单从致嫩的角度讲，要求添加的物质能提高物料的持水性或破坏肌原纤维的结构，分解蛋白质。有些菜肴在烹调前要进行腌渍，最常见的是用适量盐、料酒、姜、葱等腌渍。

由于离子强度的适当作用，非溶解状态的蛋白质转变为溶解状态或从凝胶状态转变为溶胶状态，这样的转变使肉的持水性增加。适量料酒中的乙醇分子能使蛋白质轻微变性而增加持水性，值得注意的是：盐、料酒的量要适当，否则将起到相反的效果。有些原料在腌渍时加适量的碱（如碱面、小苏打等），以牛肉为例，通过加碱来改变pH而增加蛋白质的水化作用，从而使牛肉的持水性变高，同时使蛋白质轻微变性，总的效果是牛肉柔嫩度增加。

现在对有些原料（特别是牛肉、肫、肚）用嫩肉粉（剂）腌渍致嫩。嫩肉粉（剂）的种类很多，如蛋白酶类，常见的有木瓜蛋白酶、菠萝蛋白酶、无花果蛋白酶、猕猴桃蛋白酶、生姜蛋白酶等植物蛋白酶。这些酶类均有一定的耐热性，通过降解蛋白质达到致嫩的目的。它是一种安全、卫生并有一定营养价值的嫩化剂，在国外已广泛应用。嫩肉粉的具体使用方法是：将蛋白酶溶于温水后注射到肉块中或将切好的丝、条、粒、片等用嫩肉粉腌渍一定时间（0.5～1小时）即可。在热带地区采用一种土法，即在烹制肉类前将肉包在木瓜叶内进行嫩化。还有一种常见的嫩肉剂是聚磷酸盐，它可提高生肉和熟肉的持水能力，其使用方法是用温水将其溶解，然后加入到被烹制的物料中，可用于烧、焖、煨等较长时间烹制的菜肴。

3．保护性致嫩

保护性致嫩是在烹饪原料表面形成保护层，使原料中的水分不因受热脱去，从而提高成品的嫩度。保护层一般通过淀粉的糊化和蛋白质的变性凝固而形成。挂糊、上浆、拍粉是烹饪中常用的保护性加工，目的就是在原料表面裹上一层黏性糊浆，糊浆的主体成分是淀粉，热加工时淀粉糊化，在物料表面形成保护层。除淀粉外，浆糊可用蛋清代替或在淀粉中掺入适量面粉、蛋清、蛋黄等（有的油酥糊还可加入植物油），这些成分的加入一方面是使糊浆形成稳定的胶体体系，更重要的是其中所含蛋白质受热变性凝固，也可在原料外层形成保护层防止物料脱水。有些蛋白质含量丰富的烹饪原料可采用急速高温的技法使原料表面蛋白质快速变性凝固形成保护层，如烹饪上常用的过油技法等。

4．火候致嫩

温度及原料受热时间是影响菜肴嫩度的重要因素。加热过度，肌原纤维蛋白过度变性，肌纤维收缩脱水造成肉老而韧；短时加热，肉类结缔组织中的胶原纤维收缩增加肉的韧性，但随着加热时间的延长，胶原水解，肉类会变得软嫩。显然，温度的高低和受热时间长短的正确把握是保证菜肴柔嫩度的关键。在受热时间内肌肉蛋白硬化与胶原纤维水解两个变化过程，谁占主导地位是决定菜肴嫩度的主要原因。

所以，在烹饪实践中，应根据原料蛋白质、结缔组织的含量及含水量来确定受热的温度和时间。结缔组织含量相对较少、水分含量相对较多的动物原料，可采用高温短时的成菜方法，常见的有爆腰花、爆猪肝等。结缔组织含量相对较多、水分含量相对较少的动物原料，可采用长时间、文火焖煮、蒸的成菜方法或辅以高压加热成菜，常见的有煨牛肉汤、红烧蹄髈等。

5. 烹调方法致嫩

烧、焖、炸、烤是常见的烹调方法，它们的传热介质各异。其致嫩的主要原则是防止烹调中原料失水、防止蛋白质过度变性、促进结缔组织中胶原纤维水解。烧是烹饪原料经过预处理（如炸、煎、煸、焯水等）在表面形成保护层，加适量的汤或水继续加热，往往是旺火烧开小火煮。从致嫩角度讲，盐等增加渗透的调料应后加或分次加入（先加少量、后准确加入），这样操作的目的主要是使水分进入原料里面及防止物料水分过度脱出。例如：烹制“大烧马鞍桥”时，先将鳝段拉油，然后用姜、蒜炝锅后加少量水烧，待汤汁变白时再调味，所得成品质地软嫩。焖是小火长时间加热成熟的一种烹调方法，含胶原纤维较多的原料，如甲鱼、蹄筋等适宜该技法，“黄焖甲鱼”就是甲鱼块拉油后形成保护层，再加水焖煮，待汤汁变白时调味，成品软滑嫩爽。炸是以大量食油为传热介质的烹调方法，炸的结果在物料表面形成保护层，既防止蛋白质过度变性，又可防止原料水分脱出，成品外脆里嫩。烤是利用空气导热的一种烹调方法，利用热气和热辐射来烘烤原料，外层蛋白质变性凝固以及食物内部的部分汁液受热干燥凝固于表面形成保护层，原料里面蛋白质变性适度使成品皮脆而肉嫩。

此外，在原料中添加某些物质也可致嫩。如在肉糜制品中加入一定量的淀粉、大豆蛋白、蛋清、奶粉等可提高制品的持水性，热加工时，淀粉糊化温度高，而蛋白质变性温度相对较低，这种差异使制品嫩度提高；在咸牛肉中添加精氨酸等碱性氨基酸有软化肉质的作用；锌可以提高肉的持水性。

肉类及菜肴致嫩有很强的理论性和可操作性。其制约因素较多，这就要求我们在掌握致嫩原理的基础上，结合烹饪实践，灵活运用，综合运用，提高成品的质地特性。

思政小结 ▶ 树立勤俭节约观

小结导入：在生态文明建设的时代语境中，勤俭节约意味着珍爱生态环境、珍惜自然资源，意味着营造人与自然和谐共生的良好关系，追求绿色低碳、文明健康的生活方式和消费模式。从这个意义上说，勤俭节约之路，蕴含着现代文明理念，引领着绿色消费潮流。

思考讨论：结合烹调技术实训谈谈如何做到勤俭节约。

分析强调：“俭，德之共也；侈，恶之大也。”古往今来，节俭作为一种生活方式，体现了中华民族的价值取向和道德风尚，留下了“历览前贤国与家，成由勤俭破由奢”的历史警思。在烹调实训过程中，应优化实训安排，规范采购，综合利用，用心训练，制止耗材浪费。

第三节
调香工艺

色、香、味、形是我们对烹饪菜肴好坏的最直接和最显著的感官评价指标。一道佳肴的确能给人们带来美好的饮食感受和愉悦的情绪。清代袁枚所著的《随园食单》有言："嘉肴到目、到鼻，色臭便有不同，或净若秋云，或艳如琥珀，其芬芳之气，亦扑鼻而来，不必齿决之，舌尝之，而后知其妙也。"可见佳肴之香的重要。调香工艺是指运用各种呈香调料和调制手段，在烹制过程中使菜肴获得令人愉悦的香气的操作过程。调香工艺不仅可以消除和掩盖某些原料的腥膻异味，也可配合和突出原料的自然香气。

一、菜肴香气的来源

1. 原料自香

烹饪原料中的生香物质大多属于一些具有挥发性芳香气味的有机化合物。食物原料自身具有一定的香气成分，例如，桂皮的主要香味成分是肉桂醛。桂皮等香料既可以单独调香，也可以混合使用，使菜肴形成浓郁的香型。例如：洋葱、大葱、大蒜、萝卜、韭菜、芹菜、黄瓜等自身就带有天然呈香气味。韭菜的主要香气成分为硫化丙烯类化合物，芦笋的主要香气成分为二甲基硫，香菇的香气成分主要为桂皮酸甲酯。

2. 烹饪生香

烹饪中，食材中的糖类、蛋白质、脂类等受温度影响分解、合成产生香味，如肉香、鱼香、面包香气。加工过程中，食材所含有的酶或加入的酶被活化，由酶对香味前体作用而形成的香味。如蒜酶对亚砜作用后形成的洋葱香味，葱、蒜、洋葱和甘蓝等香气的形成都属这一机理。肉类加热后产生的香气主要包括内酯化合物、吡嗪化合物、呋喃化合物和硫化物等。原料所含的碳水化合物在加热后产生的香气主要包括呋喃衍生物、酮类、醛类和丁二酮等。另外，在烹调过程中，蛋白质类在加热后降解产生氨基酸，氨基酸与糖类化合物可发生美拉德反应，生成具有香味的吡咯衍生物、呋喃衍生物、吡嗪衍生物等。

3. 微生物呈香

烹饪中常使用的各种瓶装或盒装调味品，如豆腐乳、臭豆腐干及各种酱料的香气，是通过微生物发酵降解的过程而呈现出各种诱人的香味。香味物质通过微生物作用于糖类、蛋白质、脂肪和原料中某些风味前体物质而产生。如黄酒、面酱、腐乳、发酵类面点等发出的特有香味；食醋香气源于发酵过程中产生的酯类。

4. 烹饪外在人工调香

运用调香料而使食物具有各种香气，如烹饪当中常用的各种五香粉、香草等调香料。对无香或香味较低原料要适当添加佐香物质。

二、调香的基本原理

一般食物的香气大体可分为腥膻臊臭、馥郁芳香、焦香煳苦、霉变腐败与刺激麻醉等几个类型。烹饪调味工艺就是利用渗透、扩散、吸附等原理完成的。调香工艺的原理既有与调味相似的地方，也有其独特的机理。应掌握烹饪调香的基本原理，合理使用调香方法，充分发挥调香的功能。

（一）物理性调香原理

1. 原料本身香味扩散增香

香气的形成实际上是挥发性物质刺激嗅觉器官引起的。调香的目的就是要让原料和调料充分产生挥发性物质，并扩散到空气中，引起人们的嗅觉反应。挥发物质的浓度越大，其香气就越浓。决定气味强度的因素有：蒸汽压、溶解度、扩散性、吸附性、表面张力等。除了原料、调料本身具有的特性外，还可通过烹调方法来改变蒸汽压、扩散性、吸附性，从而达到调节菜品香气的目的。如炝锅法，通过热油炸制葱、姜、蒜，增强了挥发性和扩散性。辣椒、胡椒、花椒、芝麻等也是要通过加热促进其挥发、扩散增香。任何物质香味只有具备挥发性，才能到达鼻黏膜，使人感觉到香味。烹饪中的加温、碾碎、煸炸、油炸等都是提高扩散性、挥发性的具体措施。

2. 原料调料彼此吸附增香

通过烹调使具有香气的成分吸附在原料的表面使菜品增香。如烟熏法就是将茶叶、树枝的香味，吸附到熏制原料的表面；煎炸菜的佐味碟，也是吸附增香的典型代表。原料在煎炸成熟后，加入椒盐、芝麻糖、炼乳、腐乳汁、果汁等，使调料吸附在原材料表层。

3. 辅料佐料之间渗透交融增香

通过长时间的加热，使香味调料的香味渗透到原料当中，使其具有很浓郁的香味。例如：卤酱一类的菜品，就是运用香味的浓香在加热过程中入到原料当中。腌腊制品也是利用盐的渗透作用，将花椒、葱姜、酒的香味也渗入原料当中，形成风味特殊的腊香、腌香风味。中国菜特别讲究组合名菜，配菜时除了色彩、质感、荤素的搭配之外，更注意风味的交融，使菜品达到完美的风味体现，这是中国烹饪的一大特色。例如：福建名菜佛跳墙就是典型的代表作品，它将多种名贵原料放于一锅，通过长时间的加热，形成了复合的、诱人的香气。和尚并没有看到菜品的色彩，更没有尝其咸鲜，而引起他跳墙冲动的原因，正是浓郁诱人的香气，而且是多种原料之间相互渗透、交融后产生的香气。

（二）化学性调香原理

1. 原料间中和协调产香

各种烹饪原料均含有多种不同的呈香物质，任何烹饪菜肴不是由单一呈香物质产生的，而是多种呈香物质的综合反映。因此，烹饪中的某种呈香物质气味必然会受到其他呈味物质的影响，当它们互相配合恰当时，便能发出和谐诱人的香气，反之，会使食品的香气不协调，甚至会出现某种异常的气味。例如，双乙酰在白酒发酵制品中对香气起着正相作用，而在啤酒中则起着负相作用，使啤酒出现馊饭的气味。

2. 原料加热生香

烹饪原料中的嗅感物质种类繁多，形成的途径也十分复杂，大致可分为两类：一类是在酶的直接或间接催化下进行生物合成，许多食物在生、成熟和贮存过程中产生的嗅感物质，大多是通过这条基本途径形成的。如新鲜的水果、蔬菜在自然生长过程中形成的各种香气物质。另一类就是非酶化学反应，食物原料在加工过程中在各种物理、化学因素的作用下所生成的嗅感物质，通常都是通过这条途径形成的。食物在热处理过程中嗅感成分的变化十分复杂。除了食品内原来经生物生成的嗅感物质因受热挥发而有所损失外，食物中的其他成分也会在热的影响下发生降解或相互作用，生成大量的新的嗅感物质。

三、不同烹调方法所产生的嗅觉特征

（一）烧煮香气

烧煮是菜肴熟制的重要手段，在烹调中常常使用。由于通常烧煮的温度比烘烤和油炸更低，时间也可长可短。有的菜肴在烹调时烧煮时间只需几分钟，有的则要数小时。因此不同的菜肴，通过烧煮的方式对其香气的产生所造成的影响也互不相同。在烧煮条件下发生的非酶反应主要有美拉德反应、含硫化合物和多酚化合物的氧化反应、维生素和类胡萝卜素的分解反应等。对于肉、禽、鱼等动物性原料，通过加热烧煮能产生大量浓郁的香气，对嗅感所产生的刺激较为强烈。

（二）焙烤香气

烘烤产生的香气是具有综合特征类的香气。不同烘烤食物中气味物的种类各不相同。但从大的类别看，大多有相似之处。原料在焙烤过程中都能发出优美的香气。这类香气的产生往往与加热过程中的羰氨反应、焦糖化反应、含硫氨基酸和维生素（如维生素B_1、维生素B_2）的热解反应有关，从而形成焙烤类菜肴所特有的焙烤香气。面包等食物除了在发酵过程中形成醇、酯类等香气成分外，在焙烤过程中发生的羰氨反应还能产生出许多具有香气的羰基化合物来。烤花生的香气是迷人的，而我们在烤花生的香气成分中已检出有8种吡嗪类化合物以及一些羰基化合物和吡咯化合物等。

（三）油炸香气

油炸已成为当前许多菜肴生成芳香风味的重要手段。油炸类菜肴所产生的诱人香气能够强烈刺激人的嗅觉器官，非常刺激食欲，给人留有深刻的印象。如炸鸡、炸乳鸽、煎牛排、炸油条、炸麻团等。对于油炸过程中产生香气物质的途径除了与上述焙烤相似之外，更多的还与油脂的热降解有关。油炸食物的各种羰基化合物是气味的重要成分，其中对特征风味贡献最大的组分是2，4-癸二烯醛，它被认定是油脂热分解出的特有香气，在水中的风味阈值为0.007毫克/千克。除此之外，油炸食物的香气成分还包含有高温生成的吡嗪类和酯类化合物。

油炸方式对菜肴香气的形成，既与原料成分在高温下的变化有关，还与油脂本身在加热过程中的变化有一定的联系。油脂变化的产物主要为多种羰基化合物。这些羰基化合物有些可以构成菜肴煎炸的香气，有些可以与原料及调香料中的化合物进一步反应，生成多种其他的呈香物质，以丰富油炸或者煎炸菜肴之香。另外，使用不同油脂煎炸同一种原料有时也可以获得不同的香气，这可能与各种油脂的脂肪酸组成不同和所含风味成分不同有关。例如，用芝麻油炸的食物带有芝麻香，用椰子油炸的菜肴带有甜感的椰香，而色拉油因无特征香气，可以适合各种原料的油炸制作，因此成为烹调中的油炸常用油。

四、调配菜肴香味的原则

（一）遵循食品安全原则

烹饪调香要以食品安全法为纲要，严禁使用未经允许的食品调香剂。尽量采用无毒无害的天然调香剂，对各类人工合成调香剂，要严格控制其使用剂量。

（二）遵循营养卫生原则

菜肴的香味调配，应符合营养需求；菜肴所用原料之间的香味调和，通过烹调发生一系列理化反应，营养成分将发生变化。如果为了使菜肴的香味浓郁而过量使用食品增香剂，是不符合烹饪菜品的营养卫生。这样不但不能烹饪出一道可口美味的佳肴，更是给人体的健康带来极大的潜在威胁。

（三）突出原料本香原则

烹饪中调香的目的是使菜肴具有美好的滋味。无论是日常烹饪调味料，还是添加食品增香剂，都是赋予菜肴美好的香味。除烹饪菜肴原料味淡或有异味的动物性原料需使用重味型调味调香料达到调制掩盖的目的外，烹饪菜肴应突出其本身原有的特色风味。

五、调香方法的种类

（一）除异味调香法

烹饪中的异味，是指原料中本身所固有的，或是因腐败变质、加工不当所产生的各种气味，如腥、膻、臊、臭、苦、焦煳味。这些人们不喜欢的异味，在菜肴制作过程中要尽量减少或者将其除净。通常采用的是洗涤、焯水、初加工（除去腥臊部位，如猪腰的腰臊部位、鲤鱼的鱼筋等）、过油等方法消除异味。当采用这些方法还不能彻底消除异味时，则需要采用浓香的各类调料来加以掩盖、中和、消除，以压抑异味，如采用中和去异味增香法，在烹制各类水产品时往往要加入适量的食醋来达到去腥增香的目的。水产品的腥味主要是水产品中的赖氨酸通过酶的分解生成的。水产品死后，这种分解作用就加剧，从而导致腥味更重。这些腥味物质，由于是蛋白质或者氨基酸分解而来的，大都具有碱性，所以常用醋来中和，同时要相应地加入一些料酒，因为料酒中的酒精可将腥味成分从水产品中溶出，利于加热时挥发除去，以达到去腥目的。

（二）增香调香法

1. 添加调香料调香增香法

烹调过程中为了提高菜肴的风味而添加的香味物质称为调香料。加入调香料，会使菜肴的香味得到明显的体现和改善。调香料在烹饪中的应用非常普遍，历来受到人们的重视。我国利用调香料的历史源远流长，早在公元前551—公元前479年就有关于调香料的文字记载。人们最早是用调香料来掩盖食品存放期间产生的异味，而现在的调香料在菜肴中主要是起着赋香、矫臭、抑臭及赋予辣味等功能。不仅有助于菜肴产生出变幻无穷的美味，而且有增进食欲的效果，使人胃口大开，更成为人们的嗜好因子，有些调香料甚至是地区、民族饮食的标志。

2．加热生香法

食材的嗅感物质有些是在酶的直接或间接催化下进行生物合成，如新鲜的水果、蔬菜在自然生长过程中形成的各种香气物质。有些是非酶化学反应，食物在热处理过程中嗅感成分的变化十分复杂。除了食品内源嗅感物质因受热挥发而有所损失外，食物中的其他成分也会在热的影响下发生降解或相互作用，生成大量的新的嗅感物质。

（1）烹饪中的美拉德反应生香　美拉德反应是食物中氨基化合物和羰基化合物在食物加工中和储藏过程中在一定温度条件下发生的化学反应，它是食物色泽和香气生产的主要来源之一。美拉德反应是一个非常复杂的过程，它可以在醛、酮、还原糖及脂肪氧化生成的羰基化合物与胺、氨基酸、肽、蛋白质甚至氨之间发生反应，它的本质就是羰基间的缩合反应。在烹饪过程中，加热温度，尤其油炸、爆炒等烹饪法需要高温条件的，对于美拉德反应中香味等风味物质的形成是一个重要的影响因素。试验证明，美拉德反应速度会随着温度的上升而加快。在一定的时间内，反应体系温度升高10℃，美拉德反应速度会增加数倍。但是过高的温度又会使氨基酸和糖类遭到破坏，甚至会产生致癌物质。因此温度应控制在180℃以下，以100～150℃为佳。

（2）烹饪中的脂肪降解产生的香味　在烹饪加工过程中，除了美拉德反应外，脂肪降解也是产生风味物质的一个重要因素。众所周知，由于油脂受到物理或化学因素的影响，会使油脂氧化或分解而产生一些不良的风味，如哈喇味。而事实上，在这个过程中脂肪的降解也会产生令人愉快的风味物质。在烹饪加热过程中，首先，脂肪类物质在受热过程中分解游离脂肪酸，其中不饱和脂肪酸因含有双键容易发生氧化作用，生成过氧化物，这些过氧化物进一步分解生成酮、醛、酸等挥发性羰基化合物，产生特有的香气；而含羟基的脂肪酸经脱水环化生成内酯类化合物，这类化合物具有令人愉快的气味。

（3）烹饪中的酶催化反应生香　酶催化反应生香分两种情况：首先是直接酶作用，在烹饪加工过程中，酶对具有香味前体物质的食物原料相作用形成香味成分。例如蒜酶对亚砜作用可形成洋葱的香味。另外葱、蒜和卷心菜等香气的形成也属于这种作用。其次是氧化作用（间接酶作用）。烹饪加工过程中，在酶的作用下，酶促生成中间产物氧化剂对食物原料中香味前体物质氧化生成香味成分。红茶浓郁香味的形成就是酶间接作用的典型例子，酶氧化儿茶酚形成邻醌或对醌，醌进一步氧化红茶中氨基酸、胡萝卜素及不饱和脂肪酸等，从而产生特有的香味。

3．密闭增香法

密闭增香法是在烹制菜肴时被广泛应用的一种增香方法，它是建立在加热增香基础上的一种辅助手段。在菜肴制作时，由于呈香物质具有挥发性，为了尽量减少其挥发程度，常采用封闭的方法对原料进行加热，从而使菜肴在上桌时获得较浓的香气，如各种风味的瓦罐煨、竹筒烤制菜、泥烤菜、纸包菜等都是采用了封闭调香的方法。采用这种方法在很大程度既保持了香味，又增加了菜肴的鲜度和减少了营养的损失。

在菜肴制作过程中，运用调香的方法对菜肴进行调香增香往往不是单独运用，很多情况下都是综合交汇融合在一起。为了使菜肴达到香气怡人，除了正确运用各种调香方法外，还有一个与香气有着密切关系的环节也不容忽视，那就是菜肴的温度。特别是热菜中，素有“一热三分鲜”之说，其中鲜的含义除了口味以外，在很大程度上还包含着菜肴的香味。菜肴中的呈香物质挥发的浓度、速度与菜肴之温度有着密切关系，温度高，浓度就大，速度则快；反之，一旦菜肴温度下降，菜肴香气的挥发性就大大降低，甚至会产生一系列的腥味、膻味和异味，如各种海产品、肉制品菜肴热香冷腥效果十分明显。所以在菜肴制作（特别是热菜）时，一定要注意菜肴的温度（包括制作方法、程序、上菜速度等），从而使香气更加突出，更易被消费者所接受，使菜肴真正达到色、香、味、形等诸方面俱佳的效果。

4．油脂增香法

油脂是香味物质最好的载体，因为绝大部分香味物质是亲脂性的，并十分有利于菜肴香气的形成和保留。通常油脂气味对人的影响是直接的、显性的，因为人们更多地是利用油脂与油溶性香气成分所挥发出来的香气。油脂中大多数天然成分有清淡、新鲜的风味，它决定了特定的脂肪型气味。如果油脂中出现了从轻微的异味到腐败味等令人不快的气味和滋味，这是由于油脂发生了化学变化而产生的。即使这些不良气味成分的含量极低，也会对食用油脂的品质和菜肴风味产生重大影响。

中国传统的烹调技艺——炝葱姜油、花椒油、辣椒油等就是食用油脂香化处理的典范，采用不同的火候，产品的风味各异。其特点是以香辛料为香化剂，处理温度一般在120℃左右。更丰富的香化必须使用各种油溶性香精或香料。用工业化生产出有烹调风格的香化油脂时，是在50℃左右用各种油溶性香精或香料调配出所希望和要求的香型和风格，所用的香精、香料被油脂吸收，在可能的情况下采用低温保护芳香成分，获得最佳质量。但是目前的香精、香料尚不能调配出中国传统烹调技法所产生出的香化特征，也就是说，炝葱姜油、花椒油、辣椒油等的香化技术是目前工业化生产不可替代的。而我们可以通过这两种技法的组合运用，实现优势互补，突出各自特点，以满足不同的消费要求。

思政小结 ▶ 在“中国味道”中感受文化自信

小结导入： 对于中国人来说，吃饭不仅是为了果腹，也是一种生活方式，体现着生活智慧和生命尊严。——《在“中国味道”中感受文化自信》（《人民日报》，2017年2月28日）

思考讨论： 我们对饮食文化的了解有多少？我们如何真正做到文化自信？

分析强调： 不忘历史才能开辟未来，善于继承才能善于创新。优秀传统文化是一个国家、一个民族传承和发展的根本，如果丢掉了，就隔断了精神命脉。在“中国味道”中感受文化自信不是简单的一个词语，需要我们热爱、了解与肯定中华饮食文化，更需要我们开拓思维，将优秀的传统饮食文化与时代发展相结合，在此基础上积极创新。

第四节　调味工艺

我国地域辽阔，人口众多，长期以来，因地域差异而形成独具特色的菜肴风味。俗话说“南甜北咸东辣西酸”，这在一定程度上反映了各地的口味。我们可作一个大概的划分：山东、河北及东北广大地区，人们的口味偏重，多以咸为主；山西、陕西等地，人们的口味好酸；江苏、安徽、浙江、福州、广东等沿海地区，人们的口味清淡，喜爱甜咸；江西、湖北、湖南、四川、贵州等地区，人们的口味浓重，比较喜辣。当然，形成这一情况的因素是多方面的，既有历史习惯，又有地理、气候等多方面的因素。随着社会的前进，交通的发展，人口迁徙等情况，各地的饮食口味在慢慢地发生着变化，正在向口味多样化发展。

一、味觉的概念及共性

味，也称味道、滋味，是物质所具有的，能使人得到某种味觉的特性。常见的有酸、甜、苦、辣、咸等。所谓味觉，是指某些溶解于水或唾液的化学物质作用于舌头表面和口腔黏膜上的味蕾所引起的感觉。大多数烹饪原料都有味道，其中用于调味的称为调料，其味道更浓。这是因为烹饪原料之中大多含有能引起味觉刺激的化学成分，即呈味物质。在味觉产生的过程中，呈味物质对味蕾（味觉感受器）的作用大多是一种化学诱导作用。味觉一般具有灵敏性、适应性、可融性、变异性、关联性等基本特质。它们是控制调味标准的依据，是形成调味规律的基础。

（一）味觉的灵敏性

灵敏性，即味觉的敏感程度。由感味速度、呈味阈值和味分辨力三个方面综合反映。呈味物质刚进入口腔后，很快就会产生味觉。一般从刺激到感觉到仅需1.5～4.0秒，比视觉13～45秒，听觉1.27～21.5秒，触觉2.4～8.9秒都快。味觉是口腔内的一种特殊化学感觉，味觉感受器可接受味物质的刺激，并将信息传入中枢，产生味觉。阈值是指能引起味觉的最小刺激值，通常用浓度表示并反映味觉的强度。呈味物质的阈值一般比较小，并且随种类的不同而有一定差异。常见味的呈味阈值：甜味（蔗糖）0.05克/100毫升、咸味（氯化钠）0.02克/100毫升、酸味（柠檬酸）0.005克/100毫升、苦味（咖啡碱）0.003克/100毫升。人对味具有很强的分辨力，可以察觉各种味感之间非常细微的差异。根据实验证明，通常人的味觉能分辨出5000余种不同质量的味觉信息。味觉的灵敏性非常高。这是我国烹调中“一菜一格，百菜百味”特色形成的重要基础。

（二）味觉的适应性

适应性，即持续受某一种味的作用而产生的对该味的顺应现象。例如经常吃辣而不觉得辣，常吃酸而不觉得酸等。味觉的适应分为短暂性和永久性两种。味觉的短暂性适应是在较短时间内多次受某一种味刺激，所产生味觉间的即时对比现象。它只会在一定的时间内存在，稍过一段时间就会消失。交替品尝不同的味道可以防止其发生。对这一种味觉的适应，在配制成套餐菜肴或宴席时一定要特别注意，尽可能地安排不同味别的菜肴或根据味别错开上菜顺序。味觉的永久性适应是长期经受某一种过浓滋味的刺激所引起的。它在相当长的一段时间内都难以消失。在特定水土环境中长期生活的人，由于经常接受某一种过重滋味的刺激，便会逐渐养成特定的口味习惯，产生味觉的永久性适应。四川人喜爱吃超常的麻辣，山西人爱用较重的醋酸就是这个道理。受宗教信仰的影响或者个人的饮食习惯也会引起味觉的永久性适应。味的永久性适应是“食无定味，适口者珍”的根本所在。

（三）味觉的变异性

变异性，即在某种因素的影响下味觉感度发生变化的性质。所谓味觉感度是指人们对味的敏感程度。味觉感度的变异有多种形式，分别由生理条件、温度、浓度、季节等所引起的。我们在影响味觉的因素中再详细阐述。

（四）味觉的关联性

关联性，即味觉与其他感觉相互作用的特性。人的各种感觉都必须在大脑中反映，当多种感觉一起产生时，就必然会发生关联。与味觉相关联的其他感觉主要有嗅觉、触觉等。

1．味觉与嗅觉的关联

在所有的其他感觉中，嗅觉与味觉的关系最密切。通常我们感到的各种滋味，都是味觉和嗅觉协同作用的结果。当食用者感冒时，鼻子不通气，便会降低对菜肴的味觉感度。需要注意的是，香气是气味，与滋味有着本质的区别，虽然联系紧密，但切勿混为一谈。

2．味觉与触觉的关联

触觉是一种肤觉（口腔皮肤的感觉），如软硬、粗细、黏爽、老嫩、脆韧等。它对味觉的影响是显而易见的，一般通过与嗅觉的关联而与味觉发生关系，如焦香味浓，咸鲜味淡等。它可直接与味觉相关联，往往是通过物态影响味的浓淡。

此外，人们对菜肴色泽和形状的感觉也与味觉有一定关联。其媒介是一种心理作用下产生的联觉。这些感觉与味觉关系密切，并直接参加构成菜肴风味。所以，人们在味觉的广义概念中把它们都包含了进去。从这个意义上讲，人们在品尝菜肴的味时，实际上是滋味、香味、触感的综合感受。

（五）味觉的可融性

可融性，即数种不同的味可以相互融合而形成一种新味觉。经融合而成的味觉绝非几种其他味觉的简单叠加，而是有组织、有系统的集合，自成一体。因此，也称为味的统一性。味觉具有可融性，是菜肴各种复合滋味形成的基础。进行调味时，需要注意味觉的各种现象。

二、味觉的心理现象

（一）味的对比

味的对比又称味的突出，是将两种以上不同味道的呈味物质，按悬殊比例混合使用调和在一起，导致量大的那种呈味物质味道更加突出的现象。例如，我们在15%的蔗糖溶液中加入0.177%的食盐，其结果是这种蔗糖与食盐组成的混合溶液所呈现出来的甜味感觉要比原来的蔗糖溶液显得更甜。烹饪中常讲的“要得甜，加点盐”也就是味的对比现象在调味中的具体应用。又如，味精的鲜味只有在食盐存在的情况下才能显示出鲜味，如果不加食盐，不但毫无鲜味，甚至还有某种腥味的感觉产生，给人以一种不愉快感。这种鲜味与咸味之间的相互作用也属于味的对比现象。

（二）味的相乘

味的相乘又称味的相加，指两种具有相同味感的物质进入口腔时，其味觉强度超过二者单独使用的味觉强度之和的现象。鸡精与味精混合使用可使鲜度增大，而且更加鲜醇。主要是在需要提高原料中某一主味或需要为原料补味时使用。

在烹调中我们为了增强菜肴的鲜味，也常常运用到这种味的相乘作用。如在制作某些炖、煨的菜肴时，经常要选用数种以上的不同原料，一般是将富含肌苷酸的动物性原料（鸡、鸭、蹄髈、猪骨、鱼、蛋等）与富含鸟苷酸、鲜味氨基酸和酰胺的植物性原料（竹笋、冬笋、香菇、蘑菇、草菇等）混合在一起进行炖、煨，利用这些原料中不同的鲜味物质之间发生鲜味的相乘作用，使整个菜肴的鲜美滋味在很大程度上有所提高。

（三）味的转化

味的转化又称味的改变或味的变调，是将两种或两种以上味道不同的呈味物质以适当的比例调和在一起，导致各种呈味物质的本味均发生转变而生成另一种复合味道的现象。正所谓“五味调和百味香”。例如，当我们尝过食盐或苦味的奎宁后，立即饮用无味的冷开水，这时你就会觉得这无味的水有甜味产生的感觉，在食用墨鱼干后再吃蜜橘会感到苦味，这些都是味的转化现象。

味的转化现象在烹制菜肴的过程中极少出现，一般不必担心这种现象的产生。然而，在评定、品尝菜肴的质量时，评判员们往往在品尝了某道菜肴后，要用无味的开水漱口腔，间歇数秒后，再继续品尝下一道菜肴，其目的之一就是为了在连续品尝不同的菜肴时防止发生味的转化作用（有时也称作味的变味），影响评判人员的评判正确性和准确性。同时，在品尝菜肴之前饮用些白开水，还具有洗涤口腔的作用，洗涤口腔可使舌头表面的味蕾不再受到前一道菜肴中某些残存的呈味物质的影响，以达到更准确地辨别下一道菜肴的口味之目的。

（四）味的消杀

味的消杀又称味的掩盖或味的相抵，是将两种或两种以上不同的呈味物质按一定比例混合使用，使某种物质的呈味效果减弱的现象。例如：将酱油（含有约16%的食盐和0.8%的谷氨酸）和3%的食盐溶液相比较，明显感觉到食盐溶液太咸，这是由于谷氨酸的存在。在橘子汁中添加少量的柠檬酸，会感觉到甜味明显减弱。但是，添加一定量的白砂糖，则酸味明显减弱。在实际的烹调中，可采用适量味精、白砂糖来缓和菜品过咸或过酸的问题。

另外，还可利用调味品中挥发性呈味物质来掩盖并消杀原料的异味。如生姜中含有姜酮、姜酚、姜醇；肉桂中含有桂皮醛；大葱、大蒜中含有二硫化物；料酒中含有乙醇；食醋中含有乙酸，这些调味品中的化学元素可以掩盖并消杀鱼类食材的腥味。鱼体内的氧化三甲胺是呈鲜的主要物质。但是，当鱼死后，这种物质在酶和细菌的作用下逐渐还原为有较强腥臭味的三甲胺，对菜肴味道影响很大。经过分析，三甲胺属碱性并溶于乙醇，可以通过加醋和料酒来中和及溶解。因此，烹鱼时加醋和料酒等，不仅能产生酯化反应形成香气，而且还会消杀鱼类中的腥味。

味觉的共性及心理现象

三、味的分类及特性

滋味的种类有5000余种，概括起来，无外乎两大类，即单一味和复合味。单一味，又称基本味、单纯味，是最基本的滋味。其种类不多，一般不超过10种。从味觉的生理角度来看，公认的单一味只有咸、甜、酸、苦4种味道，现在已经证实，鲜味也是一种基本味。我国习惯上把食物在口腔内引起的与味觉相关的辣和涩也作为单一味。从烹调的角度来说，一般有咸、甜、酸、鲜、辣和麻6种。涩和苦通常不太受人们喜欢，在调味中应用不多。在烹调时偶尔会将苦味刻意保留，起到“以苦引鲜”的效果。例如，在烹制啤酒鸭时，会运用啤酒的爽口苦味；四川在制作腌腊味制品时，也会用茶叶、柏树枝等制造出樟茶鸭、茶熏鸡等菜品。

复合味，又称多味，是由两种或两种以上的单一味组合而成的滋味。如咸鲜味、椒麻味、怪味、酸辣味、蒜泥味等。复合味的种类远远比单一味多，并且组成各种复合味的单一味随着种类或比例的不同，其味觉质量也会产生一定的区别。例如将食盐、味精、白砂糖、酱油、香醋等调料经过一定的配比就能调配出荔枝味、煳辣味、糖醋味、鱼香味、家常味等不同的味型。菜肴的滋味大多数为复合味。对菜肴进行调味时，无论是调制单一味还是调配复合味，都必须对各种单一味的属性做到心中有数。

（一）咸味

咸味在烹调中即为食盐的滋味，它的主要成分是氯化钠。咸味是菜肴调味的主味，大部分菜肴的滋味都以此为基础，然后再进行调和。可以单独运用，也可以与多种其他单一味相调配，因此常被称作“味母”“百味之本”“百肴之将”等。咸味在运用时应该突出原料香鲜，它具有压腥去异、防腐等作用。在实际运用中，咸味会因菜系、地区、人群、习惯的不同而不同，但要体现“咸而不淡”的原则。呈咸味的调料有食盐、酱油、豆豉、豆瓣酱、豆腐乳等。

咸味与其他单一味的相互作用有如下几种。

（1）咸味与甜味　第一种情况：由于添加白砂糖，咸味减少。在1%～2%的食盐溶液中添加7～10倍的白砂糖，咸味基本消失；但在20%的食盐溶液中，添加再多的白砂糖也不能使咸味消失。第二种情况：由于添加少量食盐，甜味增大。在10%的白砂糖溶液中，添加0.15%的食盐，甜度增强；在25%的白砂糖溶液中，添加0.15%的食盐，甜度也能增强；在50%的白砂糖溶液中，添加0.05%的食盐，此时甜度最强。因此，在制作一些香甜口味的菜品时，可酌情添加一定量的食盐，以提高菜品的口味。

（2）咸味与酸味　咸味菜品中，添加0.1%左右的醋酸可使咸味增大；当醋酸添加的量超过0.3%时，咸味明显减少。另外，少量的食盐还可以增大酸味，多量又会使酸味减弱。

（3）咸味与苦味　二者之间具有相互减小的作用，当食盐浓度超过2%时，则咸味一方增大。

（4）咸味与鲜味　味精可以使咸味减小，而适口量的食盐则可以使鲜味增大，因此有“无咸不鲜”之说。咸味在运用时，一般以食盐含量在1%～2%较为合适。口味清淡的汤菜、炒青菜、烩菜食盐量在0.8%～1.2%为宜；口味浓厚的麻辣、家常、酸辣等菜品以1.5%～2.0%为好。

（二）甜味

在烹饪中，甜味是菜肴的基本味之一，其作用十分重要，在各种甜菜、甜品、汤羹中不可缺少，南方运用更多。甜味可以增鲜、调和、增香、解腻，使菜肴产生一定风味。但要注意，制作甜菜时要“甜而不浓”；调配复合味如鱼香味、酸甜味时，要恰到好处，达到“放糖不觉甜”的效果。菜肴中使用的糖类有砂糖、冰糖、饴糖、蜂蜜以及各种果酱、甘草、蜜饯、糖精等。

甜味与其他单一味的相互作用有如下几种。

（1）甜味与酸味　甜味会因添加少量醋酸而减少，并且添加量越大，减小程度越大。反过来，甜味对酸味也有完全相似的影响。菜肴的酸甜味，以0.1%的醋酸和5%～10%的蔗糖组配较为适口。

（2）甜味与苦味　二者之间可相互减小，不过苦味对甜味的影响更大一些。

（3）甜味与鲜味　在有咸味存在时，少量白砂糖可改变鲜味的质量，使之形成一种浓鲜的味感。甜味调料在调味中的使用量，以白砂糖为例，一般在8%以上，并可以根据菜肴口感作适当调整，通常液态菜肴，如汤、羹类菜的用量较少；固态菜肴，如冻菜，用量适当多一些。

（三）酸味

酸味是氢离子带有的滋味。用于调味的主要是可以电离出H^+的一些有机酸，如醋酸、柠檬酸、乳酸、苹果酸、酒石酸等。在菜肴烹调中，酸味具有去臊解腥、增鲜添色的独特功效，还可以形成菜肴风味，尤其是禽类内脏和水产品的酸味可以形成一定的菜肴风味。酸味不能独立作为菜肴滋味，常与甜、咸、鲜、辣等一起构成复合味。一些地方菜如陕西、山西的菜肴酸味就特别明显。此外，酸味还具有促进钙的吸收、分解蛋白质、保护维生素和帮助消化等功能。在操作中，要在咸味的基础上来使用酸味，以达到“酸而不酷”的效果。酸味的调味品很多，主要有红醋、白醋、熏醋、酸梅、山楂酱、番茄酱等。另外，贵州的“酸汤”、北方的“浆水”也是酸味调味品的代表。

前面已经介绍了酸味与咸味、甜味的相互作用。这里介绍酸味与鲜味、苦味和涩味的相互影响。在有酸味存在时，鲜味有所减小，pH为3.2时最小。少量的苦味和涩味可使酸味增大。酸味与甜味和咸味相比，阈值较低，pH在3.7～4.9时，超过阈值后酸味会迅速增大；当pH在3.0以下时，酸味难以适口。酸味物质多呈挥发性，其酸味会随着温度的不断升高而增大。

（四）鲜味

鲜味为氨基酸盐、氨基酸酰胺、肽谷氨酸钠、核苷酸及其他一些有机酸盐的滋味。鲜味通常不能独立作为菜肴的滋味，而必须与咸味，或者加上其他的单一味，一起构成复合味型。味精之所以要在有食盐的情况下才能显现出鲜味，这是因为味精和食盐在水中分别解离为谷氨酸离子、氯离子、钠离子，而谷氨酸离子鲜味只有在周围有大量钠离子存在的情况下才会显现鲜味，而钠离子的数量在很大程度上是由食盐解离后提供的。烹调中常用的呈鲜调料有味精、虾子、蚝油、鱼露等。

不同的鲜味物质相互混合，具有明显的相乘作用。如厨师在烹饪过程中不仅需要添加鲜汤进行调味，而且在起锅之前还会添加鸡精或味精。这是利用鲜味的相乘作用。鲜味与其他单一味相混合时，一般可使其他味感减缓。其他味对鲜味的作用情况视味种不同而异。如咸可增鲜、酸可减鲜，甜鲜混合则会产生一种复杂的味感。在烹饪中，用的最多的鲜味调料是味精，其用量一般为所用食盐的10%～30%，根据菜肴味道清鲜还是浓厚来确定。使用味精的原则为突出原料本身的鲜美本味。

（五）其他味

1．辣味

辣味不是味觉，而是某些化学物质刺激舌面、口腔及鼻腔黏膜所产生的一种灼热感。辣味物质有的在常温下就具有挥发性，可同时刺激口及鼻腔黏膜而产生辣感。这种类型称之为辛辣，有的在常温下难以挥发，需要经过加热才可以挥发，一般仅刺激口腔黏膜而产生辣感，常称为热辣或火辣。辣味在烹调中有增香、解腻、去异味等作用，关键是要恰当地使用，以达到“辣而不烈，辣而不燥”的效果。烹调中，常用的辣味调料有辣椒、胡椒、生姜、大蒜、芥末、豆瓣酱、咖喱粉等。

2．麻味

麻味是川菜调味中常见味型之一，属于川菜特殊的味道。麻味在烹调中有抑制原料异味、解腻去腥、增香的独特功用，食用时有一种辛麻、醇香的感觉。其味是由花椒、藤椒、花椒粉、花椒油等体现出来，不能单独呈味。在烹调中主要用于复合味的调制，例如椒盐味、怪味、麻辣味等。花椒在全国各地均有出产，唯独四川花椒质量最佳。四川汉源花椒历史悠久，自唐代就已列为贡品，又名“贡椒”。汉源花椒具有色泽丹红、粒大油重、芳香浓郁、纯麻爽口的特点。花椒特有的香和麻源自所含的枯醇、栊牛儿醇、柠檬油醛等化学物质。藤椒，又名竹叶花椒，属于青花椒类别中的品质上乘的一个品种，以四川洪雅藤椒质量最好。藤椒具有口味清爽、麻香浓郁、麻味绵长等特点。尤其藤椒制作出来的藤椒油，比花椒油更香，麻味更为悠长。

3．香味

香味也是调味的基本味型之一，其表现丰富，可分为浓香、清香、奶香、茶香、酒香等多种。所有菜肴均含有香味，品种繁多。香味的调味品很多，各有特色。如香料中的八角、小茴香、桂皮、山柰、砂仁、豆蔻、丁香、桂花等；酱类中的芝麻酱、花生酱等。此外，还有料酒、醪糟汁、香油、香菜、薄荷、五香粉、孜然粉、花生、核桃、芝麻等。这些香味原料的化学成分主要包含醇类、醛类、酮类、酯类、酸类等挥发性芳香物质。往往一种香料中含有几种，甚至几十种物质。例如桂皮中含有桂皮醛、醋酸桂皮酯；陈皮中含有柠檬烯、松油醇、甜橙醛；丁香中含有丁香酚、甲基正戊基酮等。

这些香味调料具有压异味、增进食欲的作用，同时各种香味调料本身多含有去腥解腻的化学成分。在烹饪中，使用香味调料时要注意与鲜味、清香味原料之间的比例，紧密配合，以发挥其特定作用。

四、常见调料在烹饪中的作用

（一）食盐

食盐在人们日常烹调中的应用有着长久的历史。多年来，经过人们的辛勤探索，食盐在烹调中的运用越来越广泛，如今，食盐的作用已不仅仅限于调味了，其范围越来越广。曾有人说：“没有食盐的应用就没有中国烹饪的发展。”这话说得或许有些夸张，但却说出了食盐在中国烹调中的地位和作用。烹调中使用的食盐分为海盐、池盐、井盐、岩盐等。纯净的食盐，色泽洁白，结晶整齐，质地坚硬，呈透明或半透明状；复制盐（碘盐）洁白干燥，呈细粉末状。由于食盐在烹调中具有重要作用，我国习惯把它作为烹调中的主味。然而，食盐在烹调中的作用远不止于此。

1．调鲜味作用

一盘菜肴无论它的档次高低，所使用的主要原料大致可分两种：动物性原料和植物性原料。每一种原料都具有它独特的风味，但它们的呈鲜味物质却基本相同，如肉类、鱼类、食用菌类及一些植物性原料的呈鲜味物质，主要由氨基酸、核苷酸、琥珀酸等决定的，其中氨基酸和核苷酸与食盐的关系密切。氨基酸中的谷氨酸具有鲜味和酸味，只有将其适度中和成一钠盐后，才能使酸味消失，鲜味突出，当谷氨酸一钠的水溶液稀释至3000倍时，仍能感觉到鲜味。实践证明，在稀释的谷氨酸一钠溶液中加入适量的食盐其鲜味尤为显著，因此，可以说食盐是味精的增鲜剂。

核苷酸主要存在于动物的肌肉中，而大多数植物性原料中只含有少量的核苷酸。在呈鲜味的核苷酸中，以1/5肌苷酸和1/5鸟苷酸的鲜味为最强，当二者混合时鲜味更浓，将呈鲜味的核苷酸溶于水加热煮沸时，会发生水解反应，并有诱人的鲜味散发出来。此时，加入适量的食盐与这些呈鲜味的物质融合，其鲜味会得到进一步增强。

2．去异味作用

在一般情况下，食盐本身的味道并无诱人之处，人们尊其为“百味之王”是因为它的调和作用。在众多的烹饪原料中，除少数原料本身具有人们愿意接受的味道之外，多数原料都存在不同程度的特殊味道。如何使原料变成美味的食品，除了加热等方法外，就要发挥食盐“去邪压正”的作用。所谓“去邪压正”，即在烹调过程中抵制原料自身的腥味之气，辅助原料中的呈鲜味物质，增加原料的香气味。同时，食盐又充分地溶解在菜肴的汤汁中，一般在常温下食盐的感受值是0.05%，如果食盐的用量在0.7%左右时，人们会感觉到咸味适口，而这个用量恰好是烹调中所使用食盐的限量。这样一来，原料本身的异味大部分已被去掉，且咸味与原料中的鲜香味相互配合。清洗猪肚、猪肠、鸡鸭肫等内脏时，加适量食盐，反复揉搓，不仅能清洗干净，而且可除去异味；豆腐干含有豆腥味，用食盐水漂浸，既除味，又使豆制品色白；把活鱼放入浓度为10%的盐水中养1～2天可除泥腥味。

3．增强口感作用

食盐的调味作用还不止如此，就连以糖醋为主的甜酸口味，也同样离不开食盐。这是因为在纯糖醋的混合液体中，分子处于悬浮的分离状态，此时，这种混合液体有一种轻浮腻口的感觉。当给这种纯糖醋混合液体加入适量的食盐后，盐和醋发生反应，就会生成新酸和新盐，从而使糖醋汁的味道变得甜而不腻、融合可口。即便是一些纯甜的菜肴，如蜜汁类，在15%的糖液中加入0.1%的食盐，则会使这种糖盐混合溶液比纯糖溶液更甜，味道醇厚。

4．保鲜作用

在一般情况下，烹调的菜肴要比半成品的保鲜能力强一些，经过食盐腌制的烹饪原料其质量的变化明显缓慢。这是因为食盐具有保鲜防腐的作用。在一般情况下，溶液中的食盐浓度超过1%，大多数微生物的生长活动会受到暂时的抑制。如果食盐的含量超过10%，则大多数微生物完全停止生长。其原因主要有以下几点：第一，食盐溶液具有较大的渗透性，当食盐溶液的浓度为1%时，可以产生0.61个大气压。在食盐渗透压的作用下，微生物的生长活动就会受到抑制。如果食盐的浓度超过了微生物所能承受的压力时，微生物细胞中的原生质就会与细胞壁分离，导致生理性干燥失去生育能力。第二，由于氧很难溶解于盐溶液中，这就形成了缺氧的环境，在这样的环境中微生物很难繁殖生长。第三，食盐的钠离子和氯离子在肽键处结合，从而防止了微生物分泌的蛋白分解酶对蛋白质的作用，这样蛋白质就变成了不容易被蛋白分解的物质了。

5．改善成品的质地

食盐能改变面筋物理性质，增加其吸收水分的性能，使其膨胀而不致断裂，具有调理和安定面筋的效应，由于食盐增强了面筋强度的结果，使面包质得到改善。食盐影响面筋的性质，主要是使其质地变密而增加弹力。筋度稍弱的面粉可使用比较多量的食盐，强筋度的面粉宜用比较少量的盐。

6. 稳定面粉的发酵

因为食盐有抑制酵母发酵的作用，所以可用来调整发酵的时间。完全没有加盐的面团发酵较快速，但发酵情形却极不稳定。尤其在天气炎热时，更难控制正常的发酵时间，容易发生发酵过度的情形，面团因而变酸。因此，盐可以说是一种“稳定发酵”作用的材料。

7. 色泽的改善

利用食盐调理适当的面筋，可使内部产生比较细密的组织；使光线能容易地通过较薄的组织壁膜，所以能使烤熟了的面包内部组织的色泽较为轻白。

（二）食醋

人类使用醋的历史非常悠久，据可考证的有关醋的文字记载，醋和食盐一样属于最古老的调味品。通过对醋营养成分的分析，明确了烹调中适当用醋不但可以保护维生素、有助于矿物质的吸收，还能对某些食物起到软化剂的作用以及具有保色和调香的功效。同时，还对烹调中适当用醋的卫生意义进行了探讨，阐明了烹调中适当用醋具有杀菌、去除腥膻味和防止果蔬类原料产生“锈色”等一系列实际作用。

民以食为天，食以味为先，味以酸为首，酸甜苦辣咸。醋，是人类最先懂得烹调使用的酸味调味品，它是以米、麦、高粱或酒糟等为原料酿成的含有醋酸的液体。醋不但含有人体所需要的乙酸物质，而且还含有钙、铁、糖、乳酸、氨基酸及盐类等成分。醋所含的挥发性物质及氨基酸等能刺激人的大脑神经中枢，使消化器官分泌大量消化液，从而有助于食物在人体内的分解。不仅如此，醋在烹调中更有着独特的功用，合理用醋能软化植物纤维素，改善食物的色、香、味，帮助消化，并有利于保护食品中的维生素C，促进矿物质的吸收。此外，从卫生角度来看，烹调中适当用醋也具有非常重要的意义。

1. 提供营养成分

①丰富的氨基酸：醋含有人体需要的18种游离氨基酸，其中包括人体自身不能合成，必须由食物提供的8种必需氨基酸：异亮氨酸、亮氨酸、赖氨酸、苏氨酸、蛋氨酸、苯丙氨酸、色氨酸和缬氨酸。醋中的氨基酸来自微生物对原料中蛋白质的分解和微生物自身的溶解。由于各种氨基酸呈味不同，有的具鲜味，有的具甜味等，故使醋的味道变得更鲜美、柔和、可口。氨基酸是合成蛋白质的主要成分，也是人体活动的能源物质之一。

②丰富的矿物质：醋中的矿物质非常丰富，有锌、钠、锡、铁、铜、磷等。这些矿物质是人体生长发育、生理和抗衰老的生理过程或代谢中必不可少的元素，它们可平衡血液的酸碱值，防止疾病的发生，对维持人体体液酸碱平衡起了重要作用。

2. 保护维生素

人体所需的很多维生素如维生素B_1、维生素B_2、维生素C等，几乎大部分来源于食物，在生命活动中起着重要的作用。但这些维生素性质不稳定，在很多环境条件下容易破坏损失，而烹调中适当用醋可以形成一个酸性环境使维生素最大限度地保存下来。尤其是维生素C，它不耐热、易氧化、对碱敏感，所以，一旦受热、长时间放置或与碱性强的物质放在一起就会使其破坏损失严重。但是维生素C在酸性环境中较稳定，所以在制作含维生素C丰富的食物时，适当使用一些醋，就可以构成一个酸性环境而有效防止维生素C被破坏。

3. 软化作用

有些动物性食物如牛肉，直接烹调时往往不易煮烂，如果加适量的醋，牛肉就容易熟软了。这是因为醋可以使牛肉纤维软化，从而使肉质显得柔嫩，味道也更加可口鲜美。同样，对于那些韧、硬的肉类或野味禽类，食醋也是一种较好的软化剂。腌肉时加入少许醋，可以防止肉类的水分脱失，避免肉质变得干涩难入口，而且腌制过程中，醋会渗入肉内，软化肉质，这样烹调之后的肉吃起来更软嫩可口。在烹制肉食时加一些醋，不仅使肉变得软嫩，容易炖烂，还有利于人体消化吸收。

4. 抑菌杀菌作用

醋具有良好的抑菌作用。实验表明，当醋酸浓度达0.2%时便能达到阻止微生物生长繁殖的效果；醋酸浓度达0.4%时，能对各种细菌和霉菌起到良好的抑制作用；当其浓度达0.6%时，能对各种霉菌以及酵母菌发挥优良的抑菌防腐作用。所以在烹调中适当加醋，往往也具有抑菌作用。这在那些未经高温蒸煮而生制的冷盘菜中，使用醋就更是显得特别必要了。此外，海鲜产品经切制后，放在醋中浸泡10分钟，其中的嗜盐性副溶血性弧菌可被杀灭，所以食醋还是良好的菜肴杀菌剂，做凉拌菜和烹调不太新鲜的鱼类食品时，适当用醋，可以有效地预防某些细菌性食物中毒。

5. 去腥除膻作用

古人云：水居者腥，肉玃者臊，草食者膻。鱼肉因为本身含有三甲胺等碱性物质而具有了腥味，而醋为酸性，所以可用醋来中和消除鱼肉体内的三甲胺，使其除掉腥味。为此，我们在整理鱼时，为防止鱼腥味长留在手，宰杀鱼、刮鱼鳞前，可先将整条鱼身擦一层醋，这样有利于初加工操作。把鱼整理完后，浸在醋水中可以提前清除腥味。常用的浸泡方法是：在烹调前按10～15克的食醋与0.95升水的比例掺和好，然后把鱼浸泡20分钟即可。同理，在烹调鱼虾菜肴时，鱼虾中含有腥臭味的物质氨化物，也可以在烹调过程中借酸性醋的作用生成盐而减少腥臭味。

此外，虽然羊肉的营养价值很高，但羊肉的膻味影响了不少人的食欲。羊肉膻味主要来自羊肉中的挥发性脂肪酸，由于醋中含有醇类物质，其可与脂肪酸发生酯化反应而生成具有香气的低分子酯类物质挥发，从而去除了其膻味。

（三）食糖

在烹调中，糖的作用十分重要。在林林总总的复合味型中，全然不用糖的少之又少，而在目前流行的各种酱汁中，糖的优势作用更是被发挥得淋漓尽致。这里仅从菜肴的色、香、味、形方面说说糖在菜肴制作过程中所起的作用。

1. 给菜肴赋色

这里所说的色，实际上是指色泽，它融合了菜肴的颜色和光泽。也就是说，一道成功的菜肴不但要有诱人食欲的色彩，还要有迷人的光泽。糖在加热到160～180℃能产生焦糖化反应，用专门熬制的糖色烹制菜肴，能使菜肴的色泽红润发亮。这种红色不是那种由人工合成色素产生的鲜红色，而是近似于红褐色，给人一种赏心悦目的感受。特别是在红烧、扒、炸、烤等烹调方法的运用中，糖对菜肴的赋色作用更为明显。比如制作红烧肉时，不能用酱油提色，而是使用白糖炒成的糖色提色，这样烧制出来的肉，颜色棕红，表面发亮，滋汁浓稠。在一些用糖量较大的蜜汁类和糖醋类菜肴里边，糖对菜肴表面能产生发亮的效果，这可是其他调味料难以替代的效果。这是因为物体表面越光滑，光线的反射就强，看上去越亮。而浓稠的糖浆能在菜肴表面形成一层膜，填平菜肴表面细小的凹凸处，自然菜肴表面看上去发亮有光泽。另外，在制作炸类菜肴（如脆皮乳鸽）和烤类菜肴（如烤乳猪、烤鸭）时，原料表面刷一层糖浆，就可使糖液既能产生焦糖化反应变成红色，又可使成品发亮。总之，只要用好糖，再加上油脂和芡汁的辅助作用，那么做出色红发亮的菜肴也就非难事了。

2．增加香味的作用

菜肴的香味，其实是指原料经过加热产生芳香物质后，其分子飘散在空气中刺激鼻腔所产生的一种感受。糖在烹调中所散发出来的那种特殊焦甜香味是其他调味料无法掩盖的。比如拔丝香蕉这道菜，它全部使用糖作为调料，成菜后自然会产生一股香甜气味。中餐的烤鸭和西点的面包，所产生的焦甜香味更是由糖产生香味的典型例子。另外，糖产生的香味较为柔和，在菜肴需要突出其他香辛料的香味时，有经验的厨师往往会添加糖去调和，这是因为一般香辛料的香味都比较浓烈，若不用糖加以调和，那辛香料的香味会变成一种强烈的刺鼻感受。

3．强化菜肴的味道

味道是菜肴的灵魂，人之所以能够感受到菜肴的味道，是因为每个人的舌面上都布有味蕾。首先，糖能够表现出甜味。舌上能够辨别甜味的味蕾比较集中在舌尖，所以人在品尝菜肴时通常先感觉到甜味。其次，糖还有调和诸味的作用。在调制各种复合味型时，一般都要用糖来调和诸味，以使各种调味料的呈味呈鲜物质有机地融合在一起，当然这时的糖已不会明显表现出甜味了。糖不仅能使单薄的滋味变得厚重，而且还可以让味重、味燥的滋味变得柔和。另外，糖还有提鲜、解腻、抑制苦涩味和缓解辣味的作用。比如：在制作红烧肉时，糖可以使菜的滋味变得厚重并解油腻，而在香辣蟹的制作中，糖可调和诸味，缓解辣味。

4．有助于菜肴的造型

一道成功的菜肴不仅要求其色、香、味俱佳，而且造型也应当美观。糖在菜肴造型中可作为黏合剂使用，比如把核桃炸脆后，用熬好的糖浆粘堆成假山形状。还可利用糖浆能拔出细丝的特性来装饰菜肴，比如：把脆皮鲜奶做成蚕茧形状，再把用糖浆拔出的一团团细丝堆在“蚕茧”上，做成“春蚕吐丝”。另外，还可用糖粉制成“积雪”，做出“白雪迎春”等菜肴。

（四）酱油

酱油是人工酿造、工厂化生产的调味品。酱油以咸鲜味为主，并含有多种氨基酸、糖类、有机酸、色素、香料等成分。在烹调菜肴过程中具有调色、美味的积极作用。

1．调色作用

酱油多数呈酱红色，在烹调菜肴中加入酱油可以改善原料的色泽，这就是酱油的调色作用。厨师利用酱油的这一作用使菜肴在色泽上给人一种悦目、美观的感觉，如制作红烧类菜肴。炸制的菜肴为了使色泽好看，也可以用酱油上色，如香酥鸡、香酥鸭等。在没有糖色的情况下也可以用酱油上色，如红烧肉、酱牛肉等。在烹制以鸡鸭、鹌鹑为烹饪原料的菜肴时，在其体外涂一层酱油，经炸制后，其色泽金黄诱人，美味可口。

2．调味作用

酱油中含有多种氨基酸、糖类等营养成分，在烹调菜肴中加入酱油可以使原料增加美味，这就是酱油的调味作用。特别是一些高档次的酱油，如生抽王、老抽王、虾子酱油、特鲜酱油以及调味王等。调味王集天然、美味、滋补三大特点于一身，并含有碘、钙、钾等人体生长、发育所必需的物质，对菜肴有很大的提鲜、美味、调味作用，既可用于热菜烹制，也可用于凉菜调拌。

3．复合作用

酱油本身是多种元素合成的调味品，再与其他调料混合，就能形成一种新的复合味，这就是酱油的复合作用。凉拌菜中经常用的三合油、五合油，就少不了酱油。热菜中它的复合调味作用更为广泛。酱油是厨房必备的调味品，酱油种类繁多，按功能可分为深色酱油、红酱油、浅色酱油、风味酱油（如辣酱油、虾子酱油等）；按形态可分为液体酱油、固态酱油、粉末酱油等。菜肴中加入酱油能入味增咸，定味调口，除腥排膻去异味。同时还能起到着色、定色、提色的作用，成菜红润明亮，色泽诱人，增进食欲。因此，酱油是一种五味调和、营养丰富的调味品，其在烹调中主要发挥如下作用。

（1）增色作用　深色酱油在烹调中主要用于增加色彩，如红烧菜，酱、卤等菜肴的着色作用。深色酱油色素的来源，除了添加焦糖色素外，主要是黄豆在酿造过程中所产生的氨基酸和糖类发生美拉德反应产生的黑色素，使成品显出红亮的色泽。

（2）定味作用　酱油是咸的，能起到定咸味、增鲜味的作用。酱油的鲜味是在酿造过程中由于酶的作用，将原料中的蛋白质逐渐分解成氨基酸和核酸类的钠盐，其中的谷氨酸钠盐和肌苷酸具有较浓的鲜味。

（3）添香作用　酿造酱油时所产生的氨基酸和糖类除产生黑色素外，还分解生成许多具有香味的物质。在烹调过程中，酱油中含有的糖类与不同食材中的蛋白质氨基酸发生分解作用，生成各种挥发性香味物质，气味成分与氨基酸种类有关。由此可知，不同烹调原料添加酱油后可得到不同的风味。

（4）除腥解腻作用　用酱油对原料码味或一起烹调，可以起到除腥解腻作用。因为酱油中还含有少量的各种有机酸，如醋酸、琥珀酸、醇等成分，在烹调加热过程中可与原料中所含的腥味物质发生作用。

（五）酒

粮食在发酵过程中除了生成酒精外，还形成各种氨基酸，增加了酒的风味和香气。由于乙醇分子中的羟基（—OH）与水可形成氢键，减少了分子的活性，所以，随着酒的贮存期的增加，其酒中的辛辣味消失，本身的气味也变得香醇浓郁，正是因为这些因素的存在，酒在烹调中是一种不可缺少的辅助原料。对菜肴的烹制均有一定的作用。目前，在烹饪中用途较广、使用量较大的是黄酒（又称料酒），其次是白酒（质量越高，效果越好），另外还有葡萄酒、啤酒、果酒等，它们在烹饪中均有应用，现就白酒、黄酒在烹制菜肴时的作用表述如下。

1. 去腥解臭

在菜肴的烹制过程中，特别是在烹制腥臭味较浓的动物性原料时，常用白酒或黄酒去腥、解臭。原因是酒中的乙醇具有挥发性，又是一种很好的有机溶剂，它能溶解动物原料中的醛、酮、硫醇、硫醚、三甲胺及氧化三甲胺等腥臭异味物质。这些异味物质随着加热和酒精的挥发而挥发，从而达到去腥解臭的目的，使菜肴味美醇厚。

2. 增加菜肴香味

酒对菜肴的增香作用主要来源于以下几个方面。

酒本身具有较浓的香气，根据资料表明，酒中的香气由200多种化合物组成。粮食在发酵过程中，能产生各种氨基酸，原料中的香味物质被溶解进入酒中，粮食中的糖类、氨基酸类及其他原来无香味的物质，经微生物的代谢而转变为有香味物质，它们除乙醇外还有正丙醇、异丁醇、异戊醇、活性戊醇等三级醇。这些醇是原料中的蛋白质经酵母菌发酵而生成的。在发酵性糖类存在时，各种氨基酸也能形成醇类，使之呈香。

酒中的酯类是酒香味的主要来源，它主要有有机酸酯异丁醋、异戊酯、脂肪酸乙醋、醋酸异戊酯等。随着贮存期的延长，酯类含量增大，香味更浓。除酯外，酒香味还来源于其中的有机酸、羰基化合物和苯酚类化合物，如丙酸、异丁酸、丁酸、戊酸、月桂酸等酸类及乙醛、丙醛、异丁醛、异戊醛等羰基化合物，还有4-乙基苯酚、4-乙基愈创木酚等酚类化合物。以上物质都是在原料发酵过程中及酒的存放过程中形成的呈香物质。

同时，原料中的呈香物质与各种香料物质的香味成分被酒精所溶解，并随之挥发，故人们往往感到香味很浓。如生肉有很淡的香气，但将它加热，并适量添加一些佐料，在烹制过程中就有肉的香气产生。这就是酒中的乙醇溶解了原料中和菜肴中的香气成分，使人感到香气四溢。由于多种酒的发酵制作，原料来源、烹饪时间长短等因素，所以各种酒的香味也迥然不同。因此，我们在制作菜肴时，可根据不同的需要选用不同的酒类。

3．形成特殊风味

菜肴的特殊风味，就在于原料本身及调味品的选用上。醉酒风味菜肴就是其中一例。醉酒菜肴很多，如醉鸡、醉蟹、醉虾等，就是以优质白酒为佐料，经加工制作而成"醉"的方法。一般来说，时间较长，风味独特，体现在酒香味浓。食物在醉的过程中要求所盛容器封闭较严，酒味不易挥发，继而突出酒的醇香，体现出动物醉之感觉。酒能溶解动物，特别是甲壳动物中的钙质，使之变软或蜕壳。酒能与各种调味品结合，形成风味物质。如香气，使菜肴风味更加独特。

4．渗透和防腐作用

酒具有一定的渗透作用，当烹调中放入一些酒，这时原料中的各种呈味物质及各种调味料均溶解在酒精中并与酒精一起渗透到原料中去，使之与菜肴的滋味融合在一起。酒还具有一定的防腐杀菌作用，尤其是高浓度的白酒，消毒杀菌效果更好。所以，一些新鲜生食原料经酒醉后可放心食用。

（六）水

水是人体进行生命活动所必需的营养素之一，没有水就没有生命。而作为人类生存技术的烹饪，更是离不开水。大多数烹饪原料，特别是新鲜蔬菜、水果、乳类等，含有大量的水。烹饪原料中水含量的高低，烹饪中水量的使用以及水质的硬度、特性等，不仅影响食品加工性能、新鲜度、保藏性能，而且还与食品的质感（口感）、营养价值有着密切的关系。

1．作溶剂

水在常温下是液体，黏性小，溶解性强，因此烹饪中用水来作漂洗剂。大多数无机物和部分低级的有机物易溶于水，烹饪加工中常用水洗涤原料表面的污秽杂物和原料内部的血色异味物。水对许多物质具有较强的亲和力，可以使这些物质能均匀分散在水中，因此水也可用作分散剂。烹饪中的上浆、挂糊、勾芡就是用水将淀粉均匀地分散到水中，加热让其溶胀、糊化形成淀粉糊；食盐、醋、酱油、味精等常用的调味料依靠水的分散能力，将调味料中的呈香物质分散到菜肴或进入原料之内，增加菜肴的风味。水是极性分子，能溶解许多物质，所以也具有综合风味的作用。烹饪中动物性原料的营养物质，如单糖、双糖、维生素、矿物质；风味物质，如低分子含氮有机物、低肽、氨基酸；还有一些异味和有害物质，如NH_3、H_2S、甲胺等水溶性物质被水溶出，与加热过程中产生的、调味料中的水溶性的风味物质一起构成菜肴的香味，起到综合风味的作用。水也可以作为介质或反应物参与反应，如采取蒸、煮、炖、熘、煨、氽、焖等方法进行烹饪时都需要水，在此过程中原料的各种成分发生的反应都是在水溶液中进行的，水以介质加快反应的进行。同时，水解反应、羰氨反应（美拉德反应）等都必须有水参与，这些反应使原料去腥增香，增加风味，断生成熟。烹饪原料中有些有害、有毒的物质也可在水中溶解或被水解而去除。如四季豆中的皂素、植物血凝素，白果中的银杏酚、银杏酸，鲜黄花菜中的类秋水仙碱等对人体都产生毒性，烹调四季豆、白果、鲜黄花菜时，要用水煮熟、煮透，弃去煮白果和鲜黄花菜的水，避免产生食物中毒。

2．作浸涨剂

水分子较小，并且具有较强的极性，它能浸润到食品组织或颗粒中，使原料发生溶胀，易于加工、造型、烹制入味。如烹饪中烹调粉条、粉丝、干银耳、木耳、香菇等都需要用水涨发。

3．作传热剂

水是液体，沸点高、热容量大、导热能力较强，是烹饪过程中最理想的传热剂，对于食品和菜肴的杀菌、消毒、成熟、增加香味以及咀嚼、消化吸收，起了决定性的作用。此外，大多数食品在保藏过程中发生腐败变质是由微生物引起的。微生物的生长、繁殖与食品中的含水量有关，水是微生物进行各种生理活动和化学反应的基质和媒介。新鲜的烹饪原料，水分含量高，营养也比较丰富，特别适宜微生物的生长和繁殖，使食品容易发生腐败变质。因此，在保藏过程中，为了防止食品腐败变质，常常将食品进行晒、烘、熏、风干等干制、腌渍（盐腌、糖渍）处理，使食品失去部分自由水，将含水量降到3%～25%，阻止微生物生长，从而延长食品的保存期。

4．构成菜肴的组成成分

菜肴由主料、配料、调料构成，水既不是主料、配料，也不是调料。长期以来，人们从没有考虑过水是菜肴的组成成分。可以这么讲，每一款菜肴，其成品中都有水，烧、烩等菜肴中，较多的水构成了菜肴的成品，汤、羹类菜肴，其成品中主要成分是水。水不仅是菜肴的组成成分，而且在菜肴的制作过程中，用水量的多少，同样会影响菜肴的质量。

5．清洁防腐作用

食用淡水，无毒、无味、有很强的洗净力，通过洗涤可以除去原料表面的污物杂质，使原料清洁，符合卫生要求。沸水的温度能将大量细菌杀死，对微生物的生存极为不利，故而沸水有杀菌消毒作用，能使烹饪原料成为可供安全食用的菜品。

6．对原料品质的作用

水不仅在烹饪加工中具有较广泛的作用，而且对食品品质也具有一定作用。食品的质感指人的眼睛、口腔、手触觉器官对食品产生的综合感觉，包括软、硬、老、嫩、粗、细、滞、滑、爽、腻、松、实、稀、稠等感觉。同一食品，如果含水量稍有差别，也会导致质感的差别。如豆腐有老嫩之分，就是因为含水量不同所致，老豆腐含水量为85%，嫩豆腐则为90%。瓜果、蔬菜含水量充足，食用时有脆嫩、爽口的感觉；若含水量不足，不仅外观萎蔫皱缩，而且因水解酶活性增强，果胶物质分解，使食品质感急剧下降。

在烹饪中充分发挥水的作用，可增强食物的质感，防止食物营养素的流失，促进人体健康。常温下，水分子之间因存在氢键而以20～40个水分子的集团而存在，通常采用电化、磁化等方法将水变为5～6个水分子集团的活化水，这种水口感好，而且具有一定的生物活性。烹饪中应使用硬度适合的水，硬度太小，长期食用会使人体缺乏矿物质而对人体健康不利；

硬度太大，烹饪豆类和肉类时则很难煮熟，由于硬水的Ca^{2+}、Mg^{2+}与原料中的蛋白质反应生成导热性很差的化合物，使烹饪时间加长。腌渍瓜果、蔬菜时，可在水中加入少量的石灰水使水的硬度增大，原料中的果胶酸与水中的Ca^{2+}生成不溶性的果胶酸钙、果胶酸镁而使腌制品脆嫩。烹饪时，应根据原料的质地、烹饪加工方法和成品的要求，合理地使用水，如果使用不当，会影响菜品的色、香、味、质感等。水多了，菜品色浅、味淡；水少了，原料会变黑产生焦苦味及对人体有害的氨气、硫化氢、硫醇、含氮杂环化合物等异味物，以致失去食用价值。烹饪原料中一些对人体有益的物质，如单糖、双糖、维生素C、B族维生素、含氮的水溶物和水溶性风味物质能溶解在水中，因此，用水漂洗原料时间不宜过长，次数不宜过多；蔬菜要先洗后切，浸泡、焯水时间不宜过长，以防止营养素的流失。原料解冻时，应利用空气自然解冻，不可用自来水冲洗，更不可用热水浸泡，以免造成原料细胞组织破坏，导致汁液流失，滋味改变。所以，烹饪中的水不仅影响了食品加工性能、新鲜度、保藏性能，而且还决定了食品的色、香、味、质感等风味。

（七）油脂

烹饪原料学通常把食用油脂分为植物性油脂和动物性油脂两大类，常用的动物油脂有猪油、牛油、羊油、鸡油、奶油等，植物油脂有豆油、芝麻油、花生油、菜籽油、棉籽油等。此外，还有一部分半成品复合油，如红油、咖喱油、葱油、蒜油、花椒油等。油脂的使用可以丰富菜点的品种、提高菜点质量、优化菜点制作工艺，下面就从应用的角度，谈谈油脂在现代烹饪中的作用。

1．增色护色作用

成菜色泽除了与菜肴的主配料和调料的颜色有关系外，还与烹调用油的增色、护色作用有关。成菜色泽要求洁白时，必须选用颜色较浅的油脂，如制作芙蓉鱼片、鸡汁鱼肚、香炸云雾等菜肴时，为了保证成菜色泽洁白，就一定要选用猪油；炸制色泽要求较浅的酥点，也多选用猪油。另外，炒制色泽翠绿的蔬菜，一般也选用猪油或色泽较浅的色拉油。烹制成菜要求色泽红亮的炒菜、红烧类菜肴，可选用颜色较深的油脂，如烹制鱼香肉丝、红烧鱼时，除了选用泡椒、豆瓣等调料外，还可以选用菜籽油、花生油等油脂，它们不仅可以使菜肴色泽更加红亮，并且还可以使菜肴的香味更加浓郁。制作汤菜时，如果要求汤色浓白，就要选择乳化作用较强的猪油或豆油；清汤菜一般不用油，而制作红汤菜肴时，为了达到油封汤面、色泽红亮的效果，则要选择菜籽油、花生油、牛油等。

为了保持绿色蔬菜的颜色，也要用到油脂，一般是在蔬菜焯水时，可以在锅中加入少许色拉油，但也可在焯熟后淋少许色拉油，俗称“焐油”。为了使凉菜色泽光亮，在装盘后可以在表面刷一些麻油。另外，原料中含有的色素大多是脂溶性的，为了使色素充分溶出，就少不了要用到油脂，如川菜中的红油，就是辣椒中的红色素充分溶解到菜籽油里，才使其色泽如此红亮的。

2．增香作用

油脂在烹调中的增香作用主要表现在两个方面：一是油脂本身具有香味或用作芳香物质溶剂的作用；二是通过油脂的高温加热使原料产生香气。为了增加一些菜肴的香气，常在菜肴即将出锅或出锅后淋上一些香味较浓的油脂，如芝麻油、葱油、花椒油、蒜油、鸡油、奶油等。红烧鳗鱼出锅时淋入麻油可去腥增香，榨菜肉丝汤出锅时滴上几滴麻油则香气四溢，松子炒玉米出锅前加少许奶油，成菜奶香扑鼻，还有麻辣豆腐淋花椒油，鸡油菜心淋鸡油，都能使成菜各具特色。不过，用淋油的方法来增加菜肴的香气也需注意三点：一是淋入的油脂要与原料的香气和谐，如在蒜薹炒肉丝中淋入牛油就会变得不伦不类；二是淋入的油脂不能影响成菜的色泽，如在芙蓉鸡片中淋上芝麻油，就会破坏其洁白的色泽；三是淋入的油脂不能掩盖原料的本味，味道本身就很纯正鲜美的原料，就不用再淋油增香了。

油脂在高温作用下，发生多种复杂的化学反应生成芳香物质，从而增加菜肴香味；油脂加热后本身会产生游离的脂肪酸和挥发性香味的醛类、酮类；原料中的碳水化合物在加热过程中也会产生香气成分，如葡萄糖加热后会生成呋喃和多种羰基化合物，淀粉受热会生成有机酸、酚类等多种香气成分；另外，氨基酸也能与油脂中的羰基发生羰氨反应，从而产生诱人的香气。

3．乳化和起酥作用

在制作奶汤类菜肴时，我们希望成菜汤色浓白，油脂与汤汁充分混合在一起，这时我们可以选择一些含天然乳化剂较高的油脂来制汤，如猪油中含有大量的卵磷脂，冷压后的大豆油中含有大量的大豆磷脂，选用这两种油脂做菜，经过充分的加热乳化后，油脂和汤汁就可以很好地融合在一起，使汤汁白而浓稠，而且还能较长时间保持稳定。在制作熘制菜肴时，为了使芡汁明亮、醇厚，也往往要加入适量的油脂，经过充分的搅打后，油脂就可以和芡汁很好地融合在一起。

烹调中还大量用到油脂的起酥作用。在调制酥炸菜肴的酥糊时要加入一定量的油脂，油脂加入量的多少是酥糊炸制后是否酥脆的关键，加入的油脂量少，糊炸好后硬而不酥，加入的油脂太多则糊太酥松而易碎。调制酥糊一般只选用精炼植物油。在调制油酥面团时，将油脂和面粉充分搓擦，扩大了油脂的表面积，使油脂均匀地包裹在面粉粒外面，油脂的表面张力使面粉粘连成团，由于没有水分，不能形成面筋网络，因而制成的面点比较松散，口感酥脆。

由于猪油色泽洁白，香味醇正，起酥性好，故在中式油酥面点中一般都用它作为起酥油，奶油则主要用于西式面点中，不过，猪油和奶油各有其营养和工艺特性方面的缺陷，现在油脂工业已开始人为对动植物油脂进行氢化，生产出更适合制作油酥类点心的专用起酥油脂。

4．成形作用

油脂在菜点制作中还有辅助菜点成形的作用，这其实是利用了部分油脂可塑性强的特点。常用油脂中只有猪油和奶油的可塑性较好，在菜点的成形中用得也较多，如山东甜菜响铃水晶球就是在花生仁外面包上一层猪油，搓成球形馅心，经挂糊入油锅炸制后，猪油融化，花生仁留在空心的糊壳里，就成了“响铃”；江苏菜藕粉圆子是用猪油将松散的八宝果仁凝结成团，搓成球形后，再滚上藕粉入锅余熟而成。奶油中含有部分水分，经搅打后可充入大量的空气，具有很好的可塑性，可用于蛋糕的裱花工艺中，另外，黄油雕也是充分利用了奶油的可塑性特点。

5．作为传热介质

从传热介质的角度看，食用油脂在烹饪中的一些作用是其他介质无法代替的。食用油脂的燃点高，一般都在300℃以上，而且油脂的热容量小，同样的火力加热，油脂比水的温度升高快一倍，停止加热后，温度下降也更快，这些特点都便于灵活地控制和调节温度，使原料受热均匀，以制作出各种质感的菜肴。

一般来说，用中低油温或高油温短时间制作菜肴时，只需根据上述几种因素选择油脂即可，而需要高油温长时间烹制的菜点，就必须根据油脂的发烟点来决定。油脂的发烟温度与油脂的种类和精制程度有关，常见的几种油脂的发烟点分别为：豆油195℃、菜籽油190℃、棉籽油220℃、芝麻油175℃、奶油208℃、猪油190℃，而各种油脂的精炼油的发烟点又比其原油高约40℃，因此，需高温长时间炸制菜点时，一般宜选用精炼油，但有时为了让菜点更快上色，也可以选择原油炸制。无论哪种油脂，长时间高温加热后，都会氧化变性，而经过适当氢化的油脂，其稳定性都将大幅度提高，这种氢化油脂目前已广泛应用于方便面的油炸工艺，相信不久后，还会在中餐烹调中得到应用。

6．增加菜点营养

油脂是人体热能的来源之一，同时还可供给人体必需的脂肪酸，对人体健康有着重要作用。油脂中的必需脂肪酸——亚油酸含量是衡量油脂营养价值的一个重要指标。常用油脂中，亚油酸含量占脂肪酸总量的百分比分别为：猪油8.3、牛油3.9、奶油3.6、鸡油24.7、豆油52.2、玉米油47.8、芝麻油43.7、菜籽油55.6。相对来说，植物油脂里的亚油酸含量比较高，因此食用植物油更有利于人体健康，尤其是大豆油、芝麻油和花生油。

在烹调中，油脂除了以上六大作用之外，还有其他一些作用，例如，可以增加菜点的润滑口感；可以利用油脂不易散热的特性，用油封在汤菜的表面，以保持菜肴的温度等，此处不再赘述。

五、厨房常见复合调味品

（一）常见的复合调味品

1．复制酱油

特点：色泽棕褐，咸鲜带甜，香味浓郁，汁液浓稠。

原料：酱油500克，红糖75克，味精5克，小黄姜（拍破）10克，花椒2克，八角2克，香叶1克，桂皮5克，草果2克。

制法：

（1）红糖切碎成碎末，香料冲水洗净后制成香料包。

（2）锅洗净置于中火上，放酱油、红糖、香料包、小黄姜烧沸，改用微火保持微开，熬至酱油剩2/3时去掉香料包，放味精倒入搪瓷缸中。

注意事项：

（1）色泽不能过浅，可炒糖色加入。

（2）小火熬制，火力不能过大。

2．红油

特点：色泽红亮，香辣味浓。

原料：辣椒面1000克，菜籽油4000克，生姜（拍破）50克，八角10克。

制法：

将辣椒面、八角盛入容器，菜籽油、生姜入锅烧至八成热，端离火口。捞出姜块，待油温降低至五成热时，倒入盛辣椒面的容器中并不断搅拌，使辣椒面受热均匀，烫至酥香，并让其迅速降温（以免熟后烫煳变质），凉凉即成。

注意事项：

（1）应根据需要选择不同品种的辣椒面。若要制得香辣味重的红油，选用二荆条辣椒面为宜；若喜欢辣味性烈的红油，以选用朝天椒辣椒面为当；若需辣味平和的红油，宜选用良种辣椒面。也可将上述辣椒面按一定比例混合后烫制。

（2）要选用色红、新鲜无霉变、粗细恰当的辣椒面（过粗过细都会影响其香辣味和菜肴的清爽度），同时要鉴别辣椒面的生熟度，以便掌握烫制时的油温（经文火焙炒过的辣椒面浸烫油温宜低些），否则，火候不足或火候过头都将影响红油的质量。

（3）红油最宜一次性烫制，供多日使用。并最好存放3～5天后使用为好，急用急制的不但辣味燥烈，醇香味较差，而且色泽浅淡，不沾原料，使用效果也较差。这是因为红辣椒中辣椒红素和辣椒玉红素属类胡萝卜素，都是脂溶性色素。只有通过较长时间的油浸溶解，大量的红色素才能游离于油脂中，使之为“红油”。另外，经过高温炼熟的菜籽油盛装在宽敞的容器中，会大大加快脂肪自动氧化速度（温度和氧的作用），而脂肪自动氧化作用的结果之一是形成黏稠、胶状的聚合物，致使红油稠度逐渐增大，极易黏附原料，使菜肴金红光亮。

（4）制作红油的油脂必须使用液态食用植物油，以菜籽油或花生油为最好，其次是大豆油。即使用“六脱”的精制油烫制红油，也因其黏稠度低而会影响上色效果。另外，红油的色泽和香辣味可根据辣椒面与菜籽油的比例来调节，一般在1：3至1：7中取舍。

红油制作示范

3．老油

特点：色泽红亮，麻辣香浓。

原料：色拉油10000克，郫县豆瓣酱2000克，干辣椒250克，小黄姜（拍破）250克，大葱节250克，广东胡萝卜片400克，洋葱块250克，辣椒面125克，干花椒60克，香料（八角8克、草果1个、桂皮3克、香叶10克、小茴香15克、山柰5克、排草10克、丁香5克、白豆蔻15克）。

制法：

（1）干辣椒入锅加水稍煮后，捞出来打蓉成糍粑辣椒（约得1500克）；另把各种香料和干辣椒用开水稍泡，以除去部分苦涩味。

（2）把色拉油放入干净锅内，烧至约180℃时，分批次投入小黄姜、大葱节、洋葱块、胡萝卜片等炸香，随后下香料浸炸片刻，再放入郫县豆瓣酱稍微炒香，下入糍粑辣椒，转小火用手勺不停地推炒约1小时，至水汽将干、香气四溢时加入辣椒面略微炒匀，出锅盛入不锈钢汤桶内，加盖子焖约24小时，然后滤去料渣取油即成。

说明：此老油多用于家常味、麻辣味或者一些香辣菜、干锅菜的增香调色。

注意事项：

（1）香料必须提前清洗干净，以免影响味道的纯正。

（2）炒制过程中要采用中小火，时间宜长。急火快炒容易导致油的色泽发暗（发黑）产生焦苦味。炒制时，避免出现粘锅现象。

（3）要将郫县豆瓣酱、糍粑辣椒的水分炒干，否则老油将会出现浑浊且无光泽的现象。

（4）起锅前才能加入辣椒面，搅匀后出锅。否则辣椒面会出现焦煳，影响老油的香味和色泽。

4．泡椒油

原料：色拉油10000克，泡辣椒2500克，泡生姜800克，大葱节350克，洋葱粒350克，小黄姜（拍破）150克。

制法：

（1）把泡辣椒剁成细末，泡生姜拍破备用。

（2）色拉油入锅烧至约180℃时，转小火下大葱、洋葱和小黄姜，略炒一下，然后下入泡生姜炸出香味，接着放入泡辣椒末，用手勺不停地搅动，至泡辣椒色泽红亮时，出锅盛入汤桶加盖静置发酵约24小时，滤去料渣即成泡椒油。

说明：泡辣椒宜选用色泽红亮、质脆、肉厚无空壳者，泡制时间在1年左右。否则，炒制后，油呈浑浊状，不香，味不正。

注意事项：

（1）炒制时宜采用中小火慢炒，让泡辣椒、泡生姜等的乳酸味释放到油脂里。

（2）炒熟后，需静置发酵。

5．葱油

原料：色拉油5000克，大葱段1000克，洋葱片750克，广东胡萝卜片500克，小黄姜（拍破）400克，八角35克，香菜250克。

制法：

（1）干净锅置于火上，倒入色拉油，烧热至油温约120℃时，下胡萝卜片、小黄姜和八角，熬制约15分钟，出香味。

（2）接着下入洋葱块、大葱段和香菜，慢火熬至约45分钟，直至把姜葱炸干。关火后静置10分钟，捞出料渣即得葱油。

说明：葱香味浓郁，适合一些口味交清淡的菜肴。

6．花椒油

原料：色拉油25000克，大红袍干花椒1000克，干青花椒500克。

制法：

（1）将干青花椒、大红袍干花椒入锅焯水，然后沥干水分备用。

（2）色拉油入锅上火，下干青花椒和大红袍干红花椒，先大火熬开，然后转小火慢慢熬制，直至花椒香气四溢、水分快干时，离火凉凉，捞出料渣即得花椒油。

注意事项：

（1）两种花椒需先经过氽水，以防止油温过高而变煳，影响到香味的生成。

（2）青花椒的香味纯正，麻味略小一些，和大红袍干花椒搭配，能使花椒油的香味更悠长。

7．煳辣油

原料：菜籽油15000克，二荆条干辣椒4000克，干花椒1000克，洋葱粒750克，小黄姜片500克，大葱段1000克。

制法：

（1）干辣椒用剪刀剪碎后去籽，与干花椒一起放入不锈钢桶内备用。

（2）锅置旺火上，加入菜籽油，烧至约180℃时，下洋葱粒、小黄姜片和大葱段，炸至脱水干香后捞取料渣，将热油倒入不锈钢桶内，让干辣椒和花椒在热油里散发出浓烈的煳香味。加盖静置2～3天便可使用。

说明：此煳辣油适合于炝炒或炝拌类菜肴的调味。

注意事项：

（1）热油倒入不锈钢桶时，要控制好油温。

（2）煳辣油内辣椒壳、干花椒可以捞出来剁碎，用于其他菜品的调味。

8．豆瓣油

原料：郫县豆瓣酱10000克，色拉油25000克，小黄姜片500克，大葱段1000克，八角40克，香叶25克，小茴香25克。

制法：

（1）将香料用清水浸泡约15分钟，洗净后捞出备用。

（2）锅内加入色拉油，烧至约120℃时，下姜片、葱段炸干水分后捞出，再下入香料和郫县豆瓣酱，小火慢炒，待把郫县豆瓣酱的水分炒干且油色红亮时，滤渣即得豆瓣油。

9．鸡油

原料：土鸡油30000克，小黄姜1000克，大葱段1000克。

制法：

（1）鸡油洗净后剁成小块，姜葱拍破后备用。

（2）干净锅内下入鸡油，转小火。加入姜葱小火慢熬，熬至葱姜呈现浅黄色且无明显水分时，滤去料渣凉凉即得鸡油。

说明：此鸡油适合于高档菜肴的提色增香。

注意事项：

（1）鸡油购回后要先洗净，然后剁成小块，才容易出油。

（2）炼制时宜采用小火。否则鸡油不仅不黄亮，而且还容易产生异味。

10．蒜油

原料：花生油750克，独蒜1000克。

制法：

（1）独蒜剁成蒜米，用清水冲洗后沥干水分备用。

（2）干净锅置于旺火上，下花生油，待油温烧至约120℃时，下入蒜米慢慢炸制，待锅内的蒜米成金黄色时，关火滤渣即得蒜油。

说明：此蒜油多于蒜香味浓郁的菜品。滤油后的蒜渣可用来调制蒜蓉酱或做避风塘料。

11．山胡椒油

原料：菜籽油10000克，鲜山胡椒5000克，鲜花椒500克，小黄姜片200克，小葱节400克。

制法：

（1）鲜山胡椒和鲜花椒分别洗净沥干水分。

（2）干净锅置于旺火上，下入菜籽油烧至约210℃时，放入姜片、葱节，炸至表皮发硬时捞出。然后把山胡椒放在油锅中，熬制约10分钟，端离火口，将油倒入盛有鲜花椒的容器内，用盖子盖住，静置约48小时。待山胡椒味完全溶解在油脂中后，滤渣即得山胡椒油。

说明：鲜花椒在这里只能起到画龙点睛的作用，不可多放。

（二）盛装调味品器皿的选择

要充分注意调味品的盛装与保管，如果盛装的容器不妥，保管的方法不善，就可能导致调味品变质或使用紊乱，会严重影响调味效果和菜肴质量。调味品有不同的物理和化学性质，如有的是固体，有的是液体，有的具有芳香的气味。因此，应根据它们不同的性质科学地选用不同的容器。例如，不能用金属器皿盛装食盐、酱油、醋等。因为它们不仅会使容器腐蚀而损坏，本身也会变质报废；不能用塑料器皿盛装油脂类的调味品。因为油脂会溶解塑料，使其中的有毒物质进入油脂而不能食用。玻璃、瓷器不能盛装高温油料，否则易使其爆裂。

（三）调味品的保管

1. 存放调味品的环境条件

（1）温度不宜过高或过低　如温度过高，糖易溶化，醋易发酵变浑浊，葱、姜、蒜易变色，其香味也受损失；但如果温度太低，姜、葱、蒜也易冻坏变质。

（2）不宜太潮或太干　如环境太潮湿，盐、糖都易溶化，酱油、甜酱都易生霉；如果太干燥，姜、葱、蒜、芫荽都易枯萎变质。

（3）注意避光和密封　有些调味品不宜接触日光和空气。例如，油脂类接触日光易氧化变质；姜多接触日光易生芽；香料不密闭易散失香气等。

2. 保管调味品的注意事项

（1）调味品一般不宜久存　特别是加工后的复制调味品，应现调现用，先加工先使用，以避免失去香味而变质。虽然少数调味品如黄酒等，越陈越香，但开坛后也不宜久存。

（2）需要事先加工的调味品，一次不可加工太多　如湿淀粉、椒麻糊、蒜泥、芥末糊、切碎的葱花、姜末等，都要根据用量加工，避免加工太多，造成变质浪费。

（3）不同性质的调味品，应分类贮存　例如，同是植物油，生油和炼熟的油，没有使用过的清油和用过的浑油，必须分别放置，不宜相互混合，以免影响质量。

（四）调味品的合理放置

烹调菜肴时，灶台上的调味品的放置要便于使用，常用的应放在靠右手边。一般的原则是：先用的放得近，后用的放得远；常用的放得近，少用的放得远；有色的放得近；无色的放得远，同色的应间隔放置；湿的放得近，干的放得远。有时还要考虑其他因素，如糖、酒、盐等应放得离炉口远一些，因为它们都是无色的调味品，取用时若滴落一些在前一排，如酱油或油的器皿内影响不大；但如果相反排列，把酱油、醋、油等滴落到糖、盐等器皿内就造成其污染，同时可能引起菜肴口味发生变化。又如，油、酱油、醋、湿淀粉的使用范围较广，使用次数较多，而且烹调时，往往事先用油、酒、酱油，后用糖、盐等。所以把油等排在前列，糖、盐排在后列。还有盐、糖的颜色和形状都相似，放置时，必须隔开，以免用错。

六、调味的基本原理

调味，是指运用各种调味原料和有效的调味手段，使调味原料之间以及调味原料与主辅原料之间相互作用，形成菜肴独特滋味的操作技术。它是烹调技术的一个重要环节，直接关系到菜肴的质量。用多大的火力，什么时候翻动，调味要符合原料本身的性质，这些都与菜肴的质量密切相关。客人对味的要求高，厨师对味的调制要更加灵敏，应有突破、有所发展，对调味要有更深、更全面的研究。在烹饪中，调味的原理是从化学和物理的角度分析味的生成和转变的规律。下面从渗透、溶解、合成、黏附和分解几个方面分析。

（一）渗透

在常用的调料中，食盐是最基础的，也是渗透力最强的调料之一。在烹饪过程中，如果将食盐加入新鲜的蔬菜进行拌和，不久就会发现蔬菜中有了咸味，而蔬菜则由饱满变得萎缩，菜的表面出现“湿润”感。这是因为食盐是一种强电解质，当其与蔬菜表面的水分接触后，形成了高浓度的食盐溶液。在这种条件下，蔬菜细胞的内外形成了一个浓度梯度，低浓度的溶液要向高浓度溶液渗透，蔬菜细胞中的水就被“吸”到外表面，使蔬菜显得萎缩。另一方面，高浓度的食盐溶液有很强的渗透压，食盐水同样通过渗透作用进入到蔬菜内部，使其具有了咸味。这两种渗透同时发生，直到平衡为止。除了食盐之外，料酒、白糖、食醋或其它调味料都有一定的渗透作用。烹调中有直接利用渗透法制作菜肴的，例如，凉菜制作中的拌、渍（糖渍、醋渍）、腌（盐腌）、炝等。

（二）溶解

溶解，是指固体或液体物质的分子，均匀地分布在水、油当中。如味精、盐或糖溶解在汤水中，而使汤水呈鲜味、咸味或甜味。辣椒含有辣味成分，它的辣味成分溶解在红油中则显辣味。醋溶解在汤水中，使汤汁呈现酸味特征。原料中也有苦味成分，例如苦瓜中含有苦味成分，如果嫩苦瓜的苦味太甚，则在烹调前焯水一次，可使部分苦味成分溶解在水中，从而减轻了苦瓜的苦味程度。茶叶、咖啡，正是利用溶解原理，将其苦味成分溶解在水中，形成人们乐于饮用的饮料。原料中也有鲜味成分，烹调时这种鲜味成分溶解在汤水中，从而使汤汁鲜美。

（三）合成

在各种调味品中都有呈味物质，各种烹饪原料同样也是由化学物质组成。当原料与调味品混合后，在烹调加热的作用下，分子之间会发生一系列复杂的化学反应，生成一些新的物质，产生新的滋味。如鱼香类菜肴，那独特诱人的滋味从哪来的呢?它是由泡辣椒中的脂肪类芳香物，姜中的姜油酮、姜油酚、姜辣素，大蒜中含硫挥发油，料酒中的醇和氨基酸，醋中的乙酸，酱油中的香气物质以及糖、脂等在烹调过程中经挥发、混合、合成等一系列化学反应，生成新的酯和醇等而产生特殊的味感。

（四）黏附

将调料拌和或者黏附在食物的表面，可以使食物呈现不同的味道。例如，在红油味型中，将切好的三丝加入红油、酱油等调料，再经过拌和均匀，各种调味料不同程度地黏附在菜品之上。黏附作用一般用于质地紧密不易入味的原料；由于造型的需要和成菜质感的特殊要求，不宜长时间加热的菜肴；短时间快速成菜而味感达不到滋味浓厚要求的一类菜肴。黏附作用可以针对上述的具体情况，让菜肴充分体现其成菜的特色。黏附作用广泛用于热菜和冷菜中。

（五）分解

一种化合物由于化学反应而生成两种或多种较简单的化合物或单质，称为分解。加热能促进这种分解。分解作用调味，包括加热分解调味法、调味品分解食物调味法和调味品自身分解调味法。

加热分解调味法，主要是烹饪原料在加热的条件下变性，部分蛋白质水解，进而分解为各种氨基酸。这些游离的氨基酸中甘氨酸有甜味，而谷氨酸与Na^{+}结合具有鲜味。另外动物宰杀后经ATP（三磷酸腺苷）降解作用还会产生了5′–鸟苷酸、5′–肌苷酸等具有鲜味的物质。有的食物本身含有醇、酮、酚等有机物，通过加热鲜味更加强烈，挥发性有机物高温气化，散发诱人的香气，此作用就是我们所说的菜肴的本味表现。在烹调中的炒、熘、炖、焖等，都利用了此原理加热调味。

调味品分解食物调味法，主要是指利用调味品的作用除去原料中的腥膻味，使菜肴滋味变得更鲜美可口。在烹制时常用酒、醋除去腥、膻、臊味。动物原料中的腥、臊味是由三甲胺、氨基戊醛、氨基戊酸等物质产生的，而三甲胺等物质就能溶于有机溶剂乙醇、乙酸中。在烹调时放些酒、醋，所含的乙醇、乙酸能沿着毛细管和细胞间隙渗透到食物内部，三甲胺等经分解作用以后，溶解在乙醇、乙酸中。在烹调加热过程中，随着温度的升高，溶解作用增大，当温度达到一定程度后，三甲胺等异味物质就会随着乙醇、乙酸挥发而除去，可使菜肴的味道更为鲜美。这种方法调味主要用于动物性原料的码味和烹制，如炒、爆、熘、炸、烧、煨等技法中皆用此法去异味、增鲜香。

调味品自身分解调味法，就是利用调味品在烹制过程中分解，使烹饪原料的味富于变化和更加丰富。比如蔗糖，它是双糖，溶于水中加热，它转化为葡萄糖和果糖，果糖的甜度是蔗糖的1.7倍，所以用蔗糖做挂霜、拔丝、蜜汁一类的菜肴更纯美香甜。

调味的原理

七、调味的作用、方法及规律

（一）调味的作用

1. 确定菜肴的滋味

调味可以使一些本身淡而无味的原料具有鲜美的味道。如海参、豆腐、粉皮等本身不具有鲜美的滋味，它们必须借助于调味品或具有鲜味的原料，如猪肉、鸡、蘑菇等共同烹调才能获得鲜味，并使菜肴增加了营养。

2. 改变或增强滋味

一些原料如萝卜、芹菜等本身具有特殊的气味，将调料加入其中便可以减轻或消除其异味。并且，同一种原料用不同的调味品加工之后，其滋味也不同。另外，通过调味还可以调出鲜美的复合味，如奶汤大杂烩、红烧什锦、砂锅豆腐、坛子肉、佛跳墙等。

3. 协调和减少异味

将滋味较浓的和较淡的或者荤菜和素菜加以调和，便可起到协调滋味的作用。如肉类与蔬菜共烹或牛羊肉一起烹便是如此。一些异味较重的原料如牛羊肉，可以通过使用姜、葱、料酒、醋、胡椒粉等来协调和减少异味。

4. 使菜肴色彩丰富

家常菜肴的色彩可以通过调味品来实现。如白芡汁、糖醋汁等可以使菜肴有滋有味、色泽生辉。像金钩烧豆腐、冰糖肘子、鱼香虾仁等菜肴就是在调味品的作用下形成的。

5. 使菜肴品种多样化

调味可以决定菜肴的品种。如麻辣肉片和鱼香肉片是由于调味品的不同而使两者有别。又如，鸡片可以调成椒麻鸡片或怪味鸡片等，排骨可以做成糖醋排骨、五香排骨或孜然排骨等。由此，菜肴的名称也随着调味品的变化而变化，不同的调味使同一原料具有不同风味，并且增加了菜肴的花色品种。

6. 体现菜系与形成风味

调味也有一个形成过程，有其地理与历史的原因。因此，通过调味便可以体现菜系的不同，如粤菜清淡香鲜；苏菜味浓带甜，本味醇厚；浙菜新鲜清香；徽菜突出本味，酥烂香鲜；闽菜味重甜酸，多用红糟；湘菜味重酸辣；一提起麻辣味厚、鱼香味醇，我们便会联想起川菜的特色。

（二）调味的方法

1. 腌浸调味法

腌浸，又称腌渍。腌渍调味法是指将调料与菜肴的主、配料调和均匀，或将菜肴的主、配料浸泡在溶有调料的溶液中，经过腌渍一段时间使菜肴主、配料入味的调味方法。这种腌浸的方法，在经过一段时间后，能够达到改善原料口味、嗅感、色泽等目的。腌浸的方法很多，根据调味料品种不同，常用的有盐腌、醋腌、糖腌、酒腌、酱油腌等。例如爽口萝卜皮、糖蒜等。根据干湿程度可分为干腌法和湿腌法。

2. 热传质调味法

热传质调味法又称热渗调味法，它是指在热力的作用下，使调料中的呈味物质渗入菜肴的主、配料内的调味方法。此法是在上述两种方法的基础上进行的，一般在烧、烩、蒸等烹调方法中应用。如制作烧类菜肴时，均需要进行热渗调味法。烹调时一般采用小火、长时间加热的方法，目的是使汤汁中调料的呈味物质由表及里地渗透至烹饪原料的内部，使之起到入味的作用。从而使原料入味表里如一、味道鲜美。水既是传热介质，也是传质介质，调味品在溶解到水溶液中后，加热时由于温度的迅速上升，分子间运动加剧，从而使调味料中的呈味物质分子渗入到主辅料内，形成菜肴独特的滋味。

3. 烟熏调味法

烟熏调味法是指将调料与其他辅助原料加热，利用产生的烟味使原料上色并入味的调味方法。烟熏所用的燃料都带有芳香味道，如花茶、大米、黄豆、花生壳、红糖、锯末、松柏枝等。一般熏制前需进行码味处理，同时保持表皮的干燥，以利于烟香味能吸附于主料上。因为熏菜所用的原料易得，燃料易取，再加上制作较为方便，风味独特的缘故，所以无论是餐饮行业，还是一些家庭，常常采用这种方法做菜。

4. 包裹调味法

包裹调味法是指将液态或固态调味料黏附于原料表面，使原料入味的调味方法。根据调味料品种和操作方法的不同，可分为液体包裹法和固体溶化包裹法。液体包裹法一般是将调味品提前兑好，在加热后期倒入锅内，利用热的作用使调料溶化黏附在主辅料上，有时加入有淀粉类物质，可以提高黏附的效果。固体溶化包裹法主要是指糖粘、拔丝两种调味方法。

5. 浇汁调味法

浇汁调味法是指将调味料在锅内调配好以后，淋入已制熟的半成品原料上面，使菜品具有味感的调味方法。主要适用于炸熘、软熘类菜肴，或者部分体积较大、菜品质地有特殊要求的菜肴。例如，有道菜品江石滚肥牛，为了保证肥牛质地的鲜嫩，同时活跃就餐气氛，服务员将事先准备好的各种主料、辅料、调料，当着客人的面进行浇汁烹饪，保证了菜品的品质要求。

6. 粘撒调味法

将固体粉状调料粘于主辅料的表面，使菜品具有某种滋味的调味方法称为粘撒调味法。

根据受热的前后次序又可以分为生料粘撒法、熟料粘撒法。生料粘撒法是将盐、酱油、料酒、淀粉、鸡蛋等调料配置好之后粘撒在生的主料上，然后再经过煎、煮、炸、蒸等熟处理方法。熟料粘撒法就是将加热制熟后的半成品表面扫上特殊的一些调料的调味方法，例如撒上盐、味精，或者熟孜然粉、椒盐、沙拉酱、番茄酱等。

7．跟碟调味法

跟碟调味法也称为补充性调味法，它是指将调料装置在小碟或小碗中，随成品菜肴一起上席，供用餐者蘸而食之的调味方法。这种调味方法主要是弥补菜肴口味不足，原料在加热前已具备一定的基本口味。例如四川的火锅中，就餐时往往要添加香油碟或干碟，其目的就是满足食客的个性化口味要求。常见的还有一些煎、炸、烤类菜肴，往往也需要跟随味碟，起到补味或者解腻的作用。

（三）调味三阶段

调味的过程按菜肴的制作工序可划分为三个阶段，即原料加热前的调味、原料加热中的调味、原料加热后的调味。不同的菜肴在调味时每个阶段的作用和调味方法都是不同的。

1．烹调前调味法

原料加热前的调味属于基本调味，是指原料在正式加热前，用调料采用腌渍等方法对其调味。主要利用调料中呈味物质的渗透作用，使原料表里有一个基本的味型。此阶段调味的主要目的是使烹饪原料在正式烹调前就具有基本的味型（也称为底味、底口），同时也能改善烹饪原料的气味、色泽、质地及持水性。在加热前的调味一般适用于炸、煎、烧、炒、熘、爆等烹调方法制作的菜肴。由于制作菜肴的品种、要求的不同及原料质地、形状的差异，在调味时应恰当投放调料，并根据原料的质地合理安排腌渍的时间。

2．原料加热中的调味

原料加热中的调味属于定型调味，是指原料在加热过程中，根据菜肴的要求，按照时序，采用热渗、分散等调味方法，将调料放入加热容器（煸锅、炒勺、蒸锅）中，对原料进行调味。其目的主要是使所用的各种原料（主料、配料、调料）的味道融合在一起，并且相互配合、协调一致，从而确定菜肴的味型。原料加热中的调味一般适用于烧、蒸、煮等烹调方法制作的菜肴。由于原料加热中的调味是定型调味，是基本调味的继续，对菜肴成品的味型起着决定性的作用。所以调味时应注意调味的顺序，把握好调料的数量。

3．原料加热后的调味

原料加热后的调味属于补充调味，是指原料加热结束后，根据菜肴的需求，在菜肴出勺（起锅）后，采用裹浇、跟味碟等方法进行补充调味。其目的是补充前两个阶段调味的不足，使菜肴成品的滋味更加完美。其一般适用于炸、熘、烤、涮等烹调方法制作的菜肴，调味时应根据菜肴成品的要求，采用不同的调料作必要的补充调味。

上述三个阶段的调味是紧密联系在一起的调味过程，它们之间相互联系、相互影响、互为基础，其主要目的是保证菜肴获得理想的滋味。

（四）调味的规律

1．调味必须下料准确而且适时

要按照所做的菜肴准确下料，切忌无目的地下料或乱放乱投，这样是达不到调味效果的。调味的重点是按照菜品的风格充分利用调味品。如新鲜的鸡、鱼还有虾等原料，本身就具有特殊的鲜味，在烹调过程中，调味下料时应注意适可而止，追求原汁原味，不宜加入过多的调味品，以免掩盖其天然的鲜美滋味。如原料存放时间长失去了鲜味，则调味可适当重些，以解除异味。又如对本身味道浅淡的原料，要着重使用加鲜、加香的调味品来定滋味。对于腥膻味较重的原料，在调味过程中应先加入料酒、姜、葱等去除腥膻的调料，然后再加入其他调料，配置适当比例，再适时投放烹制。

2. 地域不同，风俗习惯也各有特色

人们的口味随地区、作物生产及风俗习惯的不同各有差异。“食无定味、适口者珍”，就是说明调味因人的口味而定，如江苏人喜甜，山西人喜酸，四川人、湖南人喜辣，广东人喜清淡，湖北人、西北人爱吃咸味。因此，四川客人要求厨房在清炒的菜肴中放入辣椒，那么就应该打破清炒的常规，在调味过程中加入辣椒，这样才能满足客人的需要，又真正达到了烹饪的目的，实现了烹饪的本来意义。

3. 选用优质的调味品

调味品的好坏直接关系到菜肴调味的美感，没有优质的调味品，就是技术再好的厨师也难以调制出美味的佳肴。作为一位合格的烹调师，应具有较强的调味品鉴别能力，否则，使用不合格或伪劣的调味品，会影响到菜肴质量。

目前，许多人工合成的调味品冲击市场，以劣充优，损害消费者利益。更可怕的是，一些调味品无质量保证，会对饮食者的身心健康带来直接危害。这就要求烹饪工作人员要有极高的判断调味品真伪的能力。

4. 根据季节的变化调味

人们的口味爱好往往随季节的变化而有改变。在酷暑，人们喜欢吃一些清淡爽口的菜肴，色调素雅的菜肴会使人心驰神往；而冬季气候寒冷，人们却喜欢吃一些汁浓味厚的菜肴，使人精神饱满、活力迸发。因此，按照季节结合生理要求，人们的味觉一般是春多酸且味出头、夏清淡微苦、秋适中偏辣、冬味多浓咸。所以，我们也应随季节的变化而适当地改变调味方式，不断追求调味创新。

5. 应用新的调味品

人们对调味的要求越来越高。随着厨艺交流的日益广泛，一些新的调味品相继出现，如日本烧汁、XO酱等。这些调味品的引入，丰富了菜肴调味的内容，增加了菜肴的新口味和新品种。

（五）调味应注意的问题

1. 熟知调味品的“味度”，做到心中有数

在制作菜肴前，必须先了解调味品的品牌，掌握它的成分、含量，事先尝好调味品的酸、甜、咸、辣、麻、鲜的度，做到烹调时心中有数，准确掌握调味品的添加量，使成菜的味道适合就餐者的口味。如川菜中的泡辣椒，由于品种不同，含盐量也不一样，厨师如不了解这一点，在烹调菜肴时就会出现失误。

2. 注重出味、入味、矫味

一些新鲜的原料，要注意突出其本味。如新鲜的水产品，不要用掩盖其滋味的调味品，如八角、桂皮、茴香等。一些无滋味的原料，要使其入味，如海参、蹄筋、鱼肚等原料，就要使其入味。如可做葱烧海参、芥末蹄筋、蟹黄鱼肚等菜肴。有腥膻气味的原料要注重矫味，要多用去腥解腻的调料，如腰子可用料酒，蹄髈可用八角、茴香等调味品。

3．菜肴口味搭配要多样化

宴席菜肴的口味种类应多样化，各种口味应协调，而不是单一的口味。如考虑客人的口味习惯，此桌菜肴应以清淡为主，但也应搭配上几道富有刺激性的菜，这样就能使就餐者的口味得到调剂。

4．要有正常的辨味能力

菜肴的味是经厨师调和的，若厨师味觉出现偏差，菜肴的口味必然难以让客人接受。因此，厨师在进食时，要注意补充一些含锌的食物，锌能使人保持正常的味觉。并注意不要长期大量饮酒。

八、常见味型的种类及调制方法

川菜的精髓，当属“调味”。人们常说“食在广东，味在四川”。自古以来，川菜就有“一菜一格，百菜百味”之美誉。了解川菜的人都知道，川菜之味，绝不仅限于人们所熟知的麻辣。川菜有着“七味”（甜、酸、麻、辣、苦、香、咸），“八滋”（干烧、酸、辣、鱼香、干煸、怪味、椒麻、红油），由此演变出的味型之多，居各大菜系之首。川菜拥有24种味型，是目前全国风味流派里味型最丰富的菜系，川菜常用的这24种味型，都互有差异，各具特色。味型就是指两种或两种以上调味品经过适当的调和，形成的具有一定特征、相对稳定的味感类型。川菜厨师在风格多变的川菜上，与百味相融合，由此生出层出不穷的千香百味及最基本的24种常见味型。在厨师的日常调味中可分为凉菜复合味型和热菜复合味型。

（一）凉菜复合味型

1．麻辣味型

特点：色泽红亮，麻、辣、咸、鲜，具有辣椒、花椒的独特香味。

调味原料：食盐，酱油，红油，花椒粉（花椒油），白糖，味精，芝麻油。

调味方法：配合中，酱油定味提鲜，所形成的咸味应满足菜肴的需要。在咸中有鲜，咸鲜有味的基础上重用红油、花椒粉（花椒油），使麻辣味突出。芝麻油辅助调味，使香味反复，用量以不压花椒与辣椒之香味为度。配合中，若无辣椒则风味全无，若无咸鲜则麻辣无味，要做到虽麻辣有咸味压，虽咸有鲜味和，而性烈有香味诱。此味性猛烈、浓厚、别有风味，因此，为人们所喜爱。将食盐、白糖、味精、酱油放入调味碗中，调和均匀，再加入红油、香油、花椒粉（花椒油）调匀即成。

运用：调制此味时，花椒粉应选择品质高的，才有风味。若用于牛肉、牛杂的调味，以上调味中可去酱油不用，用食盐补充足咸味也不失风味，部分菜品可以用炸收方法进行调制，如花椒鸡丁。除红油味型外，与其他复合味均不矛盾。尤其与糖醋味、咸鲜味配合最为适宜，佐以下酒、下饭的菜肴都可以。其应用的范围是以鸡、牛、羊等家禽、家畜肉类和它们的内脏为原料。

麻辣味型的代表菜品有：夫妻肺片、麻辣兔丁、麻辣鸡片、麻辣牛肉干、棒棒鸡、灯影芋片等。

2．鱼香味型

特点：色泽红亮，咸、酸、甜、辣各味平衡，姜葱蒜味浓郁。

调味原料：食盐，味精，白糖，食醋，酱油，泡红辣椒末，红油，姜米，蒜米，葱花，芝麻油。

调味方法：配合中，精盐定咸味，酱油增鲜、提色、增香，辅助增加咸味，溶解食盐、白糖和味精，白糖和醋融合各种调料，体现出微甜微酸的口感。泡红辣椒末增加红色和香味，和白糖、醋、姜米、蒜米、葱花等调料共同形成鱼香风味。红油确定颜色和突出辣味，增加脂润性。调味碗内先依次放入食盐、白糖、酱油、食醋、味精充分调和均匀，再将泡椒末、姜米、蒜米放入调味碗内，最后加入红油、芝麻油，撒上葱花即可。

运用：鱼香味是川菜中独特的一种复合味型，也是川菜中最著名的味型之一，因其源于四川民间烹鱼调味的方法而得名。一般用于炸制原料以及鸡、鱼、兔子、茄子、豌豆等动植物原料的拌制，四季皆宜，佐酒最佳。红油在使用时用油脂而不用辣椒籽，调制后味汁的浓稠度以能黏附在原料表面上为好。

鱼香味型代表菜品有：鱼香兔块、鱼香豌豆、鱼香鸡丝等。

3. 红油味型

特点：色泽红亮，咸、鲜、辣、微甜，具有辣椒油的香味。

调味原料：食盐，味精，白糖，酱油，红油，芝麻油。

调味方法：酱油提鲜味定鲜味，另外辅助白糖和味，使味更有层次，以上几种调味品所组成的咸甜味，应是咸味恰当，甜味以进口微有感觉为度，红油要突出辣香味，用量满足菜肴的需要，重在用油，而不宜辣味太甚，味精提鲜，用量以菜肴鲜味突出为好，芝麻油增香压异味。总之，红油味应是“咸里略甜，辣中有鲜，鲜上加香”。先将酱油、白糖、味精、食盐调匀溶化后，加入红油、芝麻油调匀即成。

运用：红油味浓淡适中，咸、甜、鲜、辣、香兼备，一般都用于凉拌菜肴；与其他复合味均较相宜；佐以下酒、用饭的菜肴调味都较适宜；所佐的菜肴原料都应是本味较鲜如鸡、肚、舌、肉类和新鲜的蔬菜等，即使本味寡淡，都应配合有鲜味的原料，例如红油三丝在味的用意上就在于此。红油使用时以制后隔夜者为佳，不要急制使用。

红油味型的代表菜品有：红油鸡块、红油三丝、红油笋丁等。

4. 怪味味型

特点：色泽酱红，咸、甜、麻、辣、酸、鲜、香各味均衡，风味独特。

调味原料：食盐，酱油，白糖，醋，味精，芝麻酱，红油，芝麻油，花椒粉，熟芝麻。

调味方法：配合以上各种调味品所组成的咸、甜、麻、辣、鲜、香、酸等味都应在菜肴中表现出来。调味时先将食盐、白糖在酱油内溶化，再与醋、味精、芝麻油、花椒粉、芝麻酱、红油、熟芝麻充分调匀即成。

运用：怪味一般适宜于调制本味较鲜的原料。一般都用于下酒菜肴的调味，是四季皆宜的复合味。怪味在与其他复合味的配合上，不宜与红油、麻辣、酸辣相配合。怪味的调味方法，不论怎样变换，但其调味的基本原则是：参与调味的所有调味品，在复合味中都应相互配合、互不侵犯、彼此共存。也就是说，调味品的单味都能相辅相成地在所组成的复合味中明显地表现出来，使菜肴在食用中同时感觉到多种复合的味道。部分干果类制作特殊风味菜肴可采用糖粘方法调制怪味，如怪味花生仁。

怪味的代表菜品有：怪味鸡丝、怪味胡豆、怪味兔丁等。

5. 姜汁味型

特点：色泽棕黄，咸、鲜、酸、微辛辣，具有生姜和醋的混合香味。

调味原料：食盐，老姜，酱油，香醋，鲜汤，味精，芝麻油。

调味方法：配合中要在咸味的基础上，重用姜、醋，突出姜、醋的味道。用味精提高姜醋味的味感，并缓和姜醋的浓烈味，用芝麻油点缀香味，这样才使姜醋浓郁，香味突出，酸而不酷，淡而不薄。调味中应注意味精、鲜汤的作用，使用量不能过大；食盐定咸味，组成的姜汁味颜色不能过浓，以不掩盖原料本色为宜。老姜洗净去皮切成极细的末，提前用鲜汤和香醋泡制。然后加入食盐、味精、酱油、芝麻油调和而成。

运用：姜汁味清淡，和诸味，与其他复合味配合均较相宜，姜汁味用于凉拌菜肴，并最宜在夏季和春末秋初应用，尤以调制下酒菜为佳。姜汁味就是要突出姜和醋的混合味，虽清淡，但绝非淡薄无味，否则，风味全无。

姜汁味型的代表菜品有：姜汁肚丝、姜汁豇豆、姜汁菠菜等。

6．蒜泥味型

特点：色泽红亮，咸、鲜、辣、微甜，蒜香味浓郁。

调味原料：食盐，白糖，味精，酱油，蒜泥，红油，芝麻油。

调味方法：配合中，应在咸鲜微甜的基础上，重用蒜泥并以红油辅助，突出大蒜味，再以味精调和诸味，芝麻油增加香味。因此，调味品的用量上，除重用蒜泥外，酱油、味精所组成鲜的味道也应浓厚，红油与芝麻油用量要恰当，只能起辅助与和味增香的作用，不能喧宾夺主。调制时先将食盐、味精、白糖用酱油溶化调匀。再加入蒜泥、红油、芝麻油调匀即成。

运用：蒜泥味较浓厚且蒜味浓郁，最宜用作下饭的菜肴调味，但有败口味和对咸味凉拌菜有压味的副作用。因此，菜肴之间在味的配合上要做好安排，不抵消和压制其他菜肴的滋味，蒜泥味用于凉拌菜肴，在春夏季最为适宜。蒜泥味应拌后即食，味才鲜美。

蒜泥味型的代表菜品有：蒜泥白肉、蒜泥黄瓜等。

7．酸辣味型

特点：色泽红亮，香辣咸酸，鲜美可口。

调味原料：食盐，酱油，醋，味精，红油，芝麻油。

调味方法：配合中，精盐定咸味，酱油提鲜和味，用量上应注意“盐咸醋才酸”，两者所组成的咸度应较一般菜肴高些。醋提鲜除异解腻，用量以菜肴在食用时入口酸味适中为度。红油香辣提鲜压异解腻，辣味用量稍带浓烈为好。芝麻油增加香味，但用量恰当，以菜肴有香味而不浓为准。此味应以“咸味为基础，酸味为主味，香鲜辅助味”为准。将食盐、味精、酱油、醋放入调味碗中充分调匀，加入红油、芝麻油调匀即成。

运用：此味虽香辣咸酸，却较清淡味鲜，风味颇佳。与其他复合味配合均可，是夏末秋季应用的复合味，用于下酒用饭的菜肴都较可口。咸味一定要合适才能体现酸味。在鲜红辣椒出产季节，可加鲜红辣椒提辣，也可使用小米辣调制，补充辣味，风味较独特。

酸辣味型的代表菜品有：酸辣蕨根粉、酸辣肘花、酸辣海带丝等。

8．椒麻味型

特点：色泽青绿，咸鲜微麻，具有葱叶和花椒的自然香味。

调味原料：食盐，味精，葱绿，整花椒，凉鲜汤，酱油，芝麻油。

调味方法：此味调制过程中，酱油定味提鲜，用量适当。味精提鲜，用量以菜肴在食用时进口就有感觉为好，以酱油、味精所组合的咸鲜应醇厚有味，在此基础上重用葱绿和整花椒，突出葱和整花椒所组合的椒麻味，并以享有辅助椒麻，使椒麻清香更加反复有味道，但芝麻油用量应恰当，以不压椒麻香味为限，这样才咸鲜醇厚，椒麻味清香，使风味别具一格，耐人寻味。制作前先将整花椒用开水泡涨，然后捞出花椒与葱绿一起剁制成极细的末，即为椒麻糊。将食盐、味精、酱油调和均匀，放入椒麻糊后，用凉鲜汤调节稀稠程度，最后放入芝麻油即成。

运用：椒麻味清淡鲜香，味性不烈，刺激较小，与其他复合味配合较适宜，尤以调制下酒的菜肴最佳，是用于凉拌菜肴而四季皆宜的复合味。选用葱绿较最后使用香葱的青葱叶，效果要好些，否则，清香味不浓，颜色寡淡。调制味汁过程中可掺入一定量的浓鸡汁，使咸度适中，味汁颜色也不会压或掩盖原料的本色，使菜肴色泽美观。有些地方在调制该味型时，可以用少量的白糖来和味提鲜，突出风味特色。

椒麻味型的代表菜品有：椒麻笋丝、椒麻鸡块等。

9．糖醋味型

特点：色泽棕褐，甜酸味美，清爽可口。

调味原料：食盐，白糖，酱油，醋，芝麻油。

调味方法：配合中，食盐一般用于码味定味，使菜肴有一定咸味基础，酱油辅助定味并提鲜增色，在糖醋味中，食盐和酱油所组成的咸味，只能做味的基础，菜肴在食用时，一般入口首先感觉的是甜酸味，咸味感觉微弱，只在回口时有感觉，这样才能突出甜酸味风格。白糖和醋是糖醋味的主味，芝麻油增香，用量应满足菜肴的需要。先将食盐、白糖在酱油、醋中充分溶化后，加入芝麻油调匀即成。

运用：糖醋味醇厚而清淡，和味解味除腻作用甚强，但过量时自身也可发生背味的现象，复合味之间的安排中应恰当，以发挥此味的长处。糖醋味四季皆可，以夏季应用尤宜，用于下酒的菜肴最佳。个别风味菜肴可采用炸收方法调制糖醋味，如糖醋排骨。

糖醋味型的代表菜品有：糖醋蜇头、糖醋生菜等。

10．麻酱味型

特点：色泽浅茶，咸鲜可口，芝麻酱味浓，香味自然。

调味原料：食盐，芝麻酱，酱油，白糖，味精，芝麻油。

调味方法：配合中，咸味适中不应太厚。重用芝麻酱，以突出其香味，因芝麻酱有败味的副作用，在使用时，不应太浓。加入芝麻油以增其香味，味精的作用就在于此味“香中有鲜”。因此，酱油的用量要恰当，加入芝麻酱以香味突出为度，味精的用量宜大，以提高鲜味，芝麻油只能辅助香味，用量以不压芝麻酱的自然香味为准。白糖的用量以菜肴进口微带甜味为宜。先用芝麻油将芝麻酱稀释澥散，放入食盐、酱油、白糖、味精和匀即成。

运用：麻酱味香味自然，食用中有直接感觉，自身败味是其不足，佐以的菜肴原料都应是本味鲜美，四季皆宜，尤以佐下酒菜肴最佳。调味汁内酌加浓鸡汁后，则效果更好。配合菜品时多选择质地脆嫩的动植物原料，如肫肝、鱼肚、鲍鱼、蹄筋、凤尾、西芹、生菜等。

麻酱味型的代表菜品有：麻酱油麦菜、麻酱生菜、麻酱鱼肚等。

11．咸鲜味型

特点：色泽自然，咸鲜清淡，食材本味突出。

调味原料：食盐，味精，鲜汤，芝麻油。

调味方法：配合中，酱油定味提鲜，味精提鲜，用量均应满足菜肴的需要，首先使菜肴咸鲜有味。在此基础上，重用芝麻油，突出芝麻油之香味。食盐、味精、鲜汤、芝麻油充分调匀拌入菜肴或淋入菜肴内即可。

运用：咸鲜味清淡适口，香味浓厚，适宜拌鲜味较好的原料，如鸡肉、猪肉等。此味重香与鲜，最宜与糖醋味、麻辣味、家常味配合，但畏惧五香味、麻酱味。因此，菜肴间在味的配合上，要引起注意，做好安排。个别地方菜品在调制咸鲜味时酌情使用白糖。

咸鲜味的代表菜品有：白油金针菇、白油肚丝、白油笋丁等。

12．芥末味型

特点：色泽自然，咸、鲜、酸、辣，具有芥末的刺激感。

调味原料：食盐，酱油，芥末糊（芥末膏），味精，醋，芝麻油。

调味方法：配合中，食盐定味，酱油辅助食盐定味提鲜，用量以组成菜肴的咸度适宜为好。在此基础上，醋提鲜除异解腻，用量以菜肴在食用时进口酸味适宜为度。调味中重用芥末糊（芥末膏），以冲味突出为量。味精提鲜，是连接酸味与冲味的桥梁，使它们相互融合。但是，味精有降低酸味的作用，因此，用量既不能多，又不能少，只在菜肴食用时入口有感觉为度。芝麻油增香，用量以香味不压冲味为宜。先将食盐、味精、酱油、醋调和均匀，再加芥末糊调匀，淋入芝麻油即成。

运用：此味较清淡，咸、酸、鲜、香、冲兼之，清爽解腻，颇有风味，宜春夏两季佐味，尤以下酒菜肴佐味最善，与其他复合味组配较适宜，一般都宜佐以本味鲜美的原料。若使用芥末糊，要制好即用，并且在上菜前调味，这样效果才好。如芝麻油量加够之后，还觉菜肴不滋润，可酌情加入炼熟后的菜油。另外，还可以添加凉凉的浓鸡汁，增加菜肴的鲜美味道。

芥末味型的代表菜品有：三文鱼刺身、芥末凤爪等。

13．陈皮味型

特点：色泽棕红，咸鲜微甜，略带麻辣，具有陈皮、干辣椒、花椒炒后产生的混合香味。

调味原料：陈皮，食盐，酱油，醋，花椒，干辣椒节，老姜，大葱，白糖，红油，醪糟汁，味精，芝麻油。

调味方法：配合中，陈皮的用量不宜过多，过多则回味带苦味，白糖和醪糟汁在此味型中仅仅是为了缓和麻辣味味感并增加鲜味，用量以略感有回甜味为宜；酱油和味提鲜，与食盐一起配合定基础咸味，用量不宜多；味精提鲜、和味，用量不宜多；辣麻是主味，一定要突出辣麻味，用量应相应大一些；而酸味只是起辅助风味的作用，用量适宜；红油增香滋润菜色，用量酌情；大葱、老姜、芝麻油增香，用量少许。

运用：此味型由甜味和辣味及麻味调味品调配而成，主要呈甜味和辣味及麻味的味型。香是以芳香、咸味、鲜味、甜味、辣味和麻味调味品构成。应用范围是家禽、家畜肉类等原料。

陈皮味型的代表菜品有：陈皮牛肉、陈皮兔丁、陈皮鸡等。

14．煳辣味型

特点：色泽棕红，咸鲜麻辣，略带甜酸，具有干辣椒、花椒炒后产生的特殊香味。

调味原料：色拉油，食盐，干二荆条辣椒，整花椒粒，白酱油，醋，白糖，味精，大葱（切丁），老姜（切米），大蒜（切米），芝麻油。

调味方法：配合中，先将食盐、白酱油、白糖、醋、味精调匀兑成调味清汁，直接淋入盛菜的盆内，再将葱丁、姜米、蒜米、花椒粒、干二荆条辣椒依次置于盛装菜的盆上备用。炒锅内添入适量色拉油用中火将油烧至八成热时，起锅将热油淋在其上，迅速加盖，使之香辣气味渗透在菜里面，3～5分钟后，揭开盖子，搅拌均匀即可。

食盐使原料有一定的基础味；白酱油增鲜，并辅助盐定味，二者用量以菜肴咸度恰当为好；干二荆条辣椒增加菜肴的香辣味，用量以辣而不燥为佳；花椒增加菜肴的香麻味，用量要与干二荆条辣椒相适应；白糖、醋和味提鲜，决定菜肴在咸味基础上的甜酸味，用量以菜肴在食用时有如荔枝的甜酸味为好；大葱、老姜、大蒜主要是增香、除异味，用量以不压菜肴的鲜味、辣味、麻味为好；味精提鲜、和味，用量恰当。

运用：辣香是此味型的重点，它主要是通过热油将大葱、老姜、大蒜、花椒、干二荆条辣椒泼淋之后，使之成为煳辣椒壳而产生的味道。油温的高低起到关键作用。此味型的应用范围是家禽、家畜肉类以及蔬菜类原料。

煳辣味型的代表菜品有：煳辣莲白、炝青笋丝、炝肚块、煳辣白菜丝等。

凉菜味型　凉菜味型示范

（二）热菜复合味型

1．咸鲜味型

咸鲜味型是由咸味和鲜味调味品配制而成，主要呈咸味和鲜味的味型。咸鲜味主要有本味咸鲜、香油咸鲜、酥香咸鲜、盐水咸鲜、五香咸鲜、烟香咸鲜等。

（1）本味咸鲜　由食盐、味精、胡椒粉、芝麻油、料酒等调制而成。具有咸鲜适口、清淡爽口的特点。在烹制过程中，食盐定基础味；味精以满足鲜味为宜；料酒去异味；芝麻油增香、压异味，以有香气为佳。多用于蒸、冻等类型的菜肴，代表菜品有："蛋白糕""鸳鸯竹荪""芙蓉蛋卷""桂花冻肉"等。

（2）香油咸鲜　由食盐、白酱油、芝麻油、料酒等调制而成。具有咸鲜适口、清爽宜人的特点。在烹制方法中，食盐定基础味；白酱油辅助咸味，并增鲜和增色；味精不宜多；料酒、芝麻油增香、除异味，以体现香油味为佳。常用于拌菜、收汁菜、蒸菜等，代表菜肴有：香油平菇、椿芽蚕豆、葱焖春菇、香油露笋、虾米干丝、橘红鸡丝、洋葱兔丁等。

（3）酥香咸鲜　由食盐、白酱油、味精、胡椒粉、料酒、芝麻油等调制而成。具有酥香松脆、咸鲜适口的特点。在烹制方法中，食盐定基础味；白酱油辅助咸味，并提鲜增色；味精满足需要即可；胡椒粉、料酒、芝麻油除异增香，要按原料的需要来定量。常用于脱水干菜及油炸、煎、烤、锅贴菜肴等，代表菜肴有：金丝蛋松、油炸花生米、豆油皮松、油酥面筋等。

（4）盐水咸鲜　由食盐、味精、芝麻油、料酒、葱、姜、胡椒面、花椒等调制而成。具有咸香宜人、清香可口的特点。在调制方法中，食盐与味精的用量要充足，食盐用量要做到咸而不淡；突出咸味，但不要压住主料的味道；味精以在咸味基础上有鲜味为佳；芝麻油、料酒、胡椒面、葱、姜、花椒提鲜、增香、除异味，但花椒量不宜大。常用于运用渍、泡、浸等方法制作鸡、鸭、鱼等，代表菜肴有：盐水猪肝、盐水金钱鸭肝、盐水鸡等。

（5）五香咸鲜（俗称五香味型）　以五香粉（八角、桂皮、花椒、小茴香、草果等）或多种香辛料（除上述五种外还有山柰、丁香、甘草、砂仁、老蔻、良姜、胡椒、荜拨、莳萝、芫荽、香叶等），配以咸味及鲜味调味品构成，其风味特点是浓香咸鲜。此味通常广泛应用于冷热菜式。调配方法是以上述香辛料加入食盐、绍酒、生姜、大葱以及水调制成卤水，再用卤水来卤制成菜。它常用于动物肉类及家禽、家畜的内脏，以及豆类及其制品，代表菜肴有五香牛肉、五香排骨、五香豆腐干、五香熏鱼、五香卤鸡等。

（6）烟香咸鲜（俗称烟香味型）　以烟熏味、咸味和鲜味调味品构成。是特指腌制或烧烤以肉类为原料的菜肴，分别使用稻草、柏枝、松叶、茶叶、竹叶、樟叶、花生壳、糠壳、锯木屑等熏制材料。在熏制过程中的熏料与涂抹了调料的动物性原料（如鸡、鸭、鹅、猪肉、牛肉等），结合而产生的烟熏味道。如用樟树叶与茶叶熏烤的樟茶鸭子、用青杨树枝与柏树枝熏烤的烟熏鸭子、用糠壳和锯木屑熏烤的腊肉、用柏树枝熏烤的香肠等，都各具不同的烟香味道。这种味型的风味特点是咸鲜醇浓，独具芳香。烟香咸鲜味型的代表菜品有川式香肠、川式腊肉、川式腊排骨等。

下面，以本味咸鲜味为例，谈谈其在热菜烹饪中的运用。

特点：咸鲜可口，清香宜人。

调味原料：食盐，味精，胡椒粉，姜，葱，蒜，料酒，水淀粉，鲜汤，色拉油。

调味方法：以上各种调料在烹调时，除应突出咸鲜的主味外，其余各种调料均应满足菜肴的需要，以菜肴进口后，在味觉与嗅觉上均有感觉为好。此本味咸鲜味主要用于炒、熘、爆类菜肴的调味。在烹调时，先将适量的食盐、料酒、水淀粉进行码味、上浆。再将食盐、味精、胡椒粉、料酒、（水淀粉）、鲜汤兑成滋汁。色拉油入锅，炒时油温烧至五六成热；滑熘时烧至三四成热；爆时烧至七八成热，放入原料，散籽断生时烹入滋汁，收汁亮油时起锅即可。

运用：此味一般用于滑炒、鲜熘、爆类菜肴的调味。此味平和清淡，有和味解味的作用，与其他复合味配合均较适合。此味四季适宜，尤以夏季佐味最佳，佐以下酒用饭的菜肴均可。该味型的代表菜品有：鲜熘鱼丝、白肉肉片、火爆肚头等。

2．家常味型（豆瓣家常味）

特点：色泽红亮，咸鲜微辣，醇厚鲜美。

调味原料：郫县豆瓣，食盐，酱油，料酒，（醋），（蒜苗），色拉油。

调味方法：配合中，食盐增香渗透味，使菜肴原料在开始烹调前，有一定的基础味，用量宜小。泡红辣椒去腥腻，提色增香。酱油和味提鲜增色，用量宜小。郫县豆瓣定味并具香辣，地位很重要，在咸度允许的范围内，用量上尽量提高味道的咸辣浓厚醇香度，突出家常味的风味。醋可用几滴，分解氨基酸，提味增香。可酌情添加蒜苗增香配色，作为点缀，用量满足菜肴的需要，以成菜后蒜苗香味突出为好。也可以用混合油滋润菜肴和增加香味，用量应满足菜肴的需要。

烹调时，常见的家常味是在锅内将色拉油烧至六成热，放入原料炒散籽，加入微量食盐，炒干水汽至亮油，加入豆瓣炒香上色，若炒制类菜品，放入蒜苗炒出香味，加入酱油搅匀起锅即可。若烧制类菜品，可掺入鲜汤后调味，烧至入味即可起锅装盘。

运用：此味浓厚醇正，咸鲜香辣，四季适宜。在烹制鱼类菜肴时，一般会添加姜、葱、蒜、白糖等调料，此味也可称为“豆瓣家常味”。在配合时，豆瓣用量宜大，但以不能压菜肴的鲜味为宜。此味对荔枝味、鱼香味有抵消和压味的作用，复合味组合时应注意。无料酒时，可用醪糟汁，效果亦佳。

家常味型的代表菜品有：豆瓣鲜鱼、豆瓣肘子、回锅肉、盐煎肉等。

3．麻辣味型

特点：色泽红亮，麻辣味浓，咸鲜醇香。

调味原料：食盐，辣椒（辣椒面），郫县豆瓣，花椒（花椒面），酱油，（豆豉），料酒，味精，鲜汤，水淀粉，色拉油。

调味方法：配合中，食盐定味，决定菜肴的基础咸味，酱油和味、提鲜、增香，豆豉增加菜肴的香鲜，且二者的咸味辅助食盐定味。食盐、酱油、豆豉三者组成的咸味，要满足菜肴的需要，咸度以辣椒（辣椒面）、花椒（花椒面）不至于产生空辣空麻，而是麻辣有味为度。辣椒（辣椒面）提色、定香辣味，用量以菜肴色泽红亮、香辣味突出为好。花椒（花椒面）香麻，用量以菜肴香麻味突出为量。味精提鲜和味，是连接咸与麻辣的桥梁，用量应大，以菜肴在食用时进口就有感觉为妙。部分菜品可加入蒜苗，蒜苗在此味中增香并点缀风味，用量以菜肴成品后即能嗅出香味为佳。总之，以上各种调料，在烹调后所组成的复合味呈咸、香、麻、辣、烫、鲜兼有即为成功。

烹调中，先将豆瓣剁成蓉，辣椒面炒香上色。掺入鲜汤，放入原料，烧沸入味，放入酱油、味精、（蒜苗）提味，收汁浓味起锅撒以花椒面即成。

运用：麻辣味的调制方法对不同菜品略有差异，例如水煮系列菜品成菜后要撒上炒制好并剁好的双椒末，也就是俗称的“刀口海椒”再用热油烫香。麻婆豆腐、干煸牛肉丝、干煸鳝丝等成菜后要撒上花椒面，麻婆豆腐在制作时还需要加入豆豉进行调味，以增加浓香味感。麻辣味虽性烈而浓厚，但麻辣有味，香鲜具备，适应四季的酒饭佐味，与其他复合味配合较宜。辣椒面、花椒面、酱油、豆豉、豆瓣等调料宜选择上品，否则影响味质。

麻辣味型的代表菜品有：水煮牛肉、麻婆豆腐、沸腾鱼、麻辣肉片等。

热菜麻辣味型示范（水煮牛肉）

4．鱼香味型

特点：色泽红亮，咸鲜香辣，鱼香味浓，姜葱蒜味突出。

调味原料：食盐，味精，白糖，醋，酱油，料酒，泡红辣椒末，姜米，蒜米，葱花，鲜汤，水淀粉，色拉油。

调味方法：配合中，食盐与原料码味上浆时入味，使原料有一定的咸味基础，酱油和味提鲜，与食盐配合定味。二者组成的咸味应恰当，泡红辣椒使菜肴带鲜辣味，突出鱼香味，用量宜大，姜葱蒜增香压异味，用量宜大。成菜后，以香味突出为准。白糖和醋所组成的甜酸味应在菜肴食用时有明显的感觉。味精提鲜，用量恰当。此味烹调后应以“泡红辣椒使菜肴色红亮而味鲜辣清爽，姜葱蒜香味突出，咸味恰当，甜酸呈荔枝味”为佳。

烹调时，食盐与原料码味上浆时上味。酱油、葱、白糖、醋、味精兑成滋汁，锅内放入色拉油烧至四成热左右投入原料，散籽后加入泡红辣椒末和姜米、蒜米炒香上色，原料断生烹入滋汁，收汁亮油时起锅。

运用：鱼香味应用于以家禽、家畜、果蔬、禽蛋等为原料的菜肴。此鱼香味虽浓厚又清淡，亦香亦鲜，除畏鲜鱼所烹制的菜肴外，均不压其他复合味，特别适用于炸、熘、炒之类的菜肴。四季皆宜，佐酒最佳。

鱼香味代表菜品有：鱼香里脊、鱼香肉丝、鱼香茄饼等。

5．糖醋味型

特点：色泽棕褐，甜酸味浓，略带咸鲜。

调味原料：食盐，酱油，料酒，味精，白糖，醋，葱花，姜米，蒜米，水淀粉，鲜汤，色拉油。

调味方法：配合中，食盐定味，酱油提鲜增色，辅助食盐定味，用量以二者所组成的咸味恰当为准。在此基础上重用白糖和醋，用量以菜肴的甜酸味突出为量。葱花、姜米、蒜米、料酒增香、提鲜、除异味，料酒还有渗透味的作用。这些调味在此调味中地位较重要，均应满足菜肴的需要，用量以菜肴烹调后能略呈现各自的香味为度。味精提鲜和味，用量恰当。

烹调中，原料一般都需要经过用食盐、料酒码味后再上浆，放入油锅炸至外酥内嫩起锅入盘，然后滗去炸油。另起干净色拉油烧至六成热时，加入姜米、蒜米稍炒一下，出香味后将酱油、白糖、醋、味精、（胡椒粉）兑成的滋汁烹入，收成清二流芡，味正后再次淋入适量色拉油，使其表面发亮，撒上葱花并淋在炸好的原料上即可。

运用：此种调味一般适用于炸熘的菜肴，如糖醋里脊、糖醋脆皮鱼等菜肴。糖醋味醇厚而清淡，和鲜解味除腻作用甚强，但过量时自身亦可发生背味的现象，复合味之间的安排应恰当，以发挥此味的长处，现在部分流行菜品调制甜酸味时加入番茄汁，呈鲜红色，调制时也要在低油温下炒香炒红。糖醋味四季皆可，以夏季应用尤宜，佐以下酒的菜肴最佳。

糖醋味型的代表菜品有：糖醋脆皮鱼、松鼠鱼、糖醋脆皮虾仁等。

6．荔枝味型

特点：色泽浅棕，味微咸，甜酸味如荔枝。

调味原料：食盐，白糖，酱油，醋，姜片，蒜片，葱丁，味精，鲜汤，水淀粉，色拉油。

调味方法：荔枝味调味原料的调味方法基本同于糖醋味，只是甜酸味的程度不同而已，糖醋味一入口就明显地体现甜酸味的味道，而咸味体现微弱，只在回口时表现出来，咸味是糖醋味基础味不动。荔枝味则不同，它是甜酸味和咸味并重，也就是说，甜酸味和咸味在食用时，都要同时表现出来。掌握上，荔枝味的甜酸味较之于糖醋味的甜酸味程度上要淡一些，荔枝味的咸味较之于糖醋味的咸味程度上咸一些，至于姜、葱、蒜的香味基本相同。另外，一定程度上，荔枝味的甜酸味中的酸味，食用时的感觉上，要优先于甜味。也就是说，甜酸味的感觉上，似乎是一个先酸后甜的过程。

运用：荔枝味在实际运用中，有时甜酸味的浓度高一些（如锅巴肉片的甜酸味），有时甜酸味的浓度低一些（如荔枝腰块的甜酸味），都是基本上属于荔枝味的范围。荔枝味清淡而鲜美，有和味解味除腻的作用。而且，自身不会发生背味的现象，能与其他复合味配合，但畏糖醋味，复合味安排中应加注意。此味四季均宜，佐以下酒用饭的菜肴均可。

荔枝味的代表菜品有：荔枝肉花、荔枝鱿鱼卷、锅巴肉片、合川肉片等。

7．酸辣味型

特点：酸辣清爽，鲜美可口。

调味原料：食盐，酱油，料酒，醋，味精，姜米，葱花，胡椒粉，鲜汤，水淀粉，芝麻油，色拉油。

调味方法：配合中，食盐定味，酱油和味提鲜，用量上注意“盐咸醋才酸”，二者所组成的咸味应较一般菜肴高些，醋提鲜除异解腻，用量以菜肴在食用时进口酸味适中为度。胡椒粉提鲜辣清香味，用量宜大，以菜肴在食用时进口就有胡椒粉特有的清香鲜辣味为宜。料酒除异提鲜，用量适当。姜、葱增香除异，辅助胡椒粉的清香味，用量宜小，以香味不压胡椒粉为限，色拉油、芝麻油滋润菜肴，提鲜香味，用量满足菜肴的需要。味精提鲜和味，但对醋的酸味有压抑作用。因此，用量最适宜。烹调后，应是“咸酸鲜辣突出，清香醇正可口”，此味即能突出风味。

烹调中，炒锅内放入色拉油烧至五成热，放入肉末（先炒酥香）和其他原料炒一下，掺入鲜汤，加入食盐、料酒、胡椒粉烧沸出味，用水淀粉勾薄芡，放入酱油、醋、味精、葱，待味正后盛入碗内，淋上适量芝麻油即可。

运用：此味咸酸鲜辣，清香醇正，风味颇佳，有调剂胃口，解腻醒酒，和味提鲜的作用，为人们所喜爱，与其他复合味配合均可，是秋季运用较多的复合味，佐以下酒用饭的菜肴都较可口。

酸辣味型的代表作品有：酸辣蹄筋、酸辣蛋花汤、酸辣鱿鱼等。

8．香甜味型

特点：甘甜、纯香。

调味原料：白糖（或冰糖），清水。

调味方法：用白糖（或冰糖）突出甜味，调制时达到甜而不腻的效果。一般可直接使用白糖（或冰糖）、清水加热调制。也可以用糖粘、拔丝、拌糖、炒制等方法形成。红糖应用较少。

运用：甜味除单纯甜味外，还有加玫瑰的甜味，加橘红的甜味，加桂花的甜味，加各种蜜饯的甜味，加各种水果的甜味，加各种鲜水果汁的甜味，加各种干果仁的甜味等，使甜味鲜美有味，风味各别，独树一帜，突出一格，自成体系。但在配合中应注意有特殊芳香气味的原料，不能共同掺和使用。例如苹果不能与柠檬同用，玫瑰不与橘红同用等。

香甜味型的代表菜品有：核桃泥、八宝酿梨、拔丝苹果、雪花桃泥、冰糖银耳等。

9．咸甜味型

特点：色泽棕褐，咸甜（或甜咸）鲜香，醇厚爽口。

调味原料：食盐，冰糖，糖色，料酒，（五香粉），花椒，味精，胡椒粉，老姜，大葱，色拉油等。

调味方法：配合中，原料先经过初步熟处理。干净锅中放入色拉油，加老姜、大葱、花椒等调料，进行炝锅，出香味后，掺入鲜汤，先将原料烧沸，撇尽浮沫，放入糖色、料酒、（五香粉），并第一次加入食盐，烧至即将成熟时放入冰糖，并第二次加入食盐，收汁浓味，起锅时拣去老姜、大葱，放入味精、胡椒粉即成。

运用：食盐、冰糖用量不宜过大，五香粉、花椒等用量宜小。此味四季皆宜，下酒用饭皆可。

咸甜味型的代表菜品有：红枣煨肘、冰糖肘子等。

10．咖喱味型

特点：色泽鲜艳，咸鲜微辣，咖喱味浓郁。

调味原料：食盐，咖喱粉，胡椒粉，料酒，味精，姜米，蒜米，大葱，色拉油等。

调味方法：配合中，原料先经过初步熟处理。干净锅中放入色拉油，加入咖喱粉（或咖喱膏，二者结合起来用风味更佳）、姜米、蒜米炒出香味，再放入主料翻炒均匀，烹入事先准备好的味汁（兑味芡汁大多有：食盐、料酒、味精、胡椒粉、鲜汤、水淀粉等），收汁亮油，装盘即可。

运用：在各种调料的基础上，重点突出咖喱粉的香味。此味与其他味型均可配合，适宜于助餐佐酒，四季皆宜。常用于鸡、鸭、鹅、猪肉、牛肉、土豆等原料。

咖喱味型的代表菜品有：咖喱牛肉、咖喱鸡、咖喱土豆等。

11．姜汁味型

特点：色泽浅黄，咸鲜略酸，姜汁味浓郁。

调味原料：食盐，味精，（白糖），酱油，料酒，香醋，姜米，香葱，水淀粉，鲜汤，色拉油等。

调味方法：调制这种姜汁风味，首先要选质硬色黄的老姜和香味纯正、酸味浓的陈香醋。调味时，姜米和主料在油温中炒出姜的辛辣香味后，再掺鲜汤定成鲜味；酱油提鲜、增香、助咸，但应考虑到上色作用而致成菜颜色偏深，故用量宜少。为了突出醋的香酸，防止酸味挥发，并保证菜肴色泽，醋应在菜肴出锅时放入，并最好勾第二次芡，以达到收汁入味的效果。

配合中，原料先经过初步熟处理。干净锅下色拉油烧至六成热，放入主料、姜米炒出香味，掺入鲜汤，加料酒、食盐、酱油，烧至入味，用水淀粉勾二流芡，收汁亮油，加入味精、葱花和香醋推匀起锅，装盘即可。

运用：一般在不影响姜、醋味的前提下（以姜醋为主），可根据不同菜肴风味的需要，酌加郫县豆瓣或红油（行业中称为姜汁“搭红”），也可酌加白糖、胡椒粉等调味品。除此方法外，还有一些清蒸类的菜品，也可运用姜汁味型。例如：清蒸江团、清蒸蟹等菜品，选用优质的老黄姜切成银针丝，用上等香醋浸渍而制成“毛姜醋”味碟，以达到提鲜、解腻的效果。

姜汁味型的代表菜品有：姜汁肘子、姜汁热窝鸡、姜汁鹅脯等。

12．煳辣味型

特点：色泽棕褐，麻辣不燥，咸鲜醇厚。

调味原料：食盐，老姜，大葱，大蒜，白糖，醋，酱油，料酒，干二荆条辣椒，整花椒，色拉油等。

调味方法：配合中，此味型的调制方法与凉菜煳辣味型较为接近。不同的是，热菜煳辣味型提前需要码味、上浆，并在调味过程中需进行勾芡。

运用：此味型一般不与荔枝味、糖醋味、鱼香味等带甜酸味感的味型相搭配。一般适用于海鲜、禽类和畜类原料的滑炒。

煳辣味型的代表菜品有：宫保鸡丁、煳辣鱼花、宫保虾仁、宫保鲜贝等。

13．椒盐味型

特点：咸、鲜、香、麻兼具。

调味原料：食盐、花椒。

调味方法：配合中，先将食盐炒干水分并捣成极细的末，花椒在小火中煸香舂成细末，然后按花椒与食盐1∶4的比例配制调匀即成。有时可根据菜品的需要酌情添加少许味精，还可以将八角、桂皮、山柰等香料放在花椒之中一起舂成末放入进去。

运用：椒盐味型与其他复合味配合都适合，四季皆宜，最适宜于佐酒的菜肴。它主要适用于家禽、家畜、水产等动物性原料制作的菜肴，即所佐的菜肴都应是已具备咸鲜基础味或菜肴本味鲜美。椒盐味型可运用于软炸、酥炸、清炸、煎、烙、贴等烹调方法制作而成的菜肴，有时还运用在面点、小吃之中。

椒盐味型的代表菜品有：椒盐虾饼、椒盐基围虾、椒盐蹄髈、椒盐鲳鱼等。

14．香糟味型

特点：色泽自然，醇香咸鲜，回味略甜。

调味原料：醪糟汁、食盐、味精、冰糖。

调味方法：香糟味型按其使用的调味料不同，可分为醪糟型风味、香糟型风味。其调味方法也不尽相同。

醪糟型风味是在咸甜味鲜的基础上突出醪糟醇香的风味，它主要适用于煮、蒸、烧、炒、糟等烹调方法。以糟醉冬笋（水煮、蒸）为例：将冬笋放入水锅中煮熟，捞出切成4厘米×0.6厘米×0.6厘米的筷子条。将冬笋入碗加入醪糟汁、食盐、味精、鲜汤、生鸡油，入笼蒸制约10分钟，取出凉凉后装盘成三叠水，淋上原汁即成。

香糟型风味分为白糟（醪糟汁）和红糟（福建特产，酿酒时加入5%红曲米）两大类。它是在咸鲜微甜的味感基础上，增加菜肴独特的酒糟醇香风味，它主要适用于烧、熘、蒸、爆、炝等烹调方法。以糟熘鱼片（滑熘）为例：将鲈鱼切成厚约0.25厘米的片状，加料酒、食盐和蛋清淀粉浆进行码味上浆，然后在码碗内加入食盐、白糖、味精、香糟汁、水淀粉、鲜汤、芝麻油兑成芡汁，再将木耳焯水后垫底。接着将干净炒锅置于旺火上，下入化猪油，将鱼片放入锅内滑至散籽，滗去多余的油，烹入芡汁后收汁亮油即可装盘成菜。

运用：香糟味型广泛用于冷菜、热菜。因不同菜肴的风味需要，可酌情添加小黄姜、料酒、芝麻油、酱油、大葱等调料。调制时，要突出香糟汁或醪糟汁味的醇香。香糟味型可以用于烹制鸡、鸭、猪、兔等家禽家畜类原料，还可以烹制冬笋、银杏、板栗等蔬果原料。

香糟味型的代表菜品有：香糟鸡、糟醉冬笋、香糟红烧肉、涪陵油醪糟等。

15．酱香味型

特点：色泽棕褐，咸鲜带甜，酱香浓郁。

调味原料：食盐、甜面酱、白糖等。

调味方法：酱香味型主要以甜面酱作为风味骨架，可酌情添加食盐、白糖、味精、芝麻油、胡椒粉等调料。甜面酱的酸度过重，则适量加少许白糖；甜面酱色泽过深，则可用芝麻油或汤汁加以稀释，使颜色稍淡一些。因不同菜肴风味的需求，可酌情加入酱油、小黄姜、大葱、白胡椒、花椒等调料。凉菜中，可用于腌、炸收、糖粘等技法。在炸收时，应先将原料码味清炸，再将甜面酱入锅冷油炒制上色，掺入鲜汤，下主料后调味，成熟后自然收汁即可。酱香味型在热菜中，适合于炒、爆、烧、酱等烹调技法。另外，在炸、烤、煎、贴、烙等烹饪技法中，酱香味型可以作为辅助性调味应用。这些菜肴本身较为肥腻，底味不足，用大葱蘸酱味适用，可以借味、提味、增香。

运用：酱香味型大多运用在热菜之中，有时也运用在冷菜中。酱香味型风味别致，能较好地与其他复合味配合，且不受季节的限制。酱香味型一般适用于海鲜、河鲜、家禽家畜肉类、蔬菜等原料。冷菜运用时，一般选用核桃、花生仁等坚果。

酱香味型的代表菜品有：酱酥桃仁、太白酱肉、京酱肉丝、酱烧冬笋、酱爆鸭丁。

16．茄汁味型

特点：色泽鲜红，味咸鲜带甜酸，茄汁味浓。

调味原料：食盐、味精、白糖、番茄酱（或番茄沙司）、色拉油。

调味方法：配合中，番茄酱用温油炒出香味、颜色红亮时再放入白糖、食盐、食醋等调味品。酸味调味品中，除了番茄酱、食醋之外，还以加入大红浙醋、白醋、柠檬汁、苹果醋等调节口感和香味。另外，调味过程中可根据需要进行勾芡，加入胡萝卜、青豆、玉米粒等食材。茄汁味型是在咸鲜基础上突出甜酸味，味汁要显示出红亮的颜色。

运用：茄汁味型一般运用于热菜之中，适合煎炸类菜品。可根据情况，添加新鲜的菠萝、圣女果、黄桃、苹果、梨子等水果，即为水果味型。茄汁味型对应的烹调方法为炸熘、炸、煎等。它适合于海鲜、猪瘦肉、牛羊肉等的制作。

茄汁味型的代表菜品有：茄汁里脊、茄汁虾球、茄汁菊花鱼、茄汁黄河鲤鱼、茄汁藕盒等。

总的来说，冷、热菜肴的复合味较多，只写了常用的一部分。复合味在配合烹调中，要认真研究每一种复合味，按其复合味的要求，有机复合，准确调味，防止滥用调料而产生调料配合上的相互抵消、相互掩盖、相互压抑；味觉上的是非不清、风味不明、特点不分。复合味组合运用中，要求认真掌握，适当安排，组合得宜，融会贯通，灵活运用，以达到更好的效果。

思政小结 ▶ 标准化给我们带来的启示

小结导入： 黄记煌创始人、董事长黄耕表示标准化产品是大势所趋，供应链提供标准化产品解决了餐厅后厨人工成本高和效率低的问题，也就是餐饮老板经常提到的“四高一低”。——《餐饮业求变革：中餐探索标准化提供更好服务》（中国经济网，2017年11月29日）

思考讨论： 餐饮企业为什么要标准化？

分析强调： 标准化对经济、技术、科学和管理等有重大意义。标准化可以让传统餐饮从原始的状态解放出来，让从业人员有更多的时间和精力，提供更好的服务，用更精准的营销方案，满足消费者多样化的需求。

第五节 制汤工艺

一、制汤的含义与作用

制汤工艺，又称吊汤工艺，是用一些富含纤维成分的动植物原料经水煮提取鲜汤的过程。俗话说“唱戏的腔，厨师的汤”，中式烹调自古重视制汤技术，尤其是在味精没有发明以前，中式菜肴的鲜味主要来自鲜汤提味。即使在味精广泛使用的今天，鲜汤的重要地位也毫不动摇。尤其是在制作那些名贵的山珍海味时，仍然要使用高级鲜汤来提味和补味，也就是说，大部分高级菜肴在制作时都要使用鲜汤。这主要是因为味精或其他的牛精、鸡精等工业生产的鲜味调料既没有鲜汤的味道纯正，又没有鲜汤能衬托原料本味的功能，用量稍大还会引起异味。

同时，社会的进步，科学的发展，人们饮食观念的回归也要求按照合理、科学的饮食观念来进行菜肴制作。因此在菜肴制作中，人们越来越提倡大量使用对人体有益无害的鲜汤来制作菜肴。还有一个原因，就是工业生产的各种鲜味调料，比如鸡精、牛精、鱼精等尽管来自于天然物质，但用在菜肴中总不如鲜汤的味自然，同时，还容易使成菜色泽混浊，影响菜品质量。所以，汤在菜肴制作过程中有非常重要的作用。

鲜汤的用途主要用于菜肴或某些面食的调味，或作为某些菜肴和面食的汤汁（其目的也是调味）。由于各种鲜汤的等级不同，各种鲜汤的使用范围也不同。其具体的使用范围如下。

高级清汤：主要用于高级宴席上的某些珍贵而本身又平淡无味的菜肴，以及高级宴席上的某些素菜。如燕窝、鱼肚、鱼唇、鲍鱼、刺参等，这类原料就是全靠此汤来提鲜助美的，如果没有此汤辅助的话，将会大大降低它的价值，成菜有其名而无其实。如开水白菜、清汤冬瓜燕、高汤素八珍、凤液水晶萝卜等都是利用此汤来增鲜抬价的。

一般清汤：主要用于比较高级的宴席菜肴。

高级奶汤：主要用于高级宴席或比较高级的宴席菜肴。

一般奶汤（毛汤）：只用于一般的菜肴或作为下普通面条、面片、抄手的汤汁。

二、制汤原料的选择

制汤选用的原料是多种多样的，既有动物性的，也有植物性的，这些原料的共同特点是都有含氮浸出物，即鲜味物质。当原料加热时，其蛋白质受热发生变性，溶解度增加，随加热时间的延长，溶解于水中的蛋白质逐渐增加，其中的含氮浸出物会渗透出来，使汤带有鲜味。呈鲜物质十分复杂，有谷氨酸、鸟苷酸、肌苷酸、酰胺等40余种，其中最主要的有谷氨酸、鸟苷酸和肌苷酸。

汤的鲜味并非单一的，而是复合的。原料特有的醇厚浓郁的鲜味，是不能被味精、鸡精等所代替的。因味精中的鲜味成分单一，很难做到一菜一味。而熬制的鲜汤就不同了，制汤原料所含的呈鲜味物质有它的主体成分，如母鸡含谷氨酸多；鸭含有赖氨酸；鱼、猪肉和火腿含大量肌苷酸；章鱼、鱿鱼、乌贼多含丁二酸；冬笋、蘑菇、香蕈、黄豆芽等植物性原料含鸟苷酸和天门冬氨酸。由于呈鲜味的主体成分不同，因此不同原料熬出的汤，其味型也不同，可以做到一菜一味，保留每种原料本味。

制汤原料必须选用鲜味充足、异味小、血污少、新鲜的原料。在动物性原料中，牛肉、羊肉因含有大量的低分子挥发性脂肪酸，从而带有特殊的气味，因此，除非用于烹制牛肉、羊肉菜肴，一般不应该使用牛羊肉作为制汤的原料；鱼肉中含有谷氨酸、肌苷酸、琥珀酸、氧化三甲胺，滋味非常鲜美，但是其放置时间稍久，氧化三甲胺在还原为气味浓烈的三甲胺的同时还会分解出一些有腥味的有机化合物，因此，除了鱼类菜肴可以使用鲜鱼汤外，其他菜肴一般不用鱼汤。

制汤的原料中应富含鲜味成分，如核苷酸、氨基酸、酰胺、肽、有机酸等。这些成分在动物性原料中含量最为丰富，所以制作鲜汤的原料应当以动物性原料为主。在动物性原料中，首选原料是肥壮老母鸡，并以“土鸡”为好。鸭子应选用肥壮的老母鸭，但不宜选择太老的鸭子，也不宜选用嫩鸭和瘦鸭。猪瘦肉、猪肘子、猪骨头，宜从肥壮阉猪身上选用，不宜选用种猪肉。在选择火腿、板鸭时，以选用色正味纯的金华火腿和南安板鸭为好。冬笋、香菇、竹笋、鞭笋、黄豆芽等都是制作素菜汤的理想原料。

不同性质的汤，选料不同。制作奶汤的原料需要具备以下条件：含有丰富的动物性蛋白质，这是鲜味之源；要有一定的脂肪，这是奶汤变白的一个重要条件；要有能产生乳化作用的物质，也就是说，要有一定量的骨骼原料；要有含有一定量的胶原蛋白的原料，使奶汤浓稠，增加味感和辅助乳化作用，使水油均匀混合。

三、制汤的基本原理

从用于制汤的原料来看，一般都含有丰富的鲜味成分、蛋白质及一定量的脂肪等。在制汤的过程中，这些原料成分在水中加热会发生一系列物理及化学变化，如鲜味成分的溶出、蛋白质的水解、脂肪的乳化等，不同的原料使汤汁具有汤味鲜香、汤质黏浓、汤色乳白或汤液澄清等特色。下面从汤汁各特色的形成来阐明制汤的基本原理。

（一）汤味的鲜香形成原理

汤在烹调中主要起增鲜提味的作用。其较浓的鲜味来源于各种制汤原料的浸出物中所含有的呈鲜物质，如畜禽鱼肉骨中的肌苷酸、谷氨酸、牛磺酸、玻璃酸、肌酸氨基酸酞胺、肽等，以及禽类中的鸟苷酸，豆芽和竹笋的天门冬酰胺等，在加热过程中，由于蛋白质的变性和原料组织的受损，各种呈鲜物质就会随着从原料中流出的汁液，进入到周围的水中，从而形成鲜汤。不同的原料所含呈鲜物质的组成有一定差别，因此各有程度不同的鲜味，当把数种原料混合煮制时，所产生的鲜味就更为浓厚。

汤都有一定的香气，这与在加热过程中制汤原料风味成分的挥发以及浸出物中氨基酸与糖发生的碳氨反应有关。前者是植物性原料热香产生的主要原因，后者是动物肉类热香形成的主要途径。不同的制汤原料所含的挥发性成分及氨基酸组成各不一样，所以产生的热香千差万别，如：猪肉骨汤有猪肉的香，牛肉骨汤有牛肉的香，鸡汤有鸡肉的香。总之，用不同的原料，所制汤的香型便不相同。如果用数种原料同煮，所形成的又是一种风格特别的香。各种汤在鲜味上虽然存在程度的区别，但在风味上却有着质的差异，这主要就是香型的不同所致。

（二）汤的黏质形成原理

汤不同于清水，除了它具有鲜醇的滋味和浓香的气味之外，还在于它具有一种黏浓的口感。这种口感一般主要为荤汤所拥有，其形成主要是胶原蛋白的水解。制汤原料多含有丰富的胶原蛋白。它在水中受热，初始阶段表现为大幅度收缩，随着加热时间的延长，便会逐渐发生水解，生成可溶于热水的明胶。明胶的分子虽然只有胶原蛋白的三分之一大小，但仍然属于高分子物质。其体积较大，作分子间相对运动时，具有较大阻力。所以它分散于热水之后，形成的是溶胶，并且具有较大的黏性。明胶溶胶的黏性随其浓度的增大而提高。制汤原料在水中较长时间煮制，所含的胶原蛋白便较大程度地发生上述变化。这样制成的汤实际上是以明胶为主要“溶质”，是浓度较高的溶胶，故而具有黏浓的口感。

黏浓汤质的形成，除了主要是胶原蛋白水解生成明胶的作用之外，原料中浸出物的大量溶出，脂肪的溶化等也有一定的贡献。

（三）汤色的形成原理

1．奶汤形成原理

不论是荤汤还是素汤，都具有色泽乳白的特点。乳白汤色的形成主要是由于从原料中溶出的水溶性蛋白质及水解释出的明胶与融化释出的脂肪之间的相互作用，也有固醇、磷脂等的作用。

制汤时，原料中的水溶性蛋白质有相当一部分会被水抽提出来，胶原蛋白水解生成的明胶也会分散于水中。原料组织的脂肪细胞破裂，使熔化的脂肪流出，进入水中。在一般情况下，水溶性蛋白质因热变性而凝固，呈沫状漂浮于水面（制汤时需撇去）或呈微粒状悬浮于水中，明胶呈粒状（肉眼看不见）均匀分散于水里，脂肪则漂浮于水面与水形成界线分明的两相。如果加热使水沸腾，在剧烈翻腾着的水的作用下，水面的脂肪层遭到严重破坏。脂肪呈微滴状分散于水中，与呈分散状态的蛋白质及固醇、磷脂等进行广泛接触并与之结合，故而形成稳定的分散状态（沸腾停止后静置较长时间，脂肪也不会再与水分离而漂浮水面）。分散于水中的脂肪微滴与蛋白质等的结合体，体积变得较大，呈均匀的颗粒状。它们在光的照射下会产生不规则的光折射，这样就形成了乳白的汤色。

从本质上讲，乳白汤色的形成是脂肪乳化的结果。蛋白质、固醇、磷脂等是乳化剂。它们的分子较大，其一端具有亲水性，另一端具有疏水性（亲脂性）。水沸腾使脂肪呈微滴状分散时，乳化剂就会与油滴发出定向结合，疏水端指向油滴，亲水端伸往水相，把油滴包围起来。这样疏水性的油滴就变成了亲水性，可以均匀而稳定地分散于水相之中了。可见，奶汤形成的过程主要就是脂肪乳化的过程。

2. 清汤的形成原理

清汤与奶汤相反，要求汤汁清澈见底，也就是说，不能让汤汁中存在较多的使光产生不规则折射的悬浮大微粒。但是，单纯靠控制火候很难达到十分满意的效果。要使汤汁澄清，一般需要往煮好的汤中濒入粗细适中的鸡胸脯蓉（也称白蓉）或猪瘦肉蓉（也称红蓉）。此种做法的基本原理是：不用大块畜肌肉而用蓉，可增大肉与汤的接触面积，使尽可能多的水溶性蛋白质进入汤中。这些蛋白质一经受热便发生变化，而凝固成絮状。在凝固的同时，它们与汤中悬浮的蛋白质与脂肪组成的颗粒及其他小型沉淀物以静电引力相互作用，聚集在一起。在一定条件形成的这种复合絮状物，密度较小，会慢慢浮上汤面。撇去汤面上的复合絮状物，汤汁就清澈见底了。

3. 素汤制取原理

素汤的使用在菜肴中也是一种必备的。尤其对特殊素菜品质的形成影响非常之大。一般按菜肴制作需求，制取素汤分为两类加工，即素奶汤和素清汤。

（1）素奶汤形成的原理　素奶汤一般选用黄豆、黄豆芽、腐竹或鲜笋等蛋白质、脂肪、磷脂含量丰富的植物性原料，这些原料经过长时间的加热，能使汤汁清香鲜醇、汤色乳白。

黄豆、黄豆芽、腐竹等原料，富含植物蛋白中的各种氨基酸，核酸中的各种肌苷酸、鸟苷酸等，这些物质都是呈鲜味物质，当其最大限度地溶解在水中，就能使汤汁滋味鲜醇。素白汤的颜色主要是蛋白质、脂肪、磷脂的乳化液和植物原料本身的色素所致。一般情况下，植物色素的颜色溶入汤中后比较稳定，而植物性原料中胶原蛋白的含量微乎其微，不能参与乳化反应，致使素白汤的颜色稳定性较差，时间长了，其乳白的色泽会不同程度地降低。

（2）素清汤形成的原理　素清汤所选用的原料为香菇、口蘑、鲜笋等植物蛋白质、核酸、各种维生素含量丰富的原料。素清汤一般是将香菇、口蘑经过冷水清洗放到温水中浸泡，使原料中的呈鲜味物质溶解在水中，然后取出原料另用，浸泡原料的汤汁经过滤后放锅中用小火加热，形成汤汁；鲜笋等质地较硬的原料，应放在锅内用小火慢慢烧煮，使原料中的鲜味和香味物质溶于水中，形成鲜汤。

制汤的原理

四、汤的种类及制作方法

汤的分类方法非常多，按用途分有原汁汤和专用调味汤，烹饪行业上一些厨师为了节约菜品制作的时间，往往在开餐之前将豆瓣、老姜、大葱等调料提前炒制，然后掺入鲜汤熬煮，以为某一类型的菜品做好准备，这一类汤汁即为专业调味汤；按原料性质来分，有荤汤和素汤；按汤的味型分为单一味和复合味；按汤的色泽分为清汤和奶汤。清汤的口味清纯，汤清见底，奶汤口味浓厚，汤色乳白。奶汤又分为一般奶汤和浓奶汤，一般奶汤是用鸡骨架、猪骨架等原料制成，主要用于一般的烩菜和烧菜，浓奶汤是用蹄髈、鱼等原料制成的，既可单独成菜，也可用于高档菜肴的辅助；按制汤的工艺方法分为单吊汤、双吊汤、三吊汤等。

（一）一般清汤制作实例

1. 原料

老母鸡1只约2千克，老母鸭1只约1.5千克，猪排骨1.5千克，猪棒子骨0.5千克，猪瘦肉0.5千克，老姜0.05千克，大葱0.1千克，料酒0.1千克，胡椒粉0.002千克，清水15千克。

2. 制作

先将老母鸡、老母鸭、猪排骨、猪棒子骨、猪瘦肉清洗干净，分别放入沸水锅进行焯水，捞出冲洗干净，再放入清水，旺火烧沸，撇尽浮沫，加入大葱（挽结）、老姜（拍破）、料酒、胡椒粉，改用小火或微火保持沸而不腾的状态熬制3小时以上，除去浮油过滤残渣即可。

3．运用

一般清汤适用于许多低档菜肴的烹调使用，如炒、爆、烩、熘、烧、扒入汤类的菜肴。

4．操作要求

（1）选用营养成分丰富、新鲜味足的原料。

（2）水质要纯净。

（3）原料下锅前一般需预先进行焯水制备。

（4）宜使用冷水下锅，旺火催开，小火煮制。

（5）煮汤中不宜加盐及含有盐的调品和原料，以防影响汤的质量。

（6）煮成的汤宜现制现用，不宜隔日使用，以保持汤质新鲜。

5．质量标准

汤汁清澈，滋味鲜香。

（二）高级清汤制作实例

1．原料

一般清汤5千克，鸡脯泥0.25千克，猪瘦肉泥0.25千克，食盐0.03千克，料酒0.05千克，清水1千克。

2．制作

在汤碗内将鸡脯泥、猪瘦肉泥分别加入0.5千克的清水制成白蓉、红蓉。把已经熬好的一般清汤倒入锅内，加入食盐、料酒，旺火加热烧沸，改为小火，用汤勺将汤搅动旋转起来，倒入红蓉水，保持小火加热，待红蓉充分受热浮起后用漏勺轻轻撇去浮沫；再倒入白蓉水，待其充分受热并浮面后用漏勺轻轻撇去浮沫；将捞出的肉蓉用纱布包裹放入原汤中煨制4小时以上，捞出肉蓉包，用纱布将汤汁过滤，再静置一段时间，取澄清部分即可。

3．运用

高级清汤广泛用于高级热菜和高级汤菜，例如开水白菜、仔鸡豆花、清汤鸡丸等。

4．操作要求

（1）制汤时汤锅应保持微沸状态。

（2）及时撇去浮油，去除杂质。

（3）红蓉、白蓉应该刀工成泥蓉状。

（4）吊汤原料需冷水锅下锅。

5．质量标准

清澈见底，味美鲜香。

（三）一般奶汤制作实例

1．原料

老母鸡1只约2千克，鸭子1只约1.5千克，猪棒子骨2千克，猪肘子1个约1千克，猪肚1个约1千克，大葱0.1千克，老姜0.05千克，料酒0.12千克，胡椒粉0.005千克，清水15千克。

2．制作

将老母鸡、鸭子、猪棒子骨、猪肘子、猪肚清洗干净，除猪肚采用冷水锅焯水，其余分别用沸水锅进行焯水，焯水结束后将所有原料冲洗干净，再放入注入清水的汤锅中。旺火烧沸，撇尽浮沫，加入大葱（挽结）、老姜（拍破）、料酒、胡椒粉，加盖改中小火熬制3小时以上。至汤白而浓的时候，将汤舀出来凉凉，用螺丝筛滤去残渣即可。

3．运用

一般奶汤只作普通菜肴使用，例如砂锅鱼头等。

4．操作要求

（1）制汤时汤锅应加盖，采用中小火。

（2）及时撇去浮油，去除杂质。

（3）选用含胶原蛋白丰富的原料。

5．质量标准

汤色浅白，味美鲜香。

（四）高级奶汤制作实例

1．原料

老母鸡1只约2千克，老母鸭1只约1.5千克，猪棒子骨1千克，猪排骨2.5千克，猪蹄髈1.5千克，老姜0.05千克，大葱0.1千克，料酒0.12千克，胡椒粉0.005千克，清水20千克。

2．制作

先将老母鸡、老母鸭、猪排骨、猪棒子骨、猪蹄髈等清洗干净，分别放入沸水锅内焯水，捞出清洗干净，再放入汤锅内，掺入清水，旺火烧沸，撇尽浮沫，加入大葱（挽结）、老姜（拍破）、料酒、胡椒粉，加盖改中小火熬制，保持汤的沸腾状态，熬制5小时以上，至汤色奶白，原料肉质软烂，捞出原料，将汤汁进行过滤即可。

3．运用

高级奶汤用在奶汤类菜肴或以奶汤作为调味料的烧、烩等高端菜品。例如奶汤素烩、奶汤白菜、白汁鱼肚等。

4．操作要求

（1）制汤时汤锅应加盖，采用中小火。

（2）及时撇去浮油，去除杂质。

（3）选用新鲜的、富含胶原蛋白丰富的原料。

5．质量标准

汤色浅白，味美鲜香。

（五）其他汤的熬制实例

1．黄豆芽汤

黄豆芽汤选用发好的黄豆芽3千克，清水10千克。将黄豆芽在油锅中煸炒至八成熟倒入汤锅中，加清水，用旺火焖煮50分钟左右，待汤汁呈乳白色，汁浓味鲜时滤去豆芽即成。此汤味道鲜美，色泽乳白，是炒、烩、煮等白色菜肴和白汤菜的用汤。如不用黄豆芽，可将黄豆浸泡回软，但煮的时间要长，一般为2小时左右。

2．鲜笋汤

用鲜笋2千克，将笋尖与笋根分开，笋根入汤锅加水6千克，用小火煮制3小时左右，待汤汁变浓时将笋根捞出另用；与此同时，另用一只汤锅，将笋尖放入，加清水3千克，用小火煮焖 1 小时左右，同样待汤汁变浓时捞出笋尖另用。将笋根汤和笋尖汤合二为一，便制得鲜笋汤。鲜笋汤清香鲜浓，色泽黄绿，是烹制白汁排翅、西湖莼菜等菜肴的上等原料。

3．口蘑汤

口蘑汤是口蘑泡发过程中的副产品。取干口蘑0.5千克，用清水洗净，注意洗的时间不要太长，以免味道流失。洗净的口蘑放入水锅，加清水1.5千克烧开，改用小火煮30分钟左右，待口蘑发透无硬心时，将口蘑捞出另用。口蘑汤沉淀后，取上层清汤用纱布过滤即可。其汤色灰暗，汤味鲜醇，一般用于比较高档的菜肴，如素三鲜、口蘑锅巴等。

4．香菇汤

香菇汤是香菇泡发过程中的副产品。取干香菇0.5千克，先将菌柄和菌盖剪开。菌盖用70℃的温水浸泡2小时左右，水量大约3千克。泡好的菌盖用手挤出原汁，原汁再加少量清水抓捏一次。把两次挤出的水合二为一，经沉淀去泥沙，再用纱布滤去杂质；与此同时，另将菌柄放汤锅中，另加清水3千克煮2小时左右捞出。煮菌柄的汤经沉淀用纱布滤去杂质。将泡菌盖的水和煮菌柄的汤合二为一，并用火烧开即得香菇汤。上火加热时可加一点盐和味精提鲜。香菇汤味道鲜香，是高档菜肴调味时经常使用的汤，如烧二冬、扒猴头蘑等。

五、制汤的基本要求

（一）严格选料

汤的质量优劣，首先受汤料质量好坏的影响。制汤原料要求富含鲜味成分、胶原蛋白，含有适量脂肪，无腥膻异味等。因此，选料时应选用鲜活的、鲜味浓厚的原料，如猪肉、牛肉、鸡、口蘑、黄豆芽等。不用有异味的、不新鲜的，尤其是鱼类。不用易使汤汁变色的香料，如八角、桂皮、香菇、花椒等。

（二）冷水下料，一次加足

冷水下料逐步升温，可使汤料中的浸出物在原料表面受热凝固收缩之前，就大量地进入到原料周围的水中，并逐步形成较多的毛细通道，从而提高汤汁的鲜味程度。沸水下料，原料表面骤然受热，表层蛋白质变性凝固，组织紧缩，不利于内部浸出物的溶出，汤料的鲜美滋味就难以得到充分体现。同样，水量一次加足，可使原料在煮制过程中受热均衡，以保证原料与汤汁进行物质交换的毛细通道畅通，便于浸出物从原料中持续不断地溶出。中途加水，尤其是加凉水，会打破原来物质交换的均衡状态，减少物质交换的速度，将一些毛细通道堵塞，从而降低汤汁的鲜味程度。

（三）掌握好火力与时间

制作奶汤时一般采用旺火烧开，然后转中火保持沸腾状态。这时恰当地控制好火力就显得尤为重要了。火力过大，容易焦底而使汤水产生不良气味；火力过小，则导致汤汁不浓稠，黏性不足。制作奶汤一般3～5小时，有时可根据制汤原料的类别、形状和大小作相应的调整。

制作清汤时一般先采用旺火烧开，然后转微火，使锅内汤汁保持沸而不腾的状态，直至汤汁制成为止。火力过旺，会使汤色变为乳白色，失去“澄清”的特点；火力过小，原料内部的蛋白质类物质不易浸出，影响清汤的鲜醇。制作清汤的时间要比奶汤要长得多，一般需要10～12小时。

（四）除腥增鲜，注意调料投放

汤料中鸡、鸭、猪肉、猪排骨等，虽富含鲜香成分，但仍有不同程度的异味。制汤时必须除去异味，增加香味。为了做到这一点，汤料在正式制汤前，应该焯水洗净。有时放葱姜和料酒等去除异味。要注意调味料的投放顺序。但食盐的投放需要特别注意。制汤过程中不要放盐，因为盐有强电解质，一进入汤汁中便会全部电离成氯离子和钠离子，氯离子和钠离子都能促进蛋白质的凝固，影响热的传递，妨碍其浸出物的溶出等，对制汤不利，还能使汤汁变浑浊，所以在制汤时不要过早放盐。

（五）汤面浮沫需撇净

撇净浮沫使提高汤汁质量的关键。汤中的浮沫主要来自原料中蛋白质和脂类。首先，汤水的渗透功能促使肌肉组织（尤其是刀切面肌肉组织）中的血红蛋白溶于水中，当水温升高至60～75℃时蛋白质开始凝固。在凝固过程中吸附了来自刀切面的散碎肌肉组织和其他一些杂质，并吸收了水中的氧气，形成若干汽室；当水温升至85～95℃时汽室膨胀，汽室会浮于汤面。这是形成浮沫的一个重要方面。其次，原料中的胶原蛋白与弹性蛋白在70～80℃水温中开始溶解渗入汤中，它们在汤中呈无色透明颗粒状，并伴有少量白色蛋白浮沫。最后，当水温升高使原料表皮及皮下脂肪层以及一些含脂肪较多的部位中的油脂溶化进入汤中，由于水的沸腾振荡，促使脂肪形成若干颗粒状结构悬浮于汤中；又由于脂肪中的磷脂类的乳化功能，促使颗粒状结构的脂肪变成细小的脂肪颗粒均匀地分布于汤中，形成乳白色的浓物质。油脂越多，浓白物质也就越多。在乳化过程中会出现一些碱性的浮沫。无论是清汤、奶汤，都需要在汤汁第一次沸腾时将浮沫撇净，以免影响汤的颜色及味道。撇打浮沫一般可采用手勺、细眼网筛和纱布网兜等工具。

思政小结 ▶ 传承弘扬敬业精神

小结导入： 中华优秀传统文化视敬业为人生的道德修养。《论语》中记载："执事敬""事思敬""修己以敬""敬其事而后其食"。只有先持守"敬"的态度和道德情操，才能做好"事上""事亲""谋事"等一切事务，正所谓"敬以直内，义以方外"。

——《传承弘扬中华优秀传统文化中的敬业精神》(《光明日报》2019年1月4日)

思考讨论： 仔细阅读小结导入的相关内容，讨论作为专业院校的学生应该用怎样的行为去诠释"敬业精神"。

分析强调： 提倡敬业精神，并不是要求人们终身只能干一行，爱一行，也不排斥人的全面发展。作为烹饪专业的学生，应做到全面发展，不仅学习烹饪技术，还应学习营养配餐、食品卫生与安全、厨房管理等知识，不断增长才干，努力成为多面手。

第六节 蓉胶工艺

蓉胶，又称缔子。它是指用新鲜细嫩的动物性肌肉经粉碎性加工制成蓉状后，加入水、盐等调辅料并搅拌成具有黏性的胶状物料。在国内各地称谓不同，四川称“糁”，北京称“腻”，广东称“胶”，山东称“泥”，河南称“糊”，南京称“缔”，还有称“蓉”的。

人们常说：“吃鸡不见鸡，吃鱼不见鱼，吃肉不见肉”，就是指这些原料经加工成糁后所烹制的菜品。在四川传统厨房里，常用的“糁”有鸡糁、鱼糁、肉糁、兔糁、虾糁、豆腐糁、南瓜糁、土豆糁、山药糁等，前五种通常称作“五大糁”。糁的特点是：细嫩发白、洁净无籽、浮力好、韧性强、黏力大。糁制菜品除可用炒、熘、氽、煮、蒸、摊等方法外，蒙、贴、卷、瓤、牵、嵌皆可成菜。

一、蓉胶的作用

（一）丰富菜肴的造型和色彩

原料经过粉碎加工后，原料的组织结构发生了改变，形态成了颗粒细小的轻状物体，经加水、加盐搅拌后产生了黏性，使可塑性大为增强，可制作多种形态的菜肴。如丸子、鱼线、鸡粥、虾饼、鸡膏等。另外，还可以制作成鱼、虾、橄榄、兔子等形状。四川名菜鸡豆花采用鸡糁、鸡蛋清、化猪油、姜葱水等原料制作而成，成菜后形似豆花，质感滑嫩。

（二）改善原料的质感

蓉胶制品在质感方面主要表现在嫩度和弹性方面。蓉胶的弹性主要是来自蛋白质的凝胶作用。在蓉胶制作过程中，如果需要保证形成良好的蛋白质凝胶，就需要提高其保水性。蛋白质是一种高分子物质，通过形成三维的凝胶结构，蛋白质分子的空隙间就能包容更多的水分子，保持水分的能力就提高了。所以加入了水、蛋清、食盐等原料，使其吸水能力大幅度提高，因此，成品大多呈现质地软嫩、细嫩或滑嫩。

（三）缩短烹调的时间

首先是肉糜的料形非常小，其次是肉糜中掺入了一定的水分，使肉糜具有良好的导热性能，特别是一些质地细嫩的肉糜菜品，其加热成熟的时间非常短，如果过火反而会发生口感变老、形态干瘪的现象。

（四）利于菜肴的定型和点缀

肉糜是一种黏稠状的复合物料，除主料上劲后具有黏性外，肉糜中还添加了蛋清、淀粉等辅料，增加了肉糜的黏附能力，在制作酿菜、包卷菜、锅贴菜等花色菜肴时，肉糜就是菜肴定型的黏合剂。许多热菜的点缀，如锅贴豆腐、兰花鱼肚等菜肴，都必须用肉糜作为中介物，使点缀物在受热过程中不易脱落。

（五）便于食用和消化吸收

蓉胶原料中的纤维组织已被破坏，而且蓉胶中没有筋络和骨刺，所以口感以细嫩爽滑为特色，既方便食用又利于消化吸收，适合各年龄层的人食用。

二、蓉胶形成的原理

（一）破坏粉碎阶段

当肌肉纤维捶成蓉后，细胞结构遭受到彻底破坏，构成细胞的分子结构也受到破坏，使动物性的肌肉改变了原来的形状。这时呈半流态带黏性的一部分肌浆（细胞内液）从肌纤维中溢出，使肌肉结构变得疏松、柔软、鲜嫩。将盐和水混合成盐溶液，加入肌肉制成的蓉中，通过渗透压的作用迅速扩散，经过搅拌又增强了盐溶液渗透扩散的速度，从而使肌肉纤维达到全部入味的目的。

（二）搅拌结合阶段

肌纤维中溢出的肌浆呈半流态的胶状液体，鸡蛋清也呈半流态的胶状液体，这两种胶状液体结合在一起，再加入细豆粉搅拌混合成为带黏稠状的胶糊。肥膘加入胶糊中和胶糊结合起隔水作用，经过搅拌，使胶糊将呈网状结构的肌纤维包裹起来，利用蛋白质受热凝固、淀粉受热糊化的原理，使肌纤维在加热过程中受到保护。肌细胞内液和细胞间液（肌浆）不会继续外溢，从而保证了蓉胶经过加热成形后的嫩滑度。

（三）变性凝固阶段

打好的蓉胶呈滑嫩的胶状固体。但是，还没有最后定型，需经过加热定型成熟后才能成为制品。蓉胶加热主要以水或蒸汽为传热介质。在加热过程中，蓉胶的内含物各种分子产生剧烈运动，一部分分子向外逃逸、游移于汤中，一部分分子则随水蒸气蒸发在空气中。这时蓉胶的内含物随着加热的持续进行逐渐被水解，各种营养成分互相渗透，呈香味的挥发性物质料酒、姜酮、葱蒜辣素等，亦随水蒸气升腾散发在空气中，香气阵阵扑鼻。这是蓉胶在加热过程中产生的物理、化学变化。

三、蓉胶原料的选择

（一）肌肉

制蓉胶最好选用冷冻过的原料或处于成熟期的肌肉组织，这是因为新鲜的肌肉属僵直期的肌肉，未经过排酸处理，其蛋白质还未完全分解和溶出，故用其制成的蓉胶持水性较低，并且也缺乏黏稠度和弹性。而冷冻过的肌肉属于后熟期肌肉——经排酸成熟的肌肉，其质地因氧化而柔软，蛋白质分解和溶出比较多，持水性也比较高。主要原因：一是由于蛋白质分子分解成较小的单位，从而引起肌肉纤维渗透压增高所致；二是肌肉蛋白质电荷发生了变化，不同电荷阳离子出入肌肉蛋白质的结果造成肌肉蛋白质净电荷的增加，使结构疏松并有助于蛋白质水和离子的形成，因而肉的持水性增加。所以用鱼、虾、猪肉制蓉胶时，冷冻过的原料反而比新鲜的要好。但要注意一点，原料不宜冷冻过久，以原料刚达到后熟期为好。

（二）淀粉

制作蓉胶时要加入适量的淀粉，能使蓉胶出品率高，质地饱满滑嫩，淀粉是碳水化合物，它最大的特性是吸湿性强，尤其是干燥的淀粉具有较强的吸湿性，它能吸收很多的水分而成淀粉蓉胶，冷后成淀粉凝胶。另外，淀粉具有糊化作用。淀粉在冷水中不溶解，但随着水温的升高最先开始膨胀，然后淀粉内部的各粒层结构开始分离。当水温达到75℃左右时，淀粉的粒层结构破裂，而生成黏胶状。因此在搅打肉馅时加入适量的水分后，再加入适量的淀粉其目的就是让它吸水，当蓉胶加入锅中，水温升高，蛋白质变性，水分向外溢出时，恰好淀粉也开始糊化了，它将向外溢出的水分紧紧地吸住变成黏胶状。因而使蓉胶内的水分冷后成凝胶体，所以蓉胶饱满滑嫩。

（三）鸡蛋

鸡蛋一般与淀粉一起使用，以提高蓉胶的弹性和嫩度；可提高主料和淀粉之间的亲和力，增加蓉胶的黏性；可增强蓉胶的乳化性，从而使其胶体性能加强，提高吸水能力；可使制品更加洁白、有光泽。但不宜添加过量。

（四）肥膘（或油脂）

肥膘肉在不同蓉胶中的用法不尽相同，情况较为复杂。肥膘肉在蓉胶中的作用主要是由其本身的特性决定的。肥膘肉是脂肪组织，在生物学分类中它又属于结缔组织（因为脂肪组织的结构是退化的疏松结缔组织和大量的脂肪细胞所组成的），是大量的脂肪细胞以网状纤维膜和结缔组织膜所构成。在剧烈振荡或加热时，脂肪会从组织中部分流出。随震荡强度的加大、加热温度的升高、时间的延长，溶出的脂肪会增多；同时，加热会使肥膘肉中的结缔组织膜和网状纤维膜变性收缩，形成较为固定的“形状”；熬炼成的熟猪油具有特殊的香气，因此，肥膘肉经过高温加热还会释放出一些挥发性的芳香醛类、酮类物质。在蓉胶菜中加入肥膘肉正是利用上述的特性。肥膘用量太多则不利于可溶性蛋白的溶出和形成胶状悬液，从而减弱蓉胶的乳化特性和弹力，用量一般在10%～30%，黏性较小的蓉胶用量要少一些。

蓉胶工艺的原理及原料的选择

四、制作蓉胶的工艺流程

蓉胶在烹饪中应用十分广泛，既可以独立成菜，也可作为花色菜肴造型的辅料和黏合剂。这类原料为什么会有鲜嫩的质感，又有如此的可塑性，使其能制作出多种形状和优美造型的菜肴，这和它的选料及形成的机理有关。制作蓉胶一般要求选用鸡、鱼、畜类的里脊、通脊等优良的部位作为主料。它要求原料必需选无皮、无骨、无筋络，没有伤斑和淤血的净料。这些原料具有质地细嫩，便于操作，吸水能力强，成品效果好等特点。

（一）选料修整、漂水

（1）选料　鸡的蓉胶选嫩土母鸡胸脯肉和扁担肉；鱼的蓉胶选肥腴细嫩的中段部位；猪肉的蓉胶选筋少质嫩的里脊肉；虾的蓉胶选肥大的鲜塘虾剥取的虾仁；兔的蓉胶选兔的背脊肉。蓉胶中要加入的各种调料均选质优、色正、味纯的原料，以充分保证蓉糊的质量。

（2）漂水　选用做蓉胶的各种主料都要多次换水漂洗，去尽血水、杂质和腥味，然后挤干水分，以保证蓉糊成菜色泽洁白。主料漂水前应做一些相应的技术处理，鱼应剔去鱼皮与鱼肉中间的血筋部分，片成薄片漂水；鲜虾肉先去壳去虾线，再用清水多淘洗，添加少量的白矾漂水，然后再用洁净的纱布包住，挤净水分；兔背脊肉先用刀片成薄片后再漂水，所以主料漂水以达到去净血杂质和腥味为准则，掌握好漂水时间，切莫漂浸过久，以免引起原料变质变味等异常现象，从而影响了蓉胶质量。

（二）捶蓉（粉碎）

为了保证蓉糊的洁净卫生，传统的做法是用一块去净油脂的肉皮垫在菜墩上，再将主料放在肉皮上，然后用刀背将其捶成蓉状，挑净筋膜后，再用刀排剁几遍即成。捶蓉时节奏和力度要适度，开始时用力轻一点，然后逐渐加重，刀背移动距离均匀，横竖方向要有序，切不可杂乱无章，轻了捶不好，重了成粗颗粒。虾仁可以用纱布包着捶制。捶蓉也可以用打磨机（或绞肉机）来代替手工操作，快捷简便。无论哪种蓉，不论采用哪种方法，都要将其肉制成无筋膜、细腻、黏性强的泥蓉状。

蓉胶制作中，破碎阶段是基础。因为有的菜肴要求将肉蓉加工得特细，有的菜肴品种要求较细或一般细，所以应根据菜肴制作的要求进行有目的的破碎，否则将很难达到质量要求。破碎时常用的方法有两种：一种是手工破碎（又称砸肉糊，即用剁、刀背砸、木槌捶打）；另一种是机械破碎（如粉碎机、绞肉机、搅拌机）等。两种破碎方法各有利弊。

手工破碎速度慢，效率低，但是在操作中能及时剔出筋络和碎刺。因为在双刀排剁、排砸时能将筋络排在底层墩面上，再用分层取料的方法将筋膜排除。如果是鱼肉类原料可用刀背砸，以免将骨刺剁碎难以取出而影响质量。

机械破碎的特点是速度快，效率高，但肉中会留有筋膜和碎刺。而且在操作时机械转动速度很快，可使肉蓉温度上升，使肌肉中的部分肌球蛋白变性，而影响可溶性蛋白的溶出。从而减弱肉蓉的吸水能力。因为蓉胶在搅打时温度在10℃左右吸水能力强，在这种较低温度中蓉的性质相对稳定，最利于肌肉中活性蛋白的溶出。在制糊时搅打易上劲。如果是夏天温度较高，肉蓉吸水能力下降。糊类菜肴的嫩度和良好弹性的形成与胶体蛋白中的肌球蛋白有关，这种物质加盐后遇热不稳定，蓉胶的吃水能力差，这正是夏季制作糊菜搅打难上劲的原因之一。因此在温度较高的工作环境中和夏季制作蓉胶时加水量相应要减少。在餐饮行业中，不管是手工制蓉还是机器制蓉，都可以加入少许冰块与原料一起混合来降低其温度。

（三）调配

首先是添加各种辅料的先后顺序以及有些辅料添加的次数。将容器内的蓉泥先加20%泡过葱姜的水将泥蓉澥散，依次加入盐、鸡蛋清、化猪油、干细豆粉等，水和盐分三次加入，鸡蛋清分两次加入，且每次都要充分搅拌，然后再加入化猪油（夏天用捶蓉的肥膘肉，冬天用化猪油），再加入白胡椒粉、味精、干细豆粉搅匀。

打蓉胶时主辅料的比例要适当。油少则不滋润软滑，浮力差，色不洁白，油多则用于蒙贴时粘不稳，即黏附力差；鸡蛋清少了则蓉胶无“泡状”且缺乏骨力，蛋多了则绵纫不嫩；多水的蓉胶可塑性差，影响造型，缺水则质老干瘪不柔嫩；盐少味淡无骨力（盐除了定基础咸味，主要起收水作用，行话叫作“收汗”），盐多则伤味；葱姜、胡椒、味精少了不能压腥助鲜，多了则影响主料本身的鲜味。一般情况，每500克净猪肉加猪肥膘肉400克，鸡蛋清10个；每500克净虾肉加猪肥膘肉400克，鸡蛋清8个；其余盐、白胡椒（料酒）、味精、干细豆粉都要适量。

在制作蓉胶过程中常用的辅助原料有淀粉、鸡蛋、肥膘、调味品和水。淀粉在制作过程中起着重要的作用。它主要是使用肉蓉增加黏性，保持水分在胶体内稳定。因为淀粉在糊化过程中所吸收的水分是肉蓉与蛋白质变性后那些结合不够紧密的水分。淀粉糊化吸水并不影响蛋白质变性所形成的结构，而是固定了体系内那些不稳定的水分，从而保证蓉胶制品的嫩度，使菜肴受热后不破裂变形。但淀粉的使用量应根据原料的含水量不同控制在3%～6%。如果淀粉使用量大，可使糊料弹性变小，质感变硬。如果量少则起不到稳定水分的作用。在制作过程中可根据各种可变因素酌情把握使用量。

制糊时鸡蛋的使用（很多菜肴需用蛋清）是提高与原料之间的亲和力，加大胶体的乳化性和吸水性，它能增强菜肴光亮、洁白、细腻滑嫩的质感。但使用量不宜多，多则易脆，使胶体黏度下降，加热过程中菜肴易变形走样，达不到饱满的要求。盐和调味品的使用是制作蓉胶时的重要手段，它不仅能起到调味的作用，而且能增加胶体的吸水性和弹性。由于食盐是一种强电解质，它能很快溶解在蓉胶内的水分中电离为钠离子和氯离子并进入肉馅内部，使糊料内的水分子更加稳定，因此在制糊时应先打水后加盐。在打水时应分数次下入，每次量不宜多，不能超过原料的吸水能力。由于软、硬蓉胶的用水量不同和蓉胶主料吸水能力的差异，一般情况下，鱼类吸水能力最强，禽类和畜类的吸水能力次之，虾、蟹类吸水能力最少。

在具体的搅打上劲过程中应向一个方向先慢后快逐渐加速。为了能制出鲜嫩滑爽的糊菜，往往要加入些肥膘泥，来增加制品的香味和光亮程度。因为脂肪、蛋白质和水在搅打情况下，会形成乳化物分散在糊中，使成品油润光亮，形态饱满，口感细嫩，气味芳香。在制作蓉胶时由于各地风味特点各异，对其质量要求不一样。如汤羹类蓉胶与烧酿类蓉胶要求软硬程度不同。在调制时会随时出现一些可变因素等，都要求操作者能灵活、正确把握好操作的每一个细节，制作出优质蓉胶满足千变万化的糊菜要求。

（四）搅拌

搅拌即打糁，这是制蓉过程中技术性较强的一道工序，对蓉糊的质量起着决定性的作用。必须顺着同一个方向用力搅打。这是因为肉类原料蛋白质含量较高，又经捶成蓉的肉内肌肉组织受到破坏，细胞的蛋白质、长链的肌糖原大量析出，为水的渗入创造了良好的条件，顺向搅动，慢慢分次加水，水分子通过渗透作用使细胞膨胀，含水量增多，长链状的肌糖原也大量吸收水分，并析出球形，基团状蛋白高分子因用力搅打而改变了原来的形状，使本来很紊乱的长链状高分子逐渐伸展开来，卷曲的被拉直，而拉直的又被拉长，并按一定的方向有序排列，使水分子结合极性基周围形成水化层，使蓉胶的吸水量再次增大，经过多次的添水和不停地搅打，肉蓉就变成黏稠的胶体。否则，忽顺忽逆的搅打手法，就会把已经顺向排列的长链状蛋白质高分子和肌糖原打乱，破坏了水化层，使快要达到饱和状态的细胞因反向力的作用而破裂，出现蓉胶越打越稀的状态。

打搅除了朝一个方向搅打外，还必须巧用腕力，手腕要随着搅拌的方向反复不停地急剧搅打，使蓉糊充分吸水，并增加弹性，把大量的空气带入蓉糊，使蓉糊膨松发泡。总之，川菜中的打糁技术比较强，需要不断地在工作实践中探索总结经验和规律，对不同菜品或不同烹调方式的要求，蓉胶的稀稠程度及比例都会发生一些微妙的变化。如鸡蒙菜就要稍稀一点，而用于炸烹类的则要稍干一点。原料不同，加水多少也略有区别，如用鱼和冰冻的虾类、贝类打糁就要少加一点水。由此可见，打蓉胶的技术性很强，但它们的成品标准的要求基本一样，那就是：色泽洁白发亮，质地细嫩润滑，味鲜美无杂质，放入一点清水中浮而不沉，便证明蓉胶已打好了。

（五）静置

蓉胶搅拌好以后，应置于2～8℃的冰箱中冷藏1～2小时。这样做是让盐溶性蛋白充分地溶出，让水与蓉泥融合得更加紧密。从而增加“咬劲”。不过制好的蓉胶不宜冷藏过久，“咬劲”后就要尽快使用，以防止吐水澥劲。

五、蓉胶的类型与烹饪运用

（一）硬质蓉胶

硬质蓉胶是指蓉胶的料形较大，调制蓉胶时掺水较少，用浆、粉较重，蓉胶的浓度较厚，成菜硬度较强，常用于炖、焖、烧、炸、煎、贴、煽等烹调方法。常见的代表菜品有水晶虾球、狮子头等，也常用作煎、贴的黏合剂。

（二）软质蓉胶

软质蓉胶料形比较细腻，蛋浆或清水掺量适中，缔质稠黏。既能独立成菜，适用于水汆、蒸等烹调方法，又作为包、卷、贴类菜肴的黏结物。加热温度应控制在85～100℃的范围，尤其是水汆制品，应该保持水不沸腾，以防冲散，而且失去弹性，质地粗且老；成品多用蒸、汆、炒等方法制熟。又分为浆调软缔和水调软缔。

（三）嫩质蓉胶

嫩质蓉胶又叫芙蓉嫩缔、蛋泡缔、膨松缔，是在水调蓉胶的基础上加入蛋泡，使蓉胶更加膨松软嫩，色泽洁白。制芙蓉嫩缔的关键是搅打蛋泡，通过搅打旋转，使得蛋液中蛋白质大分子多肽链所特定的规则排列发生变化，并折断保持蛋白质空间构造的那些弱链，从而破坏多肽链的特定排列引起蛋白质的变性。

嫩质蓉胶是用蛋液或发蛋液与浆、水掺和而成，质地极嫩，入口即化。一般色泽洁白，加热时温度应该控制在100℃以内，尤其是油汆的菜肴要注意用合适的油温养熟养透，否则成品色泽发黄，稍置则会干瘪。

搅打蛋泡是在暴露时间较短的情况下进行的，该过程具有可逆性，蛋清发泡后放置一段时间，可还原变稀，且不易再起泡，这是由于蛋白质空间结构组织已遭破坏的缘故，因此，蛋清发泡后应马上使用。芙蓉嫩缔适用于蒸、油汆等烹调方法，如芙蓉鱼片、香炸云雾等。

以上软质蓉胶、嫩质蓉胶两种蓉胶在加热过程中，温度的控制都是制作的关键，一般应控制在80℃以内，否则，软质蓉胶容易失去弹性，质地松散且口感粗老；而芙蓉蓉胶则易破坏蛋液的结构，使蓉胶中的水分和气体排出，成品膨胀，出笼后迅速干瘪，且口感较差。

（四）汤糊蓉胶

汤羹嫩缔吸水量最大，而且需要掺入蛋清、油脂及淀粉，制作此缔的蓉料应越细越好，有时甚至要用过筛法将粗颗粒去除，调缔时蛋清不需打发，蓉胶也不需要搅拌上劲，成熟后主要是依靠蛋清和淀粉的作用，使菜品浓稠呈粥状，如鸡粥、鱼粥等名菜。

六、影响蓉胶质量的因素

（一）食盐浓度及投放时间

食盐是一种电解质，它能使蛋白质分子某些基团带上电荷而离子化。在低浓度下，可增加蛋白质的亲水性能，还可以透过细胞膜而破坏细胞，使蛋白质析出，并提高蛋白质的水化能力。这一现象，在物理学中称为盐溶。加速了蛋白质的吸水过程，再在外力作用下，水与蛋白质充分结合而形成黏性很大的蓉胶。同时其坚固性降低，使弹性增强。这种蓉胶胶体可蕴蓄相当的水分，而不致变作流体。

当盐超过一定浓度时它又起到盐析作用，反而会使蛋白质胶体脱穗，出现吐水现象，不但不能使蓉胶浆体上劲，反过来还会使上劲了的蓉胶退劲。如果加盐速度快，由于盐需要有一个溶解过程，扩散、渗透过程，蓉胶浆中的盐的浓度就会不均匀，浓度大的部分就会出现盐析现象。随着盐量的逐步增加，蓉胶的浓度、黏着力也在增加，手感阻力也逐渐增强，此时应谨慎掺盐，因为此时仍有少量盐粒还没有完全溶解，如果手感阻力还未到达应有手感时，应酌量掺盐。以免加盐过量，出现盐析，一般来讲，盐浓度控制在0.6～1.2mol/L最佳。

（二）温度

搅拌的温度也是影响蓉胶制品弹性的重要因素。为了防止搅拌中蓉胶就发生凝胶化，一般将温度控制在0～10℃，在此温度范围内，动物性肌动球蛋白的热变性很小，温度升高容易造成肌动球蛋白变性而影响制品的弹性。制作蓉胶的最佳温度是2℃。这一温度下的蓉胶最稳定，最有利于肌肉活性蛋白质的溶出。温度达到30℃以上时，蓉胶吸水能力下降。因为形成蓉胶嫩度和弹性的主要蛋白质“肌球蛋白”，在加盐后对热不稳定，所以夏天比冬天制蓉胶的难度要大。将肉料剔去皮、骨、筋络，切成50克每块，冷藏至2℃不结冰，然后再进行制蓉，以求接近蓉胶最稳定的温度条件。

（三）pH范围

pH在化学上称为酸碱度。pH以7为中间点，0～7以下为酸性状态，7～14为碱性状态。可通过pH试纸与需要测试的原料接触，看其颜色变化，对照pH色谱确定pH。pH在6以下，则蓉胶呈酸性状态，其弹性下降；pH在6.5～7.2范围内，蓉胶呈中性至极弱碱性，弹性最强。因肉料在成熟期自身的分解酶或糖原转化，肉会产生微酸，因此一些厨师会在制作蓉胶时加入一些小苏打，产生酸碱中和以使蓉胶达到极微弱的碱性，形成弹性较强的蓉胶。

蓉胶工艺示范（豆芽圆子汤）

课后练习题

思政小结 ▶ 养成正确、积极的职业态度

小结导入： 职业态度是指个人对所从事职业的看法及行为举止方面的倾向。一般情况下，态度的选择与确立，与个人对职业的价值认识，即职业观与情感维系程度有关。

思考讨论： 结合烹调技术实训，谈谈肯定的、积极的职业态度主要表现在哪些方面。

分析强调： 从事餐饮行业的人员需要遵守以下要求：第一，谦虚和蔼；第二，诚实，不弄虚作假，不以次充好，做到表里如一，言行如一；第三，热情周到，全心全意地为服务对象着想，努力做到个性化服务，使服务对象感到愉悦、满意。

07

第七章 CHAPTER

烹制工艺基础

学习目标

1. **掌握：** 火候的概念及要素；影响火候的因素；火力的概念及种类；焯水的分类、工艺流程、操作要领；过油的分类、工艺流程、操作要领；汽蒸的分类、工艺流程、操作要领；走红的分类、工艺流程、操作要领。

2. **熟悉：** 传热的基本方式；烹饪中常见传热的介质种类及其特点；油温的识别及烹饪运用；水煮工艺流程、操作要领；烹饪中常见加热设备与器具的使用方法；勺工工艺。

3. **了解：** 烹饪中热传递的现象；火候的意义；烹饪原料加热过程中的常见变化；常见传热介质对原料加热的影响；初步熟处理对菜肴的影响；临灶操作的基本要求。

烹制工艺是指根据烹调和食用的要求，利用一定的设备工具，通过一定的烹制方式，对烹饪原料进行加热处理的方法和过程。烹制工艺的设备工具包括有各种炉灶和辅助工具，烹制方式有水烹方式、油烹方式、气烹方式和辐射方式等。其加工对象是各种各样的烹饪原料。

烹制工艺基础在整个烹饪工艺中占有非常重要的地位。烹饪工艺基础是烹饪工艺的有机组成部分和重要的技术环节，它的成功与否直接关系到菜品后期制熟的色、香、味、形和质等各个方面。因而理解并掌握烹制工艺的基本原理和技术方法，对准确控制火候，保证菜肴质量，加速烹调工艺的科学化、规范化具有非常重要的现实意义。

第一节 烹制工艺中的热传递现象

热传递是指热量从温度高的物体传到温度低的物体，或者从物体的高温部分传到低温部分的现象。烹饪过程中，加热使原料由生变熟，整个过程中都存在着热量的传输。热源释放的热量通过各种热媒传输到原料表面，又由原料表面传输到原料中心。原料在一定的时间内吸收一定的热量，才能完成由生变熟的转化，并达到烹调的具体要求。发生热传递的唯一条件是存在温度差别，与原料的状态，原料间是否接触都无关。热传递的结果是温差消失，即发生热传递的原料间或原料的不同部分达到相同的温度。因此，要掌握烹制技术，就必须了解烹制过程中热量传输的基本规律和特点。

一、热传递的基本方式

根据热量在传输过程中物理本质的不同，传热可分为三种基本方式，即热传导、热对流和热辐射。烹制过程中的传热，大多数情况下这三种方式都存在，并且是这三种方式的各种组合。

（一）热传导

热传导，简称导热，指物质在无相对位移的情况下，物体内部具有不同温度或者不同温度的物体直接接触时所发生的热能传递现象。简单地讲，也就是整个物体（包括单个的或由几个物体直接接触组成的）各部分之间的热量传输现象。导热是物体中微观粒子热运动，导致能量转移的结果。众所周知，温度是物质微观粒子热运动激烈程度的衡量。温度越高，微观粒子的热运动就越激烈，其热运动的能量也就越大；相反，温度越低，微观粒子热运动的能量就越小。物体中温度较高的部分，微观离子的热运动能量较大，它们发生迁移，碰撞或振动，就会引起热运动能量的转移，在宏观上就表现为热量从原料中温度较高的部分向温度较低的部分传输。

导热一般发生在固体中，如置于炉灶上的铁锅，热量从锅外壁与炉火接触的部位向四周及锅内壁的传输。在传热介质为水、油脂等流体中也可发生，但不是纯粹的导热，并且比较微弱，一般可以忽略。傅立叶定律是导热的基本定律，它是法国著名科学家傅立叶在1822年提出的一条热力学定律。该定律指在导热过程中，单位时间内通过给定截面的导热量，正比于垂直于该截面方向上的温度变化率和截面面积，而热量传递的方向则与温度升高的方向相反。即

$$Q=\lambda F\frac{\Delta t}{\delta}$$

公式中　Q——热流量，即单位时间内传输的热量；

F——导热面积；

Δt——两导热表面的温度差，即$t_{高}-t_{低}$；

δ——两导热表面间的距离；

λ——导热系数，不同的物质有所不同，其数值大小表示着原料导热性能的优劣。λ越大，原料导热性越好，反之亦然。

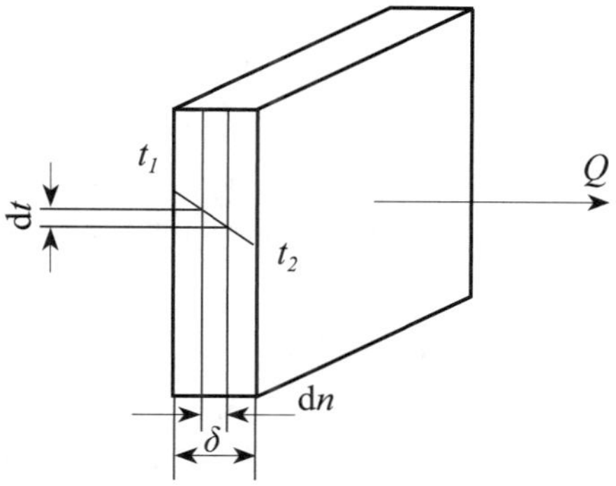

根据傅立叶定律分析铁锅（λ一定）的导热，铁锅的厚薄一定，锅外壁与炉火接触的面积越大，炉火的温度越高，单位时间内传输到锅内壁的热量就越大。其他因素一定的情况下，锅越厚，单位时间内由锅外壁传输到内壁的热量就越小。

（二）热对流

热对流，简称为对流，它是指由于流体的宏观运动而引起的流体各部分之间发生相对位移，冷热流体相互掺混所引起的热量传递过程。它只能发生在流体内部。流体中有温差存在时，各处的密度便不相同，于是轻浮重沉，产生流体质团的相对移动。这种依赖流体质团整体宏观移动并相互混合传输热量的物理现象，或者说，流体内部各部分发生相对位移而引起的热量转移现象，称为热对流。例如，锅内的油变热，锅内壁温度较高，把热量传导给靠近锅壁的油层，使这部分油的温度升高，密度减小，于是上浮，冷油沉降到锅壁。一锅油各部分如此移动，最后导致整体温度升高。锅内汤水的变热也是这个道理。

烹调加工中经常遇到的总是锅壁面与水或油之间由于温度差存在而发生的热量变换，如上例。这种热量交换统称为对流换热，或称放热。放热实际上是一种复合换热形式，紧贴壁面的水或油的薄层中发生的是导热，其他部分的热传输才是对流。对流换热中所传输的热流量，可以用牛顿冷却公式表述：

$$Q=aF\left(t_f-t_w\right)$$

公式中　Q——热流量，即单位时间内对流交换的热量；

F——对流换热面积；

t_f——流体温度；

t_w——壁面温度；

a——对流换热系数或放热系数。

通过以上公式可以看出，固体壁面与流体间对流换热的热流量与对流换热面积、壁面和流体的温度差成正比。对于烹调而言，炉火对锅外壁的辐射面越大（即对流换热面积F越大），火力越猛（即壁面温度t_w越高），热流量就越大。放热系数受很多因素的影响，如流体流速、流体的导热系数；原料的黏性、比热、密度等物性量；壁面的几何尺寸、形状、位置等都有一定的关系。但在一定的条件下，它的大小可以反映放热效率的高低。一般而言，a越大，放热效率越高，反之亦然。

对流换热，按热运动产生的原因不同可分为自然对流（换热）和强迫对流（换热）两种类型。自然对流的原因是流体内部存在的温度差。锅内的汤水或油脂处于常温状态时，通过加热引起的对流属于自然对流。强迫对流起因于外力对流体的作用。例如，加热汤水或油脂时，搅拌引起汤水或油脂的对流就是强迫对流。强迫对流可以增大放热系数，也就是能提高放热强度。如汤水的放热系数，在自然对流时为10～250，而在强迫对流时可达到500～10000。汤水的对流换热还有一个特殊类型，那就是沸腾换热。汤水沸腾时，由于水汽化吸收大量的汽化潜热，同时由于气泡在加热面的形成和脱离，使加热面不断受到较冷流体的冲刷或强烈的扰动。因此，其换热强度远比无相变对流换热要高很多。如汤水在沸腾换热时的放热系数高达2500～25000。

（三）热辐射

热辐射是指物体由于具有温度而辐射电磁波的现象，是一种非接触式传热。任何物质的分子、原子都是在不停地运动着，由于分子碰撞和原子的振动，会引起电子运动状态的变化，从内向外发射能量。物体所发射的能量称为辐射能，由电磁波所载运。电磁波的传播不需借助任何介质，在真空中都能进行。当一种原料遇到另一种原料，电磁波所载运的辐射能就会有一部分被该原料吸收，进而引起原料内电子的谐振运动，增加物体内微观粒子运动的动能，即辐射能转变为热能。

热辐射就是以电磁波为载体，在空间传输辐射能现象。它不需要冷热原料之间相互接触，在任何温度下，在各种原料之间都能发生。若原料间温度相等，则原料相互辐射的能量相等；若原料间温度不等，则高温原料辐射的能量大于低温原料辐射的能量，总的结果是高温原料的热能通过辐射能传递给低温原料，以提高低温原料的热能。烹调加工中利用辐射热加热原料，一般是通过燃料燃烧或电能转换的形式产生强烈的热辐射，来达到加热原料的目的。

一般的电磁波穿透能力较差，所载运的辐射能只能加热原料的表面。热传输到原料内部则需要借助于热传导。远红外线、微波等电磁波穿透能力较强，现在电磁炉、微波炉等设备已广泛用于加热各类食材原料。

二、烹饪中的传热介质

传热介质，也称作热媒或传热媒介，它是烹饪过程中将热量传输给原料的物质。常用的传热介质有水、水蒸气、油、空气、金属等，有时还会用到食盐、沙粒、泥土等。

（一）水

水是烹饪中最常见的传热介质之一。其传热方式主要为对流，通过对流把热量传输到原料表面，将原料加热成熟。氽、煮、烧、炖等烹调方法都离不开水的参与。原料加入汤水后，水就开始向原料内部渗透，随着温度升高，水分子运动加速。由于水的上下翻滚，里外扩散渗透，使原料上下内外温度趋于一致。质地柔嫩的原料由于水的渗透迅速成熟，质地坚硬的原料则可在较长时间内煨炖至熟软程度。水作为传热介质具有如下特点。

1．比热大、导热性能好

水的比热容是4.2×10^3J/（kg·K），比一般液体都要大。这种性质决定了加热后的水能储存大量的热量，既可使原料按一定要求加热成熟，又不致使水的温度因环境改变而大幅度下降。导热性能好，便于水形成均匀的温度场，使原料受热均匀。

2．可达温度较高

水在标准大气压下温度可达到100℃。这样的温度既可以杀菌消毒，使原料加热成熟，又可以使菜肴形成滑嫩、酥烂等质感。尤其是含结缔组织较多的原料须在80℃以上的水中进行长时间加热才能达到一定的口感要求。

3．溶解能力强

水在常温下是液体，黏性小，溶解性强，因此烹饪中用水来作漂洗剂。大多数无机物和部分低级的有机物易溶于水，烹饪加工中常用水洗涤原料表面的污秽杂物和原料内部的血色异味物。水对许多物质具有较强的亲和力，可以使这些物质能均匀分散在水中，因此水也可用作溶解剂。烹饪中的上浆、挂糊、勾芡就是用水将淀粉均匀地溶解、分散到水中，加热让其溶胀、糊化形成淀粉糊；食盐、醋、酱油、味精等常用的调味料依靠水的溶解、分散能力，将调味料中的呈香物质分散到菜肴或进入原料之内，增加菜肴的风味。水是极性分子，能溶解许多物质，所以也具有综合风味的作用。

4．性质稳定

水的化学组成比较单一，化学性质比较稳定，并且具有无色、无味、无臭的特点。水在烹饪过程中，不会因长时间加热而产生对人体有毒有害的物质，也不会对原料本身风味带来不利影响。

（二）水蒸气

水的汽化潜热较高，水在1个大气压（0.1MPa）100℃时的汽化潜热2257.2kJ/kg。水蒸气在受热原料表面液化时，就会将汽化潜热释放出来，供给原料较多的热量。水蒸气的传热主要以对流的方式进行，在原料表面凝结释放，将热量传输给原料，使其受热成熟。水蒸气是我国烹调广泛运用的传热介质，其传热具有如下特点。

1．传热强度大

每克水蒸气凝结为同温度的水时，可释放大约542卡的热量，而每克水温度降低1℃时，仅能释放出1卡的热量。另外，水蒸气通常在有一定密封性的空间内对原料加热，压力往往会大于1个大气压，所以其加热温度比常压下的水要高一些。

2．风味保存较好

用蒸汽进行传热时，原料不用翻动，便于受热均匀，故成菜后形整而不变。水蒸气作为传热介质不会向水那样在加热时与原料间发生剧烈的物质交换，所以能将原料本身的风味成分很好地保存于其中，并减少原料中水溶性营养素的流失。

另外，水蒸气传热还具有卫生条件好、有助于菜肴定型等特点。

（三）油脂

食用油脂传热在烹调加工中应用十分广泛，烹调中的有效油温是60～220℃，其传热方式和水一样，也是对流。但是它在性质上与水相比较有很大差异，如沸点较高，具有疏水性，高温下易发生化学变化等。油脂在加热过程中均匀、稳定、迅速，对菜肴的成熟度、香气形成、口感、色泽以及提高菜肴的营养价值等方面有较高的影响。油脂作为传热介质有如下特点。

1．使菜肴获得丰富口感

在烹饪过程中，经常通过过油的方式使原料获得不同的口感特征。在滑油时，油温较低，原料大多质地脆嫩、细嫩；在过油时，油温较高，原料大多外酥里嫩、香酥、酥脆。这是因为油脂沸点较高，可到达300℃左右，并且具有疏水性。高温油脂的作用可使原料由外到内大量失水。

2．适应的烹调方法范围广

相较于水温，油的温度变化幅度大，适合于不同性质的原料进行多种不同的温度加热，可以满足多种烹调技法的要求。例如炒、熘、炸、爆、煸等技法。

3．使原料上色

在油的高温作用下，原料表面会发生明显的焦糖化反应和美拉德反应，呈现出淡黄、金黄、褐红等多种鲜亮的色彩。油脂高温分解的产物也可参加菜肴色彩的形成。另外，一些无骨的动物肌肉在低油温的加热环境下，颜色会由原来的浅红、暗红色逐渐转变为灰白色、洁白色等。例如鱼丝、猪里脊丝、鸡丝等原料。

4．使原料产生特殊香味

油脂在高温条件下，发生多种复杂的化学反应生成芳香物质，从而增加菜肴香味。油脂加热后本身会产生有利的脂肪酸和挥发性香味的醛类、酮类；原料中的碳水化合物在加热过程中也会产生香气成分。一方面，由于油脂自身的理化性质，脂肪受热后分解成具有一定香气的酯类，从而使菜肴的香味增加；同时，有的油脂自身就具有一定的香气，例如鸡油、芝麻油、猪油等，也可以使菜肴吸附油脂的香气。另一方面，有些用于明油的油脂除了自身具备香气外，还加入了其他调味品经浸炸而成，这样具有了复合的味道，例如花椒油、红油、葱油、蒜油等。

5．可提高菜肴的营养价值

油脂作为传热介质可提高菜肴的营养价值。一方面，在高油温的作用下，蛋白质的消化吸收率可得到提高；另一方面油脂本身也是一种营养素，具有一定的营养价值，可供给人体必需脂肪酸，对人体健康有着重要作用。油脂中的亚油酸含量是衡量油脂营养价值的一个重要指标，相对来讲，植物油脂内所含的亚油酸含量比较高，尤其是大豆油、芝麻油、花生油、橄榄油等。

此外，油脂作为传热介质也存在着一定的缺点。首先，油脂可造成原料中脂溶性维生素的损失，例如维生素A、维生素D、维生素E、维生素K均为脂溶性维生素，在烹饪过程中，若采用油脂对绿色蔬菜、动物肝脏等进行滑油，就会造成上述维生素的损失。另外，油脂在加热过程中，由于低分子化合物的蒸发及分解，会给环境带来污染，也会给烹调者的身体带来一定的危害。最后，油脂在经过高温或反复加热后，会产生某些有毒有害物质，例如热聚合产生的聚合环状化合物，被认为对人体会产生一定的毒性。高温加热油脂可以使必需脂肪酸和脂溶性维生素遭到破坏，降低了食物的营养价值。

（四）金属

在煎、贴、炒等烹调技法中，不仅需要用到油脂，而且还会用到金属锅具。实际上是利用金属锅体作为传热介质，油脂的主要作用是防止粘锅。烹调厨房里的锅体材质多为铁及其合金。铝合金、铜及其合金的炊具现在已极少使用了，这是因为这些锅具若使用不当，会让人食入过多有害金属，对人体不利。

铁锅具有良好的导热性能，对人体健康无害。在烹调过程中，铁制的锅具传热速度快，温度很容易就能上升。因此，也有利于美拉德反应和焦糖化反应，使成品产生诱人的色泽。由于传热快，温度不易控制，加上传导方式为热传导，故而会造成菜肴原料受热不均匀，这一点需要控制好。

（五）其他介质

在实际的烹饪工作中，往往还需要借助其他传热介质进行烹饪操作。首先是空气传热。空气的传热方式为对流，它在烹制传热中一般不起主导作用，只是在烘烤食物时协助进行传热。另外还有食盐或沙粒。食盐和沙粒都是固体媒介，是以导热的方式进行传热。操作时必须不断翻炒，或埋没原料，这样才能使原料受热均匀。此外，烹调加工中有时还将泥土、面团等作为传热介质。不同的传热介质，具有不同的烹饪特点，所对应的烹调方法也有区别。如表7-1所示。

传热介质

表7-1 常见传热介质的特点及烹饪运用

传热介质类型	温度区间	特点	烹饪运用
油	60～220℃	易于控制、能形成宜人香气和味道以及提高菜肴的营养价值。但可造成脂溶性维生素的损失，易产生有毒物质且对环境和操作者有害	适合于炒、炸、熘、爆、煸等烹调方法
水	80～100℃	渗透力强，通过对流使原料成熟。原料成菜的特点一般具有鲜嫩、熟软、软糯	适合于短时间加热的氽、煮，长时间加热的烧、炖、煨等
水蒸气	100～120℃	原料在加热的过程能保持原形、原汁、原味，成菜有细嫩、鲜嫩或熟软、软糯的口感	适合于蒸、隔水炖
热空气	120～250℃	烘烤或烧烤都是以热空气为传热介质，以对流的方式传导热量。成菜表面一般色泽金黄或棕红，外酥香内鲜嫩或干香滋润	适合于烤

思政小结 ▶ 树立高尚的职业理想

小结导入： 在选择职业时，我们应该遵循的主要指针是人类的幸福和我们自身的完美。不应认为，这两种利益是敌对的，互相冲突，一种利益必须消灭另一种利益。人类的天性本身就是这样的：人们只有为同时代人的完美、为他们的幸福工作，才能使自己也达到完美。——《青年在选择职业时的考虑》（萧灼基.马克思传［M］.北京：中国社会科学出版社，2008）

思考讨论： 为什么要树立高尚的职业理想？

分析强调： 高尚的职业理想所产生的巨大精神力量，能使从业人员释放出极大的潜能，在平凡的工作中创造巨大的价值。近年来，我国涌现出的许多烹饪大师和名师，无不是把自己的职业理想付诸实际工作中，通过自己的辛勤劳动为社会作出了贡献，也将自己人生价值提到一个新的高度。

第二节 火候的识别与控制

“火候”一词是汉语中的特有词汇。远在商汤时代，我们的祖先对火候与烹饪的关系就有了初步的认识。《吕氏春秋·本味篇》中就有“三群之虫，水居则腥，肉玃者臊，草食者膻。臭、恶、犹、美，皆有所以。……火之为纪，时疾时徐，灭腥去臊除膻，必以其胜，无失其理”的记载，把火候说成灭腥去臊除膻的“纲纪”，掌握火候要“时疾时徐”，有文有武，这一点毋庸置疑。火候的千变万化，精细微妙，往往与菜肴制作成败有直接的关系。烹饪行业有句谚语：“调味是灵魂，火候是关键。”可见，“火候”在烹调技术中的重要作用。

火候是指根据不同原料的性质、形态，不同的烹调方法与口味要求，对热源的强弱和加热时间长短进行控制，以获得菜肴由生到熟所需的适当温度。简单地说，火候就是原料在烹调过程中所使用火力的大小和加热时间的长短以及原料受热的成熟程度。我国烹饪行业第一本辞书《中国烹饪辞典》对火候的解释为：指烹制肴馔时烧火的时间长短与火力的大小；《川菜烹饪事典》上的解释为：烹饪原料加工成熟过程中所用火力的大小和时间长短的总称。可见对于火候的定义大家众说纷纭，莫衷一是。

一、火候的意义

在人类的历史上，我们的祖先从劳动实践中发现烧熟的食物要比没有经过火烧的食物更加美味且容易消化。因此，逐渐懂得了“火”的运用，从而提高了古代人类征服自然的能力，保障了古代人类在恶劣环境中的生存。“火”的运用，标志着人类社会在进化中一个新的里程碑，开辟了一个新的纪元。

恩格斯在分析人类运用火烧熟食物的意义时说：“火的使用，第一次使人支配了一种自然力，从而最终把人同动物界分开。”在《家庭、私有制和国家的起源》一书中又提到“熟食是人类发展的前提”。这就说明了熟食对于人体在营养素的消化吸收、消毒杀菌、增进食欲等方面尤为重要，对于人体的正常新陈代谢、健康生存、生理繁殖和智力发展都起着重要的作用，从而促进了人类自身的进化和人类社会的发展。

二、火候的要素及其相互关系

如果把火候看作是烹饪中原料在一定时间内发生适度变化所需要吸收的热量，那么就可以认为热源火力、热媒温度和加热时间是构成火候的三个必需的要素。

（一）要素

1. 热源火力

在这里不是单纯地指“火焰烈度”，而是指燃料燃烧时在炉口或加热方向上的热流量，也包括电能在单位时间内转化为热能的多少。燃烧火力的大小受燃料的固有品质、燃烧状况、火焰温度，以及传热面积、传热距离等因素的影响。在燃料种类和炉灶构造不变的情况下，可以用改变单位时间内燃料燃烧量的办法来调整燃烧状况、火焰温度、传热面积、传热距离等，以改变火力的大小。电能“火力”的大小主要由加热设备所控制，可以通过设备上的调控部件来调节。热源火力是能够准确测定的。以电能为热源的加热，在设备的设计之时就已测定了基本的数据。而烹调加工中以燃料为热源的加热，火力的大小仍主要靠经验来判断。人们通常综合火焰的颜色、光度、形态、热辐射等现象，把燃料火力粗略地划分为微火、小火、中火和旺火四个类型。如果参考有关火力的实验数据，与经验结合起来判断，结果会更准确一些。

2．热媒温度

热媒温度也可称为加热温度。在这里特指烹制时原料受热环境的冷热程度。它是火候的一个不可缺少的要素，以前人们在阐述火候时往往忽视了这一点。烹调的实践告诉我们，热源释放的能量必须通过热媒的载运，才能直接或转化后作用于原料。要使原料在一定时间内获取足够的热量，发生适度的变化，一般都要求热媒必须具有适当高的温度。例如原料在上浆后需要进行滑油，油温需要保持在120℃左右，否则不是“脱浆”，就是原料表面发硬、质地变老。在有些时候，单凭热源火力和加热时间的组合也不能达到烹饪的要求，例如在生炒绿色蔬菜时，必须考虑原料在下锅之前锅内热度是否达到一定范围。冷锅下料，火力再大，短时间加热或延长加热时间，都难以达到预期的效果。由此可见，缺少了热媒温度这一要素，火候将难以成其为火候。但是有一个例外：当用微波加热时，该要素不再是热媒温度了，而是微波所载电子能的多少。

3．加热时间

加热时间是指原料在烹制过程中受热能或其他能量作用的长短。人们很早就认识到了加热时间是火候要素之一。热媒温度的高低能够决定热媒与原料之间传热时热流量的大小，而不能确定原料吸收热量的多少。加热时间与热媒温度相互配合，才能保证原料在一定的加热时间内获取足够的热量。

在火候的运用中，热源火力、热媒温度和加热时间三个要素总是相互作用，协调配合。改变其中任何一个要素，都会对火候的功效带来较大的影响。

（二）相互关系

火候是依据一定的烹调要求，由热源火力、热媒温度和加热时间构成的一个有机整体。反过来讲，只有火候三要素的合理组配，才能使原料在一定的加热时间内获得足够的热量，从而发生符合烹调要求的变化。在火候之中，热源火力主要起着调节和控制热媒温度的作用。热源释放的热量传输给热媒，再由热媒传输给原料，达到将原料烹制成熟的目的。在原料的种类、形状、大小、厚薄等一定时，热媒温度的高低直接决定着热媒与原料间换热时热流量的大小。加热时间的长短是决定原料获取热量多少、变化程度大小的关键因素。当热媒温度一定时，加热时间与热媒和原料之间的换热量成正比关系。

火候三要素在烹制中总是相互联系、相互制约着，构成若干种火候形式。不同的火候形式具有不同的功效。如果把它们粗略地划分为3个档次，热源火力分为旺、中、弱，热媒温度分为高、中、低，加热时间分为长、中、短，那么从理论上将就可以得到27种不同的火候形式。但在实际的烹饪中，各火候要素的档次划分远远不止3个，按原料性状和烹调要求的不同，所组成的火候形式简直难以计数。这就是我国烹调火功的微妙之处。

（三）影响火候的因素

衡量一道菜肴的标准是色、香、味、形、质、器、营养，其中最主要的是菜肴的“味”

和“质”，它是菜肴的生命。而“质”又是通过火候来体现的。远在商汤时期，人们就知道控制、调节、掌握火候。在宋代，苏东坡总结出了“慢着火，少着水，火候足时它自美”的烧肉经验，“东坡肉”一直流传至今。清代袁枚在《随园食单》中专门做了“火候须知”一节，“熟物之法，最重火候。有须武火者，煎炒是也；火弱则物疲矣。有须文火者，煨煮是也；火猛则物枯矣。有先用武火而后用文火者，收汤之物是也；性急则皮焦而里不熟矣……”。

当今烹调师们习惯于“明火亮灶”，有“急火上锅、炖收汤”等绝技，这些都是忖度火候的宝贵经验。掌握和运用火候，对其影响因素的了解是十分必要的。影响火候的因素较多，主要有原料的性状、热媒的用量、原料的投入量、季节的变换等。它们对火候的某一个或几个要素有所影响，从而制约着火候的构成。

1．原料性状的影响

原料的性状是指原料的性质和形状。

所谓性质，包括原料的软硬度、疏密度、成熟度、新鲜度等。不同的原料，由于化学组成、组织结构等不同，会带来性质上的差异。相同的原料，由于生长（或饲养）时间、收获（或捕捞、宰杀）时机、贮藏期限等不同，也会带来性质上的差异。这些性质上的差异必然会导致原料导热性、耐热性的不同。因此，在满足烹调要求的前提下，必须依据原料的性质来择用传热的媒介和组配火候的要素。

所谓形状，包括原料的形体大小，块形厚薄等。一般而言，在烹调要求和原料性质一定时，体大块厚者发生适度变化需要吸收的热量较多，体小块薄者需要吸收的热量较少。这一点在火候运用时不可忽视。

由于原料的性状对火候的运用有着较大的影响。在烹制由多种原料组配而成的菜肴时，有必要根据各种原料的不同性质和形态，合理安排投放顺序，以满足各种原料的不同火候要求。

2．热媒用量的影响

热媒用量与热媒的热容量有关，从而对热媒温度产生一定的影响。种类一定的热媒，用量较多时，要使其达到一定温度就必须从热源获取较多的热量，即热媒的热容量较大。此时热媒温度的稳定性较好，少量的原料从中吸取热量不会引起温度大幅度的变化。用量较少时，热源传输较少的热量就可以达到同样高的温度。此时热媒的热容量较小，温度会随着原料的投入而急剧下降。要维持一定的烹制温度，就必须适当增大热源火力。可见，热媒用量会影响热媒温度的稳定性，从而改变火候要素的组配形式。

3．原料投量的影响

原料的投入量对火候也有影响，同时影响热媒温度。一定的原料要烹制成某种菜肴，便需要在一定的温度下加热适当长的时间。原料投入后会从传热媒介中吸取热量，导致热媒温度降低。要保持一定的温度，就必须有足够大的热源火力相配合。否则，温度下降，就只有通过延长加热时间来使原料成熟。原料投入量的多少，所产生影响的大小有所不同。投入量多，影响就大；投入量少，影响就少。

说到原料投量对热媒温度的影响，还需要考虑原料投量与热媒用量的配比问题。热媒用量多少对热媒温度的影响和原料投量的影响正好相反。于是可以用增加热媒用量的方法来抵消一部分原料投量的影响。在烹饪实践中，对于一定的烹调方法，一般要求它们之间应保持一定的比例。

4．季节变换的影响

一年四季中，冬夏两季反差较大，环境温度一般都有几十摄氏度的差异。这就必然会影响到烹制时的火候。冬季，气温较低，热源释放的热量中有效能量会有所减少，热媒载运的热量会在环境中散失。夏季，气温较高，热源释放的和热媒载运的热量，较之冬季损耗要小得多。所以，烹制一样分量的同一种菜肴，在冬季需要适当增强热源火力、提高热媒温度或延长加热时间；在夏季则需要适当减弱热源火力、降低热媒温度或缩短加热时间。虽然季节变换对火候的影响不是很大，但也是不可忽视的。

5．菜肴制作时的烹调方法

我国的烹调方法有几十类上百种，这些方法对成菜时火候的要求是不相同的。因此，烹调方法的选择和运用，是准确掌握火候不可忽视的问题。一般讲“炒、爆、熘”等烹调方法宜做大火速成菜肴，如肝腰合炒、回锅肉等；“煮、扒、烩”等烹调方法常用中火；“卤、煎、贴”等烹调方法常用小火；对于“烧”这种方法要注意火候的变化，一般是先用大火烧开汤汁，改小火慢慢加热，最后用大火收干汤汁，如土豆烧牛腩、板栗烧鸡等菜肴；至于“蒸”这种方法更是变化多端，蒸制水产类菜肴如蒸蟹、鱼、虾等，宜用大火，蒸出来的菜肴肉质滑嫩，若用其他火候，肉质老且色泽发暗；蒸肉、禽类菜肴时宜用中火，如粉蒸牛肉、荷叶粉蒸鸡等，这类菜肴成品肉质鲜嫩，若用大火或小火，则达不到成品的风味特点；蒸蛋类菜肴宜用小火，如臊子蒸蛋等菜肴，成品要求嫩滑，若用大火，蒸碗的周围凝结成蜂窝状，不嫩滑。

火候

三、原料加热的变化

我国的烹调之所以能够使菜肴达到色、香、味、形、质俱佳的要求，是与其在烹调过程中善于利用食物的物理与化学变化分不开的。据此，烹饪技术的科学基础在于能利用物体加热后的胀缩作用、气体或液体之间的对流作用、原料之间的质换（烹饪食材之间通过内部环境进行物质交换）和所含物质的化合作用。例如，原料在加热过程中，借助温度的高低，受到不同的胀缩处理，便烹制出或脆或嫩或酥或软的菜肴；而某些菜肴的原料，经过一定的刀工处理，加热后会形成各种各样的形态，使菜肴更加艺术化。

又如，原料在加热过程中，借助气体之间或液体之间的对流，可使内部的一些物质排出，外部的一些物质渗透或吸收进去，形成多种多样的口味。再如，在原料之间的质换和所含物质的化合作用下，使食物中的烃、醇、酯、酮、酚等有机物都能散发出香味，并在调味品的作用下，丰富菜肴的鲜味。也有些原料，自身的某些成分沸点很高、不溶于水，必须加热到较高温度时，这些成分才能汽化，香味也才能散发出来。

（一）原料加热中性质的变化

掌握火候的目的，就是使原料受热后所发生的质变能达到预期的效果。在烹调过程中，原料在一定的温度下，经过一定时间会引起质的变化。质的变化过程也就是原料由生变熟的过程。由于原料的性质不同，它们在由生变熟的过程中所引起的质的变化也不相同，加之原料的形态及烹调方法的殊异，质变的情况也就非常复杂了。一般来说，可分为下面几种性质的变化。

1．传热变化

原料在不同的传热方式下受热，其表面的热量要继续向内部传播，直到原料完全成熟。原料大多是热的不良导体，特别是肉类、鱼类，传热缓慢。虽然原料温度已经很高，但并不能迅速地传入其内部，如果加热时间不足，内部的温度并不能在同一时间内升高，这样会使原料外熟内生，内部如有细菌与微生物，也不能杀灭。据实验，一整块2千克的牛肉放入沸水锅中煮制1小时，才勉强把血水除去，而内部的温度大约只有70℃；一只3千克的火腿，放入冷水锅中逐渐加热，当水到达沸点时，火腿内部的温度仅有25℃左右。因此，这就要根据具体情况调节火力大小与加热时间的长短，使食物既保持营养，又符合卫生的要求。

2．分散作用

这种作用主要表现在溶解、膨胀、吸水等方面。如动植物原料在受热过程中，原料中的一部分矿物质和维生素会溶于水中，于是汤内就含有了丰富的矿物质和维生素。而每种维生素由于物质间的化合、烹调的情况及其耐热性而有不同程度的损失，这就要在加热过程中注意保存原料中的营养素，不造成浪费。植物原料在新鲜状态下细胞中充满了水分，并且细胞与细胞之间有一种植物胶素，粘连着各个细胞，所以在未加热之前大多较硬且饱满。加热时，胶素软化，与水混合成为胶液，同时使细胞膜破裂导致纤维质软化，原料组织也就变软了。粮食和薯类等富含淀粉的原料有很大的吸水性，在加热时，其细胞膜被破坏，在沸水中继续吸水而膨胀，使叠层结构的淀粉粒各层分离，终至破裂而成糊状，这就是淀粉的糊化现象。淀粉糊中包括三个部分：真溶液、淀粉糖和淀粉胶。

3．水解作用

原料在受热过程中会产生水解作用。肉类中的蛋白质在沸水中能分解为各种氨基酸，所以成熟后大多呈现鲜味；胶原蛋白在热水中能分解为动物胶，所以煮制肉的汤汁在冷却后能凝结成为胶冻；淀粉粒在沸水中分裂为糊精，进一步水解后变为麦芽糖和葡萄糖，所以成熟以后其黏性增强，具有甜味。

肉类水解现象的产生是由于富含结缔组织的部分在受热之后，其中的生胶质水解成分子结构比较简单的动物胶。在此水解过程中，组成结缔组织生胶质的蛋白质纤维束分离，而使汤中含有很多蛋白质，并且使肉成为软烂的状态。分子结构比较简单的动物胶有较大的亲水性，在继续加热中吸收大量水分而溶在汤汁中，故汤汁冷却后成为胶冻。

4．凝固作用

原料中的水溶性蛋白质在受热之后会产生凝固，尤其是在加入含有盐、碱等电解质后，更容易促进其凝固作用的产生。鸡蛋中的蛋白质在受热后会凝结成硬块；水溶性蛋白质的血色素在加热到85℃时也会凝结成硬块。正是因为这种作用，在煮鸡蛋、血豆腐（猪、鸡、鸭、鹅的血液凝结体）时时间不宜过长，否则会使菜肴质地过硬而不利于消化吸收。电解质能促进水溶性蛋白质凝固的作用也比较明显，如豆浆中加入石膏、盐卤等电解质后，会迅速地凝固成豆腐。煮肉、豆、蔬菜等原料时若加盐过早，会使它们表面的蛋白质凝固变硬，影响向内部传热，延长烹制时间。

5．酯化作用

原料所含的脂肪在加热过程中会产生酯化作用。这是由于脂肪在水中加热，一部分脂肪即分解为脂肪酸和甘油，而酒、醋等调味品能与脂肪酸化合，生成具有芳香气味的酯类。由于酯类比脂肪更容易挥发，所以人们闻到了香味。

6. 氧化作用

原料中所含的多种维生素在加热时容易受到破坏，这正是由于氧化作用的结果。各种维生素在含有碱性或盐的溶液以及铜制器具中加热时，更容易迅速氧化，特别是维生素A、维生素C最容易被氧化破坏。所以，在烹制含这两种维生素的原料时，不宜投放碱，不可用铜制器具。

7. 其他变化

原料在烹制过程中，除了会发生以上各种变化外，还会发生其他一些变化。例如，淀粉和糖类在较高温度条件下，部分会发生碳化而变黄或焦黑；鸡蛋在煮熟之后，蛋黄的表面呈现出一种暗绿色，这是由于蛋白中含有的一些硫元素与蛋黄中的铁元素化合成为硫化铁的缘故；新鲜的果类不宜在铁锅中烹煮，否则会变黑，这是由于水果中含有的单宁物质在烹制时与铁锅中的可溶性铁离子化合成为黑色的单宁酸铁的缘故。

（二）传热介质对原料加热的影响

原料受热后所发生的性质变化，有时有益，有时无益。这就需要烹饪者在原料加热的过程中，根据其性质和传热方式的不同，结合菜肴的要求，控制火候，使原料在质变的过程中尽量往有益方向发展。传热介质对原料所引起的变化主要表现如下。

1. 油脂

油脂的传热能力较水良好。随着火力大小的不断变化，使油的温度变化幅度很大并易于控制；加热过程中，油脂与原料的对流作用很弱，不易引起物质的交换。因此，可以适应烹调菜肴的各种要求。在烹饪中，许多菜肴都是用油烹调，特别能对菜肴起到香、脆、酥、嫩、松的良好效果。因食物中的很多香料成分只有在高温条件下才能汽化而散发出香气。油脂在加热后，对食物的干燥和凝固作用很强，可使食物变松酥香脆或细嫩鲜美。在制作菜肴时，油脂的可利用温度为30～230℃。在高温状态下，能使原料下锅骤然受到高温而外部立即干燥收缩凝结成一层硬膜，使内部浆汁不易排出，形成外脆内嫩的状态。烹制上还可以利用油脂的高温使经过剞花刀的原料受热后翻结成各种如荔枝、凤尾、松果、兰花等形态。

油脂的性质不同，使用时应该加以区分。花生油因含硬脂酸的甘油酯较少，烹制的食物不易发脆，但香味浓郁；猪油亦因含硬脂酸的甘油酯较少，烹制的食物亦不会发脆，但香味浓郁且酥松；菜籽油含硬脂酸的甘油酯较多，烹制的食物较脆且硬，并含有其特殊的香味。在烹制过程中，可以将几种油脂进行混合使用，以达到最佳效果。

2. 水

水的传热作用较油低。容器在无封闭压力的情况下，到达沸点后温度不能继续升高。因此，水能适应较长时间的加热。另外，原料大多都含有一定的水分，用水加热时，液体间的对流作用较强。加强了物质之间的交换，原料中的汁浆易于溶在汤中，而成为滋味鲜美的汤汁。液体在加热后的对流、质换作用还可以使各种原料的滋味相互中和、化合，继而使调味品的滋味可以渗入到食物内部。某些气味不纯正的原料可在烹制前先进行焯水处理，利用液体的对流和物质间的交换作用消除其腥、膻、臊等异味，为正式烹调做好准备。有些菜肴，为了不使营养成分与滋味溶解于汤中损失，则可以采用收汤的方法继续对食物进行加热，使汤汁中的水分大部分蒸发，养分与滋味仍然回吸到食物本身上。

在原料用水传递加热的过程中，某些营养成分如蛋白质、脂肪、维生素、矿物质在对流与质换的作用下，都会有一部分溶解在汤汁内，故汤汁不可丢弃，否则养分损失太多。例如在涨发顶级干香菇时，涨发剩下的汤汁可以用于菜品的提鲜。

3. 水蒸气

水蒸气的热传导作用较水良好。在一定条件下，蒸汽的温度较水高，原料在笼内加热时本身的水分不易蒸发，原料间的质换也很困难，加之原料放在蒸笼不需要翻动，故能保持原料中原有营养素和滋味，保持原料的形态完整。同时，原料外部的滋味也较难进入原料内部。这就使得蒸汽加热的基本特点是：菜品大多质地软、嫩、鲜，保持原汁原味，形态完整。为了弥补由蒸汽加热带来的调味不足现象，一般都要在加热前或加热后进行调味。

4. 空气

原料由空气加热大多是受热源的辐射或干燥性加热所引起的。在加热过程中，外部的水分极易蒸发，内部的浆汁因蒸发而不断浓缩，或浆汁直接排出后，就在原料表面凝固。因此，一般由空气加热的菜肴大多具有皮酥脆而肉鲜嫩、干香滋润等特点。需要注意的是，在加热时原料内部的水分或浆汁不能排出过多，以免影响菜肴的质量。

5. 其他

一般是指盐或沙粒受热后，再加热于原料。受这类方法加热的原料大多带壳、质地干燥。由于其特性的原因，受热时内部的水分不易蒸发，香味不易逸出。因此，原料受热成熟后，酥松、脆、干、香。在具体操作时，应该不停地翻动，使其受热均匀，才不至于出现焦点或生熟不均匀的现象。

四、火力的识别与调控

火力，是指各种能源经物理或化学变化后转变为热能的程度。燃料燃烧过程，属于化学变化范畴。专业上是指燃料在炉膛内燃烧的烈度，燃料处在剧烈燃烧状态中，火力就强，反之则弱。近代科技的发展，使越来越多的科技新发现运用到烹饪之中。如微波炉的产生、电磁波的开发、电能的运用等，使传统的加热手段被大大地革新，加热由明火到无明火，这样食物的加热就更安全、更卫生、更易操作，为食物的熟处理打开了一个广阔的空间。

正确掌握火候的前提是识别火力，俗称“看火”。根据炉灶在燃烧时的表现形式，如火焰高低、火光明暗、火色不同、热辐射的强弱等现象的直观特征，一般将火力分为旺火、中火、小火、微火4种，不同火力用于不同菜肴的烹制。

1. 微火

微火又称焐火、慢火，是火焰仅在燃料层表面闪烁，火光暗淡，呈暗红色，热力较小，一般用于加工酥烂入味的菜肴，以及对一些干货原料如海参、蹄筋等的涨发，同时也可以对一些已成熟的菜肴进行保温，调节上菜时间。

2. 小火

小火也称文火。此火火焰较小，火苗在炉口与燃料层间时起时伏，呈青绿色，火光暗淡，火力偏弱，主要适用于炖、焖、烩等烹饪方法，才能达到菜肴的成菜要求。

3. 中火

中火也称文武火，是仅次于旺火的一种火力。特点是火苗在炉口处摇晃，时而窜出炉口，时而低于炉口，呈黄红色，火光较亮，有较大的热力，适用于烧、煮、熘等烹调方法，目的是原料受热均匀、便于入味，若用强热，容易碳化，使原料内的蛋白质受破坏而失去营养价值。

4. 旺火

旺火也称武火、大火、烈火、猛火或急火，是烹调中最强的火力。其特点是火焰窜出炉口，高而稳定，呈黄白色，火光明亮，耀眼夺目，散发出灼热逼人的热气。主要用于“抢火候”类型菜肴的快速烹制，适用于爆、炒、烹、炸等烹调方法，目的是缩短菜肴在锅中停留的时间，减少营养成分的损失，保持原料的鲜美脆嫩。

随着社会的发展，电磁能、远红外线、微波能等的使用已渐渐普及，用上述观察方法已难以鉴别，它们主要依靠辐射和微波的强弱来划分。不管使用什么热能，核心是了解温度等级差别，这在烹制过程中有目的地使菜品生成特定的脆、嫩、香、酥等口感，具有十分重要的意义。

五、油温的识别与应用

油脂在烹饪中运用广泛，功能甚大，油温的运用对烹饪工作者来讲，就显得十分重要。厨师们历来是根据自己的经验与观察，视原料多少、火候大小、油量多少、时间长短来把握时机。火候旺时油温可稍低，下料可稍早；火候小，油温可稍高；油量多、油温高可以烹时短些。近年来各种书籍提及的油温分“成”，有的把油温分三类；60～240℃分为温油、热油、旺油。有的把油温在300℃内，从0℃开始，每30℃为一成。油脂的燃点一般为300～330℃，如空气流动不太大，锅沿火力不强，可高达350℃。油温的识别与运用如表7-2所示。

表7-2　油温的识别及运用

油温	现象	烹饪中的运用
30～80℃	锅内略微有响声，少量水分慢慢地向外渗透	用于油发原料的涨发，例如鱼肚、蹄筋、响皮等。也适合炒酱料
80～120℃	油面泛起白泡，无声响和青烟，竹筷放入油中有细小气泡	用于滑炒、软炸等，具有保鲜嫩、除水分的作用
120～180℃	油面波动，向四周翻动，微有青烟升起，竹筷下去后气泡密集	用于炒、炝等烹调方法，能保持青菜中的营养，防止蔬菜过度脱水
180～240℃	油面转为平静，有青烟，炒勺搅动时有响声	用于炸、煎、爆等烹调方法以及体积较大原料的复炸
240～300℃	油烟密、有灼热的热气，青烟四起并不断向上冲	适用于蒸制和水煮类菜肴的淋油

思政小结 ▶ 安全守法教育：厨房用火安全的基本常识

小结导入： 在各种灾害中，火灾是最经常、最普遍的威胁公众安全和社会发展的主要灾害之一。2019年9月，某餐饮企业因厨房用火不慎引起火灾，烧毁建筑面积1380平方米，直接财产损失49万余元，直接受灾户达18户，给社会生活造成极大的影响。

思考讨论： 这个火灾事故给我们什么样的反思?

分析强调： 人类能够对火进行利用和控制，是文明进步的一个重要标志。厨房火灾的发生主要是由于操作人员责任心、安全意识不强，厨房燃油管道、电源线路等老化，厨房防火措施没有落实到位，厨房内可燃杂物没有及时清除。用火时，一定要确保安全，自觉遵守用火相关要求，谨慎用火。

第三节
原料的初步熟处理

初步熟处理是指根据菜肴的质量要求，将原料放在油、水、蒸汽等传热介质中进行初步加热，使之成为半熟或刚熟状态的半成品，为正式烹调做准备的一种操作过程。它不仅关系到菜肴的烹调过程是否顺利，而且还会直接影响到菜肴的质量。对于菜肴质量的影响，主要表现在色泽、口味、形状、质地、营养、卫生等方面。

一、初步熟处理的定义与质量影响

（一）对菜肴色泽的影响

色泽是构成菜肴质量的第一要素，色泽好的菜肴通过人们的视觉反映到大脑中枢神经，会给人一种赏心悦目，未尝先欢的感觉。我们常用动物性原料和植物性原料两大类原料作为菜肴的主料和辅料，有的原料在烹调前要经过初步熟处理。例如，植物性原料中的芹菜在炒之前要用开水锅烫一下，即“焯水”。在烫制过程中，一定要用开水锅，且一次不能烫得过多，如果水温太低且放的原料又多，那么开锅时间较慢，原料在锅中焐的时间过长，就会使原料色泽变黄，致使成品发黄不绿。另外，也不要将芹菜提前长时间烫制出来，甚至过夜，否则到正式烹调时芹菜会变得暗绿或墨绿，进而影响菜肴颜色，削弱光泽。再如，动物性原料中的肠肚、百叶等，其原料固有的颜色因粪便等异物的影响色泽不佳，但经过洗涤和多道“焯水”等初步熟处理后色泽会变浅发白，其成品的色泽便较为理想可观。

过油，也是影响菜肴色泽的重要因素。如使用肉类原料烹制菜肴，若挂硬糊后过油，那大多是急火旺油，并且较长时间炸制，见原料炸透后再另行入锅烹调。若原料不挂硬糊或只上薄浆，那大多是用慢火低油温，并且较短时间在油中划过，待原料断生或划散后即可另行食用或入锅烹调。从一般情况看来，凡挂硬糊的原料，其成品大多是杏黄或金黄，如糖醋里脊、糖醋脆皮鱼等；大多数挂薄糊（上浆）的原料，其成品色泽较浅或基本保持原色，如滑熘肉片、滑熘里脊等。

原料走红，也能影响菜肴色泽。它是将原料放在已加入各种有色调味品的水锅中加热，大火烧开后转为小火，使调味品缓慢进入原料，直至原料色泽红润。纵观所有原料，初步熟处理时火候都要依据菜肴的要求来进行选择。如果是蔬菜，尽量保持本色，使成品鲜艳光润；如果是肉类，尽量保色适度，按烹调要求而定。只有这样，才能保证菜肴的色泽不受影响。

（二）对菜肴口味的影响

在人们享受美味的时候，始终将口味放在菜肴质量的第一位置，因为菜肴的口味能在人们味觉和嗅觉中确切地反映出来，所以菜肴的食用价值高低关键取决于口味如何，这一点是符合人们饮食要求的。

先看“焯水”，原料“焯水”大致有两种方法：一种是开水锅；另一种是冷水锅。用开水锅“焯水”原料，对成品的口味影响不大，而影响较大的是冷水锅。如大萝卜炖前可用冷水锅出水，动物的肚肠等较大异味的原料正式烹调前也最好用冷水锅出水。因大萝卜的辛辣和肠肚的恶臭味会随着水温的升高而浸溢出来，如果直接用开水锅出水，原料骤然间遇高温，使得表面收缩会即刻凝结外膜而隔绝内部味散发，甚至造成恶味大增的现象，直接影响菜肴的口味。

再看煸炒，煸炒是炒中的一种方法，即将原料炒至半熟。在目前的烹饪专业书籍中，煸炒还没有列入原料初步熟处理的范畴，但从烹调过程来看，某些菜肴的煸炒可以列入这个范畴之内。如排骨炖豆角，按照正常操作方法，是将猪排骨剁寸段，豆角掐筋去斑洗涤，先把锅刷净放植物油，烧熟后放排骨煸炒，因排骨含有一定水分，故加热后水分会随着温度的升高而逐渐挥发，当挥发到一定程度后便放豆角分别煸炒，豆角里的水分也会随着温度的升高而逐渐挥发，当水分大部分挥发以后，便可以放汤加调料正式烹调。因原料经煸炒后大量失水，到正式烹调时汤汁和调料自然会加以补充，所以在原料吸收调味品的同时，菜肴的滋味也就自然可口了。

（三）对菜肴形状的影响

因为原料大多是固体（即使是液体，加热后也会变成固体），所以烹制出的菜肴也都有一定的形状。从某种意义上讲，形状表现了菜肴的外在美。原料的初步熟处理影响菜肴的形状，主要表现在肉类、鱼类、禽蛋等挂糊时往油锅中撒放的过程。比如熘肉段、酥白肉、拔丝白果等，要求不互相粘连，如果在过油时大把大把地将原料入锅，那么因淀粉黏性较大，可能会粘连在一起而影响成品的形状。为此，我们过油时一定要分散下锅，最好是一块（片）块（片）地下入，便于每块（片）原料独立成体。这样做会块（片）均匀，整齐划一，菜肴形状显得和谐自然。再如浇汁鱼，先将鱼表面剞上牡丹花刀，均匀地上糊，右手拾起尾巴，左手将花瓣分开下入油锅，使牡丹花瓣凸起，呈现出“牡丹”形状。

（四）对菜肴质地的影响

这里的菜肴质地是指其软硬程度。出水会影响菜肴的质地。比如炒芹菜，可以在炒之前焯水一下。因出水属于初步熟处理，到正式烹调时还要受热入味，所以焯原料时，火候不宜过重，除异味即可。如果火候过大，那原料质地肯定过软，自然也就影响了菜肴爽脆的口感。

过油会影响菜肴的质地。挂硬糊的原料过油后，质地坚硬、酥脆，这要求油温必须高，多在六至八成热油锅进行，如熘肉段、锅爆肉、浇汁鱼等品种便是如此。上浆的原料滑油后，质地松软、柔嫩，这要求油温必须低，多在三四成热油锅中进行，如鲜熘鸡丝、木耳肉片等品种便是这样。假如将二者所用油锅温度颠倒过来，那么质地大变，前者软，后者硬，使菜肴失去本来特点。因此，可以说凡是需要挂糊的动物性原料都需要热、旺油锅炸制，致使成品外焦里嫩；凡是需要上浆的动物性原料都需要温热油锅滑制或浸炸，致使成品质地柔嫩或松软。

（五）对菜肴营养的影响

这一点，表现比较突出的是焯水和过油。

焯水，植物性原料大多含水溶性营养素，原料入水锅中，其营养素会顺着切面渗出，部分溶于水中，而且随着温度的升高，有时还会加速流失。从这个角度看，植物性原料在焯水前先尽量不要刀工处理，如需刀工处理的原料焯水时间不可过长。另外，除了必须焯水的原料外，其他能尽量不焯水的原料最好不进行焯水处理，避免营养素意外流失。动物性原料表现在所含脂肪上，特别是鸡的脂肪，它是一种熔点高于室温的油脂。常温下是液态，没有固定的熔点。因为是混合物，静置分层，密度近似于水，与脂溶性溶剂相溶，且难溶于水。所以像这类原料在焯水之前最好将表面脂肪剔去，不易剔出的要在极短时间内焯水，以最大限度地保护其营养素。

过油，指原料挂糊（上浆）、不挂糊（不上浆）放在不同温度的油锅中浸炸。我们知道，过油原料大多是动物性原料，而动物性原料又大多含有脂溶性营养素，当它们入油锅后，这类营养素也会流失。人们为了保持菜肴的某种特点或风格，有时在原料表面挂糊或上浆，这样不仅体现出菜肴的特色，而且保护了原料营养素不流失。虽然如此，但也不能将原料炸焦、炸煳。否则会削弱菜肴质量，还会对人体有害。

（六）对菜肴卫生的影响

餐饮行业中的菜点不同其他产品，是供给人们直接食用的。所以，在卫生上必须过关，否则会不同程度地危及人们的健康。原料在烹调前，绝大多数要通过洗涤以除去原料中的泥沙、虫卵、污物等，进而达到卫生要求。但有时候，只是洗涤还不够，还必须进行其他初步熟处理，才能达到卫生要求。清炖羊肉时将羊肉剁成2.5～3厘米见方的块后焯水，捞出用凉水洗尽血沫后再炖制，这里焯水的主要作用是清除原料内部血液，当原料加热后，其内部残血与水形成对流后逐渐渗出，漂浮在水锅表层形成血沫，当原料内部温度达到一定高度后，血污将尽，再炖制时汤汁清澈见底，鲜美无比。如果此菜不焯水，那么原料内部血污自然漂浮汤锅表面，使汤汁浑浊不清，有时血污也会黏着在原料表面，致使肉块表面污物油腻，感官不雅。

当然，原料初步熟处理对菜肴的卫生影响并不限于此，还有其他作用。比如炒芹菜之前将芹菜焯水，当温度达到80～85℃时，便可杀死大部分病菌。再如，某种动物性原料略有异味或酸败味，在正式烹调前用冷水锅焯水，在异味消除的同时，也会杀死大部分病菌。

纵观原料初步熟处理的种种方式，都会直接影响菜肴的质量。这里只简单谈了六个方面，而实际上远不止这些。实践证明，如果我们忽略原料初步熟处理这个准备性的技术阶段，那么也烹制不出好的菜肴来。

二、焯水

焯水，又称“水锅”，行业上习惯称之为“飞水”“冒水”，它是指将原料放入水中加热至符合烹调要求的半熟或刚熟的半成品，为以后的加工切配和正式烹调做准备的熟处理方法。焯水以水为传热介质，主要是利用水的对流传递热量，是烹调过程中最常用的、物美价廉的一种方式，具有无污染无公害、导热均匀等特点。常食用以水为传热介质的菜肴，对预防心脑血管疾病大有益处。餐饮行业所使用的动植物原料，有很多在烹制之前都需要进行“焯水”。在烹饪的操作中，大部分蔬菜以及有血污、腥膻气味的肉类、禽类等在烹调前均需要进行焯水处理。它是烹调中最普遍的一种熟处理方法。

（一）焯水的作用

1．增加原料的色彩

焯水可使蔬菜颜色鲜明、质地脆嫩。大多数蔬菜经过焯水处理后，会变得颜色鲜明，尤其是富含叶绿素的蔬菜焯水后色泽翠绿、明快；其质地也因此而变得脆嫩，这是因为在焯水时大多敞开锅盖，让有机酸随蒸汽挥发，从而降低了蔬菜脱镁反应的程度。在传统烹饪中，厨师焯水时往往加碱或苏打，以增加蔬菜的翠绿，但也破坏了蔬菜的营养，这种做法是不可取的。

2．除去原料中的不良气味和涩味

排除肉类的血污、除去异味。动物肉类，特别是鲜活肉中都或多或少地存在血污，并有腥膻等异味，经焯水处理可基本除净。一些带有涩味、苦味以及生辣味的蔬菜经焯水便可除去，同时还可以降低农药残留。例如，竹笋的涩味、萝卜的辣味一经焯水，就会消失，有利于烹调。

3．缩短时间，调整成熟度

烹调菜肴时，能使菜品中的不同原料的成熟时间一致。由于各种烹饪原料的质地不同，其加热成熟时间也就不一致。有的原料能很快加热致熟，而有的原料则需较长时间。如果将成熟时间不一的原料共同成菜，势必造成该菜原料成熟不一致，以致影响成菜效果。所以，用水、鲜汤或油脂等先对各种不同原料进行初步热处理，有意识地调节好各种原料的成熟度，使菜肴中的不同原料，能在正式烹调时，在同一时间内成熟，这对菜肴质量的保证是非常重要的。

4．清除或杀死食物中的病菌、毒素

烹饪原料经过初加工后，还不能完全消除病毒、细菌和霉菌及其毒素、虫卵等生物性污染物的残留，并且还会因在原料切配、辅料的添加以及原料与食用器皿、空气接触和操作过程中发生二次污染。所以，正确掌握初步熟处理加工工艺是保护菜肴卫生、人们健康的重要环节。

（二）焯水的方法及工艺流程

1．冷水锅焯水

将加工整理的烹饪原料与冷水同时入锅加热至一定程度，捞出漂洗后备用的焯水方法。

（1）操作程序

原料选择→洗净→放入冷水锅中→翻动原料→控制加热程度→捞出凉凉

（2）操作要领

采用冷水锅焯水时，水量要大，锅中的水一定要浸没原料。烹饪原料在加热过程中应不时翻动，使其均匀受热。在焯水过程中，应根据原料的质地、切配的要求及烹调的需要，有次序地分别放入和取出烹饪原料，防止原料加热时间过长而出现熟烂的现象。

（3）适用原料

冷水锅焯料主要适用于腥、膻、臭等异味较重、血污较多的动物性烹饪原料，如牛肉、羊肉、肠、肚、肺等。含有苦味、涩味的植物性烹饪原料也要用冷水锅焯料，如笋、萝卜、马铃薯、山药等，这些植物性烹饪原料中的苦味、涩味只有在冷水锅中逐渐加热才能消除。

2．沸水锅焯水

沸水锅焯料是将锅中的水加热至沸腾，再将经过初加工的烹饪原料放入，加热至一定程度后捞出凉凉备用的焯水方法。

（1）操作程序

原料选择→洗净→水加热至沸腾→放入原料→翻动原料→控制加热程度→捞出凉凉

（2）操作要领

沸水锅焯料必须水宽火旺，一次下料不宜过多。严格控制焯水时间，不可过火。植物性烹饪原料焯水后应迅速过凉，以防变色、变味、变软。肉类烹饪原料焯水前必须洗净，时间应视成菜要求掌握焯水时间，以免影响烹饪原料风味和菜品质量。

（3）适用原料

沸水锅焯料主要适用于色泽鲜艳、质地脆嫩新鲜的植物性烹饪原料，如菠菜、黄花菜、芹菜、油菜等。这些原料体积小、含水量多、叶绿素丰富，易于成熟。另外，沸水锅焯料还适用一些腥膻异味较小、血污较少的动物性烹饪原料，如鸡翅、鸭肫等，这些原料放入沸水锅中稍烫，便能除去血污，减轻腥膻等异味。

焯水工艺

三、水煮

水煮是指在正式烹调之前，将整只或大块的动物原料以及经过一定加工处理的植物原料投入水中，加热至所需的成熟程度，为正式烹调做好准备的热处理方法。

（一）水煮的方法及工艺流程

1. 操作程序

原料选择（大块或整只）→洗净→焯水→投入锅中→加热→水煮→控制成熟度→捞出洗净→凉凉（或先原汤浸泡）

2. 操作要领

动物性原料在水煮之前应该先进行焯水。焯水时控制好水煮时火力大小，保持沸而不腾的状态；一次性掌握好掺水的量，中途切忌加凉水或温水；根据菜肴的要求，掌握好水煮时原料的成熟程度。在有些菜品制作时，需要将焯水后的半成品浸泡在原汤之中，以保持皮面滋润光泽，颜色美观。

3. 适用原料

水煮大多适用于凉菜中常用的动物性原料，例如鸡、鸭、兔及其肾脏。

（二）水煮时的注意事项

水煮的原料都要求在操作前清洗干净，有些腥膻味、涩味较大的食材可在水煮之前进行焯水处理。煮时掌握好水的量，水量应控制在以淹没原料一指高为度，且不超过锅体深度的3/4。切忌中途加水，以免影响煮制的质量。

煮制时应该控制好火力的大小，以保持水面沸而不腾的状态。这样，原料的鲜香味和滋润度就不会受到影响。煮的原料不能沾染异味和异色。根据原料的老嫩，掌握好成熟程度。同一种原料也有老嫩之分，因而其水煮的时间也不同，应视原料的老嫩，适时从汤中捞出。部分原料捞出后，可以在原汤中浸泡一下，以保持其表面的滋润光泽，颜色美观。如鸡、鸭、兔、猪肉、猪肚等。

四、过油

过油又称“油锅”，是指在正式烹调前以食用油脂为传热介质，将加工整理过的烹饪原料制成半成品的初步热处理方法。过油是以食用油脂作为传热媒介对原料进行初步熟处理的一种技法，它对菜肴色、香、味、形、质、营养的形成起着重要作用。由于在实际烹调工作中油温的不同、原料的不同、烹调方法的不同，过油大体可以分为两大类：滑油、走油。

（一）过油的作用

1．可使原料初步成熟并形成一定口感

某些原料在正式烹调前，需要进行初步熟处理，而在初步熟处理时，又常常用滑油和走油的方法。如炒、熘、炸、烧、拔丝的家畜、鱼、虾、蟹、水果等。正式烹调的需要进行过油处理的菜肴甚多，如过油肉、拔丝苹果等，均需要经过油后才能成菜。

油的蓄热能力较大，能在较短的时间内提高到200℃左右，并且通过自身的对流形成均匀的温度场，这样就能使下入油锅内的原料同时变热，各点所受热的温度也一样。当原料与油接触时，原料表层水分首先汽化蒸发，而内层的水分，由于有淀粉或鸡蛋以及原料本身（蛋白质）等物质的存在，阻碍了气体的蒸发。因此，形成了大小不均的气室，当温度继续升高时，气体的体积逐渐增大，气室也就随之增大。增大的气体对气室产生越来越大的压力，这种压力大于气室壁所能承受的压力时，则会冲破气室而逸出。同时，这种扩大了的气室，也由于淀粉糊的变性而被固定下来。当这一过程由表及里，菜肴的表层便产生蜂窝状结构，使菜肴的口感变得酥脆。

菜肴内部组织具有的软嫩特点，除了原料本身的因素外，重要的是过油过程中原料内部水分的保持。原料中水分的蒸发与温度和时间成正比，如果温度一定，则时间越长原料中水分蒸发得越多。而温度是使原料成熟的必要条件，也就是说没有足够的热量，原料不会成熟而变为菜肴，原料成熟所需要的热量是一定的。走油中进行复炸的目的就是提高温度差，造成较大的传热梯度，这种梯度表现为原料表层的水分迅速蒸发，而内部却未达到水分完全汽化的温度，如果此时终止加热，能将更多的水分保留在原料中保持里嫩。如火爆腰花、拔丝香蕉等都要求急火热油速成，其实质也是为了提高原料与油的温差，造成传热梯度，以保持成品的酥嫩特点。

2．减少原料中的异味，增加香味

一些动物性原料，如羊肉、家畜肠肚、兽肉、鱼类等。经过洗涤、焯水（或不焯水）用姜葱汁、料酒混合腌渍后，放入高油温锅内，可大大地减少其异味。因为异味属于挥发性物质，尤其在高温的条件下，其挥发性更大。

原料过油后产生的香气成分实质上是各种香气分子的总和，它们以气体的形式存在。其来源是原料加热后生成的香气，通过浆糊的作用得以保护，其次是原料本身具有的香气成分，如油脂、调味料等成分构成过油后原料生成的香气。肉香味的前驱物质由溶于水的可透析低分子化合物（氨基酸）和糖构成。肉类加热后产生的主体香气成分是1-甲硫基乙硫醇和4-羟基-5甲基-3（2H）呋喃酮，以及低分子量的醛、酮、硫醇等。过油后的花生米、松仁、桃仁、鱼类、肉类等，都具有特殊的香味。此类原料如果用水煮或汽蒸，则缺乏这些香味。这是由于原料中的某些呈香物质，要在120℃以上才能产生出来，而水的最高温度不超过100℃，汽的最高温度不超过105℃，所以原料中的某些香味物质无法产生。因此，煮或蒸而成的菜肴无此香味。

3．使原料膨化胀大或形成独特风格

干的肉皮、鱼皮、鱼肚、蹄筋等，冷油下锅，小火加热，慢慢浸炸，原料便会不断地胀大膨化，其组织结构呈蜂窝状态，是利用油的性质，采用过油工艺使原料膨化胀大。另外，

经过走油而成的菜肴，不仅具有特殊的芳香气味，而且还具有干爽、无汁、酥脆、爽口、色美、味佳等特点，从而形成了自成一体的独特风味。

4．排除原料中多余的水和油脂

过于肥的猪肉、鸭肉、羊肉等，用于烧、炖、蒸等，常常将其改刀成块，入七八成热的油锅中走油，可使原料内部的油脂排出去一部分，再用烧、炖、熏等烹调方法制作菜肴，味美而不过于油腻。另外，制作菜松、蛋松、土豆松等，就是利用走油的手段使之脱水、变松、起酥。

5．增加菜肴的色彩

焦糖化和美拉德反应使得经过上浆、挂糊的动物性菜肴形成诱人的红褐色。焦糖化反应要求在无水和较高温度下才能进行，如果以水和蒸汽为传热介质是不可能的。美拉德反应也是动物性原料的菜肴形成红褐色的主要途径。这一反应的最适宜水分是5%～10%，终止期一般为100～150℃，这一条件也是水或蒸汽作为传热介质达不到的。例如，香酥鸡在蒸熟后入七成热的油锅中走油，鸡的表皮金黄美观。另一方面，油中含有一定量的色素，通过油处理后，原料吸附了油中的色素，起到了原料的增色作用。

6．提高菜肴的消化吸收率

油作为传热介质可不同程度地提高菜肴的营养价值。一方面，油本身是一种营养素，有的还含有人体必需的脂肪酸、维生素等；另一方面，在高温油的作用下，蛋白质的消化吸收率可得到不同程度的提高。此外，由于蛋白质变性会失去生理活性，所以原料中含有的各种有害的酶及蛋白质的有害因子在加热时就更会消失。而有利于食用，并且易于短期的保存。但以油作为传热介质也会造成脂溶性维生素的损失。长时间加热还会使油因热聚合作用而产生一些有害物质，对菜肴质量亦会造成一定的损害。

（二）过油的方法及工艺流程

1．滑油

滑油是指用温油锅将加工整理的烹饪原料滑散成半成品的一种过油方法。滑油的油温一般控制在120℃以下。有的烹饪原料需要采用上浆处理，旨在保证烹饪原料不直接接触高温油脂，防止原料水分的外溢，进而保持其鲜嫩柔软的质地。滑油多适用于炒、熘、爆等烹调方法。

（1）操作程序

原料选择→初加工→炙锅→加油→放原料→滑油→控制加热程度→捞出

（2）操作要领

油锅要擦净，预热后再注入油脂加热（即热锅冷油），防止烹饪原料入油后粘锅。滑油时上浆的小型烹饪原料（丁、丝、片、条等）应分散下入油锅，防止粘连，要适时地用筷子将烹饪原料滑散。滑油时应视烹饪原料的多少，合理调控好油量和油温。成品菜肴的颜色要求洁白时，应选取洁净的油脂，以确保烹饪原料的颜色符合成菜标准。

（3）适应原料

滑油的适用原料较广，家禽、家畜、水产品等烹饪原料均可，其形状大多是丁、丝、片、条等小型原料。

2．走油

走油又称油炸，是一种油量大且油温高的过油方法。因油温较高，所以能迅速地蒸发烹饪原料表面和内部水分，进而达到定型、上色、形成质感的目的。

（1）操作程序

烹饪原料加工整理→烹饪原料挂糊（或不挂糊）处理→洗净油锅（擦干水）加热→放油加热（六成以上）→烹饪原料放入油中加热至半熟或断生→捞出

（2）操作要领

油量要宽，应多于烹饪原料数倍（以浸没过原料为宜），使其均匀受热、成熟一致。成品菜肴的质感要求是外酥里软嫩时，应重油复炸，以确保质感的形成。

大块烹饪原料走油处理时，应逐个入锅，以防止烹饪原料因骤然接受高温而相互粘连在一起，影响成品菜肴的质量。带肉皮的烹饪原料走油时，应肉皮朝下，这样可使其受热充分，达到松酥的效果。待烹饪原料表面基本定型后，再行推动（翻动），否则易损坏其形状或造成脱糊的现象，而影响成品菜肴的质量。

走油时必须注意安全，防止热油飞溅。因烹饪原料表面骤然接受高温，水分汽化迅速逸出而引起热油四处飞溅，容易造成烫伤事故，因此要设法防止。走油时应视烹饪原料的多少、形状的大小，合理调控好油的温度和数量。

（3）适应原料

走油的适用原料较广，家禽、家畜、水产品、豆制品、蛋制品等烹饪原料均可。这些烹饪原料的形状较大，以整块、整只、整条等为主，如整鸡（鸭）、肘子、鱼等。

过油工艺

五、走红

走红又称上色、酱锅、红锅，是将一些经过焯水或走油的半成品烹饪原料放入各种有色的调味汁中进行加热，或将原料表面涂上某些调料经油炸而使烹饪原料上色的初步热处理。走红是烹饪原料上色的主要途径，一些用烧、焖、蒸等烹调方法制作的菜肴，都要通过走红实现上色目的。根据传热介质的不同，走红可分为两种方法：即以水为传热介质的卤汁走红和以油为传热介质的过油走红。

（一）走红的作用

大部分原料都有天然的固定色泽。但是，有些原料的天然固定色泽并不一定都能满足烹调的需要。这样，在烹调中可以通过走红来实现。通过走红技术，原料可以带上金黄、橙红、浅黄等颜色，最后使做出来的菜肴颜色美观。另外，走红还可以使原料入味、除去异味、缩短正式烹饪的时间等。它的作用和过油有很多相似的地方，这里就不一一赘述了。

（二）走红的方法及工艺流程

1．卤汁走红

卤汁走红就是将经过焯水或过油的烹饪原料放入锅中，加入鲜汤、香料、料酒、糖色（或酱油）等，用小火加热至菜肴所需要颜色的一种走红方法。

（1）操作程序

原料选择→初加工→焯水或过油→调制卤汁→放入原料→加热→控制加热程度→捞出

（2）操作要领

①原料的处理：异味大的动物性原料必须先焯水，去掉原料中的血污和异味后，才能进行走红，若原料表面油脂较多，可先用热碱水清洗一遍，再用热水冲洗去碱。

②涂料的浓度：涂料的浓淡与成菜色泽的好坏有着密切的关系。浓度过大，过油时，原料极易变黑；浓度太小，过油时原料难以转色。

③卤汁的口味和色泽：卤汁的口味虽然不是成菜的主体味，但却是成菜的辅助味，辅助味不好，必然会影响到成菜的整体味。在操作时，卤汁过滤去渣后，再放入料酒、芝麻油、味精等调料，避免其长时间加热而挥发掉。另外，卤汁的色泽或浓度好坏将直接影响到成菜的色彩质量。卤汁中的糖色、酱油、鱼露、红曲米，应选用色正质优的，不宜使用发黑质差的，同时还应掌握好其用量。

④卤煮的时间和火力：卤煮的时间应根据原料的不同性质和菜肴的不同要求来掌握。一般而言，原料细嫩，成菜不要求软烂时卤煮时间短；原料老韧，成菜要求软烂时卤煮时间相对较长。卤煮时应使用小火或微火，不宜使用大火。否则，卤汁汽化速度快，锅壁就会出现焦化物，焦化物落入卤汁后，会附着于原料上，影响成菜的颜色美观。

（3）适用原料

卤汁走红一般适用于鸡、鸭、鹅、方肉、肘子等烹饪原料的上色，以辅助用烧、蒸等烹调方法制作菜肴，如红烧全鸡、九转大肠等。

2. 过油走红

过油走红是在经加工整理的烹饪原料的表面涂上均匀的一层有色调料（料酒、饴糖、酒酿汁、酱油、面酱等），然后放入油锅中浸炸至烹饪原料上色的一种走红方法。

（1）操作程序

原料选择→初加工→锅中放油→放入原料→过油→控制加热程度→捞出

（2）操作要领

过油走红的技术要领除和卤汁走红有相似的地方外，在过油走红时必须掌握好油温和油炸的时间。原料油炸时，其油温应根据原料的不同性质和菜肴的不同要求而定。一般情况下，原料水分大，成菜色泽要求深的菜肴油温处理时应该高一些；原料水分小，成菜色泽要求浅时油温应该低一些。另外，原料色泽要求浅、外皮不要求鲜脆的菜肴在过油时时间应该短一些；原料色泽要求深、外皮要求鲜脆的菜肴在过油时时间宜长一些。

（3）适用原料

猪、鸡、鸭等原料，多用于制作蒸菜的上色。

六、汽蒸

汽蒸又称汽锅、蒸锅，是将已加工整理过的烹饪原料装入蒸锅，采用一定的火力，通过蒸汽将烹饪原料制成半成品的初步热处理。汽蒸是很有特色的初步热处理，具有较高的技术性。在封闭状态下，要掌握加热的火候，就必须对烹饪原料的质地和体积、加热的温度、加热所需时间和总供热量等有所了解，这样才能达到成品菜肴的质量要求。汽蒸时，根据原料的质地和蒸制后应具备的质感，可分别采用旺火沸水猛汽蒸（大火汽足）和中火沸水缓汽蒸（中小火汽弱）两种方法。

（一）汽蒸的作用

1. 增加菜肴成熟的速度

水在加热沸腾后会产生气体，汽蒸的方法就是通过气体传热使菜肴成熟。在标准大气压下，水的沸点为100℃，产生出来的气体温度则要比水高。气温高，自然要比焯水、水煮的速度要快一些。正常情况下，锅盖越严实，气压越大，温度越高，菜肴成熟的速度就越快。相对来讲，汽蒸的过程缩短了菜肴加热的时间，以便于正式烹调操作。其次，原料放入蒸锅内，只要掌握好原料的性质、加热时间和品质的特点，就可以节省人力，达到菜肴所要求的标准，提高出菜的速度。

2. 使菜肴质地酥烂、鲜嫩

酥烂、鲜嫩是成菜后的一种质感，是烹饪菜肴所要达到的目的之一。原料在汽蒸的作用下受热均匀，随着蒸汽压力的不断增高，温度也不断上升，其原料内部的温度超过水加热的温度，易产生酥烂或鲜嫩状态。再加上蒸汽加热属于一种湿加热，有利于结缔组织中的胶原蛋白溶胀和水解，容易使原料达到这两种口感。所以，对于一些既要达到酥烂或鲜嫩口感的菜肴，又要达到形态完整的菜肴，一般都选用蒸汽加热。例如神仙鸭子、香酥鸭子、汗蒸灯笼鸡等名菜都采用这种熟处理方式。

3. 能保持菜肴的本味

对于一些滋味非常鲜美的食材，在烹饪过程中为了保持其特有的滋味，最佳的熟处理方式就是汽蒸。凡是汽蒸的原料，多是放于盛器中，而盛器中又添加有水和调味品。在盛器中的水分靠气体传热而升温与盛器中的原料相互融合，基本上没有与锅中的水和气体相混淆的机会。这就保证了原料（菜肴）的原汁原味相对得到保持。

4. 保持菜肴的完整性

原料在汽蒸过程中，完全靠对流作用促进原料（菜肴）的成熟。这样，蒸屉中的水分与原料内部所含的水分基本处于饱和状态，由于原料内部水分不外流，其形状就不易产生变化。另外，汽蒸的原料（菜肴）大多不直接接触锅边，根本不存在烧煳、烧焦的现象，进而保持了原料的完整性。

（二）汽蒸的方法及工艺流程

1. 旺火沸水猛汽蒸

旺火沸水猛汽蒸是将经加工整理的烹饪原料装入蒸锅，采用旺火沸水足量的蒸汽将原料加热至一定程度，制成半成品的汽蒸方法。

（1）操作程序

原料选择→初加工→待水沸有大量蒸汽→放入蒸柜（笼）蒸制→控制成熟度→出笼

（2）操作要领

蒸制原料时，要求火力要大、水量要多、蒸汽要足、密封要好，这样才能保证达到半成品的质量标准。蒸制时间的长短，应视烹饪原料的质地、形状、体积及菜肴半成品的要求而定。

（3）适用原料

旺火沸水猛汽蒸主要适用于形体较大或质地老韧的原料，如干贝、整只鸡、整块肉、整条鱼、整个肘子等的初步热处理。

2. 中火沸水缓汽蒸

中火沸水缓汽蒸是将经加工整理的烹饪原料装入蒸锅，采用中火沸水少量的蒸汽将原料加热至一定程度，制成半成品的汽蒸方法。

（1）操作程序

蒸锅内添水加热 → 待水沸有少量蒸汽 → 将烹饪原料置笼上 → 蒸制 → 出笼

（2）操作要领

蒸制原料时要求火力要适当，水量要充足，蒸汽冲力不宜太大，这样才能保证达到半成品的质量标准。若火力过大、蒸汽的冲力过猛，则会使烹饪原料产生蜂窝、质老、变色等现象。有图案的造型工艺菜的形态，还会因此遭到破坏。发现蒸汽过足时，可采用减小火力或放气的方法，来降低笼内的气压。烹饪原料蒸制时间的长短，应视成品菜肴的质量要求而定。

（3）适用原料

中火沸水缓汽蒸主要适用于鲜嫩、易熟的烹饪原料以及经加工制成的半成品，如蛋黄糕、蛋白糕、鱼糕、虾肉卷、芙蓉底的初步热处理。

思政小结 ▶ 坚守标准化，履行职业规范

小结导入： 习近平主席在致第三十九届国际标准化组织大会的贺信中指出，“标准助推创新发展，标准引领时代进步”。更好发挥政府作用保护公共利益，有效发挥市场作用满足企业提质增效的需求，定能让标准成为质量的“硬约束”，成功助力高质量发展。——《以“标准化”助力高质量发展》（《人民日报》，2019年9月25日）

思考讨论： 餐饮企业怎样能做到标准化？

分析强调： 餐饮企业的不断发展壮大需要标准化协同发展，以支撑产业发展。实践中通过对生产流程进行衡量、不断细化，制定一整套系统的标准，为餐饮企业的长远发展奠定基础。

第四节 临灶操作与勺工工艺

一、加热的设备与器具

现代餐饮行业中，烹调的设备量多、型多，但主要是以原料加热设备为主。加热设备主要有炉和灶两大类。炉一般是指封闭或半封闭的炊具，多以辐射作为传热方式，在原料周围加热；灶多是敞开式的炊具，热源来自原料的下方。

（一）加热设备

厨房的加热设备按照热源可以分为电热、火力（固体、液体、气体）和其他形式的热源。以固体作为热源的有木炭灶、糠壳灶、燃柴灶、烟煤灶等。以液体作为热源的主要有煤油炉、油炉。以气体作为热源，主要是燃气（煤气、天然气、液化石油气）和沼气。电热设备将能量转化为热能，按其转化途径也有很多种。其他形式的热源包括蒸汽和太阳能、生物质能等能源。蒸汽实际上是二次热源，由各种一次热源将热量传递给蒸汽，而后蒸汽在加热设备中对原料加热。

“炉”和“灶”应该是有区别的。“炉”一般是指用于烘、烤、熏等烹调方法的加热工具，如烘炉、烤炉，是以利用辐射热为主，火力要求均匀持久。“灶”一般是用于炸、烧、熘、炒、爆、煮等烹调方法的加热工具，是以对流为主，火力要求集中旺盛。目前，厨房工作人员大多已不再区分，统称炉灶。

1．明火加热炉灶

明火加热主要是依靠燃料的充分燃烧而发光发热，而燃料在燃烧过程中所放出的热量并不能全部传递给介质或原料，一般会有35%～40%散失于空气中或因转化而消耗掉。因此，燃料有一个热效率问题。把燃料完全燃烧时所发出的总热量与能用于烹调部分的热量之间的百分比，叫作炉灶的热效率。结构比较合理的灶具热效率高，而一般的灶具热效率只有35%。通常将明火加热的燃料分为固态、液态、气态 3 种。其中固态燃料有柴、木炭、煤；液态燃料有柴油、煤油、酒精；气态燃料有液化石油气、煤气、沼气。在厨房中常用的燃料为煤、柴油、液化石油气和煤气。

（1）煤灶　煤灶是以煤作为燃料的灶具。种类很多，包括铁灶、炒灶、蒸灶、烘灶、烤灶、炮台灶等。用途各不相同，因煤在炉膛燃烧时需要空气不断地助燃，因此煤灶又可分为吸风灶和鼓风灶两种。煤灶是过去饮食业常用的加热设备，使用不方便，需要生火、添煤、封炉等多道工序，调节也不容易，同时卫生状况不佳，所以现代厨房已将其淘汰。

（2）燃气灶　燃气灶是以液化石油气、人工煤气和天然气为燃料的灶具。按气源不同可分为煤气灶、液化气灶及天然气灶；按灶眼可分为单眼灶、双眼灶和三眼灶；按点火方式可分为人工点火灶和电子点火灶。无论何种气源、何种类型的燃气灶，其基本使用原理及操作方法是相同的。燃气灶由于气源不同，灶前的压力也不同。可以按气源不同，配置相应的喷嘴及燃烧器盖即可，具有使用方便、清洁卫生、热效率高、节省时间等优点，并能适应各种烹调方法，是现代饭店、食堂、家庭的理想灶具。

①煤气灶：该灶以管道煤气为燃料。煤气是一种气态燃料，以燃烧器排出，点燃后即可使用，并利用阀门调节、控制火焰大小。使用煤气时要注意安全，使用不当会发生煤气泄漏而造成煤气中毒及爆炸等危害。正确的使用方法为：先开气源，然后点火，自动点火时，可先慢慢旋转燃具旋钮，稍稍放点气，再快速旋转旋钮打火，直到点燃为止。根据烹调需要，调节火力大小，使用完毕先关燃具旋钮，后关气源开关。

②液化气灶：该灶使用的液化石油气虽然是液态燃料，但易汽化，其燃烧主要是以气态出现，是一种优质燃料，着火点低，具有煤气的优点，又比煤气好。液化气灶燃烧原理及使用方法与煤气灶基本相同，但液化气需要专制的钢瓶储存。安全性能比管道煤气差，加上液化气用完后需调换，较为不便。

（3）柴油灶　该灶使用的柴油是一种液态燃料。虽然柴油的各项指标不如液化石油气，但价格较低，使用安全，完全燃烧效果不差，但问题是有时不完全燃烧时产生的柴油粒子会污染菜肴，同时也有预热时间长、噪声大的缺点。厨用柴油灶主要用于炒灶，需要专门的上油装置和定期上油，炒灶大多灶口大，一般配有鼓风机，以增加燃烧速度。有点火棒、鼓风开关和淋水开关，使加热操作十分简单。注意掌握好用量与风量的比例，否则火易熄灭。

2．电能加热炉灶

随着经济的发展，利用电来加热的设备，已越来越多地被普及推广和应用。目前以电加热的炉灶可分两大类：一是通电后将电能直接转化为热能的装置，如电炸炉、电扒炉、电法兰板等；二是通电后将电能转化为电磁波，通过电磁波来加热的装置，如电磁灶、远红外线烤炉、微波炉等。

（1）电灶　电灶是通电后利用电热元件的发热来加热介质和金属板，将电能转化为热能。电灶热能的产生主要方式是以电热元件中电子运动的摩擦产热来进行的。电灶中的电炸炉、电扒炉、电法兰板，都有通电开关、温控器、定时器，这样电力热能较为均匀，操作方便，同时也安全、卫生。

（2）电磁灶　电磁灶是利用通电后产生的高频交变磁场，形成电磁感应来加热金属锅。不断变化的磁场，使金属锅的磁向在瞬间产生（高频达25千赫兹）改变，其结果使电子发生摩擦而生热。在使用中应注意，锅与灶的接触（垂直方向）面积越大，磁通量就越多，导热就越快；另外锅底尽可能不要与加热板之间形成间隙，否则会产生磁阻，一般电磁灶与锅之间的距离超过6毫米，电磁灶将会停止工作。电磁灶加热一般有开关和强弱调节杆，操作非常安全和方便。由于不产生磁性的原料不能被加热，故手、纸等物放在上面并不能被加热。

（3）远红外线烤炉　远红外线烤炉是以远红外线作为加热手段的先进电烤炉设备。远红外线属于非电离辐射电磁波，它之所以可以加热，主要是由于物体的不同结构的分子、原子团都有固有的振动频率，当辐射电磁波的频率与分子或原子团固有频率相同时，就会产生共振。远红外线产生电磁波除可以将能量传播到物体表面外，还能将能量传播到物体的一定深度（1 ~ 2毫米）。远红外线烤炉一般都做成密封的装置，便于波的反射，而使食物能吸收更多的电磁波，加热十分方便，只要应用温控器、定时器及上下火调节装置即可加热。

（4）微波炉　微波炉是利用磁控接通电源而得到一定频率的人工微波来用于烹调加工的设备。微波本身并不产生热，它是一种波长最短、频率最高的电磁波，具有很强的穿透力。食物之所以会快速成熟，主要是食物中的水分是一种极性分子，有极性分子在交变电场中随电场反复变化，使水分子运动加快，产生摩擦热，从而使食物成熟。微波加热具有加热快、传导时间短，操作方便；保持食品色泽和形态；穿透能力强，对形状比较复杂的食物加热均匀性好，可杀菌消毒等特点。

微波炉的使用方法：接通电源，按开门钮打开炉门，将盛食容器放在玻璃托盘上，关严门；选择加热功率，预置加热时间，按启动按钮，微波烹调；烹调结束，按开门按钮，即可取出盛放食物的容器。

3．蒸汽加热设备

蒸汽加热多是选择高压蒸汽。常用的厨房蒸汽设备有夹层锅、高压蒸汽柜等，它们的共同点是使用管道提供的蒸汽，热源是热蒸汽，而非现加热水形成的蒸汽。

（1）夹层锅　夹层锅是将高压蒸汽通入金属夹层中，使锅里面快速受热升温来加热食物。操作时只要打开气阀即可。但应注意其汽量不应超过锅上所配置的压力表的最高值，以防产生危险。

（2）高压蒸汽柜　高压蒸汽柜是利用蒸汽喷嘴喷出高压气流，在瞬间加热食物。操作比较方便，可以调好时间，打开气阀，通过观察温度表的变化控制加热的时间。

（二）厨房用具

1. 铁锅

铁锅，在北方称为勺，就是有柄的铁锅，南方多使用双耳锅，在广州叫“镬”，又称炒镬、炒锅。有生铁锅与熟铁锅两大类，规格为直径30～100厘米。饭店中常用的为熟铁锅，有双耳式和单柄式两种。生铁锅经不起碰撞，容易碎裂，传热比熟铁锅慢，一般不常用。

2. 手勺

手勺是搅拌锅中菜肴、加入调味品及将制好的菜肴装盘的工具，一般用铁、铝或不锈钢制成。勺口圆形或椭圆形，有一长柄连接，柄端装有木头柄。

3. 手铲

手铲是烹制菜肴及煮饭时进行搅拌或盛装的工具，有铁、铜、铝、不锈钢及竹子等制成。手铲柄端装有木柄。

4. 漏勺

漏勺是用来滤油、沥水及从汤锅、油锅中取料的工具，用铁、铝、不锈钢等制成，其形状为浅底广口的窝状，中间分布有很多小孔。直径一般为28厘米左右。

5. 网筛

网筛是用来过滤液体调味品的工具，用细铜丝或细钢丝制成的圆形筛子。根据筛眼的大小，分为粗、细两种。滤清汤的用细筛，滤液体调味品或汤中和调味品中的杂质用粗筛。

6. 铁叉

铁叉又称提钩。它是在沸汤和油锅中叉取较大原料的工具，一般用熟铁或不锈钢制成，铁叉的一头是铁柄，另一头是带有弯钩的两个尖叉头。

7. 蒸笼

蒸笼又称笼屉。是蒸制菜肴的工具，一般圆形的称笼，方形的称屉，可以多层叠放在一起，置沸水锅或蒸汽口上，顶层盖上盖，通过热蒸汽使原料成熟。笼屉是用竹篾、铝或不锈钢制成。

8. 汤锅

汤锅是厨房烧煮各种汤类的工具，一般为深圆桶形，两旁有耳把。它是由铝或不锈钢制成的，其规格有大有小。

二、临灶操作的基本要求

（一）烹调前的准备工作

（1）检查设备、工具的使用情况　烹调前，首先应检查炉灶等设备的使用情况，包括炉灶的电路、水路、灶头、开关、燃料等，看有无故障及是否影响烹调工作的正常进行。然后检查所要用的炊事工具是否到位，是否全部备齐，并应将各种工具放在固定且方便之处。

（2）做好设备、工具的清洁卫生　工具备齐后，应对灶台、工作台、调料台、锅勺等设备及工具进行一次清洗，以保证清洁卫生，防止食品污染。

（3）检查与配备调味品　在烹调前，应检查调味品的数量和卫生状况。例如，对留存的调味品，如果不够要及时补充，缺少的调味品要进行增添，对有异味或变色的要进行更换，以保证烹调操作的顺利进行。

（4）餐具的就位及保温　在烹调前，应了解烹调的菜肴，包括菜肴的数量、色彩、形状，然后将所选中的餐具提前摆放在出菜方便的地方，以便能迅速出菜。如在寒冷季节，菜肴冷却很快，就要对餐具进行适当的加热和保温，可预先放入到保温柜和保温台里进行保温或预热。

（二）烹调操作的基本要求

烹调操作是一项复杂、细致、技术性很强的工作，只有切实练好基本功，才能烹制出色、香、味、形俱佳的菜肴。烹调操作的基本要求主要有8项：投料准确适时；挂糊上浆适度均匀；正确识别和掌握油温；灵活恰当地掌握火候；勾芡恰当；翻锅自如；出锅及时；装盘熟练。

（三）对烹调人员的基本要求

一般来说，烹调是在高温条件下进行操作的，并且具有脑力和体力并用的特点，因此烹调人员必须达到以下要求：第一，要有强壮的身体。烹调人员要经常参加体育锻炼，特别要加强臂力的训练。第二，要有正确的、规范的操作姿势，只有这样才能提高工作效率。第三，要能够熟练掌握各种烹饪设备和工具的正确使用和保养方法。第四，操作时要思想集中，注意安全。第五，注意个人卫生和食品安全，保持厨房的清洁整齐。

三、勺工工艺

厨师行业有句俗话“练刀翻勺，看墩上灶”。这句话清楚地揭示了刀工与配菜和勺工与临灶烹调之间的关系。一名烹饪技术高超的厨师要达到“无物不堪食，唯在火候”的境界，首先必须精通勺工技术。所谓勺工，就是厨师临灶运用炒勺（锅）的方法与技巧的综合技术。确切地说，菜肴火候的掌握完全取决于勺工技术的运用。烹调用的传热工具是炒勺，又称炒锅。几乎所有的热菜烹调，都是通过炒勺（锅）来完成的。不同的菜肴因所用的原料不同及烹调方法的不同，其成菜的火候要求也不相同，古人有“釜中之变，微妙微纤”的精辟之言，讲的就是这个道理。勺（锅）置火上，料入其中，菜肴由生到熟，不过瞬间变化，稍有不慎就会失饪。轻者口感不佳，重者焦煳不堪食。由此看来，勺工技术对菜肴的烹调至关重要。

（一）翻锅的意义

（1）翻锅使原料与炒勺分离，防止发生焦煳现象　在正式烹调的过程当中，原料与炒勺极容易发生粘贴现象，这是由于锅底受热程度远远大于其他的部位，如果不使原料与锅及时地分离，就有可能导致原料的下面焦煳而上面还没有烧透的现象。有时使用铲子来翻拌菜肴，有时也因翻拌不匀而发生一些成熟度不一样的现象。

（2）实现原料的翻拌及时而且均匀　传统的翻拌菜肴往往采用锅铲来翻拌，由于锅一直处于加热状态，因此锅铲的翻拌往往只能一次性翻拌一小部分，这样一来，就可能因为翻拌不匀而导致菜肴的成熟不均匀。采用翻锅技术可以按照菜肴的成熟情况适时地实现一次性翻锅，根据成菜的需求可以采用小翻锅，也可以采用大翻锅，既实现了翻拌均匀、及时而且还可以避免因外力的作用而破坏菜肴的形状。

（3）减少体力的消耗　厨师的工作应该说是一项强体力、高负荷的工作，长时间的工作容易使人感到疲劳，甚至还会导致身体的疾病。通过翻锅技术，相对来说可以大大地减少身体的疲劳程度，可以通过锅、勺及炉灶的巧妙配合完成整个动作，既实现了菜肴的完美，同时又能节省大量的体力。如果动作和姿势端正的话，还可以起到强身健体的作用。

（4）翻锅还是一项特殊的厨艺基本功，可以用于技术展示 不同的师傅对翻锅的技能都有独到的特点，部分喜欢使用大翻锅来制作“扒”菜，原料形状整而不散，形而不乱；另外一些厨师则喜欢使用小翻锅，灵活自如，炒一份蛋炒饭可以翻锅百余下。这些技术颇具观赏性，与其说是一项基本功，倒不如说是一项艺术表演。

（二）翻锅的分类

1. 按原料翻转的程度

翻锅分为大翻锅和小翻锅两种。所谓大翻锅就是通过比较大的作用力对锅做较大幅度的推、拉、送、扬，使锅内的原料一次性实现180° 的翻转，这种翻锅方法多使用于整形菜肴或扒类菜肴；小翻锅使用的力度没有大翻锅那么大，只是使用一个比较小的外力作用于锅，使锅内的原料一次性只有部分实现翻转，或者说原料的翻转小于180° ，这种翻锅方法一般在炒、爆、熘等菜肴制作时常用。

2. 按原料从锅中的脱出方向

翻锅可分为前翻、后翻、左翻和右翻四种。原料在锅中翻转之前，都要经过一系列推、拉、送、扬的外力作用，然后原料便会以一定的方向从锅中脱出，如果原料是从锅的前沿脱出的则称为前翻，反之则称为后翻，从锅的左边沿脱出的称为左翻，反之称为右翻。

3. 按锅与勺的配合情况

翻锅可分为单翻锅与手勺并用翻锅两种。如果在翻锅的连贯动作当中没有手勺的参与，完全依靠一只手来完成推、拉、送、扬的翻锅动作，这种翻锅方法称为单翻锅；在翻锅的全过程中均使用手勺来协助完成动作或在部分动作中使用了手勺的配合，这种翻锅方法叫作手勺并用协同翻锅。

（三）练习翻锅的器材准备

（1）单把炒锅、双耳炒锅、手勺、抹布等。

（2）黄沙（或粗盐、干面饼等）。

由于练习翻锅的学生大多数是一点儿技能基础都没有的，翻锅过程中容易使锅内的原料洒落出来，如果一开始就使用烹饪原料来练习，势必会造成较大的浪费。单独练习翻锅时，由于锅的温度较低，不会造成烫伤事件，因此可以不带抹布练习，但是有些学生刚开始学习的时候，容易将锅把抓得过死，会造成手掌磨破现象，或者出于对今后临灶的适应性，建议练习时使用抹布包裹锅把。

（四）翻锅的基本要求

1. 翻锅对心理的要求

初学翻锅者，往往是看别人翻锅非常娴熟，锅一到自己手中，心里就发慌，不知如何是好。还有同学用沙子练习的时候还好，一旦站在炉灶的火苗面前就浑身发抖，这些都是心理素质的问题。我们练习翻锅也像完成其他动作一样，在进行每一个动作之前，要做好充分的思想准备，时刻在想这一步怎么做，关键在哪里，同时还要对下一步或下几步的动作做到心中有数，否则，心里恐慌、心里胆怯都会使动作失败。另外还要加强对翻锅协调性的训练和对翻锅适应性的训练，只有适应了、协调了，久而久之，才能练就一项熟练的翻锅技能。

2．翻锅对动作的要求

翻锅的动作复杂而多变，要完成一套完整的动作，除了要做到心理充分准备，注意力非常集中，严格做好各项动作的协调配合以外，还要达到如下要求。

（1）协调一致　主要是指在完成每一项动作时，都要做到心与手一致、眼与手一致、两手之间要一致，只有心、眼、手密切配合，两只手协调一致，才能将整个动作完美地做出来。

（2）清爽利落　就是在翻锅的过程中，该翻就翻，决不要翻而不过或翻出锅外；两只手要密切配合，决不要动作不一致，不协调；在装盘过程中要充分装勺、装盘，决不要拖泥带水。

（3）配合烹调　翻锅不是一种程式，也不是固定不变的翻法。要求我们在翻锅的时候应密切联系锅中的菜肴，不同的菜肴应该使用不同的翻锅方法，即使方法相同，那么翻锅的力度也应该有所区别，具体情况具体对待，不应呆板。

（4）利于表现　翻锅是一项基本技能，更是一项表现艺术，从翻锅的推、拉、送、扬、晃、举、颠、倒、翻等一系列动作来看，确实是一项综合的表现艺术，从这方面来看，就要求操作者能够连贯地、规范地完成各个动作要领，要流畅，要赋予该项基本技能以特定的表现力。

（五）翻锅的方法介绍

1．小翻锅

（1）小翻锅的基本要求

①原料要求：在小翻锅之前，首先要通过旋锅或抖动炒锅，使原料与炒锅之间分离，或实现一个相对滑动的趋势，为正式翻锅做好必要的准备。

②动作要求：在正式翻锅之前，用左手旋锅或抖动炒锅，也可以用手勺推动原料，最好使锅内的原料有一个向前滑动的趋势。

③心理因素与心理准备：在正式翻锅前的一刹那，要做好充分的思想准备，要果断，要坚决，把握好时机，实现一次性地翻锅，千万不能犹豫，否则会出现原料洒落、翻锅不畅或动作不协调等现象。

④力度要求：在翻锅的时候，要把握好力度，协调好流畅的推、拉、送、扬等动作，力度大了，原料送出的幅度就比较大，容易发生洒落现象，力度小了，原料不容易从锅中被送出，可能导致翻锅不畅。

（2）小翻锅的规范动作和要领

①小翻锅的规范动作：小翻锅往往带有一个旋锅的动作，通过旋锅，原料在锅内相对滑动，当原料滑动到炒锅的正前方时，自然地采取推、拉、送、扬一系列动作，先推动炒锅，使原料从锅中脱出，顺势将原料扬起，当原料在空中翻转下落的过程中，将炒锅向后拉回，将翻转以后的原料接回锅中。

②小翻锅的动作要领：首先要把握好推、送和扬的力度，将原料顺利地脱送出锅沿，实现顺利的翻转；然后将炒锅微微后拉，将翻转以后的原料接入锅中，不能洒落。

（3）小翻锅的原理和方法

①小翻锅的原理：小翻锅是指原料在锅内作小于180°的翻转，或者说就是把锅内原料的一部分翻转过来，这种翻锅方法要求用力较小，锅的上扬幅度也比较小。一般是左手握锅，略微向前倾斜，使锅实现前低后高，采用推、拉、送、扬、托的连贯动作，使原料在锅内翻转。

②小翻锅的方法：翻锅又称颠勺，其操作方法是手握炒锅，端平端稳，先用力向前推，使原料向前滑动，然后再将锅稍稍送扬，将原料送出锅沿，再微微用力向后拉，将翻转后的

原料接入锅中，并将锅托住。在翻锅的过程中，要注意必须将一套动作连贯地进行，若略有停顿，则效果欠佳。小翻锅主要适用于汤汁较少的炒、爆、煎类菜肴。

2．大翻锅

（1）大翻锅的基本要求

①原料要求：在前翻之前，首先要通过旋锅或抖动炒锅，使原料与炒锅之间充分分离，或实现一个非常流畅的相对滑动，为正式翻锅做好必要的准备。

②动作要求：在正式翻锅之前，用左手旋锅或抖动炒锅，使用的力度要比前翻锅大，也可以用手勺推动原料，或者用手勺放在原料的后方协助翻锅动作的顺利完成。

③心理因素与心理准备：大翻锅的心理准备比前翻锅一般的翻法还要充分，在翻锅之前要狠下决心，一定要实现一次性将原料翻转过来，如果不能一次性翻过来，在正式烹调时必将对菜肴造成较大的影响。

④力度要求：如果说一般的前翻锅使用中等力度的话，那么大翻锅必须使用大力度，推、拉、送、扬的动作比前翻锅还要流畅，否则不容易实现大翻锅。

（2）大翻锅的规范动作和要领

①大翻锅的规范动作：规范动作如同小翻锅，不过推、拉、送、扬的力度比小翻锅要大一些，所有动作要整体很流畅。

②大翻锅的动作要领：大翻锅首先要保证原料与锅之间绝对的分离，否则因为摩擦力的作用而妨碍翻锅的流畅性；其次要做好充分的思想准备，要做到心狠，手狠，用力要猛；还要使用比较大的力度，确保翻锅的顺利进行。

（3）大翻锅的原理和方法

①大翻锅的原理：具体原理同小翻锅，通过比较大的力度、特别流畅的动作，使锅内的原料一次性实现180° 的翻转，换句话说，就是将锅内的原料一下子全部翻转过来。

②大翻锅的操作方法：先顺时针方向晃动炒锅，通过摩擦力使原料在锅中作顺时针旋转，接着顺手一扬，让原料从右前方脱出锅，在上扬的同时，应该用炒锅的锅沿将原料向里勾拉，使离锅的原料向内翻转，根据原料下落的速度和位置，将原料接入锅中。耳锅的大翻锅方法同单把炒锅，使用的力度比单把炒锅还要大，因为双耳炒锅的支撑点与单把炒锅不一样，比较费力气，因此在翻锅的时候最好使用手勺协助完成，也可以找一个类似炉口的支撑物作为支点。

课后练习题

思政小结 ▶ 用爱岗敬业诠释“工匠精神”

小结导入：为无为，事无事，味无味。大小多少，报怨以德。图难于其易，为大于其细。天下难事，必作于易；天下大事，必作于细。是以圣人终不为大，故能成其大。夫轻诺必寡信，多易必多难，是以圣人犹难之，故终无难矣。——《道德经》

思考讨论：请将以上文言文译成通俗易懂的白话文，并与他人分享这段话的内涵。

分析强调：工匠精神落到实处其实就是爱岗敬业。爱岗敬业，是一种职业道德要求，是工作能力的体现，更是每个人必备的基本素质。我们应牢记自己的理想信念，践行时代责任，用爱岗敬业诠释“工匠精神”。

08 第八章 CHAPTER 菜肴制熟工艺

学习目标

1. **掌握：** 烧、炸、熘等技法烹饪分类、成菜特点、工艺流程和技术关键点；卤、炸收、爆等技法的成菜特点、工艺流程和技术关键点。
2. **熟悉：** 煮、糖粘、拔丝、拌、冻等技法的成菜特点、工艺流程和技术关键点；炒、蒸等技法的烹饪分类、成菜特点、工艺流程和技术关键点。
3. **了解：** 扒、烩、炖、煨、焖、煎、贴、腌、泡、烤、熏、盐焗等烹饪技法的成菜特点、工艺流程和技术关键点。

运用加热或不加热的方法对菜点生坯进行加工，使食物的卫生、营养、美感三要素得到统一，成为能直接被人所食用的加工过程，称为制熟工艺。制熟加工的范畴，不局限于加热的变性成熟，而是泛指经过加工后能达到食用标准的所有食物。制熟工艺按传热介质划分，有液态介质传热法、气态介质传热法、固态介质传热法和特殊混合烹调法四种。制熟工艺是中国烹饪工艺的集中体现，它反映了精湛的烹调技艺。制熟工艺是烹调工艺形成和发展的核心，在我国烹调发展史上占有重要的地位。

第一节 水传热制熟法

以水为主要传热介质使菜肴成熟的方法称之为水传热制熟法。在1个标准大气压下，水的沸点是100℃。如果烹调时锅盖比较严实，或将食物、汤汁置于高压锅内，水温能达到102～108℃。在烹饪中，以水为主要传热介质的烹调方法很多，例如：煮、烧、扒、烩、炖、煨、焖、卤、涮、汆等。

一、煮

煮是将初步熟处理的半成品或腌渍上浆的生料放入锅中，加入多量的汤汁或清水，先用旺火烧开，再改用中等火力加热、调味成菜的烹调方法。煮是一种古老而广泛的烹调方法。远在5000多年前，我国已发明了陶釜、罐、鼎等炊煮器皿，这些器皿的出现，使人类可能煮熟食物，从而有了原始的煮法。两宋时期，煮法有所发展。时至今日，煮已发展成为应用最为广泛的烹调技法之一，经常运用在凉菜、热菜制作之中。

（一）成菜特点

煮菜为汤菜，成菜汤汁的量较多，成菜的口味以清淡咸鲜为多，但川式水煮系列的菜以味重麻辣为特点。成菜汤汁的颜色有白、红两种，口味清淡咸鲜的，一般为清白色（如大煮干丝）或乳白色（如奶汤素烩）；口味麻辣咸烫的，一般为红色（如水煮牛肉）。

（二）工艺流程

原料选择→初步加工→切配→直接或熟处理→煮制调味→装盘成菜

（三）关键点

（1）选料及初加工　煮制的菜肴要求成菜速度快，才能保持良好的色、香、味效果。选料大多采用细嫩的鱼类、禽类、畜类等动物肌肉；植物性原料大多选用根类、茎类、豆类等。刀工处理时要求整齐划一，才能保证成熟度一致。

（2）正确添加汤水　在通常情况下，添加汤水的量要明显地多于原料，使原料一入锅就能处在汤水的包围之中，均匀受热，入味、成熟一致。

（3）火候的处理　煮法的火候直接关系到菜肴的质量。首先，动物性原料应在汤水烧开后入锅，这样可尽量减少原料在汤水中的煮制时间。其次，原料下锅后应用旺火烧开，再改温火加热，使汤汁保持微开状态，以便于菜肴质“嫩”的实现。第三，煮制的时间应视具体原料而定，一般要以原料刚断生为度，防止出现原料老化和夹生现象。

（4）调味的处理　煮制菜肴对口味的调制也十分讲究。口味清淡的菜要遵循“宁淡勿咸”的原则，即食用时不能汤一入口就尝出咸味来，而只是在回味中稍有咸味而已，调味品以食盐、味精、酱油为主。“水煮”系列的菜，以麻辣为主体口味，咸香为基础口味。在调制时，重点在“味厚”这个特点上，调味品以豆瓣酱、干辣椒、花椒为主。

（四）代表菜品

煮的代表菜品有：沸腾鱼、水煮牛肉、酸菜鱼、大煮干丝等。

二、烧

烧是将经过初步熟处理的原料加适量汤（或水）和调料，先用旺火加热至沸腾，改中小火加热至熟透入味，然后再用旺火收汁成菜的烹调方法。《楚辞》中就有“红烧大龟”的记录。到了宋朝，烧的烹调技法基本完善。元朝已有闻名遐迩的盐酒烧猪、油烧猪、蒜烧猪。烧是最常用的烹调方法之一，它以水作为主要导热体，经旺火—中小火—旺火三个加热阶段。按工艺特点和成菜风味的不同，烧可分为红烧、白烧和干烧三种。

（一）红烧

红烧是指将加工切配后的原料经过初步熟处理，放入锅内，掺入鲜汤、有色调味品等，先用大火烧开，再改用中火或小火加热至熟，直接或勾芡收汁成菜的烹调方法。

1．成菜特点

色泽红亮，质地细嫩或熟软，鲜香味厚。

2．工艺流程

原料选择→切配→直接或初步熟处理→炝锅→调味烧制→收汁→装盘成菜

3．关键点

（1）原料选择及初加工　原料选用新鲜、无变质、无异味。加工时应根据原料特点，可以整只，也可切片（把子肉）、切块（红烧鱼块）、切段（红烧海参）、切蓉（红烧丸子），但一般不宜切得过小、过薄，否则因长时间加热，原料易碎。总的要求是整齐划一，大小一致，长短相等，厚薄均匀，便于烹调入味。

（2）初步熟处理　原料需煸透、炸香，红烧类菜肴大多以鱼类、畜类、禽类等为主料，在操作过程中都需要将其煸透、炸香。所谓煸透，就是指将锅内所有的肉块煸炒变色，肥肉冒油，见有亮光。一般市场上买的肉，最好先用水焯一下，再煸炒。如果是红烧鱼，一定要选用新鲜鱼，待煎至或炸至两面金黄，表面有一层薄薄的硬皮时方可出锅再烧。这一步是红烧菜形成光泽的关键，否则成菜暗淡无光，支离破碎。

（3）汤水的用量　汤水一次放足，中途不要续水，烧肉最好汤淹过原料，烧鱼可以少一些。如果汤多，难以收浓卤汁，汤少，中途加水会影响菜肴的口味和颜色。

（4）色泽的调配　调色、调味要有度，调色时，应注意糖色和酱油的用量。糖色过多，成菜色暗，味苦；糖色太少，成菜乏色。酱油过多，成菜色偏黑，味不佳；酱油太少，成菜乏色欠味。调色与调味，二者是不可分割的。调色时有调味的作用，调味时也有调色的作用。这就要求在菜肴成菜阶段，下酱油、糖色时不宜过多，以免汤汁过深，影响口味和色泽。原则是宜浅不宜深。

4．代表菜品

红烧的代表菜品有：红烧牛肉、豆瓣鲜鱼、麻婆豆腐、家常豆腐、红烧牛尾、红烧鲍鱼等。

（二）白烧

白烧是指成菜汤汁为白色的烧制法。白烧的做法与红烧基本相同，不同的是白烧不加糖色、酱油等有色调味品，以保持原料自身的颜色，用芡宜薄，以既能使原料入味又不掩盖其本色为好。

1．成菜特点

色泽自然或洁白，咸鲜醇厚，质感鲜嫩或软糯。

2．工艺流程

原料选择→切配→直接或初步熟处理→炝锅→调味烧制→收汁→装盘成菜

3．关键点

原料要求新鲜无异味、滋味鲜美。调味品要求无色，忌用酱油或其他有色调味品或辅料。菜肴的复合味主要是咸鲜味、咸甜味等。烧制时咸味不能过重，要突出白烧原料本身的滋味，味感要求醇厚、清淡、爽口。白烧原料熟处理常采用焯水、滑油、汽蒸等方法，以保证原料在保色、鲜香度、质感等方面起到有效作用。芡汁稀薄，多数勾清二流芡。

4．代表菜品

白烧的代表菜品有：干贝菜心、冬笋烧鸡、白汁鱼肚等。

（三）干烧

干烧是指将加工切配后的原料，经过初步熟处理后，用中小火加热将汤汁收干亮油，使滋味渗入原料内部的烹调方法。

1．成菜特点

色泽金黄或棕褐，质地细嫩，鲜香亮油。

2．工艺流程

原料选择→初步加工→切配→熟处理→调味烧制→收汁亮油→装盘成菜

3．关键点

（1）原料选择　选料大多为中高档，像肉质细嫩的对虾、鲜贝、岩鲤及富含胶质的鹿筋、牛筋等。这些原料在规格上都应新鲜质优，无异味，无霉烂。

（2）刀工处理　干烧原料的刀工规格要根据菜肴的要求，质地的老嫩，炸制时失水的多少来适当掌握。含水量大，肉质细嫩的原料，炸制时体积缩小很大，成形要采用条、块、片等；质地粗韧，含水量少的原料，改成丁、条、丝为好。另外，刀工处理后的原料要大小均匀，规格一致，否则，烧制时会出现生熟不匀，大大影响成菜的速度和质量。

（3）码味处理　干烧菜码味时时间要把握得当，大多在半小时左右，这样才可使码味调料充分渗透到原料中去，以达到去腥解异，里外有味之目的；其次是码味咸度要够，码味的咸度不但关系到成菜的味感，还与炸制后原料的老嫩密切相关。

（4）熟处理　炸制时应采用“旺火热油”。干烧菜肴的原料经切配后如块形较大，油温过低，火力太弱，极易造成原料出水，难以实现“皮紧定型，皮无破裂，皮肉不离”的炸制要求。故通常以旺火，八成热油温炸制效果最好。另外，需采用重油复炸，防止原料出水。

（5）收汁处理　干烧进入收汁阶段时，川菜厨师形象地称其为“火中抢宝”，极言其灵活多变，火候第一，不及则生，稍过则老，真可谓“争之于俄顷，失之于须臾”，非言语所能说其妙，非笔墨所能尽其奥，只有多钻研，常实践才可得心应手，熟练掌握。

4．代表菜品

干烧的代表菜品有：干烧岩鲤、太白鸡、干烧牛筋、干烧大虾等。

烧制工艺

三、扒

扒是指将经过初步熟处理的原料整齐入锅，加汤水及调味品，小火烹制收汁，保持原形成菜装盘的烹调方法。扒法是烧的引申和发展，随着烹饪行业的不断发展，各种菜式都较为重视此烹调方法。中餐热菜制作技法很多，但装盘大多顺其自然，较为随意，唯有扒法特别讲究排列整齐，造型美观，不散不乱。根据调味品的不同，扒可分为红扒、白扒、糟扒等。

（一）成菜特点

整齐美观，质感酥烂，明油亮芡，咸鲜味醇。

（二）工艺流程

原料选择→初步加工→切配整齐→熟处理→炝锅→调味烹制→收汁→装盘成菜

（三）关键点

（1）原料选择　扒菜的用料较为广泛，但一般多采用名贵的干货原料及细嫩的新鲜原料，动物性原料如猪肘、鸡、鸭、羊肉类，海味如海参、鲍鱼、干贝等，植物性原料如蔬菜菜心、笋菇类。

（2）改刀、拼摆　扒菜美观的造型，首先取决于精湛的刀工。原料在改刀时无论加工成什么形状，都要求必须做到大小相同，长短一致，厚薄均匀，粗细相等。若出现连刀、毛边或残缺等现象，就难以排叠成美观的形状，从而影响菜肴质量。有些原料经改刀之后，仍要保持原来的形状，而有的甚至还需要进行一定的艺术造型，拼摆成几何图形或美丽的图案，这就进一步要求操作者不仅刀工的基础要好，还要具有一定的艺术修养。

（3）火候处理　原料如果要先旺火加热，待烧开之后及时改用小火。一方面防止汤汁在翻滚中将原料冲散，影响形状；另一方面用小火长时间的煨制，易使原料渗透入味。临出锅前须再次改用旺火，以便收汁勾芡。

（4）勾芡处理　勾芡的目的是使成品汤菜融合、丰满香润、光滑明亮、口感滑润。勾芡时，保持原料在出锅后形状完整不变；芡汁的厚薄、位置需根据菜品的质量投入。

（四）代表菜品

扒的代表菜品有：奶油扒白蘑、蚝油扒菜心、海米扒腐竹、葱油扒鱼唇、糟扒三白等。

四、烩

烩是指将初步加工处理的原料放入锅中，加多量的汤水烧沸、调味，待原料成熟后用水淀粉勾芡，使汤、菜融为一体的烹调方法。烩的烹调方法可追溯到古之羹菜的制作。我国最古老的羹菜为先秦时期的“稚羹”“鹄羹”，那是一种稠浓的肉汁菜。自清朝后，出现了烩的方法，它是以各个朝代羹菜的演变、发展而成。根据菜品色泽和制作工艺特点，中餐烩法主要分为白烩、红烩和清烩三种。

（一）成菜特点

色泽鲜艳，口味清淡，汤宽汁浓，入口爽滑。

（二）工艺流程

原料选择→刀工成形→初步熟处理或直接炝锅→添加鲜汤、调料→投入主辅料→烧开烩制（或烧开勾芡）→装盘成菜

（三）关键点

（1）原料选择　烩菜选材十分广泛，大多采用鲜香细嫩、易熟无异味的动植物原料，如鸡鸭、猪肉、鱼类、海产品、笋类、菌类、根茎类蔬菜等。

（2）切配处理　烩菜的原料一般要经过刀工处理成丝、片、丁、粒等小型形状，要求大小一致，整齐而美观。如果是两种以上的原料，要求色泽搭配和谐，刀工处理一致。

（3）初步熟处理　对于本身无鲜味或有异味的原料，如水发鱿鱼、水发海参等，可先用鲜汤煨制入味。有些不宜长时间加热的原料，如番茄、蚕豆、菜心等食材，要在起锅之前加入。如果需要焯水、滑油等处理，需注意其成熟度。

（4）火候处理　烩菜用火要注意适当，以中火为宜，防止汤汁消耗过多，锅边结黑衣。

（5）勾芡处理　烩制类的菜品大多芡汁较多，故需要勾芡。勾芡时采用二流芡，注意稀稠适度。

（四）代表菜品

烩的代表菜品有：烩乌鱼蛋、烩两鸡丝、烩什锦丁、鸡丝烩鱼肚、口袋豆腐、芹菜烩鸡腰、鸡丝烩豌豆、奶汤烩银丝等。

五、炖

炖是将经过适当加工整理的较大形状的原料，放入特定的盛器中，加入适量的水（或鲜汤）和调味品，采取不同的加热方式使原料酥烂入味，成菜汤料各半的一种烹调方法。炖由煮法演变而来，至清代始见于文字记载。在东北地区被人们广泛使用，川菜系的炖菜更是风靡全国。炖法使用的炊具（包括盛器）是多种多样的，铁器、钢精锅、压力锅、砂锅、海碗、瓷盅、陶罐、竹盅、瓜盅（西瓜盅、冬瓜盅、南瓜盅、椰子盅）等皆可。要根据不同的烹调要求和风味特点分别运用。炖制时的加热方式不只是一种，根据实际需要，可采取盛器直接上火加热，也可采取将盛器放入水锅中隔水加热或盛器入笼屉以蒸汽加热等，有时在烹

制同一炖菜时，还可让其中两种加热方法交替使用。成菜酥烂鲜香，加热的时间长短与火力的大小，要依据加热的具体方式和不同菜肴而定。

（一）成菜特点

色泽自然，汤多味鲜，原汁原味，酥烂醇香，风味独特。

（二）工艺流程

原料选择→初加工→刀工或直接初步熟处理→加汤水（或部分调辅料）→加盖炖制→辅助调味→装盘成菜

（三）关键点

（1）原料选择　炖制类的菜品大多选用肌体组织比较粗老，能经过长时间加热的大块或整形的鲜料，如鸡、鸭、猪肉等。

（2）初步熟处理　原料放入容器之前，一定要经过焯水烫制，以除去血污和腥臊异味。动物性原料会带有自身的腥味或臊味，如禽畜肉类；植物性原料带有本身的苦味、涩味，如竹笋、萝卜。

（3）火候处理　炖制时先大火烧开，再改小火长时间加热，以保持汤汁的澄清。另外，在炖制质地老韧的动物性原料时，食材最好一次加足，中途不可再次添加。有时根据具体的成菜要求，可在中后期加入植物性食材，例如：松茸、玉米、萝卜等。

（四）代表菜品

炖的代表菜品有：炖酥肉、双冬汽锅鸡、汉宫姜母鸭、白果炖鸡、人参炖乌鸡、清炖鸡、小鸡炖蘑菇、木瓜炖雪蛤、东北乱炖等。

六、煨

煨是指将加工处理的原料经过初步熟处理之后，放入锅内加足量的汤水和调料，用旺火烧沸，再用小火或微火长时间加热，直至汤汁黏稠，原料松软酥烂成菜的烹调技法。“煨，盆中火也”，是《说文解字》中对“煨”的早期解释，后来被引申为用文火烧熟或加热。煨作为烹调方法的出现，将火功菜的发展引入到了极致。煨的出现相对较早，经历漫长的发展阶段，其内涵已经发生了根本性的变化。

（一）成菜特点

主料软糯酥烂，汤汁黏而浓稠，味道鲜香醇厚。

（二）工艺流程

原料选择→初加工切配→初步熟处理→置于陶制容器→掺水或鲜汤→投入调料→旺火烧沸→微火煨至酥烂→装盘成菜

（三）关键点

（1）原料选择　煨菜对原料的要求极为严格，通常应具备三个特点：一是选用质地老韧、耐火的动物性原料，富含胶原蛋白的风味物质；二是必须选用新鲜、无异味的原料，保证成菜营养卫生；三是注重菌类原料的选择入馔，强调风味特殊，注重膳食保健。

（2）调味处理　煨菜注重成菜汤汁浓厚香醇，这就要求风味物质能充分萃取并溶解到汤汁中去。一方面，注重调味料的选择和投放时机的掌握，大多选用姜、葱、料酒、胡椒等去腥增鲜的调味料。另一方面，注重菜肴味型清淡爽洁。突出原料本身固有的鲜香浓醇，强调清淡爽口，注重食效。

（3）火候处理　煨制工艺讲究大火烧开，中小火长时间加热成菜，是加热时间最长的烹调方法之一。煨菜强调汤液质量，这就必须将原料中的风味物质萃取出来，这需要一定的时间，现代的厨师在加工时大多借助高压锅首先进行压制，然后再在锅里小火煨制，以缩短烹饪时间。

（4）炊具选用　煨制工艺与炖、焖工艺一样注重使用陶瓷炊具及砂锅，可以更好地保持汤汁的温度，促进风味物质的溶出和味道融合；另外，选用陶瓷器皿和砂锅作为炊具还有利于汤菜的存储和移动，避免较长时间的保存而导致二次污染。

（四）代表菜品

煨的代表菜品有：红枣煨肘、红煨牛肉、板栗煨鸡、家乡煨大鸭、红煨八宝鸭、红煨水鱼裙边、红煨羊蹄花等。

七、焖

焖是指把经过炸、煸、炒、焯水等初步熟处理的原料放到掺入鲜汤的旺火中烧沸，撇去浮沫后，放入调味品加盖，改中小火慢慢烧至成熟，并收汁浓稠而成菜的烹调方法。焖是继水煮技法之后发展起来的一种重要的烹调方法，早在陶器烹饪时代，人类在制作水煮菜肴的时候就发现密封烹调的优点是可以聚气，有利于菜肴成熟并形成独具风格的特点。铁器烹饪时代，人类就已经开始有意识地利用木质板盖来进行密封水煮。在长期的烹饪实践中人们发现，在水煮的过程中由于火力太猛和水煮时间太长导致菜肴汤汁的浓缩，形成了与水煮菜肴不一样的质感特征，从此开始有意识地使用焖法烹制菜肴。根据颜色划分，有红焖和黄焖；根据原料是否进行初步熟处理来划分，有生焖和熟焖；根据传热介质的不同来划分，有水焖、油焖和酒焖；根据收汁的手段来划分，有干焖和芡焖。

（一）成菜特点

形态完整，不碎不烂，明油亮芡，汁水较黏稠，味鲜醇厚。

（二）工艺流程

原料选择→加工切配→初步熟处理→炝锅→掺汤、入料→调味→大火烧开改小火→慢火加热至酥烂

（三）关键点

（1）原料选择　除油焖类菜品外，焖类菜肴多选用韧性较强、富含胶原蛋白的原料，如

鸡、鸭、牛羊肉等；有时也可选择一些水产品，例如肉质细密的鳝鱼、鳗鱼等水产品类。

（2）炊具选择 焖，除部分菜肴直接选用铁锅加盖进行烹调外，大多选用砂锅作为炊具。砂锅的传热均匀持久，密封性能比铁锅要好，容易形成菜肴独特的风味特点；在餐饮业中，许多餐厅还专门订购了适合砂锅加热的煲仔灶，成立了砂锅烹调岗位。砂锅既可以作为炊具，还被直接作为餐具上桌，在具备良好保温效果的同时也烘托了宴席的气氛。砂锅使用前注意进行预热处理，以防止突然受热导致爆裂。

（3）初步熟处理 除生焖技法外，焖制工艺大多采用焯水、走油或走红的预熟处理技法对原料进行先期加工，可以有效地减少正式烹调时浮沫过多的现象，以确保原料的色泽，保证成菜的效果。

（4）汤水数量及密封性 应根据具体菜肴品质和实际烹饪要求一次性添足汤水和调料。汤水添加数量不宜过多，否则影响收汁效果；但也不宜过少，否则原料尚未成熟酥烂汤液已经干枯，导致失饪现象。另外，调味品也应一次加足，烹饪过程中密封加热，避免中途频繁揭锅盖，从而保证菜肴的色、香、味不受影响。

（5）收汁技巧 焖类菜肴收汁的方法主要有两种，一种是物理收汁，利用高温蒸发减少水分含量进而提高汤液浓度，主要依靠火候的控制来达到收汁效果。另一种是化学收汁，它又分三种情况：一是，利用原料本身含有的胶原蛋白融入汤液形成自来芡；二是，利用糖的化学性质达到收汁效果；三是，利用淀粉的糊化性质勾芡收汁。焖类菜肴对汤汁比例要求较高，必须根据具体菜肴品种确定汤料比例，掌握好收汁技巧。

（四）代表菜品

焖的代表菜品有：红焖鸡块、黄焖鸡翅、炸焖鸡腿、油焖大虾、焖河鳗等。

八、卤

卤是指将经加工处理的大块或整形原料，放入已经多次调制好的汤汁中，加热煮熟使汤汁的香鲜味道渗入原料内部而成菜的烹调方法。川味卤品是川菜重要组成部分，它以卤制原料广泛，卤制方法多样，采用配方无数，形成口味多端而著名，它是川菜制作和经营中不可缺少的川菜产品。同时，以产品色泽亮丽，香气四溢，滋味浓郁，营养丰富等特点深受人们的喜爱。根据卤汁的颜色划分，有红卤和白卤。

（一）成菜特点

色泽美观，香鲜醇厚，软熟滋润。

（二）工艺流程

原料选择 → 加工处理 → 焯水（或不需要）→ 直接或码味 → 投入汤汁中卤制 → 成熟或熟软 → 捞出凉凉 → 直接或刀工处理 → 装盘成菜

（三）关键点

（1）原料选择 卤制菜肴要求选用新鲜细嫩、滋味鲜美的原料，主要有禽畜肉类及其内脏、豆制品、部分菌类。例如成年公鸡、仔鸭、仔鹅、猪的前后腿、猪排骨、肉质紧实无筋膜的牛羊肉等。

（2）初步熟处理　要严格初加工操作的流程，保证原料在色、味、形、卫生等方面的质量。原料焯水处理以紧皮的成熟程度为宜，不能过熟，防止鲜香味过度损失。另外，为了增添卤制菜肴的色香味，原料卤制前可先用食盐、花椒、酒等腌入味。采用这种方法卤汁的咸度就应该淡一些，以保持卤制后菜肴的咸度适宜。

（3）成熟度的把握　卤制大块原料，其体积不宜过大，原料的规格以达到本身需要的成熟程度时，原料透味为准。根据原料的质地和菜肴需要的质感，卤制有刚熟、熟透、软熟等成熟程度，如鸡、兔、肝、腰、心等原料以刚熟为宜；猪肉、鸭、鹅、舌、豆制品等原料以熟透为宜；牛、羊、猪头肉、蹄髈、肚、肠等原料以软熟为宜。有些体薄入味迅速，又耐加热卤制的原料，如肠、肚类，卤制时间长入味就会过于浓厚，这类原料可预先水煮至接近软熟的成熟程度，捞出后再行卤制，避免质感与卤制的矛盾。

（4）火候的控制　卤制时，要经常撇去浮沫，不使其污染菜肴。卤制最宜加盖，其火力以保持卤汁沸而不腾为准，这样既不使卤汁香味逸散，卤汁蒸发过快，又不加快卤制速度，保证原料滋润。卤制要一次性投料，不要一边加料卤制，又一边捞出熟料，影响菜肴的质量。

（四）代表菜品

卤的代表菜品：卤牛肉、卤猪肚、卤排骨、卤全鸡、卤凤爪、卤兔子等。

思政小结 ▶ 练就过硬本领、锤炼品德修为

小结导入： 千锤百炼才能造就英才，珍惜韶华方能不负青春。在纪念五四运动100周年大会上，习近平总书记勉励广大青年练就过硬本领、锤炼品德修为。——《四论学习贯彻习近平总书记在纪念五四运动100周年大会重要讲话精神》（新华网，2019年5月4日）

思考讨论： 请结合烹调技术的学习，谈谈如何练就过硬本领、锤炼品德修为。

分析强调： 烹调是一门艺术，是一门学问，更是一门技术。掌握一门技术第一需要对其感兴趣，从一点一滴学起，持之以恒，循序渐进；第二要理论联系实际，不断探索，不断提高技术水平；第三要不耻下问，不断向技术好的师傅学习，努力掌握核心技术，向更深更广的技术领域前进。

第二节
油传热制熟法

以油作为主要传热介质使菜肴成熟的方法称之为油传热制熟法。油作为传热介质时，菜品在制熟过程中水分会存在一定量的损失，故调味品的用量比正常调味要略少一些，行业中称之为“半口”。其具体调味品的用量还需根据原料是否挂糊、油炸的时间、油温的高低等决定，如果油传热制熟后发现口味不足的现象，可配味碟进行补充性调味。油传热制熟的烹调方法有炸、煎、贴。

一、炸

炸是指将经过加工处理的原料放入大油量的热油锅中加热使之成熟的烹调方法。从历史源流考证，我国各个历史时期烹调中应用煎法居多，但应用炸法的历史记载并不多见。植物油的使用约在西汉时期，对炸法的形成不无影响。如唐代有油浴饼，即炸制油饼，宋代有少数菜式用炸法制成。一直到了清代，我国烹饪发展史上的一个高峰时期，烹调实际中的炸法也较活跃，有一些颇具特色的炸制菜品：如炸鸡卷、炸八块、炸虾段等。确切地说，20世纪以来炸法开始有了较大的发展，表现出技法多样，做工精妙，兼收并蓄，不拘一格的特点，并由此而形成多种风味特色的炸制菜品。炸可分为：清炸、酥炸、软炸和卷包炸。

炸制工艺

（一）清炸

清炸，又称为净炸、油淋炸。它是指将原料加工处理后，只用调味品码味浸渍，不经过挂糊上浆，直接放入油中用旺火加热使之成熟的烹调方法。炸制过程中，如果原料为小型的条、块、片状时，则炸制时间极短，断生为标准，以保持原料的脆嫩性，无需酥脆。油温为180℃，一次性炸制成熟即可；如果原料为大块或较厚时，时间可略长，仅外皮略脆，内部肉质断生为标准。例如：仔鸡、嫩鸭、鹌鹑或鸽子等。这种情况一般需在160℃的温油中初炸，然后在220℃的高油温中急速取脆，以形成外酥脆内鲜嫩的风味。适合清炸的原料主要为新鲜质嫩的仔公鸡、兔子、猪里脊肉、猪肝、猪腰、猪肚尖、鸡肫肝、鸭肫肝等。

1．成菜特点

色泽金黄，外脆内嫩，鲜香可口。

2．工艺流程

原料选择→加工处理→码味→清炸→配味碟→装盘成菜

3．关键点

（1）原料选择及码味　原料大多选用新鲜易熟、质地细嫩的鸡、兔、猪里脊、猪腰、猪肚仁、鸡鸭肫肝等。码味时要均匀，浸渍时间要足够。

（2）油温的控制　清炸的油量要大一些，便于油脂能较恒定地传导高温，使原料表层迅速结皮结壳，防止原料内部水分的大量流失，使成品达到外脆内嫩的要求。结皮越早越快，就能保嫩。

（3）辅助调味　清炸类菜品成菜装盘时需要进行辅助性调味，部分菜肴可配糖醋生菜，但大多数菜肴单独放置味碟即可。例如椒盐末、甜面酱、番茄沙司、辣酱油、鱼香味汁、酸甜汁等。

4．代表菜品

清炸的代表菜品有：清炸菊花肫、清炸里脊、油淋鹌鹑、清炸牡蛎等。

（二）酥炸

酥炸，又称为熟料炸。它是指将原料经过加工码味后熟处理至软熟，然后放入油锅中炸制成菜的烹调方法。酥炸类菜肴加工时原料可以出骨，还可以加工成泥蓉状。其初步熟处理时可以采用烧、煮、卤的方式进行，下锅炸制前还可以将其拍粉或挂糊。适合酥炸的原料有家禽、家畜、鱼虾等动物性食材。

1. 成菜特点

色泽金黄，外酥松内软熟，细嫩。

2. 工艺流程

原料选择→初步加工→码味或制泥→蒸、烧、煮或糕蒸→直接或挂糊或拍粉→酥炸→配味碟→装盘成菜

3. 关键点

（1）原料选择　适宜酥炸的原料选择范围较广，有家禽、家畜、鱼虾等动物性原料和糕状半成品。若是整料出骨的鸡鸭，在处理时要符合成菜要求，以保证熟处理后酥炸的效果。

（2）油温控制　酥炸的半成品下锅时温度不宜过高，可先将原料逐个下锅，待结壳即捞出来。全部原料下锅结壳后捞出，再升高油温，将原料倒入锅中复炸，炸至外表金黄色酥脆，原料内部已成熟时即可出锅。

（3）辅助调味　酥炸类菜品在装盘前，可根据需要淋入香油增香，或配椒盐、葱姜等味碟，以起到调剂口味、增加风味的作用。

4. 代表菜品

酥炸的代表菜品有：香酥鸡、奶油酥皮鸡、香酥鸭、椒盐酥皮兔糕等。

（三）软炸

软炸又称油氽、油浸。它是指将质嫩的原料加工处理成较小的形状，经码味挂糊后放入中温油锅中加热至断生，然后用热油复炸而成菜的烹调方法。软炸一般外挂软质的蛋清糊、全蛋糊等进行炸制。蛋清糊一般采用鸡蛋清，加入淀粉、面粉等调制而成。炸制时，严格控制油温，使菜肴表面虽结皮，但不脆化，有时甚至无需结皮，菜肴内无松室结构。整个操作过程油温平缓地传导于原料内层，使之凝固成熟，从而保持原料软嫩、鲜美的风味。

1. 成菜特点

色泽金黄，外香酥内鲜嫩。

2. 工艺流程

原料选择→加工处理→码味→挂糊→油炸→配味碟→装盘成菜

3. 关键点

（1）原料选择　软炸类菜品要选择新鲜无异味、富有质感效果的材料。例如：鱼虾、鸡肉、猪里脊肉、猪腰、猪肚仁、鸡鸭肫肝、土豆、口蘑等。

（2）刀工及码味处理　体积稍大的原料需要进行剞花刀处理，使刀工后的条、块有完整的规格形态。码味时食盐、料酒要掌握适量，使原料既有咸味，又不能表现出酒味。

（3）挂糊处理　花形原料挂糊宜干宜少，既要保证原料翻花，又要达到软炸的效果。挂糊后应立即入锅炸制。

4. 代表菜品

软炸的代表菜品有：椒盐里脊、软炸大虾、软炸鱼条、软炸鸡脯等。

（四）卷包炸

卷包炸是卷炸、包炸的合称，它是指将原料刀工成形后与调味品进行拌和均匀，再用包

卷皮料包裹起来入油锅炸至成熟的烹调方法。原料刀工时的料形有丝、条、片、粒或泥蓉状，一般不带骨头。用于包裹、卷裹的皮料分为可食用和不可食用两种。可食用的皮料有：蛋皮、猪网油、豆腐皮、面皮、糯米纸等；不可食用的皮料有：桑皮纸、无毒玻璃纸等。适合卷包炸的原料有鱼虾、鸡鸭肉、猪肉、猪腰、冬笋、火腿、荸荠等。

1．成菜特点

色泽金黄，外酥脆内鲜嫩。

2．工艺流程

原料选择→刀工处理→调味→卷包→油炸→装盘成菜

3．关键点

（1）原料选择　卷包炸要求新鲜细嫩、无异味的主料和色泽鲜艳、富有质感、鲜香味美的辅料。例如：鱼虾、鸡鸭肉、猪肉、猪腰、冬笋、火腿、蘑菇、慈姑等嫩脆原料。

（2）主料的肥瘦比例　部分原料如鸡、鸭、鱼、虾等，要酌情添加猪肥膘以保证卷包炸菜肴滋润细嫩的口感，否则口感易发柴。

（3）火候控制　无论是卷炸还是包炸，有些需要用中火温油浸炸至断生即可。有些卷炸的菜肴也可恰当升高油温，重油炸至皮酥时起锅捞出。

4．代表菜品

卷包炸的代表菜品有：纸包鸡、纸包虾、纸包里脊、香酥蛋卷等。

二、煎

煎是指将原料经刀技加工后（多为扁平状），用部分调味品拌渍入味，再进行挂糊（拍粉、拍粉拖蛋糊）或者不挂糊，然后放入烧热的底油锅中，用中小火加热，使原料两面成金黄色并成熟，再根据烹调的要求，倒入调味品或食用时再蘸调味品，或直接成菜的一种烹调方法。

（一）成菜特点

色泽金黄或黄红，外酥香里软嫩，无汤汁。

（二）工艺流程

原料选择→刀工处理→调味挂糊→煎制→配味碟→装盘成菜

（三）关键点

（1）原料选择　适用于煎制的原料范围较广，适用于鲜嫩无骨的动物性原料（如鸡、虾、鱼、肉、蛋等）及部分植物性原料（如豆腐、番茄等）。

（2）加工处理　要根据原料的不同性质采用不同的刀法。一些肉类原料如煎猪排、煎牛排等，下锅煎制后，因原料结缔组织收缩，使肉质坚韧，不容易嚼碎且又妨碍消化。因此原料在刀工处理时，应该用刀背将肉捣打拍敲或剞刀，使结缔组织离散，也就是将肉内的那些小筋斩断后进行制作；煎制鱼类制品时，因鱼肉的结缔组织较少，而且肉质松散，加工时不需要捣打拍敲，一些较大的原料需出骨去皮，一些原料如小鱼或带鱼不需去皮；一些蔬菜类制品的煎制，大都将原料切成夹形，两片薄料不切断，在中间酿入拌好的馅心。

（3）码味和挂糊处理　煎制菜肴原料多数先经调味腌渍和挂糊。腌渍调味要根据菜肴的特点和原料的不同进行。挂糊一般应挂蛋粉糊，也可粘面粉、拖鸡蛋或蛋清糊，不论挂何种糊，都要均匀，保证菜肴成熟一致、色泽均匀。

（4）火候控制　原料下锅时，锅面要光滑，因煎类菜肴原料多数质地软嫩，易散碎，所以应先用中火将锅烧热，加油晃均匀后，再将原料两面煎至金黄色。由于金属的传热性能好，用煎法易出现局部过热现象，所以实际操作时要翻锅。但忌讳一面还没煎好时就翻动原料，这样翻动易使原料不成型。因此要等一面煎好定型时，再翻过来煎另一面。煎制时，要注意火候的控制，可随时加油。煎菜的用油量不可淹没主料，油少时还可随时点入，并随时晃动锅，使所煎主料不断转动，一防粘锅，二防上色不匀。

（四）代表菜品

煎的代表菜品有：椒盐鸡饼、鱼香虾饼、香煎三文鱼、香煎豆腐等。

三、贴

贴是把几种经刀工成形的原料加调味品码味后黏合在一起，制成饼状或厚片状。再放入有少量油的锅中煎一面，另一面不煎或稍煎的烹调技法。贴的烹调方法适合鸡肉、鱼虾、猪肉、豆腐等原料。

（一）成菜特点

色泽自然，无汤汁，一面酥脆，一面软嫩，味咸鲜醇厚。

（二）工艺流程

原料选择→刀工处理→装饰图案→贴制→配味碟→装盘成菜

（三）关键点

（1）原料选择　猪肥膘的质量对菜肴的形态影响较大。宜选用新鲜、质优的猪胸肥膘肉，并保持完整性，不能割烂。

（2）刀工处理　猪肥膘水煮熟透后捞出趁热用重物压平直至凉凉，改成方块肥膘肉，也可用模具按压成形后再片成5厘米×4厘米×0.3厘米厚的片。垫底前，一定要用刀具戳上刀口，以免受热时发生卷曲。还可以用面包片、土司片直接压制成形。表面的主料成形大小应与猪肥膘片的大小相等。条件受限时，可将两片进行拼制。

（3）加工处理　主料有泥蓉时需要调制好浓稠度，堆抹在垫底的片状时应保持应有的形状。可采用熟火腿、荸荠、冬笋、金钩、蛋黄等辅料进行增色、增香，但所切的片或颗粒不宜过大，以免影响菜肴质感。

（4）火候控制　制熟过程中，全程宜采用中小火。批量化制作时，可将半成品先放入笼屉中用中小火蒸至刚熟，取出半成品后抹上一层肉泥，再摆上图案后入锅中制熟，这样的效果会更佳。

（四）代表菜品

贴的代表菜品有：锅贴豆腐、锅贴金钱鸡、锅贴鳝鱼、锅贴鱼片、锅贴鸡、锅贴鸽蛋等。

思政小结 ▶ 练就高超技艺，弘扬勤俭节约之风

小结导入： 勤俭节约和倡导一种适度、合理的生活与发展方式，蕴含珍惜资源、保护环境的价值取向，包含以艰苦奋斗为荣，以骄奢淫逸为耻的价值取向，体现对可持续发展的重视、对子孙后代的负责，是社会文明的显著标识。从《尚书》提出“克勤于邦，克俭于家”，到诸葛亮崇尚“静以修身，俭以养德”，再到《朱子治家格言》叮嘱“一粥一饭，当思来处不易”，诸多古训格言都彰显了崇俭抑奢的中华传统美德。

思考讨论： 请结合烹饪工艺学谈谈你对“勤俭节约”的理解。

分析强调： 民以食为天，食以粮为先，坚决制止各类浪费行为。在烹调实训过程中，应根据原料的性质进行合理加工、综合利用，避免可炸油和其他食用原料进入垃圾桶；练就高超的烹调技术，提升菜品烹调成功率。

第三节 水油混合传热制熟法

以水和油为主要传热介质致使菜肴成熟的方法称之为水油传热制熟法，也称为“混合传热法”。由于原料性质不一样、菜肴品种的差异性等原因，有的是先水传热后油传热；也有的是先油传热，后水传热；还有的是水油同用的传热方式。常见的水油混合传热制熟法有熘、炒、爆等。

一、熘

熘是指将加工成丝、丁、块的小型或整形原料，经油滑、油炸、蒸或煮等初步熟处理方法后再用芡汁粘裹或浇淋成菜的烹调方法。熘是菜肴原料经过初步熟处理（过油、蒸、煮等）后调以特殊卤汁的一种综合性烹调方法。所谓特殊味道是指一般在调味时加入有三种或以上的调料，区别于单纯的咸鲜味。人们根据这种烹调技法，创造出许许多多享有盛名的名菜。根据其技法的不同可分为炸熘、滑熘和软熘。

（一）炸熘

炸熘又称为脆熘、焦熘，是指将加工切配成形的原料，经过码味、挂糊或拍粉，或先蒸至软熟，放入热油锅中炸至达到要求时再浇淋或粘裹芡汁成菜的烹调方法。

1．成菜特点

色泽金黄，外酥内嫩或内外酥香松脆。

2．工艺流程

原料初加工→切配→码味→挂糊、拍粉或汽蒸→油炸定型→复炸酥脆→调制芡汁→熘汁→装盘成菜

3．关键点

（1）原料选择　要做好焦熘菜，原料除了新鲜卫生还必须根据成菜的要求进行选择。例如焦熘丸子需选用肥三瘦七的夹心肉，焦熘肥肠需选用大肠头处较肥嫩的部位。

（2）刀工处理　原料加工成形规格要一致，丝、丁、片、块、条规格符合要求，大小均匀；花形原料剞刀的刀距、深度及花形大小要一致；整料形状要求完整。确保原料在炸制时受热均匀、形态美观。

（3）挂糊处理　糊粉的干稀要适度，糊粉过厚，会影响原料本身的质感和鲜味；糊粉太薄，会影响酥脆的质感，油炸时会使原料所含水分和鲜香物质过分流失。另外，挂糊时，需将原料表面的水分擦拭干净。

（4）火候控制　焦熘属于旺火速成的烹调方法，油温应控制在六成以上。油温过高过低都会影响菜肴质量。油温过高，容易出现外煳内生的现象，油温太低，又会出现主料脱糊的毛病。用油与原料的比例约为3∶1。焦熘的菜肴一般要油炸两次，首先定型，再进行上色。

4．代表菜品

炸熘的代表菜品有：金毛狮子鱼、松鼠鱼、鱼香鹅黄肉、鱼香茄饼、糖醋里脊等。

（二）滑熘

滑熘又称为鲜熘，它是指加工切配成形的原料经过码味、上蛋清淀粉后，投入中火温油中滑油至原料断生或成熟时，烹入芡汁成菜的烹调方法。

1．成菜特点

色泽鲜艳，滑嫩鲜香，清爽醇厚，见油不见汁。

2．工艺流程

原料选择→加工切配→码味上浆→热油炙锅→主料滑油→烹制芡汁→熘制→烹饪芡汁→装盘成菜

3．关键点

（1）原料选料　应选用质地鲜嫩的原料制作，这些原料结构均匀，含水多且吸水力强，猪里脊肉、鸡脯肉、兔肉、鱼肉等，用之制作熘菜，才能体现出滑嫩的特色。

（2）码味处理　将原料吃足水分，这必须要在盐的作用下进行。盐的成分中强电解质，可帮助原料吸收水分。即刀工处理后的原料，加入水与盐之后，在渗透作用下，使原料吸收水分，又有了基础味。这时，用手抓原料，有吸力之感，表明“上劲”了，符合要求，码味基本完成。不过，需指出的是，猪、兔、鸡等原料码味先放盐后加水，而鱼肉要先加水后放盐，这是由于不同肉类内部结构密度有差别。

（3）上浆处理　要求拌匀裹紧，干稠适度，薄而均匀。由于盐水提高了原料内蛋白质的水化功能，一部分蛋白质已变性，又加入水淀粉、鸡蛋清拌匀之后，使浆汁变得黏稠，将原料紧紧地包住，这样在加热过程中，原料的水分和各种营养素不会有过多的损失，为熘菜鲜嫩提供了基础。注意浆汁应合适，过浓易结块，过滑不上浆。

（4）火候控制　熘菜的火候不宜过大，鲜熘菜用三四成热油温（80℃左右），用中火，炸熘菜用五成左右油温（100℃左右），用中火炸，熘时火候用中火，油温也在四成左右。这样，原料受热的慢慢作用，外皮凝固，形成一层“膜”，也保持了水分，所以成菜鲜嫩。

4．代表菜品

滑熘的代表菜品有：醋熘鸡、鲜熘肉片、西芹熘鲜贝、糟熘鱼片等。

（三）软熘

软熘是指质地柔软细嫩的原料经过刀工处理或制成半成品后，通过蒸、煮、汆等方法加热至一定成熟度，再浇上调制好的芡汁成菜的烹调方法。

1．成菜特点

色泽素雅，柔软细嫩，味道鲜美。

2．工艺流程

原料选择→初步加工→刀工处理或制成半成品→蒸、煮或汆熟→直接或改刀后装盘→调制芡汁→熘制→浇淋于菜肴上→装盘成菜

3．关键点

（1）原料选择　软熘法适用于质地鲜嫩且易熟的原料，比如鱼肉（包括整鱼）、鸡肉、猪肉、兔肉、鸽肉、鲜虾、鲜贝等动物性原料，以及水豆腐等植物性原料。这些原料均要选用质量上乘、新鲜且腥异味较少的，最好是未经过水泡的原料，否则会大大降低软熘菜的成菜质量。

（2）刀工处理　软熘菜品在进行刀工时应该注意以下几点：剞花刀时，应做到刀距及深浅一致，以保证成菜形态美观；原料不论是切成片、条，还是切成段、块，都要求成形大小相等、厚薄一致、互不粘连；若将主料剁成蓉泥状，则应先剔净原料表面的筋膜，剁制时，要在垫有鲜猪肉皮的砧板上进行，以免蓉泥里混进杂质，影响到成菜质量。

（3）初步熟处理　软熘原料一般采用蒸、煮、汆等方式。无论采用哪种初步熟处理的方法，都要严格控制火候，切不可过火而使原料变老变硬，失去软嫩的特点。

（4）熘汁处理　软熘菜的汁一般用鲜汤调制而成，在实际操作中又可分为油制和汤汁制两种方法。无论哪种方法，都要严格控制油量，这是制汁的关键。如果汁中油分过多，就会影响入味。软熘菜的汁以清淡为主，将做好的芡汁浇在主料上或将主料放入芡汁中翻匀即成。要汤汁稍宽，浓淡相宜，如汁少而淡或过多且稠，都会影响质量。

4．代表菜品

软熘的代表菜品有：西湖醋鱼、五柳鱼、软熘仔鸭、白汁鸡糕等。

熘制工艺

二、炒

炒是将经过加工的鲜嫩小型原料以油（小油量）与金属（炒锅）为主要导热体，用旺火在短时间里加热、调味成菜的一种烹调方法。炒制法是中国烹调工艺的特征技法，是地道的国粹，它的出现和铁锅的广泛使用有直接关系。从文献记载看，南北朝时已有“炒令极熟”的记载；《中馈录》中记载有炒白腰子、炒白虾等烹调方法。在现实生活中，人们往往把厨师称为“炒菜的”。“炒菜”似乎成了我国烹调行业和中国菜的代用词。

（一）滑炒

滑炒是指以动物性原料作为主料，将其加工成丝、丁、片、块、条、粒或花形，先码味上浆兑好芡汁，再旺火急火快速烹制成菜的烹调方法。

1．成菜特点

色泽自然，滑嫩清爽，紧汁亮油。

2．工艺流程

原料选择→初加工切配→码味上浆→调制芡汁→炙锅→放入主料滑油→投入辅料→烹入芡汁→收汁亮油→装盘成菜

3．关键点

（1）原料选择　原料（特别是主料）要求鲜活、细嫩，并且还要经过认真挑选。一般来说，滑炒的原料大多数是动物性原料，如猪、牛、羊、鸡、鱼、虾等。不但要去皮、剔骨、剥皮，而且还要选用其最细嫩的部位，如猪、牛、羊的里脊和细嫩的精肉，鸡的胸脯肉，鲜活的鱼虾等，为运用好滑炒的技法，保证菜肴的质量提供可靠的物质基础。

（2）刀工处理　一般而言，滑炒菜对刀工的要求以细、薄、小为主，这就要求厨师需具备一定的基本功和细腻严谨的刀法。在原料加工中要做到厚薄均匀、粗细一致，并确保细而不碎，薄而不破，使菜肴达到清鲜爽滑、细嫩形美的特点。反之，刀工差，将会给滑炒技法带来不利的影响，如老嫩不一，口味不一，色泽形态不美观，生熟脆嫩有别等，因此刀工处理的好坏，是决定滑炒类菜肴成败的重要环节。

（3）上浆码味处理　码味处理时大多用食盐、姜葱、料酒、酱油等调味品。上浆是给原料穿上一层薄的“衣服”，对菜肴原料起到保护作用：一是保持原料的水分和营养物质，使其始终处于鲜嫩状态；二是将热量均匀地传给菜肴原料，使其受热均衡；三是能给菜肴有一个基本味；四是使主料外形光亮饱满，形态美观。

（4）炙锅与火候处理　虽然炒锅的传热速度要慢，但炉灶的火力要大，以保证滑炒菜肴的成熟速度。一般提高单位时间的导热量，如管道煤气炉增加供气量和采用鼓风机的方法，柴油灶增加供油量和增大鼓风量，从而提高火力。炒锅在炒菜时要热锅冷油，这也是一个防止粘锅的有效办法，行业上俗称“炙锅”。即首先把锅面上的杂质、污垢洗涤干净，再将锅放置火上烧至锅呈微红时用冷食用油在锅内过一下，填补锅面上“凹下去”的部分，同时锅面上还粘有一层油而使食料不易粘在锅面上。往往炒锅就只作为炒菜用，一经烧汤后即容易粘锅。

（5）原料质地、数量与油温、油量的关系　新鲜细嫩的原料（如虾仁、鸡脯肉、鱼肉等）油温宜低一些；质地较老、肌纤维较粗的原料（如牛肉、鸡腿肉、质略粗老的猪肉等）油温宜高一些；不易脱浆的原料油温可低一些，加热时间可长一些。掌握油温油量时，一定要考虑下料量的多少与火力的大小。原料数量较多时，油温可适当高一些，火力也可适当增加大一些，这样原料下锅后油温不至于下降过快。

4．代表菜品

滑炒的代表菜品有：宫保鸡丁、鱼香肉丝、木耳肉片、青椒里脊丝、滑炒鱼丝、滑炒银鳕鱼丁等。

滑炒示范（宫保鸡丁）

（二）生炒

生炒是指将切配后的小型动植物原料不经过上浆挂糊，直接下锅，用旺火热油快速烹制成菜的烹调方法。

1．成菜特点

色泽自然，鲜香脆嫩或干香滋润，酥软化渣。

2．工艺流程

原料选择→初加工切配（码味）→炙锅→旺火热油生炒原料→依次投入调辅料→原料断生成熟→装盘成菜

3．关键点

（1）原料选择　适合制作生炒菜肴的原料比较多，既有动物类原料，也有植物类原料。动物类原料大都是禽畜类的猪肉、羊肉、精牛肉、鸡肉、鸭脯肉等，植物类原料则有马铃薯、红白萝卜、莲藕、茄子、青椒、笋瓜、冬瓜、丝瓜、苦瓜、洋葱、莴笋、菠菜、油菜、空心菜、荷兰豆、芸豆角、莲花白、长白菜及绿豆芽等。所选用动植物原料，都要求成色新鲜，质地细嫩，各种调味料和酱油、香醋、辣椒、芝麻油等也要选上等的。

（2）刀工处理　制作生炒菜肴，对原料加工成形均要求较高。首先是初加工要细致。如肉类原料上的筋膜定要剔除干净，否则，既影响下一步的刀工处理，又使成菜口感不佳。烹制生炒菜肴的原料形状大都为薄片、细丝和小丁，刀工处理时要做到原料的厚薄、粗细、长短、大小均匀一致，否则炒制时极易出现生熟、老嫩不一致的现象，从而降低菜品质量。

（3）火力控制　旺火炒制加热才能保持植物性原料色鲜脆嫩和动物性原料干香滋润、酥软化渣。植物性原料在炒制过程中，锅内始终保持较高温度，火力要旺，动作要敏捷，下料迅速而集中，但高温时间不宜过长；动物性原料在炒制时应在旺火内放入原料炒至油变清亮、略干香，再放入其他调味品炒出香味，最后投入辅料炒断生即可。

4．代表菜品

生炒的代表菜品有：生爆盐煎肉、青椒土豆丝、素炒豌豆尖、农家小炒肉、生炒羊肉片、生炒萝卜丝等。

（三）熟炒

熟炒是指经过初步熟处理的原料经加工切配后，放入锅内加热至干香滋润或鲜香细嫩，再加入调、辅料烹制成菜的烹调方法。

1．成菜特点

色泽自然，鲜香细嫩或酥香滋润，亮油不见汁。

2．工艺流程

原料选择→初步加工→熟处理→切配→炙锅→投入主料→熟炒烹制→依次放入调料→装盘成菜

3．关键点

（1）原料选择　用作熟炒的猪肉宜采用带皮坐臀肉；牛肉、羊肉以质嫩中带脆性较好，如胸口肉、上脑肉等；家禽要用仔鸡、仔鸭、仔鹅；选用烟熏、卤、酱、烧烤和过油的制品较多。

（2）刀工处理　刀工切制用于熟炒的原料，一般都切成厚薄恰当的片、粗丝或条状，辅料应切成与主料相适应的形状。具体来说，猪肉的片略厚些，约0.3厘米，牛肉片和羊肉片稍薄些，所切的片不仅厚薄一致，大小均匀，还要肥瘦相间，这样炒透卷缩后才会形成我们所需要的形态。家禽类原料一般切粗丝为主，也有切条或小薄片的。总而言之，具体刀工时，丝不宜细，条不宜粗，片不宜薄，否则影响原料熟透成菜后的鲜香味、形态和口感。

（3）初步熟处理　原料的熟处理有两种方式：一种是水煮，用水淹没原料并调至中火，在沸而不腾的情况下，根据原料的品种将原料煮至八成熟、刚熟或软熟的情况；第二种方式是蒸，将原料放入蒸笼中，用中火沸水蒸至刚熟出笼凉冷。总之，要根据原料的品种、性质和菜肴的要求决定其成熟程度，以保证熟炒菜的鲜香味和口感。

（4）火候控制　火候恰当，以中火炒制为主，数量太多宜用旺火炒，油温以120℃左右为宜；原料下锅要反复翻炒；炒制过程中可酌情加入少许食盐，使原料内部有一定的基础味；待原料炒干水蒸气时，油变清亮干香时，再加入调味品炒香，最后放入辅料（或部分调料）炒出香味至断生，及时出锅。

4．代表菜品

熟炒的代表菜品有：回锅肉、红糟肉、蚝油鸭掌、赛螃蟹等。

（四）软炒

软炒是指将经过加工成流体、泥状、颗粒状的半成品原料，先与调味品、鸡蛋、淀粉等调成泥状或半流体状，再用中火热油匀速翻炒，使之凝结成菜的烹调方法。

1．成菜特点

半凝固或软固体状态，细嫩软滑，酥香油润。

2．工艺流程

原料选择→加工整理→组合调制→炙锅→投入半成品→中火热油→匀速炒制（加入辅料）→装盘成菜

3．关键点

（1）原料选择　动物性原料必须选择质地柔软、细嫩、鲜味充足的原料，如牛奶、鱼、虾、鸡肉等；植物性原料要选择品质纯正、味好、能制成泥状或流体状的原料，如鸡蛋、豆腐、鲜豆（蚕豆、豌豆）、莲子、薯类等；辅料多选用火腿、虾米、荸荠、蘑菇、果脯蜜饯等。原料要求品质纯正、无异味、无杂色、色泽好，如核桃仁要选用色黄个大、油多味正者，鸡蛋要选用新鲜、无裂纹的。

（2）刀工处理　动物性主料需要加工成细细的蓉状，一般先剔净筋膜后再进行捶砸，在捶砸过程中再次拣出肉中的筋膜，最后用刀剁细。植物性主料一般需要经过蒸熟后再压成细泥（不见颗粒）；辅料均应切成小片或颗粒。

（3）调制半成品　软炒菜肴大部分在正式炒制前都需用鸡汤、蛋清、淀粉等调成稀糊状，同时进行适当的调味，也有不调味的，还有的是在调好味后过筛等。调制关键有两点：一是各种物料的比例。这是制作软炒菜的关键，若比例不当，便不能保证成菜后达到半凝固状态或软固体状态。这要根据成菜的需要、主料的吸水性、淀粉的糊化性能以及鸡蛋与水、牛奶、鲜汤的用量等各个方面来灵活掌握，并在实践中不断地总结。二是不可用力搅拌。用力搅拌会使原料变稠，不好过筛。对于部分不需再调制蓉泥的菜肴，如豌豆泥、蚕豆泥、马铃薯泥或红薯泥等，应同时配好荸荠、蜜饯等辅料。

（4）火候控制　软炒火力要适中，火力过大易煳，过小影响淀粉糊化和原料熟化，致使成菜形态散烂或半生不熟。具体来讲，禽蛋类菜肴火候可大些，而蔬菜果品类菜肴火候较小，核桃、红薯、扁豆等软炒时火力要小，严格控制。

（5）动作要迅速　因为软炒有一个特点是成菜很快，常言称之为“火中取宝”。如“雪花桃泥”的操作速度要快，不能在锅中久炒，否则影响菜的滑嫩。两手还要互相配合，左手拿碗向锅中倾倒浆时，右手执勺在锅中来回推转，使其受热均匀，并防止粘锅。

4．代表菜品

软炒的代表菜品有：雪花鸡淖、八宝锅珍、雪花桃泥、白油嫩蛋、炒鲜奶、三不粘等。

三、爆

爆是指将剞刀处理后的原料，直接或经焯水、过油后放入高温油锅中快速烹制成菜的烹调方法。油爆时温度在180℃左右，原料入锅后，水分来不及汽化，通常会发出爆裂声，“爆”名缘于此。爆菜来源于北京、山东一带。宋朝已出现爆肉、爆齑的菜肴，当时也有将爆称之为生爆、爆炒。元朝出现汤爆之法，明朝开始出现油爆一词，清朝出现了水爆。爆类菜肴制作时，做到排水而不老（即熟而不艮），保水而不生（即嫩而不生），把保水与排水辩证地统一起来，就是“爆”菜的制作规律。由于使用的调料不同，爆又可分为酱爆、葱爆、芫爆、汤爆、辣爆等。

（一）成菜特点

色泽美观，脆嫩爽口，味道鲜美，明油亮芡，芡汁紧包，无多余芡汁。

（二）工艺流程

原料选择→初加工及刀工→码味上浆→调制芡汁→熟处理→爆制→收汁亮油→装盘成菜

（三）关键点

（1）原料选择　适宜爆的原料多是一些爽脆细嫩的动物性原料。如鸡鸭鹅的肉及其内脏，猪牛羊的肉及其心、肝、腰、肚、肠、舌，还有兔肉、螺肉、鱿鱼、墨鱼等。

（2）刀工处理　要根据原料的不同性质采用不同的技法。爆制菜肴原料很多都需要剞花刀，注意剞花刀时刀路深浅一致、花纹美观。常见的花刀类型有菊花花刀、蓑衣花刀、荔枝花刀、眉毛形、凤尾形、菱形块等。

（3）漂水处理　爆类菜肴有一部分需要进行漂水处理。漂水处理的目的是使原料中的血水排出，并吸收一定量的水分，使成菜色泽更佳，质地更柔嫩。漂水时可采用自来水冲漂或用清水浸漂，浸漂时需多次换水。漂至原料变白、水清不浊、吸水充足时即可。

（4）碱水处理　一般质地细嫩的原料不需要进行碱水处理，但是有一些质地老韧的原料则需要进行碱水处理，使其嫩化才能调制成菜。需要进行碱水处理的原料有：猪肚尖、小肚、牛舌、蛇肉、螺肉，水发后的干鱿鱼、干墨鱼等。

（5）上浆处理　需要上浆的原料主要是未经过漂水处理和碱水处理的原料。如禽畜类的肉，禽类的心、肝、肠、肫肝等。而经过漂水和碱水处理的原料，因含水量很大，加热时其中的水分大量外溢，无法使浆附着在原料上，可以用干毛巾擦拭或用干淀粉上浆，有时甚至不需要上浆。

（6）火候控制　爆的烹调技法正是火力、加热时间和原料的巧妙结合。刀工处理后的原料，一面为花刀，一面为平面，经高温瞬时加热，原料中蛋白质的细胞膜脱水、收缩、膨胀，促使原料整体向平面一方曲卷，而剞花刀的一面则充分舒展，从而形成了美丽的花形。这就是我们平常所说的“刀下生花，油里开花”。原料内部的水分损失较少，原料成熟并保持脆嫩。如果火力不旺，油温不高，不仅原料花形难以张开，而且由于加热时间的延长，原料因失水过多而发艮，失去了脆嫩的质地。

（四）代表菜品

爆的代表菜品有：火爆肫花、火爆鱿鱼卷、汤爆肚仁、火爆猪肝、油爆双脆、酱爆鸭条、葱爆羊肉等。

四、炸收

炸收是指将加工处理后的原料经过油后放入锅中，加入鲜汤调味品加热使之收汁亮油再将其冷凉，最后装盘成菜的烹调方法。炸收是将经过清炸的半成品入锅，加少量汤汁，酌情调味后，用中火或小火慢收，使其收汁亮油、回软入味的一种技法。其经常作为单吃或装盘上席，在凉菜中占有非常重要的地位。炸收类菜肴烹调工序繁多，操作难度较大，技术性强。

（一）成菜特点

色泽棕红或金黄，滋润干香，鲜香醇厚，化渣利口不顶牙。

（二）工艺流程

原料选择→加工处理→过油炸制→炝锅→掺入鲜汤→调味收汁→矫味→装盘成菜

（三）关键点

（1）原料选择　炸收菜肴的原料选择较广，素料多用豆制品和菌类，如豆腐干、豆筋、香菇、平菇等；荤料多选用质地细嫩且无筋的禽类、畜类、鱼类原料，如鸡肉、鸭肉、牛精瘦肉、猪瘦肉、鲫鱼、草鱼、带鱼等。

（2）刀工处理　原料作刀工处理时，一般切成丝、丁、片、块、条等形状。需要注意的是刀工的形状应比平时切的略粗大一些，如牛肉丝切制时平时要求0.3厘米粗，做炸收菜就需切0.5厘米粗。这是因为原料下油锅后，水分减少，肌肉会收缩，形状会变小。若刀工过细，不仅容易炸煳，而且收制时还容易碎烂。

（3）腌渍处理　植物性料一般不需要腌味，而动物性原料必须腌味后才能下锅油炸。一般腌渍约半小时，临下锅前，拣去姜葱，沥干水分，拌入冷油进行炸制，以防止相互粘连。

（4）初步熟处理　炸制时，应选用清亮、无异味的植物油，切忌用动物油脂。炸制植物性原料时，一般一次完成，油温在四五成热为宜。炸制的程度以原料失去部分水分且表面略硬为好，切不可炸得过干；炸制动物性原料时，一般需要两次。炸制肉质较为紧密的禽、畜原料时，第一次炸制用四五成热油温，将原料炸至内外成熟捞出，第二次炸制用六七成热油温，将原料表面炸至略硬且上色为好。在炸制肉质较为疏松的鱼肉时，第一次温度要求七八成热，迅速把原料炸至表皮发硬且上色时捞出，再用四五成热油温进行复炸即可。另外，无论何种原料，均应分散下锅，防止原料之间相互粘连。

（5）调味处理　炸收菜肴的复合味型较多，主要有咸甜味、五香味、麻辣味、怪味、鱼香味、茄汁味、豉香味、糖醋味、咸鲜味、咖喱味等。收汁中，要根据菜肴的质量，标准，掌握主料放入的时机，掺入鲜汤的数量，火力的大小；调味品的组合，投放的顺序，数量的配合；收汁时间的长短，收汁的程度等。收汁成菜盛入专用器皿凉凉。

（6）矫味装盘处理　菜肴虽属同一味感，但凉热的温度不同，其味感是有差异的。因此，炸收菜肴一定在装盘前认真鉴定，进行矫味。矫味中要正确选用调味品，调拌均匀，防止调味品分布不均匀。为了使菜品美观发亮，滋润和鲜香，引诱食者，还可在装盘后酌放辣椒油、芝麻油等。

（四）代表菜品

炸收的代表菜品：花椒鸡丁、糖醋排骨、陈皮牛肉、芝麻肉丝、冷吃兔、葱酥鲫鱼、干收豆筋、麻辣牛肉干等。

炸收示范（糖醋排骨）

思政小结 ▶ 坚定理想信念

小结导入： 只有理想信念坚定的人，才能始终不渝、百折不挠，不论风吹雨打，不怕千难万险，坚定不移为实现既定目标而奋斗。——《习近平在纪念朱德同志诞辰130周年座谈会上的讲话》（人民网，2016年11月29日）

思考讨论： 请结合你的职业目标和理想，谈谈为什么必须坚定理想信念。

分析强调： 理想信念是激励人不断前进的强大动力。人的理想信念，反映的是对社会和自身发展的期望。大学期间，同学们普遍面临一系列人生课题，特别是职业理想设定方面的问题。想要解决这些问题，需要有一个总的原则和目标，这就需要树立科学崇高的理想信念。

第四节 汽（气）体传热制熟法

利用热辐射的过程，在干热空气、水蒸气或烟气中将食材原料加热制熟的方法称为汽（气）体传热制熟法。汽体即水沸腾后挥发出来的有形汽体；气体是由热源散发出来的无形气体。两种传热介质不同，致使加热制熟的菜肴质量也存在一定的区别。汽传热的烹调方法是水加热沸腾后升腾出来的，它的温度要高于沸水。在1个标准大气压下，蒸汽的温度能达到120℃。以汽为主要传热介质的烹调方法有蒸、扣等。气传热的烹调方法是指利用热空气传热将原料辐射成菜肴的烹调技法。空气是一种无形的传热介质，它与水、油、蒸汽等传热介质截然不同，致使原料成菜风格也不相同。气体传热制熟的烹调方法有烤、熏。

一、烤

烤是将加工处理好的原料（一般要腌渍入味），置于明火上或各式烤炉中，利用热辐射直接或间接将原料加热成菜的一种烹调方法。《诗经》中“有兔斯首，炮之燔之”描述的就是烧烤兔子头的生动场面。为了适应消费者的需要，北京烤鸭、泰国烧烤、韩国烧烤、巴西烧烤等与烤相关的餐馆如雨后春笋，很快出现在大中城市，在竞争激烈的餐饮行业占领了一席之地。进入这类餐馆入座后，眨眼之间，肉香便会拂面而来，加上滋滋冒油的声响，便已口内生津，难按心中之馋意。这就是“烤”的魅力。人类历史虽然经过了千百万年的发展，但对烧烤食品的喜爱依旧。至今，世界各地都有吃烧烤的习惯。根据烤制工具的不同，烤可分为暗炉烤、明炉烤。

（一）成菜特点

色泽美观，皮酥内嫩或内外软嫩，鲜香可口。

（二）工艺流程

原料选择（大块原料）→加工处理→码味→烤制→刀工处理→配味碟→装盘成菜

原料选择（小型原料）→刀工处理→直接或码味→烤制→配味碟→装盘成菜

（三）关键点

（1）原料选择　烤适用于形状较大的动物性原料，如鸡、鸭、鹅、鱼、肉等，以及一些植物性原料，如马铃薯、红薯等。这些原料可以生料直接烤制，也可以加工成半熟的坯料进行烤制，还可以完全用熟料烤制。另外，一些小型动植物原料也可以烤制，例如墨鱼须、扇贝、羊肉串、鸡翅以及根茎果实类原料。

（2）调味处理　烤制过程中一般不进行调味，其调味方式有以下几种情况：一是原料在烤前进行码味处理，如叉烤鱼。二是原料在烤制成熟后佐调料食用，如烤鸭。三是现烤现吃，如烤羊肉串。需要预先腌渍的原料，要掌握好调味品的比例和腌渍的时间。原料表皮需要涂抹饴糖或其他调味品的，必须涂抹均匀周到，挂置于通风处吹干表皮。

（3）火候控制　烤制时的火力大小和时间长短，必须根据原料的大小、肥瘦、老嫩灵活运用。在开始烤时，一般要使用大火，待原料紧缩，表面呈淡黄色时，改用小火烤；同时将原料不断翻动和浇油，防止烤焦煳。炉温要适中，在烤制时，绝大多数品种外表受热以150～200℃为宜，即炉温应保持在180～250℃，温度过高原料外壳易焦煳；过低既不能形成金黄色的表面光泽，也不能促使制品内部成熟。

（4）时间控制　烤制时间要根据品种的体积大小而定。制品体积较薄小，时间要短，厚大的时间要长；要求质地松软的烤制时间要短，质地坚硬的则稍长些。此外，制品特色不同，在烤制中时间、温度上也有差别。烤菜最好现烤现吃，不可久存。

（四）代表菜品

烤的代表菜品有：烤羊腿、烤全鱼、挂炉烤鸭、烤鸡翅、烤鲳鱼、烤鳝鱼等。

二、熏

熏是将原料置于密封的容器（熏锅）中，利用熏料的不完全燃烧所生成的热烟气使原料成熟入味的一种烹调方法。熏，即烟熏法。它既是一种烹调方法，又是一种食品加工方法。在熏制菜肴中，有一些品种既可以冷食又可热食，例如四川名菜樟茶鸭子。熏制的菜肴风味独特，故无论是餐饮行业，还是一些家庭，常常采用此烹调方法做菜。

（一）成菜特点

色泽深棕或红黄，烟香浓郁，风味独特。

（二）工艺流程

原料选择→加工整理→直接或经过初步处理（煮、卤、蒸等）→腌渍入味→密闭容器熏制→盛装→辅助调味

（三）关键点

（1）原料选择 熏制菜肴选料广泛，禽、鱼、肉、蛋、豆制品均可。原料可整熏，也可切成条、块状熏制。熏法常使用的熏料有：白糖、茶叶、香料、花生壳、柏枝、稻米、锯末、松针等。从营养卫生角度考虑，一般认为以茶叶、白糖为佳。

（2）控制火候 将熏料烧至冒青烟时要及时转入小火并迅速扑灭火源使其产生烟雾，熏时原料置于熏架上，其下置火引燃熏料，使其不完全燃烧而生烟，烘熏原料致熟。熏制时不可使主料色泽过重，会使主料带有煳味。近年来有资料报道，熏制食物含苯并芘、硫化物、砷等有害物质，久食对健康有害。

（四）代表菜品

熏的代表菜品有：樟茶鸭子、烟熏鱼、熏鸡、五香熏豆干、五香熏蛋等。

三、蒸

蒸又叫笼锅，它是指将经过加工切配、调味盛装的原料放入蒸柜（笼或锅）内，利用蒸汽加热使之成熟或熟软入味成菜的烹调方法。中国的烹调技法繁多，并且复杂多变，而“蒸”则是我国最古老的传统烹调技法之一，它最早起源于新石器时代。据考证，在我国已有6000多年的历史。蒸在菜品的烹制中运用十分广泛，它是将实物原料以水蒸气作为传热介质加热成熟的一种烹调技法。根据蒸制的方法及风味特色，通常将蒸分为清蒸、粉蒸和旱蒸。

（一）清蒸

清蒸是指主料经过半成品加工后放入调味品、鲜汤等蒸制成菜的一种烹调方法。

1．成菜特点

原料本色，汤汁颜色自然，口味鲜醇，清淡爽口，质地软嫩细腻。

2．工艺流程

原料选择→初加工→熟处理→刀工→盛装→调味→蒸制→装盘成菜

3．关键点

（1）原料选择 蒸制类菜肴选料必须新鲜，这是因为蒸笼内水蒸气已达饱和状态，压力较高，原料中的蛋白质不易溶于汤汁中，而调味料也很难渗入到原料内部去，所以，菜肴能较好地保持原料的原汁原味。如果原料不新鲜，那么不新鲜的异味就会更加突出。

（2）调味处理 清蒸菜在制作过程中，原料不易与调味品结合，因为蒸笼内蒸汽达到饱和之后，菜肴本身液汁不易溢出，调味料也不易渗入原料内部，所以主要依靠烹调前的调味，不管是原料预先的腌渍，还是把调味品加入容器中，都要掌握得恰到好处、十分准确，不偏不倚。

（3）火候运用 根据清蒸菜原料的性质、形态和菜肴的质感，灵活运用火候，以达到菜

肴技术要求的标准。在实际操作过程中，应注意以下三种火候的运用：旺火沸水速蒸，这种方法多适用于质地较嫩的原料，成品要求质地鲜嫩，蒸熟即成，不能蒸酥；旺火沸水长时间蒸，凡质地较老，体形较大而又需要蒸制酥烂的菜肴多采用这种方法。中等小火徐徐蒸，某些花色菜，经过精细的加工，不宜用旺火急蒸，以免冲散外形，故只能用小火徐徐蒸，以保持形和色的美观。

（4）锅内水的用量　蒸制过程中，要适当地加沸水以防止干锅。若采用较长时间蒸制时，要把水加足；若发现水量不足时，应随时加入沸水，防止干锅。切忌加冷水入蒸锅。

4．代表菜品

清蒸的代表菜品有：清蒸鳜鱼、清蒸全鸡、清蒸多宝鱼、清蒸鲥鱼、清蒸大闸蟹等。

（二）粉蒸

粉蒸是将加工切配后的原料用各种调味品调味后加入适量的大米粉拌匀，用汽蒸至熟软滋糯成菜的一种烹调方法。

1．成菜特点

色泽自然，软糯滋润，醇浓鲜香，油而不腻。

2．工艺流程

原料选择→刀工处理→调味→拌入米粉→直接或加入辅料入蒸碗→蒸制→装盘成菜

3．关键点

（1）原料选择　米粉菜肴选料广泛，质地老嫩不一。但有一点是必须注意的，那就是选料要精。例如做“粉蒸肉”，就应选皮薄肉嫩的五花肉，而切忌用那种膘厚油重的肥猪肉，否则吃起来腻口伤胃。如果喜欢吃瘦一点的，则可挑选猪前胛或后臀肉，并以肥瘦比例各半为宜。配料的选择要注意性味和谐，大多选用马铃薯、南瓜、四季豆、豌豆等，这些配料能起到清口解腻的作用。

（2）刀工处理　在制作菜肴时要刀口一致，腌渍入味。刀口一致，条块均匀的目的是保证原料受热均匀、成熟一致。但是原料的形状规格并不是千篇一律、一成不变的，它还要与装盘的款式、火候的大小结合起来灵活运用。因此，加工成形的原料须做到条块均匀、大小一致却是技术上的基本要求。

（3）火候控制　蒸制是采用急火猛蒸，一气呵成。由于粉蒸菜肴使用的是生料，而且外表用米粉裹住，传热较慢，因而需用旺火猛蒸，且中途不能散气。这就需要有一定经验来判断菜肴是否已经成熟。对那些体小质嫩的原料，蒸制的时间相应要短一些。总之，蒸制中途不能揭笼“散气”，只有一鼓作气将菜蒸熟透后，方可熄火揭盖。

4．代表菜品

粉蒸的代表菜品有：粉蒸牛肉、粉蒸羊肉、粉蒸鸡、粉蒸牛蛙、粉蒸鳝鱼、粉蒸泥鳅、荷香粉蒸排骨等。

（三）旱蒸

旱蒸又叫扣蒸、干蒸，它是指将刀工处理的原料经过腌渍入味（或不经腌渍）后装在盘中，淋入调好的酱汁，上笼蒸制成菜的一种烹调方法。

1．成菜特点

色泽油润明亮，质感细嫩软烂，味道香醇鲜美。

2．工艺流程

原料选择→加工处理→调制酱汁（淋入）→蒸制→装盘成菜

3．关键点

（1）原料选择　适宜旱蒸的原料大多是一些鲜鱼、猪五花肉、猪排骨、鸡、鸭、鸽子等。这些原料均要求新鲜、肥嫩、无血瘀和未经冷冻。另外，植物性原料常见有茄子、豆角等。

（2）初加工处理　原料的初加工要认真、仔细，并须具有一定的技术，稍有不当，则会造成原料损失和影响菜肴质量。如宰杀鸡、鸭时，血要放尽，腹腔内的血污要除尽，剖鱼时切忌弄破苦胆。

（3）调味处理　旱蒸的动物性原料除部分菜肴，如咸烧白、灯笼鸡等调制复合味后蒸制直接成菜外，大部分菜肴蒸熟后还需要进行辅助性调味才能成菜。调味宜淡不宜浓。蒸制时应根据菜肴的具体要求，直接蒸制或加盖，或用猪网油盖面，或用皮纸封口，但均不加汤汁。

4．代表菜品

旱蒸的代表菜品有：龙眼甜烧白、咸烧白、旱蒸姜汁中段、旱蒸回锅肉、旱蒸童子鸡等。

思政小结 ▶ 基于烹调专业角度的职业纪律

小结导入： 职业纪律是指在特定的职业活动范围内，从事某种职业的人必须共同遵守的行为准则，包括劳动纪律、组织纪律、财经纪律、保密纪律、宣传纪律等基本纪律要求以及各行各业的特殊纪律要求。职业纪律的特点是具有明确的规定性和一定的强制性。

思考讨论： 在从事烹调工作过程中，是否需要遵守职业纪律？

分析强调： 从事烹调工作的人员服务餐饮企业，餐饮企业为消费者提供餐饮产品，在这样一个相互交织的职业活动中，需要从业人员遵守特定的职业纪律。例如：爱岗敬业，诚实守信；钻研业务，提高技能；恪守规程，标准办事；讲究卫生，安全生产；厉行节约，综合利用；遵纪守法，严格自律。

第五节　其他制熟的烹调方法

除水传热制熟法、油传热制熟法、水油混合传热制熟法、汽（气）体传热制熟法外，还有固态介质制熟法和非加热制熟法等。固态传热介质有金属、食盐、沙粒、白糖等。在烹饪中，固态传热介质进行制熟的技法也非常广泛。其制熟法有：盐焗法、泥烤法、锅烤法、铁板烙法、石烹法等等。另外，还有非加热制熟法。它是指在最后成菜制熟的环节中不需要加热而成菜的一类烹调方法。有一些制熟法中，原料从始至终不需要加热；而有一些制熟法中，原料需要先经过初步熟处理，最终成熟时不需要加热。常见的非加热制熟法有：泡、腌、拌等。

一、糖粘

糖粘又名挂霜，是指利用再结晶原理，将经过初加工的原料粘裹一层糖汁，经冷却凝结成霜而成菜的烹调方法。糖粘是制作甜菜的一种烹调方法。糖粘的菜肴以洁白如雪而深受食客的青睐，特别是广大女士和儿童。宋代大文豪苏东坡在《送金山乡僧归蜀开堂》中以“冰盘荐琥珀，何似糖霜美”来赞美挂霜美食。挂霜类菜肴在制作上技术性要求较高，难度较大，特别是对于火候的控制，故在行内被称为“功夫菜”或“技巧菜”。烹饪操作者能够正确掌握好糖在整个烹调过程中所发生的一系列理化变化是挂霜的制作关键。

（一）成菜特点

色泽洁白似霜，形态美观雅致，口感油润或松脆、干香。

（二）糖粘的原理

糖粘是利用蔗糖水溶液不断地加热，蒸发水分，达到饱和状态后蔗糖重新结晶的原理来实现烹调技法的。行业中把这一加热过程称之为“熬糖”。糖粘菜肴的熬糖与拔丝有所不同，因为拔丝的成菜标准是要夹起后能牵出丝来，而糖粘的成菜标准则是要使原料表面凝成一层白霜，之所以有这样不同的效果，主要是熬制糖浆的方法不同，上霜的菜肴必须使糖浆出现“返砂”的现象。所谓返砂，即是指糖浆再度结晶，黏附在原料表面的过程。要想使糖浆重新结晶，关键取决于熬糖时温度和浓度的变化。

蔗糖易溶于水，在一定温度下一定量的水所能溶解蔗糖的量是有限度的，这种限度叫溶解度，达到溶解度的溶液叫饱和溶液。蔗糖的溶解度会随着温度的增高而加大，随着温度的降低而减小，如温度在20℃时，100克的水可溶解蔗糖203.9克，而温度在100℃时，100克的水则可溶解蔗糖485.2克。如果在熬制糖浆的过程中，温度和糖、水的比例超过了这种溶解度的范围，糖浆中就会出现过饱和溶液，致使晶核形成，而温度下降越快，溶解度就越低，晶核产生的速度就越快，数量也越多，而且，当晶核产生后，还会很快成长。这个成长的过程与糖浆中出现的过饱和溶液呈正比，与晶核的生长速度呈反比。白糖结晶时颗粒的大小决定于晶核产生的速度和晶核成长的快慢，一般情况下，当晶核产生速度超过晶核成长速度时，白糖结晶的颗粒就会细小而均匀，这时上霜菜肴颜色洁白光亮，效果极佳；当晶核产生速度低于晶核成长速度时，白糖结晶的颗粒就会较粗而不均匀。

另外，蔗糖的转化作用也会影响晶核的生成。当蔗糖溶液长时间沸腾时，水分子会介入蔗糖分子中去，将其结构分裂成两个独立的分子，即葡萄糖和果糖，此过程由于旋光方向转变，故称之为转化作用。生成物称为转化糖。转化糖吸水性强，不易结晶，所转化的糖越多，则结晶越少，但转化糖的存在，可促使细结晶形成，使糖甜绵。

（三）工艺流程

原料选择 → 加工处理 → 熬糖液 → 糖粘或撒糖粉 → 装盘成菜

（四）关键点

（1）原料选择　糖粘类菜品应选用新鲜、无虫蛀、不变质的原料。原料加工时去皮、除核，清洗干净。原料成形以块、条、片、段、粒和自然形态为主。

（2）初步熟处理　初步熟处理的方法一般有过油（过油又分为挂糊炸和不挂糊炸）和烘箱烤熟。有的在过油前还要经过焯水，有的要蒸软制成形后再用油炸，还有的在制成后再拍粉油炸等。油炸要外酥里嫩或外脆里糯，这样配合糖霜的质感，菜肴才有风味特色。油炸后的原料一定要沥干油分。

（3）熬制糖浆　首先，用具必须洁净，在炒糖汁之前要将锅及用具用碱水洗刷干净，再用清水洗净，不能带油腻和污垢。其次，要掌握好坯料与糖和水的比例。糖溶液的浓度在75%以上为佳，但又不能太浓。一般来说，500克坯料，用白糖300克，清水100克炒成的糖汁较适度。再次，要掌握炒糖汁的操作方法。炒糖汁一般火力要小而且集中，火面最好小于糖液的液面，使糖液由锅中部向锅边沸腾。否则会影响色泽，导致制霜失败。最后，要掌握好炒糖汁的老嫩程度。火候偏大，糖汁偏老，原料会粘糖不均匀或粘不上糖；火候小，糖汁偏嫩不易结晶，原料回软影响效果。

（五）代表菜品

糖粘的代表菜品：糖粘花生仁、糖粘羊尾、雪花土豆、糖粘杏仁、挂霜桃仁、挂霜莲子等。

糖粘工艺

二、拔丝

拔丝是指将水果类或淀粉含量较高的根茎类原料经过刀工处理后直接或拍粉、挂糊，先放入油锅中炸成半成品，再粘裹一层能起丝的糖汁而成菜的烹调方法。拔丝是一种富有情趣、技术性较强的烹调技法，由元朝时期制作的“麻糖”演化而来。在一些家庭和饭店里，无论是盛大宴会，还是家庭团聚，人们总喜爱叫上一款拔丝菜，上桌时金丝缕缕、妙趣横生，食者无不叫好称快。在一些厨师职业技能考评中，拔丝菜经常作为必考菜品，以考验厨师的烹饪技能。由此可见，拔丝菜肴在烹饪学习者中占有非常重要的地位。在餐饮行业中，拔丝还有另一个专有名词，糕点行业称之为“亮浆”。

（一）成菜特点

色泽琥珀，明亮晶莹，外脆里嫩，口味香甜。

（二）拔丝的原理

将蔗糖加油或水炒熬到一定的火候，然后把已炸好的原料投入其中进行翻炒，便可拔出丝来。在这一烹调工艺中，蔗糖在高温条件下完全融化后再降低温度，结构发生了半固化、固化，以至重结晶的变化。经过化糖、熬糖、拔丝的操作工艺，拔丝菜肴表面的糖衣具有了不同于蔗糖的结构特点。

众所周知，较纯正的蔗糖是白色的粒状晶体，典型的蔗糖晶体为12面体的单斜晶系结构，其夹角为108°。在实际结晶过程中，由于受温度等条件的影响，蔗糖晶体有所变形，一般以8面体为多，但仍属单晶系结晶，其熔点为185～186℃。当把纯净的蔗糖直接加热到150℃时就开始变软，如果再继续加热，蔗糖便开始融化成微黄色的黏稠物。

糖溶化在水中后，绝大部分的水分在加热搅拌时要被蒸发掉，这个过程称为熬糖。熬糖可以使蔗糖分子间的连接破裂并中断，使结晶体分散成无定型的非晶体结构。这种由结晶体向非结晶体无定型结构的转变，就是烹制拔丝菜肴的原理。结晶型与无定型结构的区别在于分子的排列状况不同。结晶体中分子呈规则排列，结构非常严密，能量较低，状态稳定：而在无定型结构中，分子的排列如同一盘散沙，杂乱无章。拔丝菜肴所需要的恰好就是这种无定型状态的糖浆，它在一定的温度下有良好的可塑性，可以随原料而成形，因此有人认为这是一种介于液体和固体的中间状态。当熬好的糖浆加入炸好的原料不断翻动后，糖浆温度下降，黏度增大，流动性减小。当温度下降到70～80℃时，糖浆的可塑性最大，拔丝的成功就是利用糖浆在这一温度区域的特性，在原料挂满糖浆而尚未凝结的时候，拉伸原料，使一块块原料之间在一拉一伸的外力作用下形成了绵绵不断的丝。

（三）工艺流程

原料选择→刀工处理→直接或拍粉、挂糊→炸制→熬制糖汁→倒入主料→装盘→拔丝成菜

（四）关键点

（1）原料选择　拔丝菜肴主料一般选择新鲜水果、干果和蔬菜块状根茎，如莲子、桂圆、苹果、梨、桃、荔枝、马铃薯、山楂、山药、红薯、马蹄、藕等。也可选鲜嫩的动物性原料，如猪里脊肉、鸡脯肉、净鱼肉、小肉丸等。调料糖的选择也不容忽视，日常生活中常用的糖主要有绵白糖、冰糖、白砂糖等。

（2）刀工处理　拔丝原料一般要求去皮、壳、核，小型原料可保持原有形状，不作刀工处理，大型原料则需做改刀处理。另外，对于一些刀工处理后容易发生酶促褐变的原料（如马铃薯、山药、藕等），需要先用清水或柠檬水泡好，以保证其鲜艳的色彩。为了美化原料形状，可运用各种刀法将原料切成段、条、块，或是切成四方块、骨牌块、滚料块、圆球形等。也可采用卷、包、酿等不同手法将原料生坯做成圆筒状、葫芦状、春蚕形等。不管将原料切成何种形状，均要求切得大小均匀、长短一致，还不能有连刀。

（3）挂糊手法　挂糊是拔丝菜肴中很重要的操作程序，它的好坏直接影响到拔丝菜肴质量的好坏。拔丝所用的糊较多，有全蛋糊、蛋清糊、蛋泡糊、水粉糊等。在对拔丝菜肴进行挂糊时，要根据原料不同的性质具体对待。如马铃薯、山芋等，它们含淀粉较高，水分相对较少，可采用拍粉或不挂糊的方法直接入油锅中炸。

（4）初步熟处理　认真进行熟处理，确保原料达到良好的口感和色泽。油炸是拔丝菜肴必不可少的环节，炸制拔丝菜原料，一定要掌握好油温。不挂糊的干果类原料，只需用三四成热的油温浸炸：拍粉的原料，如马铃薯、山芋等根茎类原料，则以五六成热油温为宜。拔丝原料一般都会分两次油炸，第一次初炸应以相应油温将原料炸至九成熟；第二次复炸的油温则在七八成热之间，表面呈金黄色即出锅。原料油炸后要立即沥净油（敲晃），随即放入糖浆中，假若不将原料中的油沥干，则会导致糖浆变稀，使糖浆的黏附能力减弱，不易包裹均匀，影响成菜后拔丝的效果。

（5）火候及投料处理　炒制糖浆一般有油炒法、水炒法、水油混合炒法这三种方法。拔丝菜肴的关键就在于炒糖，如糖浆炒得太嫩（火候不到）则拉不出丝，或拉出的丝太细太短；如糖浆炒得太老（过火），有时虽有丝，但色泽很深，且糖丝很粗，糖浆变苦，影响成菜的口味。因此炒糖的火候和投料时机掌握要准，糖浆老、嫩的变化几乎在几秒之内，因此，炒糖时要注意观察其色泽并注意搅动时的手感。

（6）翻拌　由于糖液冷却速度快，出丝时间短，判断投料时机后，应立即将原料投入锅中翻炒，使原料均匀地包裹上一层糖液。快速装盘，上菜速度要快，稍一迟缓，就可能拔不出丝来。在冬天，制用此菜时，可在盘子底部垫上一碗开水，一起上桌，或将盘子先蒸一下，以起到预热的作用，防止糖浆冷却过快。由于糖液冷却后，会形成较硬的玻璃体结块，应在盘中涂上一层食用油，防止粘盘。

（五）代表菜品

拔丝的代表菜品有：拔丝香蕉、拔丝苹果、拔丝土豆、拔丝山药、拔丝冰淇淋、拔丝橘瓣等。

三、拌

拌是指将生料或凉凉的熟料，加工切配成丝、丁、片、块、条等规格，用调味品和匀成菜的烹调方法。

（一）成菜特点

色泽美观，鲜脆软嫩，味型多样，菜品丰富，地方风味浓郁。

（二）工艺流程

原料选择→加工处理→直接或熟处理→切配（或装盘）→调味→拌制或浇汁→装盘成菜

（三）关键点

（1）原料选择　拌制菜肴应选择新鲜无异味、受热易熟、质地细嫩、滋味鲜美的原料。动物性原料，要去尽残毛，洗净血腥异味；植物性原料，要包削皮去核（瓤），清洗干净；干货原料要选用相宜的涨发方法，控制适合于拌制的涨发程度。另外，菜品所用油脂大多为植物性油脂，例如菜籽油、花生油、大豆油、橄榄油等。

（2）刀工处理　凉拌菜肴的原料，不论生料或熟料一定要求新鲜度高，重视讲究刀工、拼摆盘技术和操作的清洁卫生。经过熟处理的原料，如果需要进行刀工处理，要待原料凉透后才能分割。

（3）初步的熟处理　一些新鲜细嫩的蔬菜原料，在焯水时应该火力旺，水温高，沸水下料，以保持原料的色泽。动物性原料若腥膻味较大时，可先冷水锅焯水，再经过煮的方法进行初步成熟，煮制时原料大多以刚断生为宜。

（四）代表菜品

拌的代表菜品有：夫妻肺片、红油三丝、蒜泥白肉、凉拌折耳根、椒麻鸡丝、烧椒茄子、鱼香蚕豆等。

四、冻

冻是利用原料本身的胶质或另加猪皮、琼脂、明胶等辅料，经熬制后，再凉冷凝结成块，最终达到成菜晶莹透明、鲜嫩爽口的一种烹调方法。“冻”是我国多种特殊烹调技法的一种，素有“水晶”菜肴之称。其制作特点在于使汤汁冷却后能形成“冻”，这样才能突出冻制菜肴的风味。冻制类品种既可以单吃，也可以就餐，更可用巧妙的刀工技巧，拼制成各种花色冷盘，此菜作为头菜上桌还可以给人产生一种清爽舒适之感，在丰盛的宴席中独树一帜，不失为一道待客佐酒佳肴。

（一）成菜特点

清澈透明，质地光滑软韧，入口即化，味道鲜美可口。

（二）工艺流程

原料选择→初加工整理→熬制或汽蒸→冷却凝固→直接或刀工处理→装盘造型→淋味成菜

（三）关键点

（1）原料选择　制“冻”所选用的冻料需富含胶原蛋白，例如肘子、猪蹄、鸡爪等，如采用其他原料制“冻”，则需要加入适量琼脂、猪皮、明胶粉等。除以上原料外，主料多选用一些鲜果、瓜蔬，或是一些无骨细嫩的动物性原料，比如山楂、苹果、橘子、西瓜、虾仁、鸡胸肉、鸭肉、鱼肉等。

（2）加工处理　加工处理分为两个方面。主料的初步加工：鲜果、瓜蔬大多需要削皮、剜去籽核和不可食用部分；动物性原料要去掉毛渣、薄膜、碎刺或其他不可食用、影响成菜效果的部分。冻料的初步加工：猪肉皮应先入沸水锅煮至断生，捞出过凉后，再用镊子拈净残毛、用刀刮净油污和肥膘。琼脂用温水洗净后，即可使用。

（3）刀工处理　主料多切成小型的丁、片、块、条等，也可在大片的基础上，用模具压成各种花形，如梅花形、菱形、凤尾形等。冻料中的猪肉皮一般是切成细丝，但切的时候要趁热，凉了之后便不利于刀工操作。

（4）成熟处理　主料一般多用水煮法加热至熟。肉类原料应先加少许料酒、食盐、味精、姜葱汁和干淀粉抓匀上浆，然后再投入沸水锅中汆熟；蔬菜沸水锅焯水捞出凉凉；水果则直接使用。

（5）熬冻汁　熬冻汁有两种方法。一种是肉皮冻汁，熬至黏稠时应该过滤使用；另一种是琼脂或明胶熬冻汁，则只需要与清水按照一定比例，置于火上煮或入笼蒸化即可。需要注意的是猪肉皮与水的比例约为1∶4，琼脂与水的比例约为1∶40。

（四）代表菜品

冻的代表菜品有：桂花冻、水晶银耳冻、水晶切糕、杏仁豆腐、水晶菠萝糕、水晶肴肉等。

五、腌

腌是指将原料浸入调味卤汁中，或与调味品拌匀，以排除原料内部水分，使调味汁渗透入味成菜的制作方法。腌渍是一种特有的加工方法，由于其方法简单，成本低廉，风味独特，增进食欲，深受消费者欢迎。我国腌制菜起源于周朝，距今约有3000年历史。随着工艺和配方的不断改进，我国的腌制菜已是丰富多彩，各地出现了许多著名的产品，如四川大头菜、冬菜、榨菜、芽菜被称为四大腌菜。饭店餐厅的腌与一般腌腊肉品的腌和腌制成菜的腌是不相同的概念，饭店餐厅的腌渍是取料新鲜、调味丰富、应即时之需，不贮存等特点。

（一）成菜特点

色泽鲜艳，鲜嫩清香，醇厚浓郁。

（二）工艺流程

原料选择→加工处理→调制卤汁→腌渍→直接或刀工处理→装盘成菜

（三）腌渍的方式

根据腌渍原料的处理和调味卤汁的不同，腌渍可分为以下几种。

（1）盐腌　盐腌是以食盐为主的一般腌渍方法。适合盐腌的原料，主要以蔬菜、鸡、鸭、兔等为主，盐腌菜肴具有色泽美观、清香嫩脆醇厚的特点。蔬菜类原料是生拌，直接与调味品调制的味汁腌渍成菜。如盐腌黄瓜、酸菜白菜等。鸡、鸭、兔、鲜鱼类原料需经蒸或水煮，或焯水至刚熟凉凉，再与调制的味汁腌渍成菜。如盐水鸡、盐水兔等。盐腌的调味品主要有食盐、泡辣椒、白醋、白糖、姜、芥末面、味精等。根据菜肴的风味，可调制盐水咸鲜味、糖醋味、芥末味、酸辣味等。

（2）酒腌（又称酒醉）　酒腌是以食盐和酒为主要调味品的一类腌渍方法。酒腌菜肴具有色泽金黄、醇香细嫩的特点。适合酒腌的原料，主要以虾、螺、蟹为主。酒腌时，要用竹篓将虾、蟹、螺等放入流动的清水内，让其尽吐腹水、排空腹中的杂质，再控干水分，放入坛内盖严。然后将以食盐、白酒或绍酒、花椒、冰糖、丁香、葱、姜、陈皮等调味品制好的卤汁，掺入坛内，酒腌3～7天即可。

（3）糟腌　糟腌是以食盐和香糟卤、红糟卤为主要调味品的一类腌渍方法。糟腌具有鲜嫩醇厚，糟香爽口的特点。适合糟腌的原料以鸡、鸭、猪肉、冬笋等为主。糟腌前，这些原料都要先煮至刚熟，捞出凉凉，经刀工切成条、片等规格，再与卤汁糟腌3～4小时即可。有的还可以入蒸笼内加热一下，取出静置凉凉成菜。

（4）甜酸柠檬汁腌　甜酸柠檬汁腌是以白糖加水熬至浓稠凉凉、再加入柠檬酸制成卤汁，腌渍原料成菜的方法。其腌渍的菜肴具有色泽鲜艳，甜酸清香，嫩脆爽口的特点。适用于萝卜、藕、莴笋、黄瓜等原料。腌渍前进行刀工，以片、条、花形等规格为主，并加入甜酸柠檬汁，腌渍约半小时，待甜酸味渗透后，捞出滴干水分，装盘即成。

（四）关键点

（1）原料选择　腌渍菜肴应选用新鲜、质地细嫩、滋味鲜美的原料。例如黄瓜、青笋、萝卜、莲藕、猪肉、鸡肉和部分内脏等。

（2）盐的使用　未经刀工盐腌的原料，食盐要均匀抖散，盐腌的中途要不时翻动，使食盐渗透均匀。有的盐腌，要先用食盐腌渍出坯，滴干水分，再将盐及所需调味品调制均匀，然后与出坯后的原料进行腌渍，这样既节约调味品，又有良好的质感和调味效果。

（3）柠檬汁的使用　甜酸柠檬汁要控制调味汁的浓稠度。掌握调味汁对原料的渗透能力和甜酸味感的程度，保持腌渍的菜肴有良好的甜酸风味和清脆的质感特色。有些原料需焯水腌渍，如藕等。

（五）代表菜品

腌的代表菜品有：糟醉鸡条、糟醉冬笋、珊瑚雪莲、三色雀翅等。

六、泡

泡是指经加工处理的原料装进特制的有沿有盖的陶器坛内，以专制的溶液浸渍一定的时间，经过乳酸发酵而成熟的一种烹调方法。泡是中华民族最为传统的烹饪技法之一，《六书故·地理三》中记载："泡，以汤沃物亦曰泡。"这种古老的技法与菹、渍有着明显的区别。一是要用特制的陶器坛，二是溶液的用量大不相同，泡的溶液要以淹过原料为度，而菹、渍之法有的并不加溶液，或有的虽加溶液，但用量极少。据《中国陶瓷史》考证，出土陶器中已有三国时越窑生产的泡菜坛。而如今，川味泡菜早已名扬四海。

（一）成菜特点

色泽自然，清淡爽口，酸味纯正，脆嫩芳香，醇厚绵长，解腻开胃。

（二）工艺流程

原料选择→初步加工→整形或刀工→预处理→配置盐水→投入主料泡制→直接或刀工处理→装盘成菜（可淋入味汁）

（三）关键点

（1）原料选择　适合做泡菜的蔬菜很多，凡不易软化、质地脆嫩、新鲜且富含一定糖分的蔬菜均可作为泡菜的原料，组织致密且纤维素少的蔬菜，泡制后往往脆嫩可口，比如萝卜、胡萝卜、大头菜、榨菜等根茎类。另外，需了解各种蔬菜的出产季节和质地。一般来说，莲花白、蒜薹、青椒等蔬菜宜选用质老的；刀豆、菜头、生姜、黄瓜、豆类等蔬菜宜选质嫩的。

（2）泡菜坛的选择　泡菜坛一定要选釉色好、无裂纹、无砂眼、坛沿深、盖子吻合的。要求口小、中间部位大，坛口周围有6～8厘米宽的帽边形水槽，水槽边要低于坛口，坛口外覆盖有碗形深皿。

（3）食盐水的配置　泡菜水的质量直接影响到泡菜的品质，最好选用硬水，以保持泡菜的脆嫩。如果硬度达不到，可在盐水中添加0.08%浓度的氯化钙或碳酸钙，食盐则选用海盐、岩盐、井盐等，尤以井盐最佳。通常情况下，制作泡菜的盐水浓度为6%～8%。盐水浓度过高，会抑制乳酸菌的活动；盐水浓度过低，又会促进乳酸发酵而导致酸味过度，进而丁酸菌等杂菌大量繁殖，使泡菜腐败。

（4）泡菜"生花"　随着温度和外界条件的变化，泡菜坛里会经常生花。首先可以往坛里加入新鲜蔬菜并装满，以形成相对缺氧的状态，从而抑制产膜酵母和酒花菌的生长；往泡菜水里加入0.002%～0.005%的山梨酸盐，也可以缓解酵母膜的形成；在及时去除盐水表面白膜的同时，另外加少量白酒、生姜、大蒜、花椒等，不仅可以迅速"消花"，还可以防止泡菜腐败；最后就是捞泡菜时，一定要严格保持卫生，尤其是要防止油脂及污水混入坛内。

（四）代表菜品

泡的代表菜品有：泡椒凤爪、泡莲花白、泡仔姜、泡萝卜、泡豇豆、泡胡萝卜等。

七、盐焗

盐焗，也叫盐烙、盐煨，就是将生料或半熟的原料经过腌渍，晾干后用薄纸包裹，埋入灼热的盐粒中加热成熟的一种烹调方法。

（一）成菜特点

形状保持完整、肉烂骨离，骨酥香浓、原味鲜美。

（二）工艺流程

原料选择→加工整理→腌渍→包裹→热盐焗制→装盘成菜

（三）关键点

（1）原料选择　焗制类菜肴大多选用三黄鸡、肥鸭、大虾、鳝鱼等新鲜的禽类、水产类。例如，所用的鸡，一定要用当年未下过蛋的“三黄”肥嫩母鸡。这种鸡是优良品种，毛黄、嘴黄、脚黄，俗称“三黄”。它头小体壮、肉质细嫩、滋味鲜美。

（2）包裹处理　在包裹工序中最关键的是封包的砂纸必须细薄，能耐高温且透气性好，否则原料不易焗透。包裹时要包紧包匀，不能太松。

（3）手法及用盐量　盐焗的用盐量要适当，不可太少，必须能把整个原料完整地埋住。以盐焗鸡为例，每只鸡用4千克左右的盐为宜。炒盐时要炒够温度，一般要炒至盐发出“啪啪”响声，呈现红色，温度在120℃以上才符合标准。炒制时切忌混入油渍、异味，否则会严重影响菜肴质量。

（四）代表菜品

盐焗的代表菜品有：盐焗鸡、盐烤河鳗、盐烤明虾、盐烤鳝鱼、盐烤荷叶鸭等。

课后练习题

思政小结 ▶ 厨师还有未来吗?

小结导入： 机器人“爱可”外形似一台大冰箱，它掌握中国烹饪工艺的“十八般武艺”，能顺溜地晃锅、颠勺、划散、倾倒，还能娴熟地炒、爆、煸、烧、熘等。“爱可”还内置了菜单，不管是鲁菜、川菜、粤菜，只要给它放入特制的菜料并启动，几分钟后，热气腾腾的菜肴就“出炉”了。

思考讨论： 随着机器人研发技术的不断提高，未来厨师职业会被机器人取代吗?

分析强调： 对于厨房里一些比较简单的工作，机器人也许可以取代，但厨师能够自主学习，具有创造性，所以“机器替代人”主要是替代“人干不了”“人干不好”“人不想干”的工作，并非替代厨师这一职业，我们要树立信心，刻苦学习，勇于攀登。

09 第九章 CHAPTER 菜肴的造型与美化工艺

学习目标

1. **掌握：**冷菜造型的一般规律；冷菜单盘造型的形式；冷菜装盘的步骤；热菜造型常见的方法；热菜装盘的方法；菜肴美化的概念及形式；菜肴美化遵循的原则。

2. **熟悉：**菜肴造型的一般规律；冷菜造型的特点；冷菜拼摆的常见方法及基本要求；热菜装盘的基本要求；汤菜造型的方法；菜肴美化的具体方法。

3. **了解：**影响菜肴形状的主要因素；菜肴造型的盛器选择方法；花色冷菜拼盘造型的方法及程序；水果拼盘的制作；热菜造型的特点及一般规律。

装盘是整个菜肴制作过程中的最后一道工序。菜肴装盘的好坏，不仅关系到菜肴的形态美观，而且对客人的饮食情趣影响也很大。不论是从专业的烹饪角度还是食客角度的来看，“菜肴”都是一个综合性的概念。因为它不仅要供食客进食以满足口腹之欲，而且它还要具有艺术性及观赏性。如此看来，一份合格的菜肴，不仅要具有符合菜肴本身的色、香、味、还需兼具形、器和质，那么这就涉及一个概念，就是“菜肴的造型与美化”。

菜肴的造型与美化是指在厨房经烹调好的菜肴必须盛装在一定的容器中，然后根据具体的菜肴及宴会主题等要求，对菜肴盛装的器具、菜肴形状、色彩及修饰等方面做相应的精心安排，以达到预期目标的工艺过程。一般来说，菜肴的精致来源于刀工，菜肴的口味起源于烹调，菜肴的美化依赖于盛装。因此，菜肴的盛装是产品的包装，是演员出场的化妆，是评判菜肴质量的一项指标，也体现厨师精湛厨艺的一个重要方面。

第一节 菜肴造型规律及盛器选择

一、影响菜肴形状的因素

中式菜肴素来以讲究色、香、味、形而著称。我们平时在进餐时都有这种体会，凡是装盘美观的菜肴，总是容易引起人们的食欲。由于菜肴讲究“形”，对烹饪技术的发展和提高也起到了推动作用。菜肴讲究“形”，不仅是一种技术，而且更是生活与艺术的相互结合。菜肴优美的“形”，不仅能使人赏心悦目，增加食欲，而且还能提高人们的审美情趣，激励人们对生活的热爱。在对菜肴的要求中，虽然“形”排在色香味的后面，但是菜肴形状的好坏不仅影响食客的视觉，还影响菜肴的口感、质地和滋味等，所以我们对“形”不能忽视，而应将它与色香味等量齐观。

（一）选料

现在制作菜肴的原料品种繁多，烹饪技法多样，调味品丰富，而烹制出的菜肴也千变万化，绚丽多彩。新菜式的产生，同时也就是新的菜“形”的形成。制作菜肴的原料大都有自己固定的形状（液体原料除外），例如芹菜秆的粗细，韭菜叶及叶柄的宽窄，整鸡、整鸭、整鱼的大小等。在烹制这些原料时，我们首先应选择大小粗细较为一致的为宜。如“炒芹菜”一般选用茎秆直径约0.5厘米为好。若直径过粗，须将芹菜剖成两片或四瓣，这样不仅工序繁杂，而且还破坏了原料本身的自然形状。若芹菜过细，经过烹调前初步熟处理后，成菜就会减少脆嫩感，既破坏了成菜的形，又影响了成菜的质感。

制作整鸡、整鱼的菜肴也是这样，比如“扒鸡”，须选用0.5～0.75千克的仔鸡较为合适，这样不仅在烹制时容易入味，装盘造型上也显得丰满得体。制作“红烧鱼”，一般选用0.5～0.75千克的鱼较为理想，若过大，还需刀工处理，那样既破坏了整鱼的完整形态，又会使鱼肉损失特有的鲜美滋味；若过小，装盘显得凹瘦，失去美感。

（二）刀工

菜肴烹制前须将原料改刀成菜品所需的各种形状，这最终起着决定菜肴形状的重要作用。因为烹调中式菜肴所需原料甚多，烹制方法多样，所以烹制菜肴时所需的原料形状也较繁杂。但不管烹制哪种菜肴，所需原料常见的外形不外乎是丁、条、片、段、块、丝、粒、蓉等几种，只不过因菜品的要求和烹制方法的不同，而形状的大小厚薄有所差异而已。另外就是将蓉泥制作成丸子、圆饼之类的特殊形状。

为了达到菜品的质量要求，厨师必须将原料切配得大小一致，厚薄均匀。这样做不仅能使原料在烹制时受热均匀，容易入味，成熟一致，而且在装盘时整齐划一，形态美观，给人一种美感。在制作凉菜时，刀工尤显重要，因为凉菜与热菜不同，凉菜大多是先烹调后刀工，因此，凉菜对刀工处理和装盘的要求就更加严格，事厨者一定要按菜品要求去合理切配装盘。

（三）出水

出水是将经洗涤、刀工处理后的烹调原料放入沸水锅中，经过焯、烫、煮等初步熟处理过程。凡经“出水”的原料，基本上是至断生即可，千万不能过火。若“出水”时间过长，会使原料过于熟烂，而在烹调入味时又继续加热，不仅会严重损失营养，也会使主料碎烂，继而影响菜肴的成形。

（四）过油

过油是将原料经刀工处理后挂糊或不挂糊，放入不同温度的油锅中滑散至将熟的一道工序。这道工序对菜肴的成形也起着重要的作用。如“滑鱼块”，其制作程序是将鱼块挂糊后，放入热油锅内炸至呈金黄色。因为原料外面裹有淀粉糊，遇热后鱼块与鱼块之间极易发生粘连，若捞出后再用手将粘在一起的鱼块掰开，已炸酥的糊极易脱落，而使鱼块裸露，这不仅会影响淀粉糊包裹鱼块的整体性，最终还会破坏整个菜肴的形美。所以，滑鱼块时应逐块下锅，以防止粘连现象出现。又如“滑炒里脊”，是将肉片用蛋清浆抓匀，再放入三四成热的油锅中滑散捞出。在滑制肉片时，若蛋清浆过浓，或油温过高，肉片遇热均会粘连在一起，甚至呈疙瘩状，这就破坏了原料的形状，影响成菜的口感。所以，在制作此菜时，应将蛋清浆调制得稀稠适度，滑制时油温不能过高，这样方能保证肉片的形美和口感的细嫩。

（五）烹调

烹调是将经刀工、预熟处理后的原料再进行加热调味的一道工序。在这道工序中，调味炒制最好以颠锅炒制为好。尽量少用锅铲与勺去推炒，以免破坏原料的单个形状。如制作“豆瓣鲜鱼”时，用铲勺翻炒，就极易破坏鱼块的完整形状，所以烹制此菜，一般都采用大翻锅的烹饪技法。

（六）装盘

装盘是烹制菜肴的最后一道工序，也是决定菜肴形状至关重要的一道工序，它具有一定的技术性和艺术性。一般说来，熘炒类菜肴应装拱形，一来显得菜肴丰满，二来也相对保持了菜肴的温度；至于盛汤汁较多的菜肴，则应随盛器的变化而变化形状，不能过多地加以修饰。若是要求特殊造型的菜肴，那就需要厨师独具匠心，把自己心中完美的艺术形象在装盘过程中体现出来。诸如各类花拼，如“凤戏牡丹”“金鱼戏水”等。当然，这样的装盘技术难度较大，对厨师的刀工技能，对食物的理解和艺术表现形式有较高要求。

二、菜肴造型的一般规律

烹饪图案主要依附于食品造型之中，它不仅要有生动优美的形象，而且要具有人们所喜闻乐见的艺术形式。内容和形式的辩证统一，是烹饪图案设计所必须运用的重要法则。因此，研究探讨图案的基本形式和规律是必要的。

烹饪图案中的使用形式美法则，一方面，人们对过去经验的总结，带有规律性；另一方面，由于社会在不断发展，这些形式美法则也在不断地得到丰富和完善。在烹饪图案设计中，有时我们仅运用一种原理去制作某一图案是不够的。这需要运用多种原理、法则去指导制作，并在运用这些基本理论时，首先要从实际需要出发，灵活而又顺乎规律地去运用这些原理法则。只有把美的规律与实际需要结合起来，与审美的需要以及不同地区、不同民族的需要结合起来正确运用，才可能创作出好的烹饪图案纹样。

（一）多样与统一

多样与统一法则是适用于一切造型艺术表现的一个普遍的法则，也是构成图案形式美最基本的法则。多样是烹饪图案造型中各个组成部分的区别。一是原料的多样，一是形象的多样。统一是这些组成部分的内在联系。一盘完美的拼盘应该是丰富的、有规律的和有组织的，而不是单调、杂乱无章的。纹样、排列、结构、色彩各个组成部分，从整体到局部均应取得多样、统一的效果。多样与统一的法则，也就是在对比中求调和。如构图上的主从、疏密、虚实、纵横、高低、简繁、聚散、开合等，形象的大小、长短、方圆、曲直、起伏、动静、向背、伸屈、正反等。处理得当才能达到对立统一，使整体获得和谐、饱满、丰富多彩的效果。烹饪图案造型中相互对比的形和色，给人以多样和变化的感觉。处理好会使人感到生动、活泼、强烈、鲜艳、富有生气，但是过分变化容易使人感到松散、杂乱无章。同时宴席中不仅要有单个拼盘造型的和谐统一，而且更需要与其他拼盘造型和谐统一。所以，统一是一种协调关系，它可使图案调和稳重，有条不紊。但是过分统一则可能呆板、生硬、单调和乏味。

多样寓于统一之中。变化与统一在图案构成上虽有矛盾，但它们又互相依存，互相促进，设计时必须处理好变化与统一的辩证关系。要做到整体统一，局部变化。局部变化服从整体统一，也就是“乱中求整”“平中求奇”。在统一中求变化，变化中求统一，达到统一与变化的完美结合，使烹饪工艺造型既优美而又不落于俗套。

（二）对称与平衡

对称与平衡是构成烹饪图案形式美的又一基本法则，也是图案中求得重心稳定的两种结构形式。对称类似均齐，是同形同量的组合，体现了秩序和排列的规律性。如人身上的双耳、双目、上下肢，鸟的翅翼，花木的对生枝叶等，都形成对称、均齐的状态。在烹饪图案中运用对称规律，可达到庄重、平稳、宁静的效果。对称在烹饪工艺造型中应用非常广泛，其形式有左右对称、上下对称、斜角对称和多面对称等。

平衡是以同量不同形的组合取得均衡稳定的状态。人的运动、鸟兽的飞走、植物的生长，要处于平衡状态都需要掌握重心才不致失去常态。它们的特点倾向于变化，与对称相比，容易产生活泼、生动的感觉。在烹饪工艺造型中掌握好上下、左右、对角之间的轻重分量，将对烹饪图案制作起到重要的作用。

对称好比天平，而平衡则好比天平的两臂。在烹饪图案应用中，对称和平衡常常是二者结合运用。对称形式条理性强，有统一感，可以得到端正庄重的效果。但处理不当，又容易呆板、单调。平衡形式变化多样，可得到优美活泼的效果。但处理不当，又容易造成杂乱。二者相结合运用时，要以一者为主，做到对称中求平衡，平衡中求对称。

在烹饪图案中，往往运用虚实、呼应求得造型的平衡效果。如一盘风景造型的拼盘，若以建筑物为实，则天空为虚；以花为实，叶为虚；以龙为实，云、水为虚；以鸟为实，树为虚。这样造型布局，有实有虚，有满有空，互相照应，可使烹饪工艺造型更加生动。

（三）重复与渐次

重复与渐次，是烹饪图案应用的主要方法之一。重复是有规律的伸展连续。自然界中事物的形象和它们的运动变化往往具有规律性。我们在千万朵花卉中选择美丽的典型花朵，加以组织变化，连续反复，即构成丰富多样的图案。连续重复性的图案形式是烹饪图案中的一种组织方法。它是将一个基本纹样，进行上下连续或左右连续，以及向四面重复地连续排列而形成连续的纹样。实际上对称形的图案结构也是有条理的反复。渐次是逐渐变动的意思，就是将一连串相类似或同形的纹样由主到次、由大到小、由长到短、由粗到细地排列，也就是物象在调和的阶段中具有一定顺序的变动。

在以建筑图案造型的拼盘设计方面，如表现北京的天坛、杭州的六和塔、扬州的文昌阁等，其建筑结构本身就是巧妙的渐次重复。渐次不仅是单一的逐渐变化，同时也具有节奏、韵律、自然的效果，易为人们接受。

渐变的形式很多，有空间的渐变，如方向、大小、远近以及轻重等。一般是渐变的过程越多，效果越好。另外，还有色彩的渐变。在色彩上，由浓到淡或由淡到浓的渲染也是一种渐变，如黑色渐变成白色，红色渐变成绿色。黄色渐变成蓝色等。其中一些缓和的灰色（中间过渡色）系列也将发挥良好的作用。在烹饪工艺造型中根据设计要求作不同处理，如能运用烹饪原料本身的色泽渐变，会大大增加造型的光彩。

（四）对比与调和

认识物与物的区别，其根据是对比。在烹饪图案中，形象的对比，有方圆、大小、高低、长短、宽窄等；分量的对比，有多少；轻重线条的对比，有粗细、曲直、刚柔、疏密等；质感的对比，有软硬、光滑与粗糙等；方向的对比，有上下、左右、前后、向背等；色彩的对比，有冷暖、深浅、黑白等。经过对比，互相衬托，彼此作用，会更加明显地突出其各自的特点，取得完整而生动的艺术效果。如大小对比，小衬大，显得大的更大，小的更小。利用色彩的对比更能增强色彩的鲜明度。处理得当，对比能产生活跃感。但它比处理调和更复杂，运用不当容易流俗，不耐看。

调和与对比则相反，对比强调差异，而调和则是缩小差异，是由视觉上的近似要素构成的。如形状的圆与椭圆、正方与长方，色彩的黄绿与绿、蓝与浅蓝等，相互间差距较小，而具有某种共同点，给人一种和谐宁静的协调感。

对比与调和是取得变化与统一的重要手段。若过分强调对比一面，容易形成生硬的僵化的效果，过分强调调和一面，也容易产生呆板和贫乏的感觉。如果以对比为主，对比中有调和的因素，那么在变化中求得统一；以调和为主，调和中有对比的因素，那么在统一中求得变化。

“万绿丛中一点红”，是配色的一个很好例子。红与绿在色彩上呈补色的对比。“万绿丛”

是指大面积的绿色，“一点红”则是指一小点红色。这样的绿和红，由于面积上的绝对悬殊，决定了主色调是调和的，却又有对比的因素，其配合很恰当地说明了对比与调和的辩证统一关系。一般说来，对比具有鲜明、醒目、使人振奋的特点；调和则具有含蓄、协调的特点。

（五）节奏与韵律

前面讲到的重复和渐次是烹饪图案组织的重要原则之一，节奏和韵律则是这一原则的具体体现。节奏是借用音乐的术语。烹饪图案中的节奏，是指烹饪图案画面上的线条、纹样和色彩处理得生动和谐、浓淡协调，通过视线在时间、空间上的运动得到均匀、有规律的感觉。韵律是从节奏中生发出来的如同诗歌般的、抑扬顿挫的优美韵味和协调的节奏感。

节奏在人们生活现象中比比皆是，以有形的节奏来说，人们在行走时手脚的动作、节拍、方向一致有节奏。再如建筑中的栏栅、长廊、列柱、古塔重檐、高层楼房物体也具有强烈的节奏感。这一法则运用于烹饪图案的制作中，就可使图案具有这种节奏的美感。

韵律也叫作旋律，与节奏一样，同是音乐用语。人们生活中和各种器物常常形成优美的韵律，与节奏形成有机的结合，给人以美感。如节庆之夜，北京人民大会堂及周围连接的建筑物上珠串般的彩灯，构成有起有伏、有急有缓、气势宏伟而优美的韵律。自然风景中，也具有各种各样的韵律，如四川峨眉山的山水就具有区别其他名山大川的独特韵律。那神姿仙态的山，如幻似梦的水，此起彼伏，迂回曲折，给人以优美的韵律感。作为社会生活反映的烹饪工艺美术，毫无疑问，必须把韵律作为设计中的一个重要法则来遵循、应用，以创造出更多更美的烹饪图案。

由此可见，节奏是由一个或一组纹样作为一个单位反复、连续、有条有理地排列而形成的。从形式上划分，它又有等距离、渐变几种形式。如渐大、渐小、渐长、渐短、渐曲、渐直、渐高、渐低、渐明、渐暗等。节奏是基础，是韵律表现的前提。而韵律则是从节奏中表现出来的一种情调。

三、菜肴造型的盛器

菜肴盛器是指烹调过程的最后一道工序，即装盘所用之盘、碟、碗等器皿。一般来说，菜肴盛器具有双重功能：一是使用功能，二是审美功能。菜肴造型时选择恰当的盛器，不仅能为菜肴的形式锦上添花，而且还可以烘托宴席气氛，调节顾客情绪，刺激食欲。

菜肴与盛器具体配合时的情况比较复杂，形态有别、色彩各异、图案不同的盛器与同一组菜肴组配，会产生迥然各异的视觉效果，反之，同一盛器与色、形不同的多种菜肴相配，也会产生不同的审美印象。不同的质地、形态以及色彩和图案的盛器有着不同的审美效果。

（一）盛器的大小

盛器的大小选择要根据菜点品种、内容、原料的多少和就餐人数来决定。一般大盛器的直径可在50厘米以上，冷餐会用的镜面盆甚至超过了80厘米。小盛器的直径只有5厘米左右，如调味碟等。大盛器自然盛装的食物多，可表现的内容也较丰富。小盛器盛装的食物自然也少些，表现的内容特有限。一般来说，在表现一个题材和内容丰富的菜点时选用40厘米以上的盛器。在表现厨师精湛的刀工技艺时，可选用小的盛器。在宴席、美食及自助餐采用大盛器象征了气势与容量，而小盛器则体现了精致与灵巧。因此，在选择盛器大小时，应与餐饮实际相结合。

（二）盛器的类型

盛器的造型可分为几何形和象形两大类。几何形一般多为圆形和椭圆形，是饭店、酒家日常使用的最多的盛器。另外还有方形、长方形和扇形，近年来使用较多。象形盛器可分为动物造型、植物造型、器物造型和人物造型。动物造型有鱼、虾、蟹和贝壳等水生动物造型，也有蝴蝶等昆虫造型和龙、凤等吉祥动物造型；植物造型的有树叶、竹子、蔬菜、水果和花卉造型；器物造型的有扇子、篮子、坛子、建筑物等造型；人物造型有福建名菜“佛跳墙”使用的紫砂盛器，在盛器的盖子上塑了一个生动有趣的和尚头像，还有民间传说的八仙造型，如宜兴的紫砂八仙盅等。

（三）盛器的材质

盛器的材质种类繁多，有华贵亮丽的金器银器，古朴沉稳的铜器铁器，光彩照人的不锈钢，制作精细的锡铝合金等金属的；也有散发着乡土气息的竹木藤器；有粗拙豪放的石器和陶器，也有精雕细琢的玉器；有精美的瓷器和古雅的漆器，也有晶莹剔透的玻璃器皿；还有塑料、搪瓷和纸质等。盛器的各种材质的特征都具有一定的象征意义，金器银器象征荣华与富贵；瓷器象征高雅与华丽；紫砂、漆器象征古典与传统；玻璃、水晶象征浪漫与温馨；铁器、粗陶象征豪放；竹木、石器象征乡情与古朴；纸质与塑料象征了廉价与方便；搪瓷、不锈钢象征了清洁与卫生等。

盛器材质的选择要考虑时代背景、地域文化、地方文化、地方特色，有时还要考虑客人的身份地位和兴趣爱好。此外，盛器材质的选择还要结合餐饮本身的市场定位与经济实力来决定。如定位高层次的餐饮则可选择金器银器和高档瓷器为主的盛器；如定位中低层次的可选择普通的陶瓷器为主的盛器；如定位特色风味则要根据经营内容来选择与之相配的特色盛器。如经营烧烤风味的可选择铸铁与石头为主的盛器；经营傣族家风味的食品，可选用以竹子为主的盛器等。

（四）盛器颜色与花纹

盛器的颜色对菜点的影响也是重要的，一道绿色蔬菜盛放在白色盛器中，给人一种碧绿鲜嫩的感觉，而盛放在绿色的盛器中，这样的感觉就平淡多了。一道金黄色的软炸鱼排或雪白的珍珠鱼米，放在黑色的盛器中，在强烈色彩对比烘托下，使人感觉到鱼排更色香诱人，鱼米则更晶莹剔透，食欲也随之而提高。有一些盛器饰有各色各样的花边与底纹，如运用得当也能起到烘托菜点的作用。

（五）盛器的功能

盛器功能的选择主要是根据宴会和菜点的要求来决定的。在大型宴会中为了保证菜点的质量就要选择具有保温功能的盛器。在冬季为了提高客人的食用兴趣，还要选择安全的能够边煮边吃的盛器。

（六）盛器的多样与统一

盛器的种类很多，从质地上可以分为瓷器、银器、紫砂陶、漆器、玻璃器皿等；从外形上可以分为圆形、椭圆形、多边形、象形等；从色彩上可以分为暖色调和冷色调；从盛器装饰图案的表现手法上又可分为具象写实图案和抽象几何图案。不同的质地、形态以及色彩和图案的盛器有着不同的审美效果，关键问题是如何达到“统一”。如果在同一桌宴席中，粗瓷与精瓷混用，石湾彩瓷与景德镇青花杂糅，玻璃器皿与金属器皿交合，寿字竹筷与双喜牙筷并举，围碟的规格大小相参，必然会使人感到整个宴席杂乱无章，凌乱不堪。因此，在使用餐具时，应尽量成套组合，应当尽量选用美学风格一致的器具，而且应当在组合的布局上力求统一。此外，还要注意餐具与家居、室内装饰等美学风格上的统一。

菜肴造型的盛器

思政小结 ▶ 守护百姓“舌尖上的安全”

小结导入： 食品安全关系人民群众身体健康和生命安全，关系中华民族未来。习近平总书记多次作出重要指示，强调要把食品安全作为一项重大的政治任务来抓，坚持党政同责，用最严谨的标准、最严格的监管、最严厉的处罚、最严肃的问责，确保人民群众“舌尖上的安全”。——《食品安全让生活更美好》（央广网，2019年5月27日）

思考讨论： 作为餐饮类专业的学生，应如何践行食品安全责任？

分析强调： 2019年12月1日，修订后的《中华人民共和国食品安全法实施条例》正式施行。条例强化生产经营者的食品安全主体责任，增设“处罚到人”制度，充分体现食药领域“四个最严”的要求。学生作为即将成为餐饮食品的生产者与服务者，必须认真学习食品安全方面的知识与技能，依照相关条例开展工作。

第二节 冷菜的造型与装盘工艺

冷菜造型与装盘工艺是指冷菜烹调加工后再拼摆装盘，成为一定造型的制作工艺。它既是技术，又是艺术。是技术，是指需要有一定的刀工技术，按一定的质量标准进行操作；是艺术，是指可以通过简单的造型、丰富的色彩，或给人以美的享受，或反映社会生活和自然景致，或体现宴席、宴会的主题。

一、冷菜造型的特点

烹饪菜品造型包括冷菜、热菜、点心三大系列。冷菜造型的特点，正是在遵循烹饪菜品造型的审美功能与食用功能相统一、造型艺术与工艺技术相统一、形象表现与原料特质相统一等共性的基础上，与热菜点心造型的比较中，显现出来的鲜明而又独特的个性。

（一）主题鲜明，意境突出

冷菜，是宴席的首菜，人们把它喻为“脸面菜”，因为它总是以最集中最完整的方式出现在宴席中，扮演先入为主的角色。

从举宴心理需要考虑不同的宴席有不同的宴饮目的和不同的宴饮主题。冷菜可以以各种各样准确、具体、生动的形象来揭示宴饮主题，表达宴饮意境。如双喜盈门、龙凤呈祥、鸳鸯戏荷——婚宴的主题曲；寿比南山、五福寿桃、松鹤同春——寿宴的祝颂辞；金榜题名、指日飞升、飞龙升空——庆功宴的赞美曲；张灯结彩、连年有余——节庆宴的欢歌；蝶报富贵、五谷丰登、招财纳福——祈富宴的放歌；岁寒三友、梅兰竹菊——净友聚宴的写照；梅竹报春、莲碧荷红、金秋枫叶——时景宴的画境；迎客松、锦绣花篮——迎宾宴的迎宾曲；一帆风顺、鹏程万里——送别宴的祝福。

由冷菜造型形象所昭示的宴席主题，以及由形象所隐喻的象征意义，立刻便能把人们宴饮前散乱纷杂的心绪导引到特定的宴饮场景中来，诱发人们的饮食审美想象和情趣，渲染宴饮的气氛，带着人们步入宴饮佳境。因此，冷菜造型形象比之热菜和点心造型形象，更受人们的青睐和推崇。所以，冷菜造型的主题意义非同寻常，意境作用也非比寻常。

（二）造型规范，制作精良

冷菜是专供冷食或温食的菜肴，又是经过烹调制熟后再经切配造型的菜肴。特殊的食用选择和烹饪工艺流程，为精细制作和规范冷菜造型提供如下便利条件：第一，原料应用广泛，选择余地大。第二，大多数冷菜成熟后无汤汁，不油腻，味蕴于内。第三，形态完整，或多为大块，组织紧密。形体大，便于由大改小，优化料形；组织紧密，切制时不易散碎。第四，可塑性好，利于严密服帖地拼摆，便于调整变化，组合性强，可以进行多原料之间的组合。第五，在出品前有比制作点心和热菜宽裕得多的讲究造型的时间。第六，有来自制作者和消费者两方面对造型美的需求。

诸多的便利条件，使冷菜的制作者可以层出不穷地推出食赏俱美的艺术造型。事实也是如此。根据预先的构思设计，根据形式美的法则，在盘子有限的寸尺空间里，借助原料的色彩和形状，用写实、夸张、变形、简化、添加、抽象、寓意等艺术表现手段，按照由里及表、先主后次、先大后小、先远后近的拼摆顺序，通过精心地堆、叠、垫、排、围、旋、复等技术加工方法，创造出来的冷菜造型有精细工整、排列有序、相谐为趣、栩栩如生、呼之欲出、传神表意之美。

（三）题材广泛，内涵丰富

冷菜造型形象千姿百态，异彩纷呈，有着许多热菜、点心不能比拟的便利条件，所以决定了它在题材选择方面有一个广阔的天地，在形象表现上可以容纳更丰富多样的内涵。

所谓题材广泛、内涵丰富，是说凡是与人的生活亲近密切，符合饮食审美心理需要，又可以付诸烹饪实践操作的物象，皆可作为冷菜造型的题材。如抽象的几何形体，既可表现简单的半球体、长方体、正方体、菱形体造型，也可表现复杂的多几何形体的组合图案造型，又如自然界中的植物（花草树木）、动物（鸟兽虫鱼），自然景观（日月山川）和人文景观（亭台楼阁），生活中的日用器物与礼器等，以及想象中的灵兽（龙、凤、麒麟）等。实践证明，从宴饮的目的和要求出发，冷菜造型可以选择恰当的题材，表现人们对爱情圆满、益寿延年，祈求富裕、干一番伟业的愿望，表现人们在节庆、团聚、知己相逢时的欢畅与欣喜，或者直接表现山川的壮丽、田园的静谧、四季的风光胜景等。一碟一造型的冷菜可以表意抒情，多碟组合造型的冷菜更可以表现丰富的内容，古人梵正曾将“辋川别墅”二十景用“鲊、臛、脍、脯、醢、酱、瓜、蔬，黄赤杂色”，凝缩景物拼置于二十碟之中，一碟一景，凝缩于数碟之中，合成辋川图小样，今人则更是将这种技艺发挥到了极致。

二、冷菜造型的一般规律

一切美的内容必须以一定的美的形式来表现，冷菜造型自不例外。按照单纯一致、对称均衡、调和对比、尺度比例、节奏韵律、多样统一等形式法则要求，借鉴和应用写实、象形、夸张、变形、简化、添加、抽象、寓意等艺术创作规律，使冷菜造型的形象丰富多样。

（一）单碟抽象造型冷菜

抽象造型是一类不付诸具体形象的纯粹为几何形体的造型，包括基本几何形造型和几何图案造型两种。抽象造型重在表现形式意味。

基本几何形造型，又称单独几何形造型，如半球体，正方体、扇面体、梯形体、锥形体、菱形体等。此类造型构成简单，一目了然，有清晰简明、端庄之美，多作为小尺寸的单碟冷菜。其造型的一般规律是：第一，多采用对称构图，原料居中拼摆；第二，可规则排叠成形，亦可散料堆码成形；第三，一般一料一碟，也可二色料、三色料相拼为一碟。

几何图案造型，是由基本几何形有秩序按规律组合而成的造型。其造型的一般规律是：第一，组合构成的方法有一种基本几何形的重复组合，两种或两种以上的基本几何形的组合，或基本几何形的组合附加点缀装饰等几种；第二，采用对称或相对对称构图；第三，色彩形状分界明晰，排列整齐有序；第四，有重复、渐次、旋转、扩散、内敛、对比、调和等多种排列样式。

（二）单碟具象造型动物类冷菜

1．禽鸟造型

益鸟飞禽，历来为人们所爱，亦是冷菜造型的理想题材。如凤凰、孔雀、丹顶鹤、雄鹰、燕子、鸳鸯、喜鹊、鸽子、翠鸟、戴胜、鹭鸶、太平鸟、犀鸟、百灵鸟、鹦鹉、黄腰柳莺、寿带鸟、海鸥、天鹅、大雁、鸭子、雄鸡、锦鸡等。禽鸟的形态既有相同的构造，如头冠身翅、尾、爪等，又有各自独有的品质特征。如凤凰是理想化的神鸟，有美丽的杏眼、如意冠和几根华丽飘洒的长尾羽；孔雀有可资炫傲的华贵尾屏；雄鹰劲健勇猛，有锐利的嘴爪，巨大的双翅，善于飞行翱翔；丹顶鹤颇具闲散野逸之风，颈腿细长，丹顶鲜红，身羽洁白，尾羽短黑，翅膀宽大；又如燕子有分叉如剪的尾羽，翠鸟有犀利的长嘴，锦鸡有飞扬的长尾等。

禽鸟造型应遵循如下规律：第一，加强和夸张能反映本质特征的部位，使其更加突出明显，如善于飞行的禽鸟形象适当夸张得稍瘦些，以显其灵动，反之则稍肥些，以显其丰满。第二，平衡构图为主，尤以选择最有表现力和最富有暗示性的瞬间的运动平衡状态，强调动感；对称构图为辅，多用相对对称的手法，寓动于静。第三，以原料的多样化与色彩变化，丰富结构层次，采用随类赋彩法，加强自然美。第四，羽毛依其生长规律顺序排叠覆盖。

2．畜兽造型

畜与兽，选与人亲和者入冷菜造型，令人觉其温良恭顺，如牛、马、兔、鹿、大象、松鼠、熊猫、海豹，以及龙、麒麟等神兽。畜兽之类，大都为一头、一身，四条腿，一条尾巴，但特性各不相同，有的憨厚质朴，有的劲健灵动，有的嬉皮可爱，有的稚嫩温顺，有的身躯庞大，有的体小玲珑。

畜兽类的一般造型规律是：第一，准确反映身体结构，大胆强调典型性格及动态特征，如龙的腾挪、马的疾奔、兔的蹦跳、熊猫的憨态、海豹的嬉皮等动势与神态，以突出各自的典型性格。第二，采用运动平衡或重力平衡构图。第三，原料宜单纯，以随类赋彩法创设真实感，如烧鸡皮肉之色作牛马、鹿造型，混如其自然之色；又如卤猴头蘑拟松鼠皮毛，有乱真之妙。第四，表层块面宜简洁完整，排列有序，忌琐碎繁杂，如熊猫、海豹等大面的拼摆，要块面简洁，设色简单，方能见大方。

3．鱼类造型

在自然界，鱼类有着极其丰富的物种，但是用于冷菜造型的鱼种却不多。常见的有嘴部长有鱼须的鲤鱼，人工养育的金鱼，海洋中生长的蝴蝶鱼、燕鱼等。

鱼类造型的一般规律是：第一，用夸张、变形法表现，强调不同鱼的须、鳍、鳞、尾、眼和体态特征。第二，表现动感用平衡式构图，如金鱼戏水、鲤鱼跃龙门；表现静态用对称式构图，如双鱼吉庆、蝴蝶鱼。第三，用不同色彩原料拼摆鱼的不同部位，使其清灵绚丽。除鱼类造型外，虾、蟹、海星等水产品也可作冷菜造型的题材。

4．蝴蝶造型

蝴蝶是昆虫类中最富有代表性的形象。蝴蝶有大小各一对翅，双须，有的还有双尾，以身体躯干为轴，左右形状与翅纹呈对称状，翅纹艳丽纷繁。

蝴蝶造型的一般规律为：第一，对称构图重在表现静态的端庄秀美，平衡构图则可表现动态的翩跹飞舞。第二，简化和概括蝶翅花纹，使其排列规律化、程式化、理想化。第三，以多种色彩原料，理想化方法表现蝶翅花纹的美丽。第四，以夸张双须、双尾的做法，使蝶之动势、神态灵动感人。此外，昆虫类中蜻蜓、知了等亦是冷菜造型的题材。

（三）单碟具象造型植物类冷菜

以花卉、草木、枝叶、果实等作为形象的冷菜造型称之为植物类造型冷菜。此类题材极为丰富。常见的花卉造型有牡丹花、菊花、荷花、大丽花、玉兰花、蜡梅花、马蹄莲、茶花、月季花、万年青、向日葵、水仙花等；以草木、枝叶、果实作造型的有松树、垂柳、桃树、李树、梅花枝、椰树、芭蕉、翠竹、竹笋、枫叶、秋叶、荷叶、莲藕、莲蓬、葡萄、樱桃、寿桃等。借草木花卉以寄托人的情感，是这类造型表现的一大特点。

植物类冷菜一般造型规律是：第一，依据植物的生长规律、形态特征，反映物象的自然风貌。第二，采用简化、抽象、变形的方法，增加形式意味，如花瓣采用程式化排叠，松叶切成蓑衣片排列，竹叶如“个”“介”字式排列。第三，采用求全、寓意的方法，使形象完整化、人格化、理想化。如花卉造型，有枝、有叶、有茎干、有花瓣、有花房、有花蕊此为求全；又如集松竹梅或梅兰竹菊为一盘，使之人格化；再比如将数种花卉集于一盘，是理想化的“百花齐放”造型。第四，采用平衡构图或对称构图。第五，色彩要有对比有调和，鲜明夺目，可以以原料的色彩拟物象的自然色彩，赋予形象真实感和鲜活感，如以绿色原料做花叶枝条显得新鲜水灵，以褐色原料拟树干显得苍劲古朴；也可以用原料的多种色彩虚拟物象色彩，如变绿色的荷叶为五彩缤纷的“荷叶”，化单调为丰富。第六，借原料的自然形状作果实造型有浑然天成的效果，而无雕琢之痕迹，如用樱桃、葡萄、草莓、鹌鹑皮蛋、卤鸽蛋、卤白果等。

（四）单碟具象造型景观类冷菜

景观造型冷菜又称风景造型冷菜，是以自然景观、人文景观为题材的一类造型冷菜。移锦绣风光于盘中，以小见大，以假喻真，可以获得回归自然的感受。

在进行景观造型时，应注意遵循以下几条基本规律：第一，突出重点，注重意境效果，选择具有典型意义的景观进行表现，杜绝多种景物不加筛选地一哄而上。第二，景点布局合理，结构层次清晰，过渡自然，一气相连，相互照应。第三，注意尺度比例，景物的大小高低、位序的前后左右、体面的曲直方圆要符合比例。第四，平面造型要注意透视效果；立体造型要重心稳定，上下有渐次变化，能适合多角度欣赏。第五，一物一景的造型，适合对称构图，如塔、阁、亭、桥等；多物成景的造型，适合平衡构图，利于布局，如“五亭风光”，但也可用对称构图，如“金城白塔”，即是集塔、台、殿、桥、水、花草为一体的绝对对称构图。第六，利用多种原料的色、形、质造景，如用蜜汁核桃仁叠山，有类似太湖石叠山之妙；以绿色琼脂胶冻拟水，似绿水清波荡漾；用皮蛋糕作石，类大理石之质，如此造成的景观宛若真景，天趣浑然。

（五）单碟具象造型器物类冷菜

在人们的生活中，一些有馈赠价值和实用价值的礼器、日用器物，如花篮、奖杯、花瓶、宫灯、扇子、鼎、爵等，皆是器物类冷菜造型的好题材。

这类形象变化虽多，但万变不离如下几条造型规律：第一，追求形似与逼真，突出不同器物的外部特征，如外形轮廓、体面转折、结构比例、外部形态的优美。第二，构图一般突出以中心线为基准的左右两侧对称与均衡。第三，可以采用适当加大底部、加外廓边线、加陪衬物、权衡形体上下高低等方法，使造型重心稳定。第四，根据器物的用途与寓意，选择适宜的形象色彩。第五，选择适宜的小装饰物，丰富形象，增加画面的美感。

（六）单碟具象造型混合类冷菜

在一盘中由两种或两种以上不同类别题材结合而成的形象，称之为混合造型冷菜。不同类别题材的结合不是胡拼乱凑起来的，关键在于结合在一起的各部分，或是为完善主题需要、或是彼此间意义相同或相近、或是因形式表现需要而结合在一起，使之从形式到内容都更加丰富更加完美。

混合造型冷菜的一般造型规律是：第一，根据造型表现需要选择形象，防止主观臆造出风马牛不相及的形象关系，如龙可以翻飞腾挪于云海波涛之中，而麒麟脚下却不可以用绿草相衬，因为麒麟生性仁厚，有脚不踏青草之说。第二，注意造型中各形象间的相互关系进行经营布局，如飞鹰与云彩、山峰，只能飞鹰在上，云彩、山峰在下，以凸显雄鹰一飞冲天的气概。第三，分主次关系，主要形象处于最醒目的地位，占大面积盘面，进行着重表现；次要形象要为主要形象起铺垫、陪衬、渲染的作用。如“飞燕迎春”，呈疾飞之势的燕子，是主要形象，若飘拂之状的柳枝为次要形象，二者之间主次有别，顾盼呼应，不可颠倒。第四，无主次或主次关系不明显的，各形象之间应根据需要或是平均分配，或是略有轻重对比，即在空间大小、分量多少和视觉感觉上要能辨别，如一些多景物的景观造型。第五，一般采用平衡构图与相对对称构图。

（七）多碟组合造型类冷菜

多碟组合造型也有抽象组合造型、具象组合造型、混合式组合造型三小类，而它们又都可以分成有主拼式与无主拼式两种类型。若以此入手可以简化对多碟组合造型的阐释。

1．无主拼式组合造型

它是指各造型分盛于相同大小的若干小盘单碟之中，相互间无主次之分。其一般造型规律是：第一，同律原则，即用相同大小与形状的器皿，每盘中装同分量的冷菜。第二，多样性原则，即每盘中的冷菜品种味型、荤素、色彩等各不相同。第三，造型样式两种，一种是造型一致，如一律为半球体造型；另一种是造型互异，或是不同基本几何形造型，或是不同的简单具象造型，或是二者兼而有之。第四，造型展示形式，对称构图，即若干小盘排列成多面对称图形，“看面”指向一致；碟与碟之间色彩互成对比；若造型互异，除考虑色彩因素外，采用相间对应排列。

2．有主拼式组合造型

该造型方式强调形象的主次关系，即以一大盘中的造型为主要形象，与若干小盘中的造型为辅助形象构成的组合造型。其一般造型规律是：第一，主从原则，即一大带众小的成套器皿，形成一大带众小的形象组合。拼装在大盘中的主要造型形象，主题明确；拼装在小盘中的次要造型形象，烘托主要形象，渲染造型主题。第二，造型形象的组合方式：①同一种形象的组合。如“菱形组拼”，主拼为小菱形拼成彩色大菱形造型，围碟一律是单色的“三菱”形造型；又如“孔雀组拼”“百蝶闹春”，也都是同一形象（孔雀、蝴蝶）组合。②同一类形象的组合。如“百鸟朝凤”，凤为主盘中的主要形象，十只不同禽鸟为各围碟中的次要形象，构成众星拱月之态。又如“姹紫嫣红”是以花卉草木构成的组合造型形成春意盎然的景象。③不同类形象的组合。如“百花争蝶”，主盘是蝴蝶造型，围碟是十种花卉造型，恰似彩蝶穿飞于百花中的热闹场景；又如“福寿齐天”的造型，主盘是大寿桃加五只蝙蝠点缀的形象，围碟则是八色原料各自拼成的“寿”字造型，宛若吉祥如意之风扑面而来。第三，造型形象的展示形式：①主盘居中，围碟围于主盘之外，构成多面对称图形。②以主要形象为中心，次要形象或一律向内呈簇拥之状，或一律向外呈放射之状；注意次要形象要相间或对应摆放。③色彩排列方式若主盘造型形象有突出的主色调，围碟造型形象的色调可与其调和求统一，或与其对比求变化；若主盘造型形象五彩缤纷，围拼色彩应简洁单纯，使之主次分明。第四，与席面台型和场景氛围相谐和，如春季时景宴，用“飞燕迎春”组合造型与“燕式”台型设计相配有互为辉映之趣；又如“龙凤呈祥”组合造型，若与“龙凤厅”为新婚喜庆布置的场景协调起来，则令人心花怒放，倍觉温馨。

三、冷菜单盘的造型

单盘又称“单盆”“围碟”，每盘只装一种冷菜，这是最常见、最简单的一种装盘类型，同时又是目前中式宴会中最常用而又最实用的冷菜形式。单盘的装盘造型有如下形式。

（一）三叠水形

这是一种传统的冷菜装盘形式。先用边角料垫底，再将长方片或条状原料叠好后，按顺序呈两行摆在垫底上，最后在两行中间覆盖一行，两边低、中间高，故称“三叠水”。要求刀工处理时厚薄均匀，长短一致，并按刀口等距离排列整齐入盘，主要看刀面。

（二）一封书形

一封书形是传统冷菜、蒸菜的装盘定碗形式之一。装盘方法：用稍长的原料，改成长方片，按刀口等距离排列，整齐装盘，因形如书页状而得名。此法用于冷菜。蒸菜用稍长的原料切成长方片，按刀口整齐排列于扣碗（亦称定碗）中，菜肴成熟后，将菜肴翻扣在圆盘中即成，形似书页状，如咸烧白等。

（三）风车形

风车形是传统装盘形式之一。因原料在盘内排列形式风车而得名。装盘方法：圆盘中部选用部分原料垫底，再用切的厚薄均匀的长方片原料，依刀面等距离排叠，上宽下窄，前搭后层，按顺时针方向整齐地镶摆一周。封顶的原料要用上等原料，在四片或四片以上。成菜后，切片的原料要立于盘内,低边不能弯曲。也可排放于碗内，翻扣入盘。

（四）馒头形

馒头形又称“半球形”“和尚头”，冷菜中常用的一种装盘式样。冷菜原料在盘中形成中间高、周围较低的半球冠形。因其形状和北方的馒头近似而得名。具体操作是，先将边角料或质地稍次的熟料垫在盘子中间，作为垫底，再将好一点的熟料切片或斩块，盖在底料的边沿呈半圆形，最后将质量及块形都为上好的熟料，均匀地排列在底料的上面即成，适用于有一定长度、宽度的荤素原料，如鸡块、鸡片。

（五）宝塔形

冷菜中最常用、最简单的一种装盘形式。因下大上小，形同宝塔，故名。具体操作方法是，先用部分冷菜在圆盘内铺垫成圆形，再将同样的菜堆砌向上，越到上面越小，形似宝塔即可。这种款式适用于其他装盘无法造型的一切冷菜原料，如无一定规格形状的丁、片，块、粒等菜肴，其特点是成形快，只需在应用时稍加整理和点缀即可。

（六）桥梁形

一种比较常用的传统冷菜装盘形式，菜装入盘中后形成中间高，两头低，好像一座古式的拱形石桥，故名。具体操作是，将长短一致的长方块、片或条在盘子内圆中先摆出长方形，然后，在此基础上摆成两头渐低、中间渐高的形状，而两侧要齐整垂直，这种款式普遍适用于直、深且长短一致的冷菜原料。

（七）四方形

四方形又称“一颗印形”“正方形”，是一种传统的冷菜装盘形式，因装盘成形后，上下大体呈方形，好似古时候的官印，故名。具体操作是，先将熟料在盘子的正中摆成四方形，然后层层如法上摆，只是每层略微向内收拢一点，使装好后不致歪斜垮塌。适用于长、宽、厚比较规则，或成直角三角形的冷菜熟料。

（八）菱形

菱形又称平行四边形，装盘成形后相当于两个等腰三角形的对称组合。具体操作是，先将原料在盘子的中间摆成菱形，摆时刀口向外靠齐，四个接头处要自然、拢紧，中间用边角碎料填充，上面再放其他原料点缀即可。适于各种丝、条状的挺直原料，此款式稍加变化可拼摆成椭圆形。

（九）等腰形

等腰形是一种时兴的冷菜装盘形式，因断面呈等腰三角形而得名。具体操作是，将原料改切成长短、粗细大约一致的形状制成冷菜；先用部分冷菜铺垫在盘内呈长方形，再将同样冷菜一层层堆起；每层两边都向内倾斜，最后封顶即成。适用于伸展的直菜、粗细丝等原料。

（十）螺旋形

螺旋形是一种时兴的冷菜装盘形式，因成形后下大上小，又好似螺纹自下盘旋而上，故名。具体操作是，将圆形片或连刀条形的冷菜熟料在盘子中间先铺成圆形，之后再一层层顺弧形拼摆而上，最后以一片封顶。适用于以柔韧植物性原料制成的冷菜。一般常用于单盘，如拌黄瓜、素鸡等。

（十一）扇面形

扇面形是一种传统的经常使用的冷菜装盘形式，因成形后上宽下窄，上宽呈一弧形，下窄集中于一点，酷似折扇移于盘中。具体操作是，先将熟料切成规格一致的长方形片，按刀口等距排列成折扇状装入盘中即成。适用于比较伸展，而具有一定厚度和长度的无骨冷菜。

（十二）花朵形

冷菜装盘成形后酷似一朵美丽的花卉，故称花朵形。具体操作是，将原料加工成规格一致的片形卷后，由外至内，由下向上堆砌成各种花形。根据菜肴不同味形的需要，花蕊可用适量的糖粉、火腿蓉，以及各种松制类荤素菜肴点缀而成。一般常用于单盘、双拼、什锦拼盘等，如咸鸭蛋、糖醋萝卜卷等。

（十三）还原形

还原形即将经过刀工处理的熟料在盘中拼摆成动植物原形的装盘形式，如白斩鸡、盐水鸭、鹌鹑、鸽子等斩开后，仍然在盘中摆成鸡、鸭的形状。这种形式多用于与冷菜形状大小相一致的圆盘或腰盘。

四、实用性冷菜拼盘的造型

用两种或两种以上的原料，按一定形式装入一盘，即为拼盘。拼盘在用料上比较丰富、灵活，根据用料品种数目，有双拼、三拼、四拼、五拼、什锦拼盘等形式，各地方还有一些独特拼盘形式，如潮州“卤水拼盘”、四川“九色攒盒”等。这类拼盘在形状、色彩、口味和数量的比例上要求安排恰当、装盘整齐、线条清晰，能给人一种整体美，其造型以几何图案为主，有半球体、椭圆体、扇形体、正方体、长方体、菱形体等，现分别详述如下。

（一）双拼

它是把两种不同的冷菜拼摆在一个盘子里。它要求刀工整齐美观，色泽对比分明。其拼法多种多样，可将两种冷菜一样一半，摆在盘子的两边，形成中间高、周围低，中间有一条缝隙，以分开两味菜肴，俗称“合掌形”；也可以将一种冷菜摆在下面，另一种盖在上面；还可将一种冷菜摆在中间，另一种围在四周。

（二）三拼

它是把三种不同的冷菜拼摆在一个盘子里。三拼不论从冷菜的色泽要求和口味搭配，还是装盘的形式上，都比双拼要求高。三拼最常用的装盘形式，是从圆盘的中心点将圆盘划分成三等份，每份摆上一种冷菜；也可将三种冷菜分别摆成内外三圈等。

（三）四拼

四拼的装盘方法和三拼基本相同，只不过增加了一种冷菜而已。四拼最常用的装盘形式，是从圆盘的中心点将圆盘划分成四等份，每份摆上一种冷菜；也可在周围摆上三种冷菜，中间再摆上一种冷菜。四拼中每种冷菜的色泽和味道都要间隔开来。

（四）五拼

五拼是在四拼的基础上再增加一种冷菜。五拼最常用的装盘形式，是将四种冷菜呈放射状摆在圆盘四周，中间再摆上一种冷菜。也可将五种冷菜均呈放射状摆在圆盘四周，中间再摆上一座食雕作装饰；也可将五种冷菜摆成五角星形或梅花形。

（五）什锦拼盘

什锦拼盘是指把多种不同色泽、不同口味的冷菜拼摆在一只大圆盘内。什锦拼盘要求外形整齐美观，刀工精巧细腻，拼图角度准确，色泽搭配协调。装盘形式有圆、九宫格等几何图形，以及葵花、大丽花、牡丹花等花形，从而形成一个五彩缤纷的图案，给食者以心旷神怡的感觉。

（六）九色攒盒

四川传统宴席中一种将底盘分成九格的有盖盒子（也有七格的攒盒），有大有小，有木质、瓷质和漆质，形状有圆有方。盛装冷菜的专用餐具，盒盖多绘有风景、珍禽异兽图案作装饰，菜格可以移动或取出，同时盛装九种类别、味型和色彩各不相同的冷菜，称“九色攒盒”，实际上就是一种冷菜拼盘。

（七）抽缝叠角拼盘

抽缝叠角拼盘是一种比较独特的冷菜拼盘，无论是两拼、三拼或是什锦拼盘，都可以有数个扇面形状构成，扇面体相互对称，各个独立，之间用一条直线缝隙隔开，不能闭合，称为“抽缝”。这种冷菜拼盘的扇面体棱角分明，要求内外弧线弧度一致，直线长度相等，侧面笔直有序，各扇面体组合而成的形状如一模所铸，都是大小一致、高低相等，每一扇面的冷菜原料、色泽、口味，都彼此间互不雷同。此种冷拼的制作难度大，常用于等级厨师培训的教学或考核，反映厨师的刀工技术与冷拼制作水平，但实用性不强。

五、冷菜单盘与拼盘的装盘

（一）装盘的步骤

无论“单盘”“双拼”还是“什锦拼盘”，都必须根据原料的原有形态，以及经过刀工处理的块、片、条、丝等不同形状适当使用。装盘时一般要经过垫底、盖边、装刀面三个步骤。

1．垫底

在对冷菜进行刀工处理的过程中，不可避免地会出现一些质量较次和形态不太整齐的边角料，将这些边角料堆在盘子中间或其他需要的地方，作为盖面的基础，此工序称为垫底。一方面可以充分利用原料，减少浪费；另一方面可以衬托形状，使拼盘丰满好看。垫底的边角料不宜切得过小过碎，又不可过于厚大，否则会影响菜肴的食用或者影响菜肴的造型，所以应将边角料改刀为丝状或片状为好。

2．围边

围边也叫“码边”，即将修切整齐的条、块、片原料码在垫底的两侧或四周边缘，使人看不出垫底料。用于围边的冷菜要根据装盘的需要，采用不同的刀法，以整齐、匀称、平展的形式来装盘。

3．盖面

盖面也叫“封顶”“装刀面”。采用切或批的刀法，把冷菜原料质量最好的部分（如白斩鸡、酱鸭的脯肉），加工成刀面整齐划一、条片厚薄均匀的料形，并均匀地排列起来，用刀铲起，再覆盖在围边料的上面，使整个冷盘浑然一体，格外整齐美观。

（二）拼摆的方法

1．排

排是将刀工处理好的原料平铺或叠铺成行，然后置于盘中的一种方法。在冷菜拼盘中，这是应用最广泛的一种手法，确保“刀面”的整齐性，它适宜加工成锯齿形或者逐层排列的拼摆方法。烹饪实践中，可以用不同色彩的原料间隔排列，如鸟翅是将柳叶形片排成斜翅形，凤尾则是用玉兰花瓣的弯形长条状做成的。排列的形式多种多样，要根据造型的需要确定排列的形式，排列得好坏直接影响造型的效果。

2．堆

堆是将丝片状的原料堆摆在盘中。堆也可以堆出多种形状，如宝塔形、假山形、三角形等。这种手法简便、自然、适应面广，常常用于垫底。堆摆的形态，给人以丰满、实惠、富有立体的感觉。堆的材料一般要求选用干制的、黏性的或水分不重的菜肴堆积，否则容易坍塌。

3．叠

叠是把切好的原料一片片整齐地叠成梯形或瓦片形，通常以薄片为主，切一片叠一片，随切随叠，叠好铲在刀面上，盖在垫底的原料表面。用来叠的原料以韧性、脆性、不带骨者居多。叠时要求落手轻巧，不要弄塌垫底，也不能碰坏已叠好的原料，覆盖要严密，不能露出垫底。

4．覆

覆又称“扣”，是将冷菜原料加工成形后，排列在造型模具或扣碗中，再反扣在盘面上，如“水晶鸭掌”，把鸭掌排列在扣碗中（碗底进行必要的装饰），浇上冻汁，待入味成冻后再倒扣入盘中，使其形成美丽的图案。

5. 贴

原料经过多种刀工处理成不同形状，拼摆在构成大体轮廓的冷菜上，此手法称之为贴。贴的手法大多用于立体造型的花色冷拼，如动物的外皮、鸟类的羽毛和它们的眼、鼻等。贴是花色冷拼最基本、最常用的技法，需要有较高的刀工和艺术修养，才能拼摆出生动活泼、形象逼真的花色冷盘。例如“孔雀开屏”，其没有展开的双翅需要用轻盈薄片组成的刀面贴在鸟背两侧。贴一般都要求原料片薄而轻盈，便于在主体上贴附。

6. 摆

摆是花色冷拼造型中经常使用的一种方法，如“松龄鹤寿”中的松树枝干，“喜鹊登梅”中的梅枝，蝴蝶的触须，鸟类的嘴巴和脚爪，还有作为陪衬物的山石花草等，都是采用摆的方法制作的。摆，必须根据造型设计的需求选择好方位及所摆物的姿态，不仅使冷拼形象逼真，还要使主体与陪衬物相协调。

7. 扎

扎是为了造型，将冷菜原料捆扎起来，使之牢固不松散的一种辅助手法。扎的手法虽然运用不多，但却是某些冷菜制作中必不可少的，如立体花篮冷菜的篮体、帆船的船体等，虽然内部都装满食物，但篮面是倾斜的，船舷是弯曲的，很难贴附住，如果用丝状料捆扎起来，就会使其牢固。

8. 围

围是将切好的原料，按盘子的形状排列成环形，可排一层或二层，也可层层围绕，此手法称之为围。在实际应用中，围的手法灵活多样，如围边装饰，附加点缀等。在主料周围围上一些不同颜色的辅料来衬托主料的叫围边，有的将主料围成花朵，中间用色彩鲜艳的辅料点缀成花蕊，这叫排围。通过围可把冷菜点缀装饰成很多花样，使冷菜增添色彩，工艺效果更加完美。

六、花色冷菜拼盘的造型方法及制作程序

（一）花色冷菜拼盘的造型方法

1. 平面式

平面式是艺术拼摆中较为简单的一种，比较容易掌握。这种拼盘偏重于实惠，在注重食用价值的前提下，表现出一定的形态和色彩。拼摆成形的冷菜给人以刀工整齐、线条分明、色彩协调的感觉。一般以独立的形式出现，也可以用较大的冷盘陪衬。平面式拼盘一般使用多种原料，采用叠、堆、排等的手法，利用整齐的刀面拼成五角、荷花等形状。

2. 卧式

卧式拼盘又可称象形拼盘，是艺术拼摆中使用比较普遍的一种。卧式是将多种冷菜原料切成薄片或小块后，按照拼摆的形状要求，略呈凸起，有起伏地堆叠在盘内而成一定的形状。卧式形拼盘一般使用多种原料有机组合，偏重于追求形态和色彩，用摆和贴的手法拼摆成各种半立体象形图案。这种制法造型美观，成形后的拼盘形态逼真，栩栩如生，展现出一个完整的画面，给人美的享受。拼摆既可食用又供观赏，多数可修卧式拼盘要配上几只冷菜围碟。

3．立体式

立体式的制作方法是将多种原料经过雕刻、堆砌等刀工手法处理，在盘内拼摆一个比较完整的造型，要求大方美观、立体感强。这种形式的冷盘，制作较为复杂，受到冷菜原料和工艺的局限，对一些花草、动物、景物只能做到形似。立体式拼盘多采用刻、堆、排、叠等手法，拼摆成立体营造的亭坛和山水。

（二）花色拼盘的制作程序

普通冷盘的造型主要是几何造型。花色拼盘与普通冷盘相比较，除了具有食用和欣赏的功能之外，还要具有一定的意境。意境只能通过具体造型表现出来，如动物、植物、器物等自然界的物象。因此，花色拼盘的制作程序较为复杂，它主要包括构思、构图、选料、刀工、拼摆等一系列制作过程。

1．构思

在拼摆花色冷盘之前，首先要进行严密的构思，就是要根据宴席的目的、进餐的规格和对象，对拼摆冷盘的色彩和拼摆内容进行反复思考设计，来表现主题。为使有限的原料变成一个美丽的图案，应从以下三个方面进行构思。

（1）根据宴席的主题构思　宴会的主题很多，厨师应根据不同主题作出不同的构思。比如婚宴可拼摆“鸳鸯戏水”“比翼双飞”“龙凤呈祥”之类的花色冷拼，表达夫妻恩爱的中心思想，以突出喜庆的气氛；迎宾宴席拼摆“喜鹊迎宾”“孔雀开屏”之类图案较为适合，以示和善与友谊；祝寿宴席可拼摆“松鹤延年”“古树参天”之类的造型，以祝福老人健康长寿。总之，要给宾客以喜庆吉祥、精神愉快的感觉，以提高就餐者的情绪，使宴会收到令人满意的效果。

（2）根据人力和时间构思　花色冷盘制作难度较大，要求厨师有较强的基本功，且每一个艺术拼盘都需要较长的制作时间。在花色冷菜构思时，应从实际出发，在技术力量较强、时间允许的情况下可设计较为复杂的。反之，则应从简，不能影响宴会的正常进行。

（3）根据宴席的标准构思　花色冷拼应在选用原料、刀工和艺术上与宴席的费用和标准相适应。档次高，对这些方面的要求也就增多，随着宴席标准的降低，构思时也就降低这些方面的讲究，做好成本核算，决不能只追求形式美，而不考虑经济效益，或流于形式而不讲究冷拼的艺术性。

2．构图

当主题构思成熟之后，接着要考虑如何构图。构图就是设计图案，它主要解决花色冷拼的形体、结构、层次等问题，以便在盘中按图“施工”。花色冷菜的装盘工艺，是造型艺术，它是在美学观点的指导下进行，又要从属于烹饪。因而，在造型方面又有很大的约束性，正因为有这样的约束性，所以冷菜的构图不同于一般的绘画，而是有它特有的个性。人们习惯上把花色冷拼称之为图案装饰冷菜，它要把冷菜造型的主题思想在盛装器皿中表现出来，要把个别或局部的形象组成完美的艺术整体。这就要求恰当运用图案的造型规律、图案构成的色彩规律和图案形式美的制作原理，使冷菜造型收到满意的艺术效果。

3．选料

花色冷拼的选料十分讲究。选料的原则是根据构图的需要，荤素搭配，色彩鲜艳和谐，选料精良，用料合理，物尽其用。制作花色冷拼的原料繁多，选料是拼盘成形的关键，没有好的原料很难拼出质量高的花色拼盘。除现成的冷菜原料外，一些加工复制的原料为花色冷拼造型提供了丰富的物质条件，如可用蛋皮、紫菜等包各种馅心制成圆柱形或扁圆形的卷；

亦可用鸡蛋以及冻粉、鸡皮、肉皮蒸制各种需要的形状。因此，要精心地准备原料，使原料均做到味好、形好、色好、质感好，绝不能将蛋糕蒸成蜂窝状，蛋卷蒸成蚯蚓状。

选料时，还要注意尽量选用原料的自然形态和色泽，如熟虾是红色的，而且又具有弯曲形；盐水鸡肉是白色的，莴笋是绿色的，蛋黄是黄色的等，尽量不使用人工合成色素。

4．刀工

花色冷拼的刀工不像普通拼盘那样要求整齐美观，而是要根据冷盘造型的需要进行刀工处理。因此必须讲究精巧，使用刀法除了斩、片、切之外，还要采取一些美化刀法等。

花色冷拼的原料多数用熟制冷吃的荤菜，比较酥软，不易切出光洁美观的形态，所以必须根据其软硬的程度来下刀。如白鸡脯，纤维虽长，但煮熟后尤为酥软，沿纤维垂直方向切下容易散碎，因此要采用锯切、直切双重刀法下刀，才能保证它的完整性和光洁度。此外还要利用原料的固有体态，切制肉类熟料必须注意纤维顺序的方向性，边切边摆，切摆结合，拼摆有序，从而避免拼摆凌乱。

5．拼摆

花色冷菜的造型是通过拼摆来实现的，在拼摆过程中，必须注意以下几个问题：

（1）选择盛器　原料备完后，就可选择符合构图要求的盛器，除考虑色彩外，还要考虑器皿的形状、大小。如“蝴蝶拼盘”“梅花拼盘”等要选用圆形盘，“孔雀拼盘”“凤凰冷拼”等就要选用条形盘；要将形体摆得大一些，就得选用尺寸大点的盘子，盘子与图案的大小要相称、得体，给人的感觉以不臃肿也不空旷为准。

（2）安排垫底　根据确定的构图，安排造型的基础轮廓，也就是大体的布局。如拼摆锦鸡冷盘时，考虑什么样的姿态，鸡身安排多大，鸡尾应安排多长，如何点缀陪衬花草等。根据这些先垫好底，在盘中拼摆出锦鸡的轮廓，使拼制出的形体饱满而有立体感，垫底料应是质量较高、味道较好的冷菜，以弥补盖面原料的口味和分量的不足，垫底时忌太随便，要垫得整整齐齐、服服帖帖，为盖面打下基础。

（3）具体拼摆　垫好底之后，即开始盖面拼摆。根据形象的要求，将原料进行刀工处理，一边切，一边拼摆，由低到高，从后向前，先主后副。以凤凰为例，先摆上凤凰尾端最后一片羽毛，然后再覆盖第二片，如此一片一片地叠上去，凤凰的翅膀也是从最底层的羽毛开始，再逐渐叠到上层羽毛，但要叠得服帖，尤其是头部和身体衔接的地方要协调和谐、浑然一体，使人看不出丝毫破绽。盖面拼摆时，要求刀面整齐均匀而不呆板，注意原料的排列顺序、色彩搭配及形体的自然美。

（4）装饰点缀　就是在花色冷拼主体部分完成后进行补充装饰点缀，如花草、树木、大地、山石等。装饰时既要注意原料的质量，又要注意形体之间的比例及内在联系，不可喧宾夺主。

七、水果拼盘的制作

水果拼盘是近来比较流行的厨艺。它是以各种时鲜水果为原料，结合其本身的形态、结构特点、色彩等，运用一定的刀工技术处理，合理地搭配在一起而拼制出的一种观赏性与食用性为一体的“工艺”作品。由于水果本身就具有芬芳浓郁的气味，艳丽多彩的色泽，凉爽香甜的口感等特点，再经过厨师们的艺术雕切与拼制，便成为极富有情趣的水果拼盘。水果拼盘通常在宴席的末尾上席。

（一）水果拼盘的特点

（1）风味多样　它是由多种不同风味的新鲜水果组成，从口感、质感、色泽、形态上加以恰当地配置。由于所选用水果的品种、质地、产地的不同，因此也就形成了多样的风味。

（2）营养丰富　多种水果经厨师的合理配置，营养非常丰富，它不仅含大量的水分、矿物质，还有重要的维生素，有助于人体对食物的消化吸收，具有解腻、醒酒、爽口的妙用。

（3）食用方便　它所选用的水果原料在雕切前需经清洗、消毒、削皮、去核、去籽，在加工成片、块、球等多种不同的形状，便于食用，食用者可用餐叉或牙签扎食，既方便又卫生。

（4）形态美观　它既注重食用价值，又讲究艺术造型，根据水果原有的形态特点，稍加雕切即成造型优美、形态各异的艺术作品，使宾客们先欣赏后品尝。

（5）用途广泛　它不仅适用于不同档次的宴席，也适用于酒吧间、冷饮屋、咖啡厅等多种娱乐场所。饭后上果盘，已经成为现代餐饮业中的一种时尚。在一些酒吧、咖啡厅等中小型娱乐场所常用水果、水果汁等与鸡尾酒相配合制出别有风味的“果杯”。

（二）水果拼盘的类型

（1）简单的水果拼盘　这类水果拼盘，工艺简单，只需随意切拼，用量视需要而定，选用时鲜水果，单一品种亦可，适用于一般餐厅的散客点食，也可用于大餐厅、KTV包间的水果单碟，尤其适合于家庭宴席。

（2）中、小型水果拼盘　中与小的区别在于原料的多少和餐具尺寸的大小。中型的水果拼盘适用于一般宴席上的餐后水果；小型的水果拼盘，适用于小吃散座，其特点是随到随吃，故款式造型不宜复杂，以简洁美观为好。

（3）大型水果拼盘　这是一种以立体造型为主，融食用、观赏为一体的大型作品，其特点是量多、体积大、立体感强，具有多视角效应，气派不凡，适用于大型宴会、冷餐会、鸡尾酒会等场合，亦可用于布置展台。

（4）调味型水果拼盘　选时鲜水果，简单加工成形，配以鲜奶油、冰激凌、水果汁、葡萄酒等辅料，采用拌、浇、冻等工艺进行调味，盛于杯、盘、盆等多种精致的盛器中，果香味浓，别有一番情趣。

（三）水果拼盘的制作要点

（1）原料选择　水果拼盘对原料的选择十分严格，必须是品种纯正、果形完整、质地新鲜、成熟度恰到好处，只有这样才能保证口感新鲜、果味纯正。

（2）注意造型　水果是供客人在宴席后食用的，必须具有绝对的食用价值，其造型要求大方、自然、清爽，不能一味地追求造型完美、形象逼真而刻意地精雕细琢，给人一种矫揉造作的感觉，而必须根据其原有的特点，经过简练的刀工处理，使其成为既便于食用，又简洁美观的拼盘。

（3）便于食用　在制作水果拼盘时，有时是单一原料，有时用多种原料拼摆。不管用几种原料都要求尽量去除不食用部分，加工成便于客人食用的形状，不使客人吃相难看、不雅观。如不宜切成太小的丝、丁之类的形状，要根据宴席的情况确定其数量的多少、块型的大小，如西瓜上桌时是一人一块，要求块型稍大一些，由多种水果组成的拼盘，形状可适当小一些，拼起来才不显得笨拙。

（4）注意保质　有些水果去皮后，会产生褐变作用，降低了水果拼盘的质量，如苹果、香蕉等。另外，水果拼盘在其色彩搭配上要利用其本身固有色彩合理搭配，体现水果原有特色。

（5）注意卫生　由于水果拼盘不需加热，而是经刀工处理后直接入口的，所以卫生问题显得特别重要。水果在洗净后可消毒处理，然后由专人用指定的刀和砧板在冷菜间操作，工作人员操作时要尽量减少手与水果的直接接触。水果拼盘制好后，不应长时间放置，防止被空气中的细菌污染。

（6）与盘具相配合　水果拼盘的制作和它所用的餐具有着很大的关系，餐具起着衬托色泽、造型的效果，餐具的好坏直接影响着水果拼盘的艺术效果。盛装器有高脚果盘、深底果盘和平底果盘，一般选用平底或浅底、单色或浅色无图案的瓷盘、陶盘、不锈钢盘以及玻璃盘具等，餐具的形状可以是菱形、多边形、花瓣形或长方形等，它们可以衬托水果自身的色彩，使其更加鲜艳夺目。

八、冷菜拼摆装盘的原则与要求

（一）冷菜拼摆装盘的原则

冷菜的拼摆装盘从美学的角度来说，属于一种实用艺术，它的内容、形式既受时间、空间的限制，又受原材料、工具的制约，因此应遵循以下原则。

1．坚持以食用为本、风味为主、装饰造型为辅的原则

冷菜的拼摆装盘包括经过艺术加工、造型优美的一切简单拼摆和复杂组装的冷拼肴馔。简单拼摆一般指的是冷拼空间造型以各种几何图形为主，如各种单盘；复杂组装通常指造型以象形图案为主，如花鸟禽鱼、自然风景等。冷菜拼盘的制作，应该达到形美、味美，使人观之心旷神怡，食之津津有味，从而得到美的享受，这是冷菜制作工艺的根本目的。

冷菜拼盘是一种食用与审美相结合的艺术品，与古代的看盘截然不同，它要求食用先于审美，而不专供欣赏，要求它具有一定的艺术性，但不能成为纯粹的艺术品，必须遵循以食用为本、风味为主、装饰造型为辅的原则，切不可单纯为拼摆得好看，而颠倒主从关系，乱用材料，使食者产生冷菜拼盘只是“金玉其外，败絮其中”的感觉。造型是冷菜拼盘的一种表现形式；而营养和风味才是菜肴的真正内容。无论是造型还是色彩，都是为食用服务的，要求制作出的冷菜拼盘既好吃又好看。好吃是冷菜拼盘的核心，如果忽视了这一点，即使造型再美，也失去了冷菜拼盘应有的特色，因此，我们要坚决反对一味追求华丽的形式，忽视食用价值的形式主义倾向，过分华丽的冷菜拼盘，给人以华而不实之感，使冷菜拼盘失去了食用价值，那就从根本上违背了饮食规律，变成了舍本逐末，这是冷菜拼摆中最大的失败。

2．坚持形式为内容服务，提倡从原料出发来考虑造型

形式与内容相统一的原则要求我们在制作冷菜拼盘时，必须以风味为主，讲究食用价值，同时力求做到形式美。视觉先于味觉，冷菜造型给人的美感，似乎是形式上的，其实，形式是一定内容的外在表现，是具体内容的形式。因此，冷菜的造型美，不单单反映了冷菜的色彩、光泽，同时，也不同程度地反映了冷菜的其他方面，诸如通过色彩反映其成熟程度，通过光泽反映其火候的适当与否，这些都是形式与内容统一的表现；在形式与内容相统一的前提下，应提倡从原料出发来考虑造型。

许多冷菜拼盘造型一般是先有方案的构思，再去选择原料，以原料的质地、颜色满足造型的需要，从艺术角度来说，这符合创作规律，但就菜肴独具一格的食用性来说，完全可以做到造型服从于原料，即制作冷菜可以规定主料和配料必须自制的原则，促使厨师以营养和风味为内容来构思造型，这样做有利于冷菜拼盘在食用性和艺术性方面都有所发展，有利于形式为内容服务，形式与内容的统一，有利于从根本上改变冷菜制作中大量使用现成原材料和罐头制品，致使冷菜制作工艺萎缩，厨师只会切，不会做，或只会拼摆一些中看而不中吃的拼盘。

3．坚持简洁、明快的原则，不宜精雕细琢搞复杂的构图

冷菜拼盘从制作到使用仅有1～2小时，没有长期保存的必要和可能，而且它所用的空间也小，只能在菜盘中展开。因此，冷菜拼盘的空间性和时间性决定了它只能现做现吃，以简洁、明快、生动见长，一般不宜过分精雕细琢和搞内容复杂的构图，更反对牵强附会。冷菜拼盘造型艺术和绘画艺术较近似，但由于冷菜制作受着时间、空间、原料、工具的限制，不宜采用写实的手法，应根据原料的实际情况，因材制宜，采用写意、变形（如夸张、去繁、添加、寓意、抽象等表现形式）的手法，重在似与不似之间，既抓形似，更重神似，使人观赏其形，领略其神，富于意趣，视觉和心灵均感到愉悦。

4．坚持符合食用、卫生、效率、节约、适度的原则

不要为了造型装饰，左摆弄右摆弄，造成该脆的不脆、该酥的不酥。另外，不得加入非食物材料，也不要加入未经烹制不能吃的食物原料。用生花椒果实充作鸟的眼珠，用生南瓜或生胡萝卜刻制动物腿爪的做法比较普遍，应当改进。要使冷拼的主体造型部分的每个部位都可食。卫生是冷菜拼盘的基本要求，在制作中要做到不污染食物，禁止使用竹扦、火柴梗、大头针、铁丝、别针等杂物，拼制时尽量减少与手直接接触的机会，提倡工具取拿。所选原料不用有毒或不清洁的液体浸泡保鲜，使用添加剂要严格遵守国家规定的品种和用量。

此外，冷菜拼盘制作工艺不能花费过长的时间，有的花色冷拼花费几个小时甚至更长的时间，这既费时费力，又得不偿失。要节约冷拼菜的制作时间，不断改进制作的刀具、模具、工艺技术，提高工效，节省时间。用料不要以稀为贵、以贵为好，而要提倡粗粮细作，化普通为神奇，做到价廉又物美的有机统一。另外，不能为了美化菜肴而不计成本，浪费许多精选原料，要广开料源，注重就地取材，以降低冷菜拼盘的成本。同时，要珍惜原料，造型切削雕刻下来的碎料不应该当作废料，要安排其他用场，切勿扔掉。冷菜拼盘不搞花架子，不搞喧宾夺主和华而不实，不过多地粉饰、雕琢，做到适可而止。而且要适当掌握冷拼和热菜的比例关系，因为冷拼菜所用工时多，成本高，所以在配备宴席时比例要适量。

（二）冷菜拼摆装盘的基本要求

1．刀工要整齐

冷菜拼摆过程中，要求厨师要有一定的艺术修养和装盘技巧，然而最为基础的是要有熟练的刀工技法，因为刀工是决定冷菜造型是否美观的主要因素，娴熟运用各种刀法是创造高质量冷菜拼盘的根本保证。冷菜大多数是先烹调后切配，经过熟制的冷菜，切坏了不易返工，况且冷菜装盘时特别注重整齐、美观，所以对刀工的要求特别高。切配冷菜时，在刀工技法应用上应根据原料的不同性质灵活运用，刀工的轻、重、缓、急要有分寸，无论是哪种形态，都应整齐划一，干净利落，形状上符合质量要求。因此，除了掌握一般切生料的刀法外，还要掌握好锯切、抖刀切、花刀切和各种雕刻刀法。

2．色彩要和谐

冷菜拼摆中的色彩搭配不可随意，只能就冷菜原料固有的色泽和烹调后的色泽进行搭配，以求得拼盘色调悦目。冷菜装盘在色调上处理得好，不仅有助于形状美，而且又能显示内容丰富多彩。拼摆时一般采用对比强烈的颜色相配，避免使用同色和相近色相拼，无论是

一桌席，还是一个什锦拼盘，都应注意这一点。此外还需注意根据季节的变化来配色，冬季以暖色为主，菜肴颜色以深而艳为宜；夏季以冷色为主，菜肴颜色以浅而素为宜；春秋两季则以花色为主。正确地运用色彩的规律配色，才能给宾客以色彩和谐，舒适愉快的感觉。

3．味汁要恰当

装盘不单指菜肴的形和色，同时也涉及菜肴的味汁，所以装盘时必须考虑到菜肴味汁之间的配合，尤其是拼摆什锦拼盘和花色冷菜更要注意将味重的和味淡的、汁多的和汁少的分开，由于调味手段不同，有不少冷菜装盘后需要浇上不同的调味卤汁或蘸食，如白斩鸡、白肚、白切肉等，也有不用加任何卤汁的，如肉松、蛋松、卷尖等。而卤汁的质地也有稠、稀之别，因而装盘时应注意将需加卤汁的相配在一起，不用卤汁的相配在一起，否则就会“串味”相互干扰，如蛋松、菜松沾上任何卤汁都会破坏滋味和菜肴的质地。

4．盛器要协调

盛器的选择应与冷菜类型、款式、原料色泽、数量和就餐者的习俗相协调、适应，做到格调雅观，不臃肿。

（1）盛器的色彩与菜肴的色彩相协调　选择的盛器其颜色与菜肴的色泽不能同色或颜色相近，要采用对比色，这样才能醒目。另外，盛器的颜色选择还要考虑到就餐者的色彩感情。色彩感情是指就餐者对某种颜色的忌讳。由于世界各民族的风俗习惯和宗教信仰不同，色彩感情也千差万别。如果我们对这种色彩感情不了解，不仅会影响就餐者的情绪，甚至会影响相互间的友谊。

（2）盛器的形状与菜肴的形状相适应　盛器的种类较多，形状不一，各有各的用途，在选用时必须根据菜肴的形状来选择相适应的盛器，如果乱用，则有损美观。一般单盘、双拼选用圆盘为好，三拼选用腰盘为宜。

（3）盛器的大小与菜肴的数量相适应　根据冷菜数量的多少来选用合适的盛器，量多的菜肴用较大的盛器，量少的菜肴则用较小的盛器，使菜肴显得高雅而美观。

5．用料要合理

用料合理，一是指拼摆时，要做到硬面和软面很好地结合，二是指装盘时要物尽其用。由于原料和原料部位的质地不同或不完全相同，有的可选作刀面料，如鸡的脯肉、牛肉的腱子肉等，有的可选作垫底料，如鸡的翅膀、爪、颈等。物尽其用，主要强调的是装盘时要做到大料大用，小料小用，边角碎料要充分利用，以减少浪费，降低成本。

九、冷菜制作的卫生控制

热菜一般是烹调成菜后，立即上桌供客人趁热食用，期间几乎不停顿；而冷菜调味烹制后，首先要冷却，其次要切配装盘，有时大型宴会冷盘还要提前制作。也就是说，冷菜材料从出锅到供客人食用之间，停顿时间长，接触外物多（刀、砧板、手、盛器、餐具及不同的空间），极易被污染而导致变质，一旦疏忽，就会引起食物中毒或其他食源性疾病，其后果的严重性可想而知。因此，冷菜的制作需要更加严格的卫生控制，更需要符合卫生的规范化操作。

（一）冷菜加工的“四专”要求

1．专人及其卫生要求

冷菜间的操作人员应固定，要切实注意个人的卫生。要勤洗澡理发，勤换衣服，勤剪指甲等，操作人员工作时严禁在手上佩戴金银等首饰。另外，冷菜间的操作人员还需定期进行身体检查，严格做到持证（健康证）上岗。在冷菜的制作过程中，手与冷菜材料直接接触是难免的。因此，冷菜间的操作人员在进入冷菜间加工操作之前对手的消毒尤为重要，切不可忽视。一般可用消毒液浸洗，也可用70%的酒精擦洗，确保操作人员的手清洁卫生。冷菜间的工作人员在进冷菜间操作前必须穿工作服、工作鞋，戴工作帽和口罩，并严禁他人随便出入冷菜间，以免冷菜或环境受到污染。

2．专室及其卫生要求

由于冷菜在制作工序上的特殊性，因而在行业中往往被列为一个相对独立的部门，谓之“熟食间”或“冷菜间”。这种专门从事冷菜制作的场所不得加工其他食品，不得存放无关的物品；应具备无蝇、无鼠、无蟑螂、四壁光亮、窗明几净、无油腻污垢、无灰尘等的相对隔绝条件，以防冷菜受到污染；冷菜间还应具有换气通风设备及恒温设施，以保持环境空气新鲜及控制操作人员的体液排泄，创造无汗的工作环境，环境温度一般控制在10～20℃为宜，防止操作者的汗液通过手而污染冷菜；专室还应设洗手池和出菜窗口。同时换气通风设备和恒温设施应该是独立的，不能与热菜间或面点间共用。例如：冷菜间不能使用中央空调，应该安装独立的挂式或立式空调。

紫外线辐射是目前用于空气和物体表面消毒行之有效的一种简便方法。《餐饮服务食品安全操作规范》规定，经营凉拌菜的餐饮业，应设专业操作间，并内设紫外线杀菌灯进行消毒，其目的是杀死细菌以保证冷菜的卫生质量。紫外线杀菌效果取决于辐射剂量，而辐射剂量由辐射的强度、时间和空间范围决定。在冷菜间内特定的空间内，杀菌灯的辐射强度应不低于70μW/cm^2，同时要求保持杀菌灯清洁，防止油污灰尘遮挡紫外线的辐射，并安装铝制抛光反光罩，可使照射强度提高一倍。一般情况下，紫外线杀菌灯灯管使用1000小时应更换。

3．专用工具及其卫生要求

在冷菜的制作过程中，各种刀具（包括夹子和镊子及模具等）、砧板、盘子、抹布和各类盛器等，应该是专门使用，不受其他部门的干扰，并在使用前必须经过严格的杀菌消毒措施，而且还要做到生、熟分开加工，加工冷菜的刀具、砧板等决不可加工其他原料。

4．专用的消毒、冷藏设备

冷菜间内应设专用的消毒设备，如浓度为75%的乙醇、0.3%高锰酸钾溶液或其他消毒液，用于原料、工具或操作人员的手的清洁卫生，冷菜间应设专用的洗手池；设紫外线杀菌灯进行空气和物体表面消毒，存放冷菜的冰箱、冰柜内的温度控制在5～10℃为最宜，这既不会影响所存放冷菜材料的风味特色，同时也能抑制微生物的生长与繁殖。冰箱或冰柜要每天清理，并定期彻底清洗，始终保持其清洁卫生。冰箱或冰柜内所存放的冷菜材料均需用保鲜膜分别密封，以防止冷菜材料在存放过程中受到污染，同时，也可防止“串味”。操作台、货橱或货架，都应使用不锈钢材料制成，可防止生锈，也便于清除油腻物，彻底铲除微生物生长繁殖的“根基”。

（二）加工、拼摆冷菜的卫生控制

1．冷菜原料的卫生要求

冷菜原料的选择使用要特别严格，因为它对冷菜的卫生质量有着举足轻重的影响。许多食物中毒事件是由于原料品质不符合卫生要求而引起的。对于腐败、变质、发霉或虫蛀，以及有异味的原料要杜绝使用，对原料质量进行严格把关。如蔬菜在生长、收获、运输、销售、保管过程中，极易沾染上农药、虫卵和病菌。据有关检验资料证明：番茄、黄瓜等蔬菜，大肠杆菌的检出率达98.4%，病菌在蔬菜上能生存15天，在腐烂的蔬菜上能生存42天。所以对于一些瓜果蔬菜原料，应选用“绿色蔬菜”，严禁使用农药残留量超标的原料。只有这样，我们才能使冷菜菜品的卫生质量从根本上得到保障。

2．冷菜原料的烹制卫生要求

肉禽、水产、蛋等动物性食品的粗加工、热加工必须在冷菜间外进行。加热应注意烧熟煮透，防止细菌残存，熟后用于制作凉菜的熟食品应放在冷菜间内冷却凉透，然后放入冰箱冷藏。切忌把热食品或未凉透的热食品放入冰箱，否则食品中心部分散热受阻，食品易腐败变质。冰箱仅能抑制细菌繁殖，而不能杀灭细菌，冰箱冷藏时不应超过2天。水果、蔬菜必须在冷菜间外面择洗干净后再进冷菜间，消毒后放入冰箱或直接切配。

凡不经加热的原料，使用前要严格消毒。切忌熟菜与任何生鱼、生肉、生蔬菜接触；必须配入的生鲜蔬菜，如香菜、黄瓜、番茄、姜等，都应经过消毒处理。如黄瓜、番茄要用软刷刷去泥污，然后再用开水稍烫灭菌，或用消毒液冲洗后，再切制使用。

3．冷菜拼摆的卫生要求

拼摆冷菜前应进行全面消毒，包括刀、砧板、抹布、容器、手、台面等。加工量太大时，应隔一段时间随时对刀、砧板等进行消毒。工作人员的冷菜制作工艺技术应娴熟、迅速和准确，尽量缩短冷菜拼盘的成形时间。因为冷菜的拼摆时间越长，菜品遭受污染的可能性就越大。一般而言，小型单碟冷菜宜在数分钟内完成，即使是相对较为复杂的大型“花式冷菜”，亦应在30分钟之内完成。

在冷菜工艺中点缀是一种装饰方式，通过点缀能使冷菜菜品在色、形等方面更加和谐与完整，一般并不具有食用的直接意义。然而，从卫生的角度而言，点缀的卫生程度与冷菜菜品的质量有着密切的关联，因此，同样不可大意。在冷菜的制作过程中，我们常选用一些小型的瓜果或蔬菜原料进行点缀。这些原料在使用前必须清洗干净，并严格消毒，杜绝用生水清洗后直接使用，严禁使用不可生食的瓜果或蔬菜原料（如马铃薯、南瓜、茄子、四季豆等）进行点缀，以免造成菜品的污染。

4．冷菜加工完成后，应立即食用

冷拼距食用时间越短越好，不给细菌生长繁殖的时间。若因宴会必须提前制作冷菜时，所有的冷菜菜品成形后，均应立即加盖（有的冷菜餐具带盖）或用保鲜膜密封放置，直至就餐者就座后由服务生揭去保鲜膜（或盖）供就餐者食用。这样既可以防止冷菜菜品受到污染，同时也可以保持菜品应有的水分，以免冷菜菜品失水而变形、变色，影响菜品应有的风味特色。如把切配好的冷菜放入冰箱保存，注意各盘不能重叠堆放，以防盘底污染下面的食品。

5．隔日使用的冷菜卫生控制

在烹饪行业中，冷菜材料的制作往往是批量生产的。尤其是采用动物性烹饪原料制作而成的冷菜材料，如五香酱牛肉、盐水鸭等，因而当日剩余的冷菜材料多是第二天继续使用。次日使用前，一定要入锅重新烹制，以免冷菜材料受污染而变质。另外，夏季的冷菜在每隔6小时就应再回锅加热烹制一次，这样，才能确保冷菜菜品的清洁卫生，但重热之后，冷菜的香味要挥发，口感也发生变化，质量会下降。因此，在加工冷菜的过程中，应尽量根据本店的经营状况掌握烹制冷菜的数量，使其当日的销售量基本相符。这样，既能最大限度地保持冷菜应有的风味特色，又可确保每天的冷菜材料新鲜卫生。

思政小结 ▶ 人生的扣子从一开始就要扣好

小结导入：青年的价值取向决定了未来整个社会的价值取向，而青年又处在价值观形成和确立的时期，抓好这一时期的价值观养成十分重要。这就像穿衣服扣扣子一样，如果第一粒扣子扣错了，剩余的扣子都会扣错。人生的扣子从一开始就要扣好。——习近平在北京大学师生座谈会上的讲话（2014年5月4日）

思考讨论：认真分析上述讲话并谈谈你的理解。

分析强调：衣服的扣子扣错了，大不了再扣一遍；人生的扣子一旦扣错，是无法重来一遍的。每个青年一定要遵照习近平总书记的谆谆教诲，切实“扣好人生的第一粒扣子”。

第三节 热菜的造型与装盘工艺

菜肴给人的享受有色、香、味、形、器诸方面。菜肴的色和形是通过造型来体现，菜肴造型的别致、新颖可起到赏心悦目的效果，使就餐者对菜肴产生美好的印象，从而增进就餐者的食欲和就餐情趣。如果菜肴的造型不好，那么就会影响就餐者对菜肴的品味，也就影响整个宴席的气氛或就餐体验。热菜的造型涉及到诸多方面的因素，值得烹饪者去思考学习。

一、热菜造型的特点

热菜造型艺术表现时间最短，具有一挥而就、一扫而光的特点。一挥而就是指菜品到装盘成形时间非常短，一扫而空是指趁热分而食之，两个时间都非常短暂。热菜成菜后大多酥烂、细嫩，从而不利于刀工的切割，更不利于精细化刀工处理；热菜多为卤性，汤汁较多，黏稠多味，不利于拼盘造型，受“串味”制约较严，不利于拼盘造型；热菜受温度制约严格，因此不宜加长装盘造型的时间，即使需要精细化操作，亦需超前造型；热菜为分类上席，在宴席中同一主题中更加追求个性的体现，前后配合具有内在节奏，因而因菜而异，一菜一格，环环相扣。

二、热菜造型的一般规律

热菜是宴席的主体菜肴，决定着宴席档次的高低，好坏的关键所在。显著特点是趁热食用，要求以最快的速度进行工艺处理，这就决定了热菜的造型既要简洁大方，又不能草率、马虎，虽不耐久观，却诱人食欲。成功的热菜以精湛的刀工、优雅的造型、绚丽的色彩令人倾倒，促使宴席过程高潮频起，气氛热烈。所以热菜造型艺术是饮食活动和审美意趣相结合的一种艺术形式，具有较强的食用性与观赏性。

构成热菜造型的基本条件，一是切配技术，二是烹调技术。其中，切配技术是构成热菜造型的主要条件。一般菜肴的制作，都要经过原料整理、分档选料、刀工成形、配料、熟处理、加热烹制、调味、盛装等八个过程。切配技术使菜肴发生“形”的初步变化，烹调技术不仅使菜肴原料的“形”的变化更加完善，而且使菜肴色彩更加鲜明悦目。因此，掌握好切配技术和烹调技术是做好热菜造型的基础。

三、工艺热菜的造型方法

工艺热菜是指在色、形方面富于艺术性的菜肴。它的造型方法可以分为以下三大类型。

（一）加工造型

指对不同形色的烹饪原料在切配成片、丁、丝、条、块、蓉的基础上，经过巧妙的组合，将普通形状的原料加工成美观的花色形态，然后再烹制成菜。这种造型方法是制作工艺热菜的主要方法，它的成菜程序是：选料—初加工—细加工—配合成生坯—加热成熟—浇汁（或不浇汁）。制生坯是制作这类菜肴的关键，根据制作生坯的手法不同，其加工造型又可分为下面十种方法。

1．缔塑法

缔塑法是指将质地新鲜细嫩、无筋膜杂质、黏性较大、韧性较强的动物性原料排剁成蓉状，加入调料搅拌上劲制成的缔子（也称“糁”），或是将含淀粉较多的植物性原料经过蒸制搅拌制成的泥，再用以塑造成各种形状的方法。

缔塑法可分为手塑及器皿塑两种。手塑可以用手挤或捏出各种形状，如湖北菜“橘瓣鱼氽”以鱼缔（鱼糁）用手挤成橘瓣下热水锅中氽后，使其定型成熟，成为形象逼真的橘瓣状，这既不失其食用价值又不矫揉造作。速度快，朴实无华。手塑同样可用到西点裱花技术的“挤注”手法，将缔子或蓉泥装入事先备好的挤注筒中，挤注出各种形状的造型来。如牡丹鱼氽、群龙戏水等菜肴的制作都用到了这种方法。

器皿塑是将制好的缔子或蓉泥填入各种器皿（如汤匙、酒杯、金属模具等）中，上笼蒸制定型成熟。例如，用汤匙塑可制出琵琶虾、喜鹊豆腐等菜，又如用酒杯塑可制成莲蓬鸡、金钟鸡、荷花豆腐等菜。

值得注意的是，大部分用缔塑法制出的工艺菜待其主料定型后，还应用不同色彩、不同形状的小块食料在其表面牵贴或挤注出不同的艺术图案。当然牵贴或挤注的图案无须过分繁杂，以简洁、明快为佳。

2．酿填法

“酿”是将一黏稠状原料填粘于另一原料容腔中形成生坯，属于工艺菜的传统技法之一。随着历史的不断发展，“酿”菜技术在实践中不断地得到改进和提高，逐步形成了一种技术和艺术相结合，并具有独特风格的技艺。“酿”菜的手法有装馅“酿”、象形“酿”两种。

（1）装馅酿　主料经过刀工处理，将中间挖空，填进制好的馅子，再用蒸、炸、焗等方法将其烹制成熟。装馅酿的主料一般为内部可挖空的鸡、鱼、蛋、青椒、番茄、苹果等具有一定形态和体积的原料，馅料一般多为切碎的丁或斩成蓉泥的原料。这类工艺菜很多，代表菜有八宝葫芦鸭、荷包鲫鱼、酿青椒、八宝酿梨等。民间对于这类菜有个形象说法，叫作“肚子里变把戏”。

（2）象形酿　将制好的缔子或蓉泥配上其他原料制成千姿百态、形象逼真的菜肴。这类菜肴一般用于高档筵席，制作时，菜肴表面也要用到牵贴或挤注进行表面装饰。它的代表菜肴有宝塔肉、发财金钱、百花鱼肚、龙眼冬瓜球等。

3．卷制法

卷制法就是利用原料自身可以卷制的性能，如鸡片、鱼片、网油等卷进加工成丝、蓉、粒状的原料，卷制成长筒状。此法在花色菜中被广泛应用，经过卷制后，有的可以直接成形并且在两端露出一部分原料，形成美丽的形状。如“三丝鱼卷”，先将鱼肉片成3厘米长的片，再在鱼片上抹上少量虾蓉，卷进冬笋丝、香菇丝、火腿丝呈长条形。“肝丝虾卷”是先将虾背直割一刀，翻成连接着的两扇，用刀打成平片，然后将葱、红萝卜与鸡肝、冬笋、香菇、火腿肉均切成长粗丝，分别横放于虾肉片靠头部的一端，再卷起包成圆筒状至虾壳尾上，上笼屉蒸熟即成。其代表菜肴如纸包鸡、双味萝卜卷、枕头鳜鱼等。

4．包制法

包制法就是利用原料自身可以包裹的性能，如猪网油、鸡蛋皮、玻璃纸（玻璃纸是一种是以棉浆、木浆等天然纤维为原料，用胶粘法制成的薄膜。它透明、无毒无味。因为空气、油、细菌和水都不易透过玻璃纸，使得其可作为食品包装使用）、荷叶等，包制整只的原料或加工成丁、条、丝、块等形状的原料，以构成一定的形状。包制菜肴很多，如纸包虾仁是将玻璃纸裁成12平方厘米的方片，取菱形火腿片放在纸中心，两端放上两颗熟青豆，再放上浆过的虾仁，包制成长方包，塞口处留一纸角，便于就餐者拆包食用。荷叶粉蒸肉是以肥瘦相间的猪肉或羊肉（一般以猪肉为宜）切成豆腐干大小的方块，粘上和着花椒与盐的炒米粉，用荷叶包扎，再放进蒸笼蒸熟即成，吃时剥去莲叶，清香飘逸，很受欢迎。

5．叠贴法

叠贴法是将所用主辅料呈三层黏结叠合成扁平块状生坯。格式一般是底层肥膘片、猪网油或者是吐司片，中间主料，上层菜叶。料形上可以是三层同等大小的方片或圆片，中间亦可用丝、粒、蓉料。为了增加黏结度，料与料之间需抹上作为黏结剂的浆、糊或缔子。典型的菜例有锅贴鸡、锅贴鱼、锅贴豆腐等。

6．翻穿法

所谓翻，即将两片同等大小的不同原料相叠，中间划1～3条刀缝，将原料一头由中缝中翻过呈“麻花”形生坯，传统称为“凤入罗幛”之法，菜例有麻花腰子、麻花野鸭等。所谓穿，则是将一圆形柱状原料插入另一原料因出骨而产生的空隙之中形成生坯。插入料充当骨，插入后仍保持主料之完整形态，传统谓之“偷梁换柱”法。典型菜肴有龙穿凤翼、象牙排骨、金银肝等。

7．扎

扎即把切成条状的原料用海带、金针菇、葱叶等原料，一束一束地捆扎起来。由于成形后似柴把，故名“柴把××”。如柴把鸭即是将熟鸭脯肉条、熟火腿条、熟冬笋条、香菇条合并起来，外面用青蒜叶拦腰捆扎成“柴把”形状。典型菜例有柴把鸭、柴把竹笋等。

8．扣

扣即将所用原料有规则地排入碗中，使之成为具有某种图案式的馒头形饱满生坯造型，成熟后再复扣到盘子中。所用的碗则为“扣碗”，用蒸、扒之法制熟。典型菜肴有扣三丝、八宝饭、金银蹄等。有的经过包、卷、扎、穿类的菜肴，有时亦需用扣法，使之形体更为整齐、统一、饱满。

9．夹

夹是将一类原料入另一类原料的夹刀片中形成生坯，如是类固体原料，需加黏结剂，类稠黏原料，则无需增黏。例如茄夹，是将肉蓉或虾蓉抹在茄子夹刀片中，挂上糊，再入油锅中炸制成熟。典型菜例有鱼香茄饼、藕夹、夹沙香蕉、火夹鳜鱼等。

10．模铸法

模铸法是将稀糊状的原料，借助于某种模具，凝结成某种物体的形状。具体方法又有冷、热之分，前者将琼脂、板油等原料熬成汁液，经冷却即成固体，如什锦果冻就是采用这种方法，此法适用于凉菜和果冻；后者是依靠原料中含有的蛋白质、淀粉等受热凝固的作用，使稀糊状变成固体状。例如瓢儿口蘑，将虾馅放在抹有油的汤匙内，刮成饱满的汤匙形，在虾馅中嵌入一颗口蘑，口蘑旁放上菱形状的青菜叶片、火腿片、冬菇片，上笼屉蒸熟，再脱去汤匙而成。

工艺热菜造型方法

（二）烹制造型

烹制造型是指原料根据菜肴成形的要求作刀工技艺处理后，再通过加热烹制而改变原料的自然形态使之成为一种新形式的完成方式。这类菜肴制作程序是：选料—初加工—剞花刀—加工（拍粉或挂糊）—加热（烹制）—浇汁—装饰。制作这类菜肴特别讲究刀工和火候技艺，另外还要求具有形象思维的立意头脑，丰富的实践操作经验。剞花刀技术性较强，是烹制这类菜肴的刀工基础。如果花刀剞不好，就会影响菜肴的美观。

烹制定型时的油温掌握也很重要，它是制作这类菜肴成败的关键。一般说来，在炸鱼类菜肴时，应使鱼菜具有外焦酥内软嫩的质地。完成这一炸制过程有一个“定型—成熟—定质”的循环模式，而要完成这一循环模式，又内含有“适时”与“适度”的法则。这些都要求厨师具有丰富的实践经验，非一日之功。

这类菜肴的造型潜力很大。它可以将大鱼制成珊瑚、燕子、松鼠、龙舟、菠萝、玉米，还可将大虾制成鸟、龙、牡丹、燕尾、兰花。随着粤菜的橙汁、山楂汁、芒果汁、果茶汁、椰汁、苹果汁等果汁的广泛运用及推广，这类菜肴的色泽变化更加丰富多彩，造型也就更加逼真了。

（三）拼摆造型

拼摆造型是指把各种普通形态的原料经加工后拼摆成形式新颖美观、图案清新诱人的菜肴。许多传统菜肴经过一番艺术拼摆后都能达到意想不到的效果。拼摆造型可分为以下三类。

1．生熟原料的混合拼摆

将加热成熟的原料与不便食用的生原料混合拼摆成菜，具体有两种表现方式。

（1）点缀拼摆　是根据菜肴形状、质地、色泽等特点，点缀一些用萝卜、南瓜等易于雕刻成形的物体。如“渔翁垂钓”就可在糖醋鱼旁摆上雕刻的垂钓渔翁。又如“金龟登殿”就是将清蒸白鳝盘成龟状，旁边放一用南瓜雕刻而成的金殿。

（2）盛器烘托　这里所谈到盛器主要指果实体，它是将果实体表面构图美化，并将体内挖空造型后再装填进食物，以综合鉴赏其整体效果的一种。传统的西瓜盅、南瓜盅都是其代表。这类造型不但要求掌握果实体与菜肴本身在口味、颜色上的协调关系，更讲究果实体的雕刻造型艺术。

2．熟原料的拼摆

将一种或几种原料分别制熟并使之入味，再在短时间内拼出造型图案的拼摆。如梁溪脆鳝在高明厨师手中可拼出一幅幅树木盆景，清炒菠菜在名厨手中三下两下就可摆出两只可爱的鹦鹉，“漓江春早”可以是将烧入味的鱿鱼筒摆成竹竿形，用熟黄瓜、莴笋、香菜等点缀。

这种拼摆难度很大，它要求厨师不仅应有较高的烹调技术水平，还需具有一定的艺术修养。烹制一种较高水平的菜肴若不经过长期磨炼不行，例如前面提到的梁溪脆鳝，它不仅要求厨师能制作出这种菜，更要求厨师对树木盆景有很深了解，因为成菜时间要求很短，时间一长，糖汁凝固。鳝鱼段便很难造型了。这种热菜拼摆与冷盘是有很大区别的，因为热菜讲究的是“一热三鲜”，拼摆时间过长，变冷了，就难以下咽了。正因为如此，拼摆的图案题材上就有很大的局限，事实上，这类“热拼”实际应用很少，一般只出现在名师技术表演及烹饪大赛中。

3．半成品拼摆

将半成品原料经过拼摆成形后，保持原形状不变，再用蒸的方法使之成熟的一种方法，例如丽花鳜鱼就是将制好的鱼卷拼摆成大丽花状，再蒸熟浇汁而成。又如金钱莲子用莲蓬米及五花肉经过初加工后，再码在碗中成大方孔状，经蒸扒后扣碗浇汁而成。

工艺热菜是色香味形的和谐统一体，随着厨师们的努力，国内外技术交流的扩大，工艺热菜呈现出前所未有的方兴未艾之势，因此对工艺热菜的定性分类就显得更为重要，这里按制作过程对菜肴成形的影响将工艺热菜分为三类九种以分析工艺热菜的造型规律。由于工艺热菜与非工艺菜的划分现还没有十分明晰的界线，同时由于任何一份工艺菜造型的完成都不只是哪一道工序的独立任务，需要不同的工艺流程之间密切配合。

菜肴装盘要有一定的艺术效果，应当装得饱满丰润。如果菜肴里有主辅料，则主料应当突出醒目，辅料只起到衬托作用。即使是单一原料的菜肴，在装盘时也应当以增加菜肴丰富饱满之感为重点。热菜装盘是烹调人员不可缺少的基本功。菜肴盛装时速度的快慢，造型的好坏，不仅关系到菜肴形态美观，而且对菜肴的清洁卫生也有着直接的影响。

四、热菜装盘的方法

（一）炸制菜的装盘法

炸是以油为介质传热，大油量，旺火热油。成品无芡无汁，块块分离。装盘时应先将菜肴倒入或者捞入漏勺中，让其沥尽油后再从漏勺内倒入盘中。倒时可用手勺或筷子挡一挡，以防倒出盘外。装盘后如发现成品成形不太美观，可以用筷子或者手勺略加调整，使其均匀饱满。千万不可直接用手操作，以防烫伤，并注意卫生。

（二）炒、熘、爆菜的装盘法

这类菜肴和炸制成品明显不同的是：炒、熘、爆制的菜肴有汁有芡，成品没有炸制菜肴的可塑性强，故而在装盘上有一定的难度。

1．左右交叉轮拉法

左右交叉轮拉法多用于形态较小的丁、丝、条、片等小型原料所烹制的勾芡或勾薄芡的菜，操作方法是：颠翻炒锅后，用力将菜肴在锅中朝一个方向晃动，使形大的原料晃在上面，形小的原料进入下面；用手勺将菜肴拉入盘中，形小的垫底，形大的盖面。拉时一般是左拉一勺，右拉一勺，交叉轮拉。例如清炒虾仁。

2. 倒入法

倒入法就是直接将烹制成熟的菜肴倒入盘中，主要是用于质嫩易于散碎的勾芡菜。有时为了便于菜肴造型，在一些锅贴菜肴或锅熘菜中也常用到。当然，对于单一主料，或者主辅料没有明显差别的菜也常用。操作方法及关键是：装盘进行一次性大翻锅，将菜肴全部翻个身，倒入时速度要快，炒锅不能离盘子太高，但也不能太低；倒时将锅迅速向左移动才能确保原料不翻身，均匀地摊入盘中。例如糟熘鱼片。

3. 分主次倒法

分主次倒法一般适用于主辅料差别比较明显的勾芡的菜。操作方法及关键是：先将辅料较多的部分倒入盘中，然后将勺中主料较多的部分覆盖在上面，突出主料。

4. 覆盖法

覆盖法一般适用于基本无汁的勾芡的爆菜。操作方法及关键是：盛装前先翻锅几次，使锅中菜肴堆聚在一起，在进行最后一次翻锅时，用手勺趁势将一部分菜肴接入勺中，装进盘内，再将锅中余菜全部盛入勺内，覆盖入盘内。覆盖时应略向下轻轻地按一按，使其圆润饱满。例如火爆双脆。

（三）烧、炖、焖菜的装盘法

烧、炖、焖类菜肴和上述烹调方法制作菜肴较为不同的是：烧、焖、炖的菜汤汁宽浓，一般都用于大型或整只原料，装盘方法基本上是相同的。

1. 拖入法

拖入法一般适用于整只原料（特别是鱼）。操作方法及关键是：先将锅略掀一下，趁势将手勺插到原料下面，再将锅移近盘边，把锅身倾斜，用手勺连拖带倒地把菜肴拖入盘中，拖时锅不宜离盘太高。例如豆瓣鲜鱼。

2. 盛入法

盛入法适用于由单一原料或者多种不易散碎的块形原料组成的菜肴。操作方法及关键是：用勺先将小的差的原料盛入盘中，再盛大的形状较完整的块，并将不同的原料搭配均匀。盛装时手勺边不可将菜肴戳破。盛装过程中勺底沾有的汤汁应在锅沿边上刮一下，防止汤汁淋落在盘边上。例如红烧肉、烧三鲜。

3. 扣入法

扣入法是根据事先的要求将原料在碗中排列成图案或排成整齐圆满的菜肴。操作方法及关键是：先将成熟后的菜肴一片一片紧密地排列在碗中，排列时菜肴正面向碗底，先排好的大的，再排小的差的；然后排辅料。原料一定要排平碗口，不可太多或太少。排好后用盘反覆在碗口上，然后迅速地翻转过去，将碗平稳地拿掉。例如咸烧白。

当然，对于一些整只菜肴，如整鸡、整鸭、整鸽等，应该腹部朝上，让其肌肉丰满部位突显出来；对猪蹄髈应该皮朝上，骨朝下，让色泽鲜艳、圆润饱满的外皮显露出来；至于鱼，单条鱼让其腹部刀缝一面朝下，要装在盘子正中，两条鱼装盘腹部朝中，背部朝盘外紧靠在一起，浇汁时，从鱼头到鱼尾，全面均匀。

（四）烩菜的盛装法

羹汤一般占盛具容积90%左右，如过多易于溢出容器，上桌时手指也易于接触到汤汁，影响卫生，但也不可太浅，太浅失去丰满感。

有些烩菜的主料和浮油先用勺盛起，到最后才浇上去。有时需要使主料浮在上面，或需要有“油面”（菜肴盛熟后淋上去的油）的菜肴，应将主料或浮油盛在勺中，将其余部分装入盘中，再将勺中的主料或浮油倒在上面。

五、热菜装盘的要求

热菜盛装是烹饪制作的最后环节，在操作时既要做到新颖别致、美观大方，又要做到出奇制胜，从各方面满足就餐者的饮食需求。一般盛装热菜时具体要求如下。

（一）餐具选用得当

菜肴加热成熟后，要选用合适的器皿进行盛装。一般来讲，腰盘用来盛装鱼类不会造成头尾外置的现象发生；汤盘盛烩菜利于卤汁的保留；炖制的全鸡、全鸭宜采用大号品锅盛装；紧汁亮油的菜品宜选用平盘盛装，有利于展现菜品的主料。加量菜宜选用大号餐具盛装等。在宴席、美食节及自助餐中，采用大盛器象征了气势与容量，而小盛器则体现了精巧与灵巧。因此，在选择盛器大小时，应与餐饮的实际情况相结合。另外，宴席菜肴的盛器要富于变化，可适当选用橙子、菠萝、金瓜等瓜果蔬菜作容器；也可采用面条、面片等炸制成面盏、花篮来当作容器。

（二）盛器配色要协调

盛器的选择还需要考虑颜色与花纹。盛器的颜色对菜点的影响也是重要的。一道绿色蔬菜盛放在白色盛器中，给人一种碧绿鲜嫩的感觉；而盛放在绿色的盛器中，这样的感觉就平淡多了；一道金黄色的软炸鱼排或雪白的珍珠鱼米（搭配枸杞），放在黑色的盛器中，在强烈的色彩对比烘托下，使人感觉到鱼排更色香诱人，鱼米则更晶莹透亮，食欲也随之而提高。有一些盛器装饰有各色各样的花边与底纹，如运用得当也能起到烘托菜点的作用。

（三）盛装容器要保温

大多数情况下，在菜肴盛装前要对餐具进行加热，餐具事先放在保温柜中，上菜时再取出使用。有特殊要求时，盛器功能的选择需根据宴会与菜点的要求来决定的。在大型宴会中为了保证热菜的质量，就要选择具有保温功能的盛器。有的菜点需要低温保鲜，则需选择能盛放冰块而不影响菜点盛放的盛器。在冬季为了提高客人的食用兴趣，还要选择安全的能够边煮边吃的盛器等。对菜肴装饰点缀要预先准备，减少菜肴的滞留时间，保持温度。

（四）盛装的数量要适中

热菜在装盘时的数量既要与就餐者的人数相适应，也要与餐具的大小相协调。菜肴盛装于盘内时，一般不超越盘子的底边线，更不能覆盖盘边的花纹和图案。羹汤类菜肴一般装至盛器容积的80%左右，若超过盛器容积的90%，就容易溢出容器，沾在手上或洒在地面上，影响卫生。但也不能过浅，太浅则显得分量不足。在大型宴席盛装热菜时，要确保每盘菜品的主辅料搭配均匀，不能有多有少，而且尽量做到一次装盘完成。

（五）菜肴的主料要突出

热菜在装盘时应该尽量做到饱满匀称，主料突出。配料只起陪衬、补充作用，不可喧宾夺主，超过主料的数量。若是炒制类菜肴，在烹制成熟时可通过旋锅的方式，将辅料及调料先放入盘中，面上再装入主料。若是单一原料的菜品，也注意突出重点，将刀工整齐、色泽美观的成形放入盘子的最上面，以增加饱满、丰富之感。

（六）盛装过程注意卫生

菜肴经过烹调加热后，已经起到了杀菌消毒的作用。但在盛装时若不注意卫生，让细菌及灰尘等落入盘内就失去了烹调的意义。盛装容器要事先经过严格的杀菌消毒，烘干完成后严禁用手指、抹布等直接接触。在盛装的过程中，也不可用手勺用力敲打锅沿，以免锅灰落入锅中或盘中。菜品盛装结束后，要用干净的筷子调整菜品的形状，若发现盘沿有滴入的芡汁、油星等异物，应立即用准备好的餐巾纸擦拭干净。

思政小结 ▶ 食品安全道德与法律意识培养

小结导入：民以食为天，食品是人类社会发展不可替代的物质基础之一，食品安全对人类社会的发展有巨大的影响。为了确保食品安全，国家做出了各方面的努力，2009年国家颁布并实施了《中华人民共和国食品安全法》和《中华人民共和国食品安全法实施条例》。

思考讨论：餐饮类专业的学生在学习期间和以后的工作中应如何践行食品安全？

分析强调：为了更好地解决食品安全问题，需要在学习和工作中养成良好的食品安全道德与法律意识并认真贯彻执行。以道德意识的内在自律作用为出发点，配合法律的外在强制力，自觉维护食品安全的方方面面，从根源上保障食品安全。

第四节 汤菜的造型与装盘工艺

汤菜是餐桌上必备佳肴，也是我国菜肴的一个重要组成部分。汤菜是指用新鲜的、富含蛋白质和脂肪等可溶性营养物质较多的，无异味的原料，放入水锅中，采用炖、焖、煨、煮等烹调方法，取其精华而形成的香浓咸味的菜肴。汤菜在造型时难度较大，一般厨房不太注重汤菜的造型。但这并不等于汤菜就无需造型，在人们日益讲究饮食情趣的今天，造型美观的汤菜会给人们以更多的享受。

一、汤菜造型的原则

汤菜造型是以食用为目的，是为宴会或高级就餐所服务的，其制作过程中有其自身的原则。

1．利用烹饪原料本身优势

在进行汤菜造型时，要充分利用做汤的烹饪原料本身进行造型。运用它的色彩、形状、寓意，考虑其可塑性，烹制出“造型”的汤品，通过它们走上餐桌表达出的色、香、味、形等，给食客一种新的感受，使形与意交融在一起，又不影响汤本身的特色。也就是说，不破坏汤“饮用”的目的。

2．运用合适的手法

在进行造型时，充分运用各种手法进行操作。从刀工上看，包括切、剁、剞、批、砍等多种手法，创造出众多几何图形，作为汤的内容物，但又不能过多，以免冲淡汤的本意，工艺上多用塑形手法，利用一些原料的可浮性，来创造一些图案，使之在汤面上，并随液体流动，增加“动感”，烘托出气氛。

3．造型不宜过多过重

汤菜的基本作用很多，除能够帮助肠胃消化之外，还能充分吸收营养。作为一道菜品，其核心作用是可食用性。所以，汤菜造型不应过多过重，这样汤就失去了本来意义，应恰到好处，还必须讲究使用安全和卫生的要求，符合人们心理的原则，这是十分重要的。一些厨师做高级汤菜不讲究卫生，造型物上甚至出现“手印”，或一条条小蚯蚓，不但不美，还会使一些食客心里反感而难以下咽。

二、汤菜造型的方法

（一）原料造型法

原料造型方法最常见、最实用，按制作的差异，又可分为蓉塑法、托泥与牵贴法、模铸扣入法、拼摆法、点缀法等。

1．蓉塑法

蓉塑法是将新鲜、细嫩、无筋膜杂质、黏性大、韧性强的动物原料排剁或捣碎成泥蓉状，加入调料搅拌上劲，再塑造成各种形状。蓉可以用手捏（挤）制成形，如清汤鸡丸、豆芽丸子汤等，也可以用汤匙、酒杯等餐具来造型，如荷花鸡脯汤就是用汤匙定型的。现在还有一些厨师用一种新的蓉塑法进行造型。他们借用西点的裱花手法把各种蓉装入特制的洁净布袋中，挤入温水锅中汆制出各种图形来，既美观又卫生、方便。如蛟龙戏珠等。

2．托泥与牵贴法

托泥与牵贴法是将某种原料（如肥膘肉、吐司面包等）加工成一定形状的底托，在其上铺一层肉类制成的蓉泥，并用各种食物原料在泥上牵贴出五彩缤纷的图案（类似于烹调方法中的“贴”），然后再汆制成汤。如花酿冬菇汤、百花鸡脯汤等，该法多用于清汤菜肴。

3．模铸扣入法

模铸扣入法是用金属等材料制成某种形状的模具，将原料装入模具中，加热定型后，扣入汤碗中。如什锦鱼丸汤等。

4．拼摆法

拼摆法多用于高级清汤。拼摆时，如果原料比重较大，则应先在容器内将烹好的食物拼成一定形状，然后用抄手扣住，把清汤徐徐注入，注意汤千万别直接冲在原料上，以免破坏造型。如果食物比重较轻，如鱼蓉、虾蓉等，则先在容器内注入汤，再放入烹制好的食物。

5．点缀法

点缀法是把原料加工成花、草、虫、蝶等形状，烹调成熟后，直接点缀入制好的汤中。该法最简便易行。

（二）盛器造型法

盛器造型法多用于中高档宴席，因为较名贵的滋补类原料难以直接造型，若用形状美观、新颖的盛器盛装则同样给人以美的享受。如白果炖鸡、党参八卦汤等多用此法。有时，造型生动美观的瓜盅也能代替陶瓷等器皿盛装汤菜，并收到意想不到的好效果。如龙舟载宝等。值得注意的是，瓜盅等必须先经过焯水或汽蒸等处理后才能装汤菜。否则，不符合卫生要求。

三、汤菜的装盘方法

汤汁装入碗中，一般以装至离碗沿1厘米上下处为度。对于整齐扣入碗中的菜肴，应将汤沿着锅边缓缓倒下，不可冲动菜肴。从中间倒，一定会波动菜肴的造型，汤汁又会溅出碗外。小型易碎的原料扣入碗中后，用手勺将菜肴盖住，再将汤顺着手勺倒入。

思政小结 ▶ 成功的基石：高尚的职业道德

小结导入： 随着市场经济的不断发展，市场竞争日趋激烈，餐饮行业也不断发展和壮大，随之社会对餐饮从业人员的职业观念、职业态度、职业技能、职业纪律和职业作风的要求也越来越高，餐饮从业人员的职业道德建设也拥有越来越重要的地位。

思考讨论： 作为学习烹调技术的学生，加强餐饮职业道德的培养具有十分重要的意义，请结合烹调实训过程，谈谈如何培养良好的职业道德。

分析强调： 在实训中要从小事做起，严格遵守行为规范；重视技能训练，培养过硬的专业技能，提高自己的职业素养；积极参加社会实践，培养职业情感。

第五节 菜肴装饰美化工艺

许多菜肴的色泽、造型等由于受原料、烹制法或盛器等因素的限制，装盘后并不能达到色、香、味、形的和谐统一，因而需要对其进行美化处理。所谓菜肴的美化就是利用菜肴以外的物料，通过一定的加工附着于菜肴旁或其表面上，对菜肴色泽、形态等方面进行装饰的一种技法。

菜肴的美化是人们对美食的一种追求，是许多美食必不可少的辅助手段。菜肴通过恰如其分的美化可诱发人的食欲，提高工艺观赏价值，给人以美的熏陶和享受，从而使品味与欣赏合为一体。在菜肴制作的过程中，装饰所占的比例不大，作用却不可忽视，如同一幅精美的图片必须要由别致的镜框去镶配，才能达到完美的境地。倘若一味用花式造型取而代之往往会使菜肴变形走样、面目全非。

一、菜肴装饰的特点

菜肴装饰，是采用适当的原料或者器物，经过一定的技术处理，在餐盘中摆放成特定的造型，以美化菜肴，提高菜肴审美与食欲的制作工艺。具体特点如下。

（1）制作工艺应该简单快捷　菜品装饰是为了菜肴更加美观，更加突出，是根据菜肴特点量身制作的，大多数都是预先摆放在空的餐盘中。这样的特殊性使其装饰技法更加简洁明了。装饰的时候要少花时间，简单加工，快速完成，这样才能够既加快速度又起到美化作用，才能适合菜肴装饰的发展。

（2）用料多以果蔬为主　适用于菜肴装饰的原料主要是瓜果和蔬菜，但近年来，面塑与糖艺也在烹饪中迅速发展起来，更加丰富了菜肴的颜色，这些原料选用起来比较简单，而且在市场上无论是新鲜的瓜果蔬菜还是面塑糖艺的原料都能轻易买到，为菜肴装饰提供了原料保障。

（3）使用广泛，美化效果好　菜肴装饰虽不是每一个菜肴都用，但是却能应用在很多不同品种的菜肴中，即高档的鲍、参、肚、燕窝等菜肴可以装饰，普通的鸡、鸭、鱼、肉也可以装饰美化。简单来说，只要是菜肴均可以装饰，给菜肴锦上添花，只要装饰得当就能起到画龙点睛的效果。

二、菜肴的美化形式

不同的菜肴，美化形式往往不同，根据对菜肴装饰美化部位的不同，可分为“主体装饰”和“辅助装饰”两类。这两类形式运用得恰当，能使菜肴呈现出“百菜百格”的艺术特色。

（一）主体装饰

这是利用调配料或其他食用性原料装饰在菜肴主体（或主料）之上的一类美化形式。这类装饰在菜肴加热前或成熟后制作，装饰料都是可食的，并且大多具备美味。主体装饰常见的形式有以下七种。

1．覆盖法

将色彩艳丽、风味鲜香的原料，有顺序地排在菜肴顶端。如将红色的火腿片、黑色的香菇片、浅黄的冬笋片间隔排在清蒸的银白色鲳鱼上，对比分明。“什锦火锅”表面上的原料，色彩调和，排列有序。这种方式有些菜肴在成熟前进行，也有菜肴在成熟后制作，但要做到盖中有透，虚实结合，方为上乘。

2．扩散法

将细碎的原料或辅料放置于成熟的菜肴表面上，起增色或辅味的作用，与覆盖式不同的是零乱无序，但形散而意不散。这种装饰方式在菜肴成熟后制作。如撒在芙蓉鸡片上的火腿末，红白相映，香醇浓厚，使鸡片色泽显得更洁白、更漂亮，不仅可以引起食欲，而且能增加成品的风味；又如撒在干烧鲤鱼上的葱花等。

3．牵花法

将不同颜色的原料制成小件放置于菜肴上，拼成各式各样的纹样或花式图形。这种手法较为繁复，只能在成熟前的菜肴上操作，且要求菜肴表面较平整，多见于肉糜菜肴中。如百花豆腐上的各种花卉，一品豆腐上的蜡梅，彩色鱼夹上牵摆的小花，可于单调之中见变化，显得轻松活泼。

4．图案法

在菜肴上用某些可食性原料拼成象形图案，使整个菜肴具有一定的物象特征。如葵花四宝鸭，整个菜肴如同向阳的葵花一样，美观大方。

5．镶嵌法

多用于物象造型的菜肴，是在菜肴所表达物体的某个部位进行装饰。如莲花金鱼在菜肴成熟后，金鱼镶上两只眼睛，鱼背上镶上鱼鳍，莲花上嵌上花蕊，经过装饰就能使此菜形象生动逼真。又如麒麟鳜鱼、二龙戏珠，原来的鱼眼经油炸而灰暗，另用樱桃点睛能使菜肴变得神气活现。这类装饰简单，多在菜肴成熟后进行。

6．间隔法

用于排列整齐有序的一类菜肴，在菜品的空隙间加以装饰的方法。如在狮子头菜肴中，夹在两狮子头之间的青菜。

7．衬垫法

与冷菜的垫底一样，将一物垫于另一物之下，起支撑作用，但与冷菜不同的是，热菜垫物需有所见，既起到撑形作用，又起着色相对比的作用，使菜肴更为悦目。通常是蔬菜垫荤菜，垫底还具有荤素搭配的食用性，例如，冰糖扒蹄下垫绿色生菜。

（二）辅助装饰

利用菜肴主辅料以外的原料，采用拼、摆、镶、塑等造型手段，在菜肴旁对其进行点缀或围边的一类装饰方法。采用辅助装饰能使菜肴的形状、色调发生明显变化，如同众星拱月，可使主菜更加突出、充实、丰富、和谐，以弥补菜肴因数量不足或造型需要而导致的不协调、不丰满等情况。辅助装饰花样繁多，与主体装饰不同的是：有些装饰侧重于美化，有些装饰侧重于食用，且大多在菜肴成熟后装饰（复杂的装饰可超前制作）。常见的形式有点缀和围边。

1．点缀法

用少量的物料通过一定的加工，点在菜肴的某侧，形成对比与呼应，使菜肴重心突出。此法简洁、明快、易做。常见的用雕刻制品对菜肴的装饰多属于点缀手法。根据是否对称分为对称点缀和不对称点缀。

（1）对称点缀　如单对称，多用于腰盘盛装的菜肴，在菜肴两旁对称地点缀，特色在于对称、协调、稳重；中心对称点缀，多见于圆盘盛装的块状菜肴，将点缀物置于菜肴中间部位，如同花蕊，所以又称花蕊式点缀。如金黄色“凤尾对虾”尾朝外码于盘中，中间饰以鲜红番茄花。此外还有双对称、多对称和交叉对称点缀等。对称的点缀物应同样大小、同样色泽、同样形状，在制作过程中，切忌两处不同样造型。

（2）不对称点缀　如三点式点缀，适用于圆形盛器。菜品多是精细的丝、片、丁、条或花刀块，在烹法上，以炸、熘、爆、炒、煎为主。如油爆乌花盘边三侧辅以碧绿黄瓜切成的佛手花，上置一颗红樱桃，赏心悦目。

另外还有简单而最常见的局部点缀，一般用蔬菜、水果或食雕花卉等，摆放在盘子的一边，来点缀美化菜肴，弥补盘边的局部空缺，有时还能创造一种意境、情趣，如松鼠戏果中盘边用一串葡萄做点缀物。

2．围边法

围边也称“镶边”，行业中对菜肴装饰美化的统称。《川菜烹饪事典》对其解释是指菜肴装盘后在菜品周围摆上色鲜形美的雕花或番茄、泡辣椒、香菜、橘瓣等，用以美化菜肴，调剂口味的一种技法。围边较之点缀复杂，也可以说是若干个点缀物的组合，因此具有一定的连续性。恰如其分的围边可使菜品的色、香、味、形、器有机地统一，产生诱人的魅力，刺激食者产生强烈美感及食欲。常见的方式有几何形围边和具象形围边。

（1）几何围边　利用某些固有形态或经加工成为特定几何形状的物料，按一定顺序方向，有规律地排列，组合在一起，其形状一般是多次重复，或连续，或间隔，排列整齐，环形摆布，有一种曲线美和节奏美。如“乌龙戏珠”，用鹌鹑蛋围在扒海参周围。还有一种半围花边也属于此类方法，半围法围边时，关键是掌握好被装饰的菜肴与装饰物之间的分量比例、形态比例、色彩比例等，其制作没有固定的模式，可根据需要进行组配。其特点是：一边装饰，一边盛肴，协调一致，恰到好处。

（2）具象形围边　以大自然物象为刻画对象，用简洁的艺术方法提炼出活泼的艺术形象，这种方式能把零碎散乱而没有秩序的菜肴统一起来，使其整体变得统一美观。常用于丁、丝、末等小型原料制作的菜肴。如“宫灯鱼米”，用蛋皮丝、胡萝卜等几种原料制成宫灯外形，炒熟的鱼米盛放在其中。具象形围边通常所用的物象有三类：动物类，如孔雀、蝴蝶等；植物类，如树叶、寿桃等；器物类，如花篮、宫灯、扇子等。需要指出的是，上述种种菜肴装饰美化形式，并不是孤立使用的，有时可以用两种或两种以上的形式进行装饰美化，许多场合下还要根据个人的经验思维和技巧，加以发挥和创造。

三、菜肴的美化方法

1. 实用性美化

以能食用的小件熟料、菜肴、点心、水果作为装饰物美化菜肴的方法，称为实用性美化。这类装饰的材料一般都是可食的，如以菜围菜就是一种传统的美化方法，把两种不同的有主次之分的烹饪原料制作成两种不同口味和色泽的菜肴，在同一盘中一菜围于另一菜。围边的原料可以是植物性原料，如色泽红亮的樱桃肉，用生扁豆苗作围边，红绿相间；红梅菜胆，用油焐菜心围边，整个菜肴形态饱满，色泽艳丽，吃起来不感到油腻，动植物原料的营养能得到相互的补充。

围边的原料也可以是动物性原料，通常要制作成一定的造型，如明珠大乌参，乌亮的海参围以洁白的鸽蛋，每两只鸽蛋间插上一个橄榄形的胡萝卜，犹如串起的明珠。

围边的原料可以是各种造型的点心，此种形式是一种菜点合一的方式。如菊花鱼，用面粉和入鸡蛋，擀皮切丝，入锅炸熟成菊花，围在菊花鱼的四周；松鼠鳜鱼，用面粉中的镶粉加天然色素制成一串葡萄形，放在松鼠鱼的旁边，恰如松鼠戏葡萄，情趣盎然；北京烤鸭，盘边放面粉制作的荷叶夹，既能点缀，又能包上鸭皮、甜面酱、葱一起食用。

此外，用成熟的香菇、西蓝花、玉米笋、鹌鹑蛋、鸽蛋、蒸熟的火腿及生鲜的香菜、黄瓜、番茄、水果等原料作为装饰物，都是可食的。

2. 欣赏性美化

采用雕刻制品、琼脂或冻粉、生鲜蔬菜、面塑作为装饰物美化菜肴的方法，成为欣赏性美化。这类装饰物以美化欣赏为主，能食用（或者说符合卫生条件），但都不食用。

（1）雕刻制品美化　这是将原料雕刻成形，然后再进行美化，以点缀为主。雕刻制品以立体雕刻为多，常用芋头、胡萝卜、白萝卜等雕刻成盘龙、龙头、凤凰、孔雀、宝塔、仙鹤、雄鸡等。这类雕刻制品，技术性强、艺术性高、操作讲究、难度较大，摆在盘中，栩栩如生，会有力地渲染菜肴的艺术品质，激发顾客的品位雅兴。用立体雕刻艺术品装点的菜肴一般都是制作精湛的高档菜肴。如江南百花鸡，可在盘边摆上雕刻的立体凤凰；芙蓉蟹斗，可在盘边摆上几只用青萝卜雕刻的“青蟹”；炸虾球，可在旁边摆上两只用黄瓜雕刻的“虾”，这样美化，均可起到突出菜肴主题的效果。

（2）蔬菜花卉美化　这是指用白萝卜、胡萝卜等经修形、套色，再用切削机削成薄片，然后卷曲插制的各类花卉，如菊花、芍药花、玫瑰花等。这类蔬菜花卉，因染上各种食色，既鲜艳又素雅，配在盘中，会使菜肴更加艳丽夺目，诱人食欲。在摆放蔬菜花卉时，旁边再点缀些香菜、胡萝卜丝，会起到更好的艺术效果。

（3）蔬菜点缀美品化　一般用黄瓜、柠檬、番茄、卷心菜、胡萝卜、心里美萝卜、红绿樱桃、青菜叶等制作的佛手、松叶、菜丝、花片、牵牛花等小巧精细的艺术品；有的是用特型小模具，如鹿、鱼、桃、梅花等，在萝卜片、黄瓜片上压出兽、果的形状。这类蔬菜点缀品，品种繁多，配色、形态各异，可以在盘中拼配出各种各样的图案、花边，极大地丰富和提高菜肴的装盘艺术效果。

（4）拼摆造型美化　主要指上述几何形围边和象形围边，如用黄瓜片在盘边摆成寿桃形；用橘子、番茄、香菜、黄瓜、玉米笋做成花篮形等。这种美化，形式多样，色彩丰富，能充分提高菜肴的色泽美和营养价值。

（5）琼脂（或冻粉）美化　一般将琼脂或冻粉与水加热后调成不同色彩的汁液制成各种造型，常用于冷盘和甜菜，起调色和凝固的作用。如冷盘金鱼戏莲，先用琼脂、清水、色素加热熔化，倒入盘中制成绿波，代表湖水，另用凉菜原料制作成两条金鱼和莲花，犹如金鱼在湖水中游荡，形象逼真。

（6）面塑美化　即以面粉为主料，调成不同色彩，用手和简单工具塑造出各种栩栩如生的人物及动物形象，进而点缀菜肴使之美观的方法。常用的面塑装饰品有老寿星、笑佛、渔翁钓鱼、古装美女、牧羊女、宫女、士大夫以及鹿、牛、羊、雄鸡、白菜等。如果是宫廷菜，就要捏塑皇帝、妃子等。采用面塑艺术品美化菜肴，能提高烹饪的艺术气氛，烘托菜肴的高贵典雅，对顾客来说，能起到良好的观赏和品食意念效果。用面塑艺术品装点的菜肴一般都是品位高雅的，或是宴席中的主菜。如满汉全席中的乾隆鲍鱼一菜，鲍鱼制好后，在圆盘上码一圈（鲍鱼旁边还可以配些西蓝花），盘中间是面塑的乾隆皇帝。

另外，少数菜肴用非食品原料装饰美化。如牡丹凤腿将纸花点缀在炸鸡腿上，使整个菜肴犹如一个小花园，气派隆重，装点大方，且可用手拿着吃，手不沾菜肴，食后不用擦手，清洁方便。这类装饰虽不可食，但据其效果来看，无疑是可取的。

四、菜肴美化要遵循的原则

尽管菜肴的装饰美化很重要，但它毕竟只是菜肴的一种外在美化手段，决定其艺术感染力的还是菜肴本身。因而菜肴的装饰美化要遵循以食用为主、美化为辅的原则。切不可单纯为了装饰得好看而颠倒主从关系，使菜肴成为中看不中吃的花架子。那么对于需要美化的菜肴来说，如何装饰才算是恰到好处呢？这就要遵循下列各项原则。

1．卫生安全

这应是摆在第一位的原则。菜肴采用装饰美化方法是制作美食的一种辅助手段，同时也可能是污染途径之一。菜肴的色彩、形状、口味、营养等都好，但不合卫生要求，有内在或外在的污染，都不能称为美食。有人因装饰物量少而忽视必要的卫生保护措施，这是不妥的，特别是对成熟后不再进行加热的菜肴进行装饰，细菌或其他有害物质难免不被带入食物。

据有关调查显示，由于蔬果饰物的使用量较多，不少饭店从控制原料成本、配菜制作时间的角度出发，蔬果饰物总是大批量集中加工，然后再放到冰箱或淡盐水中存放，以保证其色泽和美观，这就使蔬果饰物常常因存放时间过长，导致新鲜度受到影响。有些蔬果饰物甚至是在切配生菜的场地制作，所用砧板半数以上也用于切配鱼、肉等，因而极易受到动物性食品带有的沙门氏菌、副溶血性弧菌等致病菌污染。

此外，蔬果饰物的消毒也存在问题，半数以上饭店的蔬果饰物原料在清洗后，切配、装盘过程中不作任何消毒，从而埋下了致病的隐患。因此，在入馔前，蔬果饰物一定要进行洗涤消毒处理，尽量少用或不用人工色素。总之，装饰美化菜肴时，每个环节都应重视卫生，无论是个人卫生还是餐具、刀具卫生都不可忽视，不符合卫生的做法要剔除。

2．食用为主

菜肴装饰美化的实用性，实质上就是指装饰物能够食用，方便进餐，而不是单纯作摆设。所以，以食用的小件熟料、菜肴、点心、水果作为装饰物，来美化菜肴的方法就值得推广；而采用雕刻制品、琼脂或冻粉、生鲜蔬菜、面塑作为装饰物来美化菜肴的方法就应受到限制。那种唯形造型、因形伤质，从而降低其食用性的做法则应予以杜绝。

以食用为主的装饰物的口味与菜肴滋味应尽可能保持一致，甜肴应用水果相衬，煎炸菜肴宜配爽口原料，绝不能出现串味或翻味的情况。若在一盘咸鲜味菜肴上点缀几颗甜樱桃，咸甜大相径庭，便会影响菜肴的质量。特别是选用一些罐头水果作饰物时，更要注意这一点。此外，还要结合地方风味特色，如川味肴馔宜用红辣椒刻成花卉作饰物。

3．经济快速

首先，热菜进入宴席后往往被一扫而空，其装饰物没有长期保存的必要，加之价格、卫生等因素及工具的限制，不应搞很复杂的构图，也不应过分雕饰和投放太多的人力、物力、财力，以简洁、明快、生动、价廉为好，供短暂观赏并可食用。倘若为了装饰而左摆弄右摆弄，菜肴会冷却变形变味，造成该热的不热、该脆的不脆、该酥的不酥，没有好的口感，因此，装饰应简洁省时。同时，热菜又是宴席的高潮所在，决定了其虽简便但不能草率，虽不耐久观但耐人寻味，复杂的象形围边装饰（如宫灯、花篮、扇面等）可提前制作，这样就能缩短装盘时间，不会影响菜品质量。

其次，装饰物的成本不能大于菜肴主料的成本，否则就会影响整个菜肴的成本。有的食品雕刻所花时间比从切配到烹调一道菜肴所花费的时间还多，付出的劳动量大，但最终被送进垃圾箱。装饰再好终究不是主菜，应遵循少而精的原则，可装饰、可不装饰的菜肴进行选择性简单装饰，突出装饰物的经济、实用、简便等特点。保持自然美，需要装饰的则尽量少装饰，不失其本来面目。高档宴席的装饰强调做工精细、质量好，并不是说装饰物的数量要多。

当然，如果装饰物本身质量差，形象庸俗，粗制滥造，红红绿绿勉强凑成，犹如用稻草掩盖珍珠，如此的装饰既浪费了时间，又浪费了原料，失去了美化的意义。制作者只有具备基本的烹饪美学和工艺学知识，并有较好的刀功和烹调技术，才能使制作的饰物达到较好的效果。

4．协调一致

首先，装饰物与菜肴的色泽、内容、盛器必须协调一致，从而使整个菜肴在色香味形诸方面趋于完整而形成统一的艺术体。从色泽上讲，装饰物色彩的选择应以菜肴（包括器皿）色彩为依据，如菜肴色泽为冷色，可用少量暖色边装饰，以冲淡和缓解冷色，使色彩明快。色彩单调的菜肴选用与之有一定对比度的装饰色，才能显得色彩鲜艳、相映成趣。整个菜肴的色彩宜调和，不可杂乱，重在体现菜肴本色之美，既不能大红大绿使人感到俗气，也不能使菜肴五彩斑斓过于复杂，浓妆不如淡抹，华艳不如清秀，如自然界“万绿丛中一点红”一般才饶有风韵。装饰物还应尽量结合菜肴的内容，使之具有内在联系。如果是碎形（丁、丝、末等）原料烹制的菜肴，一般用围边的手法装饰，这样可使“散兵游勇”相对集中；如果是整形原料烹制的菜肴，则多采用盘边点缀的装饰手法，如炸虾球，在盘边放一只用黄瓜刻成的大虾，暗示这是用虾肉烹制而非其他肉。这种装饰对于烹饪原料经过加工失去原来面目的菜肴尤为重要。有时简单的一点装饰用料不多，却生色无限。如果不管什么菜肴，动不动就生硬地安上一朵花加以装饰，有时这花与主体菜肴既无内容上的结合，又无形式上的联系，就会不和谐。装饰物还要与盛器相统一。装饰离不开盛器，一道菜肴如果选用合适的盛器，再进行适当的装饰，可以把菜肴衬托得更美观。需要注意的是，用精美图案的盛器不宜过多装饰，有的甚至不需装饰。有些烹饪工作者用精美图案花边的瓷盘盛装菜肴后，往往嫌其艺术表现力不够，于是就在这些图案上装饰了一些黄瓜或别的饰物，总体效果却很不理想。中国餐具风格迥异、品种繁多，许多器皿上的图案花纹同样可使菜肴倍添色彩，还可减少那些为装饰而装饰、只好看而不好吃的装饰物的使用。如果无视器皿花边图案的存在而随意堆砌，不仅事倍功半，而且令人生厌，再好的装饰也会有“画蛇添足”之感。

其次，宴席菜肴的美化还要结合宴席的主题、规格、与宴者的喜好与忌讳等因素。如高档宴席要选用一些做工精细、质量好的装饰物相配，以增强宴席气氛，提高菜肴档次；普通的宴席菜肴可选用简单的装饰，倘若用繁杂的高质量的装饰，效果往往适得其反。同一宴席不要每菜都有装饰，要因菜而异，给食者以新鲜感，切忌千篇一律、生搬硬套。在宴席的主题方面，用萝卜刻成寿星摆在盘中表示“寿比南山”，可用于祝寿宴席；用哈密瓜制作一船体，上面盛装各种水果球，表示“一帆风顺”，可用于饯行宴席。如果宾主是喜欢朴实的人，就不需要搞太多的装饰，做到适可而止。一盘装饰得过分的菜肴，可食的东西无几，讲实惠的人们会认为华而不实。

上述四条原则是相互联系的。利用装饰技艺美化菜肴，要注意综合多方面的因素，分主次，讲虚实；重疏密，有节奏；提倡空、淡、雅、活，忌讳满、浓、俗、呆。要使总体规划与局部安排一致，使菜肴在色香味形诸方面更加趋于完美，给人以物质与精神上的双重享受。

菜肴的美化方法

课后练习题

思政小结 ▶ 用奋斗谱写华丽篇章

小结导入： 古有“吃得苦中苦，方为人上人”，今有“奋斗是青春最亮丽的底色”激励人们不断奋斗。

思考讨论： 结合烹调实训谈谈我们应如何正确面对实训中一时的成败。

分析强调： 为了自己的幸福生活，年轻时就必须吃苦耐劳，用奋斗为自己、为家人、为国家谱写华丽篇章。我们要直面奋斗中的困难，要正确对待一时的成败得失，处优而不养尊，受挫而不短志。

参考文献

［1］ 王辉亚. 中餐烹饪工艺基础［M］. 武汉：华中科技大学出版社，2021.
［2］ 周明扬. 烹饪工艺美术［M］. 北京：中国纺织出版社，2021.
［3］ 约瑟夫·J. 普罗沃斯特等. 烹饪科学原理［M］. 北京：中国轻工业出版社，2021.
［4］ 杨征东. 刀工技能［M］. 北京：知识产权出版社，2018.
［5］ 魏跃胜. 现代烹饪科学［M］. 武汉：华中科技大学出版社，2023.
［6］ 中国烹饪协会. 中国烹饪通史［M］. 北京：中国商业出版社，2022.
［7］ 朱长征. 烹饪基本功训练［M］. 北京：中国劳动社会保障出版社，2021.
［8］ 季鸿崑. 烹饪化学［M］. 北京：中国轻工业出版社，2000.
［9］ 陈苏华. 中国烹饪工艺学［M］. 上海：上海文化出版社，2006.
［10］ 冯玉珠. 烹调工艺学［M］. 4版. 北京：中国轻工业出版社，2007.
［11］ 李刚. 烹饪刀工述要［M］. 北京：高等教育出版社，1988.
［12］ 阎喜霜. 烹饪科学与加工技术［M］. 哈尔滨：黑龙江科学技术出版社，1991.
［13］ 杜克生. 食品生物化学［M］. 北京：化学工业出版社，2000.
［14］ 杜莉. 中国烹饪概论［M］. 北京：中国轻工业出版社，2011.
［15］ 季鸿崑. 烹饪学基本原理［M］. 上海：上海科学技术出版社，1993.
［16］ 季鸿崑. 烹调工艺学［M］. 北京：高等教育出版社，2003.
［17］ 周晓燕. 烹调工艺学［M］. 北京：中国纺织出版社，2008.
［18］ 戴桂宝，王圣果. 烹饪学［M］. 杭州：浙江大学出版社，2011.
［19］ 阎喜霜. 烹调原理［M］. 北京：中国旅游出版社，2004.
［20］ 何凤英，李云清. 烹调工艺［M］. 天津：天津大学出版社，1989.

中英文名词对照索引

《烹饪工艺学》（第二版）部分图例

裙边

干裙边

温水浸泡裙边

涨发后的裙边

鱿鱼

干鱿鱼

用水浸泡后的鱿鱼

碱液浸泡

用碱液浸泡后的鱿鱼

恒温提质

涨发好的鱿鱼

花胶肚

干花胶肚

花胶肚焐油

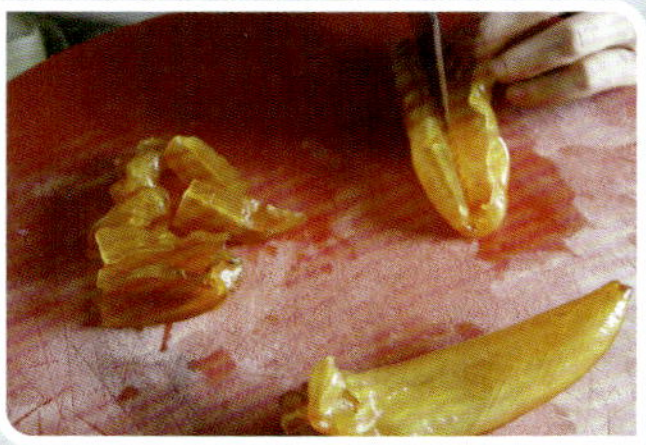

花胶肚焐油后分割

花胶肚焐油后表面起泡

花胶肚高温复炸后的效果

花胶肚浸泡吸水后的效果

猪蹄筋

干猪蹄筋

蹄筋焐油

蹄筋表面起泡

花形原料

鲍鱼花刀

菊花花刀

麻花花刀

凤尾花刀

眉毛花刀

荔枝花刀

蹄筋高温复炸效果

蹄筋浸漂后的效果

人字花刀

十字花刀

一字花刀

牡丹花刀

菊花花刀

蓑衣花刀

蜈蚣花刀

鱼鳃花刀

丁——小丁

块——吉庆块

条——筷子条

片——菱形片

片——牛舌片

片——肉片

丝——银针丝

丝——细丝

丝——二粗丝（肉丝）

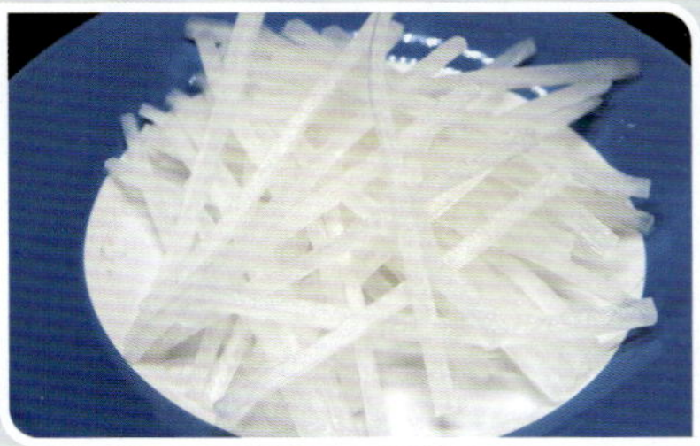

丝——二粗丝（萝卜）